物 理 化 学

主　编　李先国
副主编　高立彬　孙好芬　蒋海燕
王燕华　曹晓燕　钟　莲

北京大学出版社
PEKING UNIVERSITY PRESS

图书在版编目 (CIP) 数据

物理化学 / 李先国主编 . —北京 : 北京大学出版社 , 2016. 12
ISBN 978-7-301-27578-8

Ⅰ. ①物… Ⅱ. ①李… Ⅲ. ①物理化学—高等学校—教材 Ⅳ. ① O64

中国版本图书馆 CIP 数据核字 (2016) 第 225940 号

书　　名 物理化学
WULI HUAXUE
著作责任者 李先国　主编
责 任 编 辑 郑月娥
标 准 书 号 ISBN 978-7-301-27578-8
出 版 发 行 北京大学出版社
地　　址 北京市海淀区成府路 205 号　100871
网　　址 http: //www. pup. cn　新浪官方微博 : @ 北京大学出版社
电　　话 邮购部 62752015　发行部 62750672　编辑部 62767347
电 子 信 箱 zye@pup. pku. edu. cn
印 刷 者 北京市科星印刷有限责任公司
经 销 者 新华书店
787 毫米 × 1092 毫米　16 开本　20.75 印张　520 千字
2016 年 12 月第 1 版　2020 年 7 月第 2 次印刷
定　　价 49. 00 元

内 容 提 要

本书是针对普通高等学校非化学化工类专业的本科学生编写的一本简明物理化学教材，既介绍了经典物理化学（不包括统计热力学和物质结构）的基本内容，也尽可能结合物理化学在现代科技中的应用介绍部分研究前沿。全书共分九章：气体、热力学基本原理、多组分系统热力学、化学平衡、相平衡、化学反应动力学、电化学、界面现象及胶体分散系统和大分子溶液。

本书力求简明扼要，便于理解。每章的开头提纲挈领地列出了本章学习目标，结尾又对主要内容进行了小结，前后呼应以使读者更清晰地把握主要知识点。每章还附有相关的历史人物、知识简介和/或相关的公开网络资源链接，供感兴趣的读者参考。全书的量和单位按“中华人民共和国国家标准 GB 3100～3102-93”执行。

本书也可供学时在 64 课时左右的理工科和师范院校化学专业本科学生学习物理化学时使用。

前　　言

物理化学是化学、化工、材料、轻工、纺织、制药、食品工程、环境工程、农林科学和地质学等专业的必修基础课程，历来受到广大师生的重视。

物理化学教材版本很多，其中不乏水平很高的优秀之作。从极为经典的 *Atkins' Physical Chemistry*，到胡英先生、傅献彩先生广为流传的《物理化学》教材，再到彭笑刚教授的《物理化学讲义》，以及印永嘉先生、沈文霞先生等前辈的优秀著作，无一不是我们难以望其项背的。因此，在编写这本教材时其实我们是极为忐忑，甚至是惶恐的。

随着我国高等学校教育教学改革的不断深化，以及教育部制定的《本科专业教学质量国家标准》对课程体系和教学内容的要求，适当提高实验和实践教学环节所占比例已是大势所趋，这就要求适当精简基础理论课程教学。但是，精简并不是简单的删减，它实际上对课堂教学提出了更高的要求。与此相适应，更加精练的教材也就成为了迫切的需要。同时，对于非化学化工类专业的学生来说，他们只需理解物理化学的基本原理并为其专业所用；公式的推导只是为了更好地理解它们的来龙去脉和物理化学严密的逻辑，是获得结果的手段，而不是学习的目的。因此，我们在编写本教材时，尽量避免繁杂的公式推导和数学运算，而把基本原理的阐述放在首要位置。此外，在使用本教材时，教师可以根据专业特点和课程大纲的要求，对讲授内容进行适当取舍。

本教材由李先国（中国海洋大学）、高立彬（青岛农业大学）、蒋海燕（青岛农业大学）、孙好芬（青岛理工大学）、王燕华（中国海洋大学）、曹晓燕（中国海洋大学）和钟莲（中国海洋大学）等老师共同编写。张大海（中国海洋大学）和徐香（青岛农业大学）两位老师参与了大量的文字编辑和校对工作。编写过程中参考了许多我们使用过或者拜读过的优秀物理化学教材，在此一并表示感谢！

最后，还要感谢北京大学出版社郑月娥老师耐心而仔细的审校。

由于编者学识水平所限，考虑不周甚至错误的地方在所难免，恳请读者批评指正。

编　者

2016 年 6 月于青岛

目　录

绪　　论

§0.1　物理化学课程的内容

物理化学是化学学科的一个重要分支。

众所周知，化学是研究物质组成、性质及其变化的科学。从微观上来看，任何物质都是由大量原子和分子组合而成的，其组合和构成方式不同决定了物质不同的性质，原子或原子团分离与重新组合时就发生了化学变化。变化过程中必然伴随着能量的变化，这种能量变化使得任何一种化学变化总是伴随着热、电、光、磁等物理现象的发生，并引起温度、压力、体积等的变化。而温度、压力、光照和电磁场等物理因素也有可能引发化学变化或影响化学变化的进行。在长期的实践活动中，人们注意到化学与物理学之间这种紧密的相互联系，加以总结就逐步形成了物理化学这门独立的二级学科。

物理化学就是从化学现象与物理现象之间的联系着手，用物理学的理论和实验方法来研究化学变化的本质与普遍性规律的科学。"物理化学"这一术语最早是由俄国科学家罗蒙诺索夫(M. V. Lomonosov，1711—1765)提出的。1877 年，德国化学家奥斯特瓦尔德(W. Ostwald，1853—1932)和荷兰化学家范特霍夫(J. H. van't Hoff，1852—1911)共同创立了《物理化学杂志》，标志着物理化学作为一门独立的学科正式形成。

物理化学研究的内容非常丰富，结合当前学科的发展，可以归纳为三个方面。

1. 化学热力学

化学热力学研究化学变化及相关物理变化过程中能量转化及过程的方向与限度问题。分为经典热力学、统计热力学和非平衡态热力学。

经典热力学以热力学基本定律作为理论基础，探讨外界条件如温度、压力、浓度等对过程方向和平衡的影响。它是以大量质点构成的系统为研究对象，以宏观实验观察和测量为基础，不考虑系统内部的具体变化，只关注变化过程的始态和终态以及变化的条件，通过温度、压力、浓度等宏观物理量的变化研究化学变化的规律。经典热力学亦称平衡态热力学，讨论的是变化过程的可能性问题，不涉及时间变量。本教材只介绍经典热力学的内容。

统计热力学运用统计力学的基本原理，利用粒子的配分函数，计算组成宏观物体的大量粒子的热力学函数的变化，用概率统计的方法研究宏观系统的性质和规律。这是一个从微观的个别粒子的行为经过统计平均得到系统宏观性质的过程，是联系微观与宏观的桥梁。

非平衡态热力学是将平衡态热力学进一步推广到非平衡态系统和敞开系统，描述系统的状态时要考虑时间和空间坐标，其研究方法属于微观范畴。非平衡态热力学亦称为不可逆过程热力学，用于揭示实际过程的热力学本质。

2. 化学动力学

化学动力学研究化学变化过程的速率和机理问题。化学动力学研究的是化学变化的动态性质，即研究化学或物理因素的变化而引起系统中发生的化学变化过程的速率和变化机理。

因其讨论的是变化现实性问题，时间是重要的变量。

3. 物质结构

研究物质结构与性能之间的关系。物质的内部结构决定了物质的性质，深入了解物质的内部结构，一方面可以更好地了解化学变化的内在本质；另一方面还可以预测在适当改变外在条件的情况下，物质的内部结构及性质将如何改变，可为合成特殊用途的新材料提供方向和线索。目前主要用量子力学的方法研究分子、原子的结构和化学反应的规律。结构化学和量子化学是其主要分支学科，已单独设课，本教材不包含这方面的内容。

除了经典化学热力学和动力学基本原理之外，本教材还将介绍它们在电化学、表面化学和胶体化学等方面的应用，以帮助了解物理化学与人们生产和生活实际的密切联系。

§0.2 物理化学的学习方法

物理化学是一门研究物质性质及其变化规律的基础理论课程，学习中要用到一定的数学和物理知识，具有典型的学科交叉性；同时物理化学又是一门逻辑推理性较强的学科。因此，在学习物理化学的过程中，应结合学科自身的特点和个人的习惯学习，以达到事半功倍的效果。

1. 理清基本概念和基本原理

物理化学概念多、公式多、计算多，初学者应该从每章的基本概念、基本理论及基本计算入手，抓住每章的主要内容。只有概念清晰，才有可能理解其基本理论，真正掌握物理化学的原理和方法。学习时不能死记硬背，要注意各类函数及公式之间的逻辑关系。把新学到的概念与已掌握的知识联系起来，做到融会贯通，有的问题就会迎刃而解了。

2. 准确掌握公式的物理意义和使用条件

物理化学中有不少定律和公式，也经常使用数学和物理的方法，通过数学的推导得出系统各物理量间的定量关系，进而获取过程变化的规律。这些定律以及公式和结论，都有相应的限制和严格的使用条件。学习中应避免被繁杂的公式推导过程困扰，忽视了公式的物理意义和使用条件而盲目套用公式。数学推导是为了更好地让读者理解公式的来源，是获得结果的手段，而不是学习的目的。除重要公式外，一般只要求熟悉逻辑思维的方法，能够理解推导过程，更重要的是掌握公式的物理意义、使用条件以及如何利用公式解决实际问题。

3. 学会用物理化学思维方法处理问题

物理化学是化学之理，要从纷杂的自然现象和变化过程中，高度抽象出变化的基本原理和规律；同时，物理化学中广泛使用理想化、模型化的概念，如理想气体、理想溶液、理想表面、可逆过程等。这些理想化的概念可视为实际系统的某一条件趋于零时的极限。通过理想化处理可以使问题简化，并经过高度概括来了解事物的本质和变化规律，将这些规律稍加修正，就可应用于实际系统。初学者应该尽快适应并掌握物理化学这种抽象化、理想化处理问题的方法。

4. 通过习题加深对理论的理解

习题是培养独立思考和解决问题能力的重要环节之一。通过每章后面的思考题和概念题，可以帮助理解概念，通过习题可以加深对概念的理解和掌握。做习题时不能就事论事，要领会该习题隐含了什么概念，能举一反三，通过做习题反复温习理论知识与概念，从而达到培养独立思考和解决问题能力的目标。

5. 注重理论与实验的结合

物理化学是理论与实验并重的学科，理论的发展离不开实验的启示和检验。在学习理论课的同时，应该重视实验。实验能够使课堂上抽象的理论具体化，做实验过程中应该注意将原理跟理论知识相结合，通过实验验证学过的理论，从而对理论有更深刻的理解。

§0.3　物理量的表示及运算

物理化学中经常用定量公式来描述各物理量之间的关系。因此，正确理解与掌握物理量的表示方法及其运算规则就显得十分重要，这也是学好物理化学的必要条件。

1. 物理量的表示

物理量是指物质可以定性区别和定量确定的属性，通常都有各自特定的符号，常用斜体的单个拉丁字母或希腊字母表示，有时带有下标或其他说明性标记。例如，ρ 代表密度，V 代表体积，V_m 代表摩尔体积，η 代表黏度等。

物理量由数值和单位两部分构成，可以看作数值和单位的乘积。其中数值反映属性的大小、轻重、长短或多少等概念，单位反映物质在性质上的区别。

若以 A 代表任意一个物理量，以$[A]$表示其单位，则$\{A\}$表示以$[A]$为单位时的数值，三者之间的关系可表示为

$$A=\{A\}\cdot[A]$$

例如 $V=100\ \mathrm{dm^3}$，即体积 V 的数值为 100，单位为 $\mathrm{dm^3}$。单位一般用小写、正体的拉丁字母表示，如 m 表示米，s 表示秒等。如果单位名称来源于人名，则第一个字母用大写，如 K 来自 Kelvin、J 来自 Joule 等。

为了区分物理量本身和以一定单位表示的物理量数值，特别是在图、表中要用到以一定单位表示的物理量的数值时，通常以物理量与单位的比值表示：$A/[A]=\{A\}$，如 $V/\mathrm{dm^3}=100$，表示 $V=100\ \mathrm{dm^3}$。

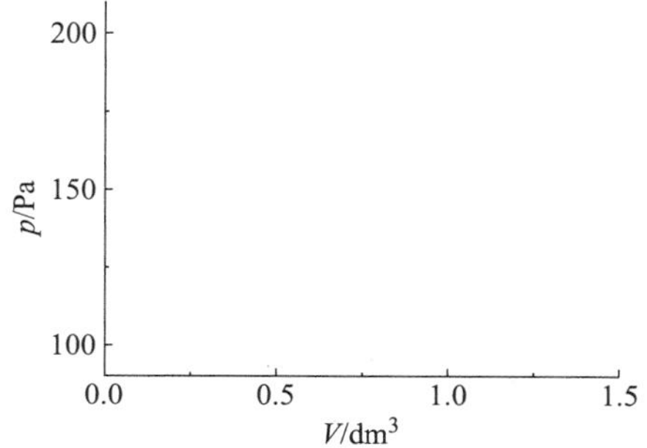

在对数符号后面的应该是纯数。如果要用物理量，必须用物理量与其单位的比值表示：$\ln(A/[A])$。如 $\ln(p/\mathrm{Pa})=\ln 10=2.30$。

2. 物理量的运算

物理量一般是可以测量的，且可以进行数学运算，同一类物理量可以相加减，不同类物理量可以相乘除。物理量之间的定量关系可以用方程式来表示，分为量方程式和数值方程式两种。其中，量方程式表示物理量之间的关系，是以物理量的符号组成的方程；数值方程式表示的是物理量中数值之间的关系，是以物理量与其单位的比值组成的方程式。下面以计算在

25 ℃,200 kPa 下 2 mol 理想气体的体积为例说明。

用量方程式运算为

$$V=\frac{nRT}{p}=\frac{2\ \text{mol}\times 8.314\ \text{J}\cdot\text{mol}^{-1}\cdot\text{K}^{-1}\times(273.15+25)\text{K}}{200\times10^{3}\,\text{Pa}}$$

$$=2.48\times10^{-2}\,\text{m}^{3}=24.8\ \text{dm}^{3}$$

如果用数值方程式计算,则为

$$\frac{V}{\text{m}^{3}}=\frac{(n/\text{mol})\times[R/(\text{J}\cdot\text{mol}^{-1}\cdot\text{K}^{-1})]\times(T/\text{K})}{p/\text{Pa}}$$

$$=\frac{2\times8.314\times(273.15+25)}{200\times10^{3}}=2.48\times10^{-2}$$

$$V=2.48\times10^{-2}\,\text{m}^{3}=24.8\ \text{dm}^{3}$$

在物理化学中,通常都采用量方程式。对于复杂运算为了简便,一般可以不列出每一个物理量的单位,直接代入物理量在 SI 制单位时的数值,直接给出所需计算物理量的最后 SI 单位,即

$$V=\frac{nRT}{p}=\frac{2\times8.314\times(273.15+25)}{200\times10^{3}}\text{m}^{3}$$

$$=2.48\times10^{-2}\,\text{m}^{3}=24.8\ \text{dm}^{3}$$

在图中所表示的函数关系均为数值关系,运算时应该使用数值方程式。例如,应用阿仑尼乌斯(Arrhenius)方程

$$\ln k=-\frac{E_{\text{a}}}{R}\cdot\frac{1}{T}+\ln A$$

通过 $\ln(k/[k])$ 对 $\frac{1}{T/\text{K}}$ 作图,由直线的斜率 m 求活化能 E_{a} 时,使用的便是数值方程式:

$$\ln(k/[k])=-\frac{E_{\text{a}}/(\text{J}\cdot\text{mol}^{-1})}{8.314}\times\frac{1}{(T/\text{K})}+\ln(A/[A])$$

所以

$$m=-\frac{E_{\text{a}}/(\text{J}\cdot\text{mol}^{-1})}{8.314}$$

即

$$E_{\text{a}}=-8.314m\ \text{J}\cdot\text{mol}^{-1}$$

§0.4 关于标准压力

标准大气压是指在标准大气条件下海平面的气压,其值为 101.325 kPa,是压强的单位,以前记作 1 atm。化学中曾一度将标准温度和压力(STP)定义为 0 ℃(273.15 K)及 101.325 kPa(1 atm),但 1982 年起 IUPAC(国际纯粹与应用化学联合会)将"标准压力"重新定义为 100 kPa。本书末所列的热力学函数表值是在标准压力为 100 kPa 时的数值。

通常所说的正常沸点或凝固点,都是指在大气压力下的可逆相变温度,所以压力仍指 101.325 kPa。

第1章　气　　体

本章学习目标：

- 了解理想气体与实际气体的偏差，能够理解气体混合物中某组分分压的定义和定律、分体积的定义和定律。
- 掌握理想气体（包括其混合物）状态方程式并灵活应用，理解 van der Waals 方程中压力与体积修正项的意义，简单了解实际气体液化条件。

人们接触到的物质通常情况下以气态、液态和固态三种状态存在，这些聚集状态在宏观事物上就是气体、液体和固体。对于这三种聚集体而言，固体中分子（原子或离子）的排列比较规则，分子（原子或离子）之间的距离很近，存在着很强的相互作用力；液体中则呈无序状态，分子间距离较短，相互作用力较强；而气体没有固定的形状和体积，多依据其所在容器而定。气体对温度和压力变化十分敏感，低压和（或）高温下气体密度小，分子间距离大，相互作用力弱。气体是物理化学研究的重要物质对象之一，而且在研究液体和固体所服从的规律时，总是首先把气体作为研究对象，然后再推广到液体和固体。因此，在工业生产和科学研究中经常使用到气体，研究其性质和变化规律，既有重大的实际意义，又有重要的理论意义。

在特殊条件下，可以把气体分子当成无大小和相互作用的质点，以此为基础拟订的简单气体模型可以解释低压条件下气体的一些基本性质。当压力增加，密度增大，则上述假设与实际情况偏差增大，必须加以修正。为讨论方便，常把气体分为理想气体和实际气体（非理想气体）两种类型。

§1.1　理想气体及其状态方程

理想气体是指分子间无相互作用力、分子的体积可视为零的气体。可以描述为：大量做无规则运动的气体分子的集合体相对于分子间的距离以及整个容器的总体积来说，气体分子本身体积可以忽略不计，气体分子能够当成质点处理。气体分子之间的作用力可忽略不计，气体分子之间的碰撞为弹性碰撞，即碰撞前后总动量不变，气体分子之间不会发生化学反应。理想气体是一种实际上不存在的假想气体，它是一个科学的抽象概念，但是理想气体模型的建立非常实用，因为其行为代表了各种气体在低压下的共性。另外，根据理想气体处理许多物理化学问题时所导出的关系式，适当加以修正便能用于任何气体。也就是说，理想气体的建立，为人们研究形形色色的实际气体奠定了坚实的基础。

对一定量的纯气体，其所处的状态可用温度、压力和体积这三个宏观物理量来描述。由于分子的热运动，气体分子不断与容器壁碰撞，气体的压力可以看作气体分子撞击容器壁的宏观表现。压强定义为单位面积器壁上所承受的垂直作用力，物理化学中习惯称为“压力”，用符号 p 表示，单位是“帕斯卡”，符号“Pa”。1 帕斯卡就是 1 m^2 的面积上均匀地施加 1 N 的垂直作用力所产生的压强，即 1 Pa=1 N/m^2。以前人们习惯用大气压(atm)作为压力单位，1 atm=101325 Pa。

气体的体积即它们所占空间的大小，用符号 V 表示。由于气体能充满容器的全部空间，所以气体的体积就是容器的容积，单位是 m^3(立方米)。

气体的温度是定量反映气体冷热程度的物理量，在物理化学所有基本公式中的温度均指热力学温度，用符号 T 表示，单位是 K(开尔文)。还有一种常用的温度是摄氏温度，用符号 t 表示，单位是摄氏度，用符号℃表示。两者之间的关系是

$$T/\mathrm{K}=t/℃+273.15 \tag{1.1}$$

上述的气体基本宏观性质参数都可以直接通过实验测得。大量实验表明，确定一定量气体状态的三个物理量 p、V、T 之间并非相互独立，而是相互联系的。早在 17 世纪中期，科学家们就致力于寻找气体 p、V、T 之间的定量关系，根据实验归纳总结出一系列普遍适用于各种低压气体的经验定律，如波义耳(Boyle)定律、盖·吕萨克(Gay-Lussac)定律和阿伏加德罗(Avogadro)定律等。综合这些定律，可以导出各种低压气体都服从的一个状态方程：

$$pV=nRT \tag{1.2}$$

其中 p、V、T 分别为气体的压力、体积和温度；n 为气体的物质的量，单位为摩尔(mol)；R 是摩尔气体常量，其值为 8.314 J·mol^{-1}·K^{-1}，与气体的种类无关。这就是著名的理想气体状态方程。式(1.2)还有其他表现形式，如：$V_m=V/n$，V_m 称为摩尔体积，单位是 m^3·mol^{-1}，表示 1 mol 气体的体积。所以理想气体状态方程还可以表示为

$$pV_m=RT \tag{1.3}$$

如果将 n 用 m/M 代替(m 为气体的质量，M 为该气体的摩尔质量)，结合密度的定义 $\rho=m/V$，可得

$$\rho=m/V=pM/(RT) \quad 或 \quad M=\rho RT/p \tag{1.4}$$

理想气体状态方程十分有用，用它可以对许多低压下气体进行计算。除了可计算方程中 p、V、T、n 各量中的任意一个以外，还可计算气体的密度、相对分子质量(摩尔质量)等。

【例 1-1】 某工厂氢气柜的设计容积为 2.00×10^3 m^3，设计容许压力(设备允许使用的最高压力)为 5.00×10^3 kPa。设氢气为理想气体，问气柜在 298.15 K 时最多可以装多少氢气？

解 $$n=\frac{pV}{RT}=\frac{5.00\times10^6\times2.00\times10^3}{8.314\times298.15}\ \mathrm{mol}=4.034\times10^6\ \mathrm{mol}$$

H_2 的摩尔质量 $M(H_2)=2.016\times10^{-3}$ kg·mol^{-1}，所以

$$m=nM(H_2)=(4.034\times10^6\times2.016\times10^{-3})\mathrm{kg}=8.133\times10^3\ \mathrm{kg}$$

【例 1-2】 用管道输送天然气，当输送压力为 200 kPa，温度为 25 ℃时，管道内天然气的密度为多少？假设天然气可以看作纯甲烷。

解 因甲烷的摩尔质量 $M=16.04\times10^{-3}$ kg·mol^{-1}，由式(1.4)可得

$$\rho=m/V=pM/(RT)=\frac{200\times10^3\times16.04\times10^{-3}}{8.314\times(25+273.15)}\ \mathrm{kg\cdot m^{-3}}=1.294\ \mathrm{kg\cdot m^{-3}}$$

实验证明，气体的压力越低，就越符合这些关系式。我们把在任何温度及压力下都能严格服从式(1.2)的气体称作理想气体。只有理想气体才能在任何压力和温度范围内服从式(1.2)；对于实际气体，在高压低温下由式(1.2)计算所得的结果与实验测定值有较大偏差。从

微观分子模型的角度看理想气体与实际气体的不同，实际气体分子间有相互作用且分子本身具有一定体积，而理想气体分子被当成质点，不考虑其体积。在高温和压力趋于零的情况下，上述两个因素均可忽略，因此，实际气体在低压下的各参数均能较好地遵循式(1.2)。

图1-1是分子之间的作用力 f 随分子间距离 r 而变化的关系曲线示意图，图中的两条虚线分别代表分子之间的引力和斥力，实线代表合力。由图可见，分子之间的作用力随着分子之间距离的增加，由相互排斥变为相互吸引，最后衰减为零。我们知道，理想气体状态方程表示实际气体压力趋于零时的极限情况。

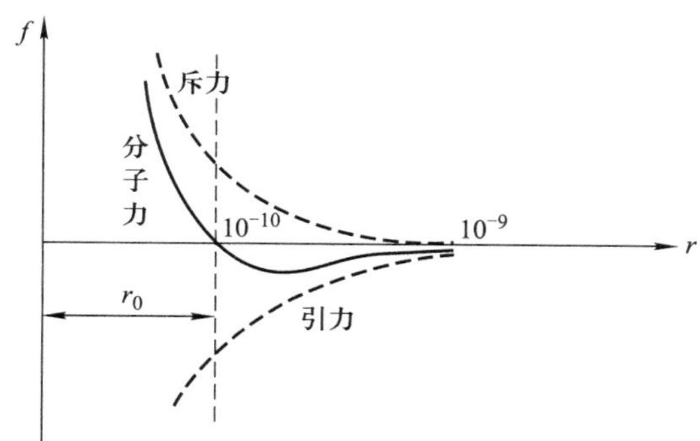

图1-1 分子间的作用力示意图

气体的压力趋于零就意味着其体积无穷大，必然可以得出如下推论：① 分子间距离 $r \to \infty$，因此分子间没有相互作用力；② 分子自身所占的体积与气体所占的无穷大体积相比，可以忽略不计，即分子可以看作没有体积的质点。这正是理想气体微观模型的两个基本特征，因此理想气体可看作真实气体在压力趋于零时的极限情况。绝对的理想气体是一种假想气体，实际上是不存在的。

将较低压力下的气体作为理想气体来处理，把理想气体状态方程用作低压气体近似服从的最简单的 p、V、T 关系方程，具有重要的实际意义。至于多大的压力范围内可以使用 $pV=nRT$ 来计算真实气体的 p、V、T 关系，目前尚无明确的界限。因为这不仅与气体的种类和性质有关，还取决于对结果计算精度的要求。一般说来，难液化的气体，如氢气、氧气、氮气等，允许使用理想气体状态方程的压力范围就宽一些；而易液化的气体，如水蒸气、氨气、二氧化碳等，允许使用的压力范围就窄些。

§1.2 理想气体混合物

以上讨论的都是纯理想气体的行为，而实际上常见的气体大都是混合气体。例如，空气就是一个典型的混合气体，它含有21%(体积分数)的氧气和78%的氮气，其余1%为稀有气体、二氧化碳、水蒸气等。那么，前面讨论的经验定律是否也适用于混合气体呢？早在19世纪，科学家们在对低压混合气体的实验研究中，总结出描述低压混合气体的两个定律，即道尔顿(Dalton)分压定律和阿马格(Amagat)分体积定律。

1. 道尔顿(Dalton)分压定律

Dalton分压定律可描述为：低压下混合气体的总压力等于各气体分压力之和。分压是各

组分单独在混合气体所处的温度、体积条件下产生的压力，即

$$p = p_1 + p_2 + p_3 + \cdots + p_i = (y_1 + y_2 + y_3 + \cdots + y_i)p = \sum p_i \tag{1.5}$$

在气体混合物中，任意组分气体 i 的分压为

$$p_i = y_i p \tag{1.6}$$

式中 y_i 是混合气体中气体 i 所占的摩尔分数(物质的量分数)，p 是混合气体的总压力。若构成混合气体的各组分气体均是理想气体，由于遵守理想气体状态方程，在 T、V 一定时，气体压力仅与气体的物质的量有关：

$$p = nRT/V$$

将此式代入式(1.6)，得

$$p_i = y_i nRT/V$$

$$y_i = n_i/n$$

所以

$$p_i = n_i RT/V \tag{1.7}$$

上式右端 n_iRT/V 的物理意义：物质的量为 n_i 的气体 i 在温度为 T、体积为 V 时所具有的压力，它只适用于理想气体混合物。理想气体分子之间没有相互作用力，其中的每一种气体都不会由于其他气体的存在而受到影响。也就是说，每一种组分气体都是独立起作用，对总压力的贡献和它单独存在时的压力相同。对于实际气体，分子间具有相互作用力，且在混合气体中的相互作用力与纯气体不同，因此各组分气体的压力不等于它单独存在时的压力，即 Dalton 分压定律不能成立。在低压下的真实混合气体近似服从 Dalton 分压定律，可以用来解决一些问题。

【例 1-3】 0℃ 时将同一初压的 4.0 dm^3 N_2 和 1.0 dm^3 O_2 压缩到一个体积为 2.0 dm^3 的真空容器中，混合气体的总压力为 253 kPa。试求：(1) 两种气体的初压；(2) 混合气体中各组分气体的分压；(3) 各组分气体的物质的量。

解 (1) 混合前后气体总的物质的量相等：

$$\frac{p_{初} \times 4.0\ \text{dm}^3}{RT} + \frac{p_{初} \times 1.0\ \text{dm}^3}{RT} = \frac{253\ \text{kPa} \times 2.0\ \text{dm}^3}{RT}$$

$$p_{初} = \frac{253 \times 2.0}{5.0}\text{kPa} = 101.2\ \text{kPa}$$

(2)

$$\frac{n_{N_2}}{n_{总}} = \frac{V_{N_2}}{V_{总}} = \frac{4.0}{5.0} = \frac{p_{N_2}}{p_{总}}$$

$$p_{N_2} = \frac{4}{5}p_{总} = \left(\frac{4}{5} \times 253\right)\text{kPa} = 202.4\ \text{kPa}$$

$$p_{O_2} = \frac{1}{5}p_{总} = \left(\frac{1}{5} \times 253\right)\text{kPa} = 50.6\ \text{kPa}$$

(3)

$$n_i = \frac{p_i V}{RT}$$

$$n_{N_2} = \frac{202.4 \times 2.0}{8.314 \times 273.15}\text{mol} = 0.178\ \text{mol}$$

$$n_{O_2}=\frac{50.6\times2.0}{8.314\times273.15}\text{mol}=0.045\ \text{mol}$$

2. 阿马格(Amagat)分体积定律

Amagat 对低压气体的实验测定表明:混合气体的总体积等于各组分的分体积之和。分体积是指混合气体中任一组分气体在与混合气体相同的温度、压力条件下单独存在时所占有的体积。该定律可表示为

$$V(p,T)=V_A(p,T)+V_B(p,T)+\cdots$$

或

$$V=\sum V_i \tag{1.8}$$

任一组分 i 的分体积 V_i 等于它在混合气体中的摩尔分数 y_i 与总体积 V 的乘积,即

$$V_i=y_iV \tag{1.9}$$

式中,V_i 为组分 i 的分体积,y_i 为混合气体中气体 i 的摩尔分数,V 为混合气体的总体积。

设温度为 T、压力为 p 的容器中装有理想气体混合物,混合气体的总体积为 V,物质的量为 n,则

$$V=nRT/p$$

将此式代入式(1.9),得

$$V_i=y_inRT/p$$

因为

$$y_i=n_i/n$$

所以

$$V_i=n_iRT/p \tag{1.10}$$

式(1.10)说明:理想气体混合物中,某组分气体的体积等于在相同温度 T 和相同压力 p 时,该气体单独存在时所占的体积。Amagat 分体积定律也只适用于理想气体混合物;对于真实气体,各组分的体积不等于它单独存在时所占有的体积,即 Amagat 分体积定律不能成立。在低压下的真实混合气体近似服从 Amagat 分体积定律,可以用来解决一些问题。

【例 1-4】 设有一混合气体,压力为 101.325 kPa,取样气体体积为 0.100 dm^3,用气体分析仪进行分析。首先用氢氧化钠溶液吸收 CO_2,吸收后剩余气体体积为 0.097 dm^3;接着用焦性没食子酸溶液吸收 O_2,吸收后余下气体体积为 0.096 dm^3;再用浓硫酸吸收乙烯,最后剩余气体的体积为 0.063 dm^3。已知混合气体有 CO_2、O_2、C_2H_4、H_2 四个组分,试求:(1)各组分的物质的量分数;(2)各组分的分压。(忽略经过溶液吸收后气体中饱和的水蒸气。)

解　(1) CO_2 吸收前,气体体积为 0.100 dm^3,吸收后为 0.097 dm^3,显然 CO_2 的分体积为(0.100−0.097)dm^3=0.003 dm^3,其他气体的分体积计算方法以此类推。按式(1.9),各气体的物质的量分数为

$$y(CO_2)=\frac{V(CO_2)}{V}=\frac{0.100-0.097}{0.100}=0.030$$

$$y(O_2)=\frac{V(O_2)}{V}=\frac{0.097-0.096}{0.100}=0.010$$

$$y(C_2H_4)=\frac{V(C_2H_4)}{V}=\frac{0.096-0.063}{0.100}=0.330$$

$$y(H_2)=\frac{V(H_2)}{V}=\frac{0.063}{0.100}=0.630$$

(2) 由式(1.6),各气体的分压为

$$p(CO_2)=y(CO_2)\times p=0.030\times 101.325\ \text{kPa}=3.040\ \text{kPa}$$
$$p(O_2)=y(O_2)\times p=0.010\times 101.325\ \text{kPa}=1.013\ \text{kPa}$$
$$p(C_2H_4)=y(C_2H_4)\times p=0.330\times 101.325\ \text{kPa}=33.437\ \text{kPa}$$
$$p(H_2)=y(H_2)\times p=0.630\times 101.325\ \text{kPa}=63.835\ \text{kPa}$$

3. 气体混合物的平均摩尔质量

在对混合气体进行 p、V、T 计算时,常会涉及气体混合物的平均摩尔质量问题。

设有 A、B 二组分气体混合物,其摩尔质量分别为 M_A、M_B,则气体混合物的物质的量 n 为

$$n=n_A+n_B$$

若气体混合物的质量为 m,则气体混合物的平均摩尔质量$\overline{M}$为

$$\overline{M}=\frac{m}{n}=\frac{n_AM_A+n_BM_B}{n}=y_AM_A+y_BM_B$$

即气体混合物的平均摩尔质量等于各组分物质的量分数与它们的摩尔质量乘积的总和。通式为

$$\overline{M}=\sum_i y_iM_i \tag{1.11}$$

式中,y_i 为组分 i 的物质的量分数,量纲为 1;M_i 为组分 i 的摩尔质量,$\text{kg}\cdot\text{mol}^{-1}$。

式(1.11)不仅适用于气体混合物,也适用于液体及固体混合物。

【例 1-5】 某混合气体中各气体的体积分数分别为:H_2O,0.50;CO,0.38;N_2,0.06;CO_2,0.05;CH_4,0.01。在 25 ℃、100 kPa 下,(1) 求各组分的分压;(2) 计算混合气的平均摩尔质量和在该条件下的密度。

解 (1) 依据式(1.9)可得混合气中各组分的物质的量分数为

$y(H_2O)=0.50$, $y(CO)=0.38$, $y(N_2)=0.06$, $y(CO_2)=0.05$, $y(CH_4)=0.01$

据式(1.6)可得各组分的分压分别为

$$p(H_2O)=y(H_2O)\times p=0.50\times 100\ \text{kPa}=50.0\ \text{kPa}$$
$$p(CO)=y(CO)\times p=0.38\times 100\ \text{kPa}=38.0\ \text{kPa}$$
$$p(N_2)=y(N_2)\times p=0.06\times 100\ \text{kPa}=6.0\ \text{kPa}$$
$$p(CO_2)=y(CO_2)\times p=0.05\times 100\ \text{kPa}=5.0\ \text{kPa}$$
$$p(CH_4)=y(CH_4)\times p=0.01\times 100\ \text{kPa}=1.0\ \text{kPa}$$

(2) 按式(1.11)可得混合气的平均摩尔质量为

$$\begin{aligned}\overline{M}&=y(H_2O)M(H_2O)+y(CO)M(CO)+y(N_2)M(N_2)\\&\quad+y(CO_2)M(CO_2)+y(CH_4)M(CH_4)\\&=(0.50\times 18+0.38\times 28+0.06\times 28+0.05\times 44+0.01\times 16)\text{g}\cdot\text{mol}^{-1}\\&=23.68\ \text{g}\cdot\text{mol}^{-1}\end{aligned}$$

$$=2.368\times10^{-2}\ \text{kg}\cdot\text{mol}^{-1}$$

依式(1.4),混合气在25℃、100 kPa下的密度为

$$\rho=\frac{p\overline{M}}{RT}=\frac{100\times10^{3}\times23.68}{8.314\times298.15}\ \text{kg}\cdot\text{m}^{-3}=0.96\ \text{kg}\cdot\text{m}^{-3}$$

§1.3 真实气体的液化

理想气体的分子间没有相互作用力,因此在任何温度和压力下,都不会变为液体。但对于实际气体来说,由于气体分子之间的距离缩短和平均动能的降低,分子之间的相互作用力及分子本身的体积都不能忽略。降低温度与增加压力可使气体的摩尔体积减小,即分子间的距离减小,这可使分子间的相互吸引作用增强,导致气体变为液体。

在一定外界条件下,任何物质都具有从气体到液体这一变化的共性。对实际气体的 p、V、T 进行完整的测定,就能进一步了解实际气体的液化过程及另一个重要的物理性质——临界点。1869年,安德鲁斯(Andrews)根据实验得到 CO_2 的 p-V-T 图,又称为 CO_2 的等温线,如图1-2所示。当温度达到31.1℃时,液体和蒸气的界面突然消失。高于此温度时,无论加多大的压力,都无法再使气体 CO_2 液化,这种现象在其他液体实验中也同样可以观察到。Andrews把能够以加压方法使气体液化的最高温度,称为"临界温度"(critical temperature),用 T_c 表示。在临界温度下为使气体液化所需施加的最小压力,称为"临界压力"(critical pressure),用 p_c 表示。物质在临界温度和临界压力下的摩尔体积,称为"临界摩尔体积"(critical molar volume),用 $V_{c,m}$ 表示。临界温度、临界压力和临界摩尔体积,三者总称"临界常数"(critical constants),见表1-1。

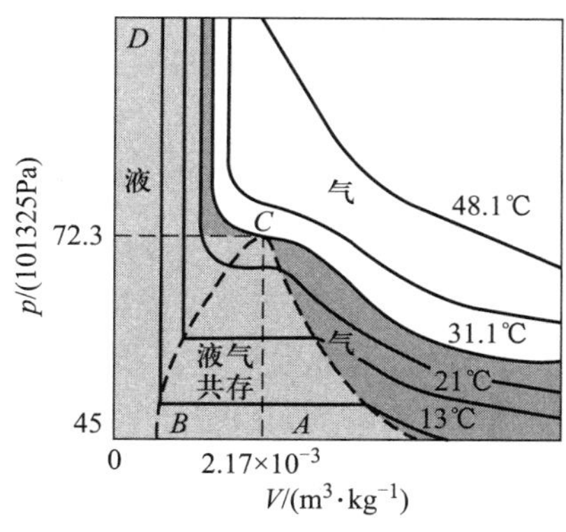

图1-2 CO_2 的 p-V 等温线

如图1-2所示,在温度高于临界温度时,每条等温线都是光滑曲线。实验中发现,CO_2 在 T_c 以上的任何压力下都不会出现液化现象。温度越高,等温线也越接近理想气体等温线。温度低于 T_c 的等温线由三部分组成:① 在较低压时,体积随压力的增大而减小,与理想气体等温线基本相似。② 当压力增大到某一数值时,CO_2 开始液化,随着体积缩小,压力却保持不变,等温线呈水平,此时的压力为该温度下液态 CO_2 的饱和蒸气压。水平等温线右端对应的

摩尔体积就是该温度下 CO_2 气体刚刚开始液化时饱和蒸气的摩尔体积，左端对应的是该温度下 CO_2 气体恰好完全液化时饱和液体的摩尔体积。③ 压力继续增加，体积变化很小，压力却急速上升，这时，等温线为一条极陡(斜率很大)的曲线，表明液体很难压缩。

将各温度下的等温线上水平段的两端用虚线连起来，如图 1-2 的 ABC 区，在该区内气体与液体在一定温度和压力下平衡共存，在虚线以外是气体或液体，随着温度的升高，水平段的长度逐渐缩短，当温度达到临界温度 T_c 时，等温线的水平段缩为一点，出现气液不分的混浊现象，这意味着此时气体和液体具有相同的质量和相同的摩尔体积。

表 1-1 一些常见气体的临界常数

气体	$p_c/(10^5\,Pa)$	T_c/K	$V_{c,m}/(dm^3\cdot mol^{-1})$
H_2	12.7	33.23	0.0650
He	2.29	5.3	0.0576
N_2	33.9	126.1	0.0900
O_2	50.3	153.4	0.0744
CH_4	46.2	190.2	0.0988
NH_3	113.0	405.6	0.0724
CO_2	73.9	304.1	0.0957
H_2O	220.6	647.2	0.0450

气态物质处于临界温度、临界压力和临界体积的状态下，我们称它处于临界状态。临界状态下气体和液体之间的性质差别消失，两者之间的界面也消失。气态物质在临界状态或者接近临界状态时表现出一些特殊的行为，对于理论发展和实际应用都有着重要意义，因而临界状态的现象和应用是近年来十分活跃的研究领域。

§1.4 真实气体的状态方程

实际气体的行为与理想气体有很大偏差，因此，利用理想气体状态方程不能很好地描述实际气体行为。自 19 世纪以来，为了能够比较准确地定量描述真实气体的 p、V、T，人们提出了二百多种描述实际气体状态的方程，它们的适用对象及精确程度也不尽相同。这其中最著名的就是由荷兰科学家范德华(J. D. van der Waals)提出的 van der Waals 方程。1873 年，van der Waals 考虑到实际气体与理想气体模型之间的差别，以前人的研究为基础，从理论上建立了真实气体的微观模型，并对理想气体状态方程进行了两方面的修正，最终提出了一个与实验结果比较一致的真实气体状态方程。

1. 体积修正项

在理想气体分子模型中，气体分子被视为没有体积的质点，理想气体状态方程中的体积项 V_m 应该是气体分子可以自由活动的空间；而对于实际气体，由于自身体积不能忽略，所以每个真实气体分子可以自由活动的空间不再是 V_m，而是必须从 V_m 中减去一个与分子自身体积有关的修正项 b。这样 1 mol 实际气体分子可以自由活动的空间为 V_m-b，于是理想气体状态方程可校正为

$$p(V_m - b) = RT$$

式中，b 为与气体性质有关的参量，约为 1 mol 气体分子本身真实体积的 4 倍。

2. 压力修正项

在考虑气体间引力的情况下，气体碰撞器壁所施加的压力比理想气体要小，如图 1-3 所示。

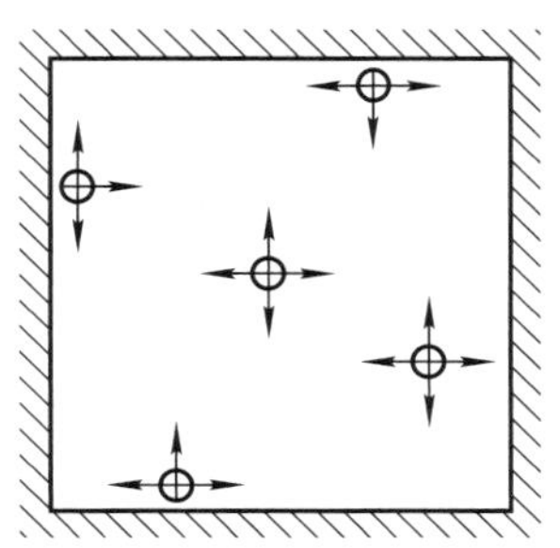

图 1-3　气体内部分子和靠近器壁分子的区别

处于气体内部的分子受各方向分子间的引力，其合力为零。当分子靠近器壁时，假定器壁对分子不产生引力作用（理想器壁），则分子在垂直于器壁方向所受引力指向气体内部并垂直于器壁，恰与分子碰撞器壁的方向相反，对分子碰撞器壁的压力将产生削弱的效果。这种由于分子内聚引力而引起的压力修正值称为"内压力"，用 p_a 表示。引入内压力的修正之后，气体碰撞器壁的实际压力可用下式表示：

$$p = p_{理想} - p_a$$

内压力取决于内部分子对靠近器壁分子的作用，其大小既与靠近器壁分子的密度（ρ）的平方成正比，也与内部分子的密度平方成正比。而气体的密度又与其摩尔体积成反比，故

$$p_a \propto \rho^2 \propto \frac{1}{V_m^2}$$

或

$$p_a = \frac{a}{V_m^2}$$

式中 a 为与气体性质有关的常数。考虑到分子本身体积和分子间作用力引起的上述修正，理想气体状态方程变为

$$p = \left(\frac{RT}{V_m - b}\right) - \frac{a}{V_m^2} \tag{1.12}$$

$$\left(p + \frac{a}{V_m^2}\right)(V_m - b) = RT \tag{1.13}$$

上式即为 van der Waals 方程。式中 a 为与分子间引力有关的常数，b 为与分子自身体积有关的常数，a、b 统称为 van der Waals 常量，其值可由实验测定。表 1-2 列举了一些气体的 a 和 b 的数值。

表 1-2 某些气体的 van der Waals 常量 a, b

气体	a /(Pa·m^6·mol^{-2})	b /(10^{-4} m^3·mol^{-1})	气体	a /(Pa·m^6·mol^{-2})	b /(10^{-4} m^3·mol^{-1})
Ar	0.1353	0.322	H_2S	0.4519	0.437
Cl_2	0.6576	0.562	NO	0.1418	0.283
H_2	0.02432	0.266	NH_3	0.4246	0.373
He	0.003445	0.236	CCl_4	1.9788	1.268
Kr	0.2350	0.399	CO	0.1479	0.393
N_2	0.1368	0.386	CO_2	0.3658	0.428
Ne	0.02127	0.174	$CHCl_3$	0.7579	0.649
O_2	0.1378	0.318	CH_4	0.2280	0.427
Xe	0.4154	0.511	C_2H_2	0.4438	0.511
H_2O	0.5532	0.305	C_2H_4	0.4519	0.570
HCl	0.3718	0.408	C_2H_6	0.5492	0.642
HBr	0.4519	0.443	乙醇	1.2159	0.839
HI	0.6313	0.531	二乙醚	1.7671	1.349
SO_2	0.686	0.568	C_6H_6	1.9029	1.208

由表 1-2 中数据可以看出：愈易液化的气体，其 a 值愈大，故 a 值可作为分子间引力大小的衡量标准。

与理想气体状态方程相比，van der Waals 方程在较为广泛的温度和压力范围内可以更为精确地描述实际气体的行为。符合 van der Waals 方程的实际气体称为 van der Waals 气体；当 $p \to 0$ 时，$V \to \infty$，van der Waals 方程还原成理想气体状态方程。

本章小结

人类在长期的生活实践中总结出来的一些描述气体宏观性质的规律是学习本章的基础。本章首先从理想气体入手，介绍描述理想气体性质的理想气体状态方程和分压定律。然后，通过比较真实气体与理想气体的差异，进一步研究描述了真实气体性质。

通过本章的学习，需要掌握理想气体状态方程，掌握分压力、分体积概念及计算；了解真实气体与理想气体的偏差，理解 van der Waals 方程，能用 van der Waals 方程对中压范围内真实气体进行计算；了解真实气体的液化及临界现象。通过对气体的讨论学习，可以了解科学研究的一般方法，即从获得的实验结果出发，通过建立理论的微观模型，得出一般规律和定律，从而对观察到的宏观现象作出微观本质的解释。另外，由简单(理想)气体导出的状态方程，经过修正，可以用于研究更复杂的物质体系；同时，也为学习热力学和统计热力学理论提供了一个简单易懂的物质体系。

拓展阅读及相关链接

1. 傅献彩,沈文霞,姚天扬,等. 物理化学. 第五版. 北京:高等教育出版社,2005.
2. 肖衍繁,李文斌,李志伟. 物理化学解题指南. 北京:高等教育出版社,2003.
3. 天津大学物理化学精品课程:
   http://course.jingpinke.com/details/chapters?uuid=8a833996-18ac928d-0118-ac928fc5-02aa&courseID=A050085
4. 南京大学物理化学国家精品课程:
   http://course.jingpinke.com/details/examples?uuid=8a833996-18ac928d-0118-ac9291d9-0624&courseID=A030047&resourceType=example
5. 复旦大学物理化学网络视频资源:
   http://video.jingpinke.com/details?uuid=8a83399b-19cc280d-0119-cc280d75-0051
6. 中山大学物理化学国家精品课程:
   http://ce.sysu.edu.cn/Echemi/phychemi/

参 考 文 献

[1] 傅献彩,沈文霞,姚天扬,等. 物理化学. 第五版. 北京:高等教育出版社,2005.
[2] 沈文霞. 物理化学核心教程. 第二版. 北京:科学出版社,2004.
[3] 朱文涛. 基础物理化学. 北京:清华大学出版社,2011.
[4] 孙世刚. 物理化学. 厦门:厦门大学出版社,2008.
[5] 刘光东,崔宝秋. 物理化学. 武汉:华中科技大学出版社,2010.

习　　题

1. 一密闭刚性容器中充满了空气,并有少量的水。当容器于 300 K 条件下达平衡时,容器内压力为 101.325 kPa。若把该容器移至 373.15 K 的沸水中,试求容器中到达新的平衡时应有的压力。设容器中始终有水存在,且可忽略水的任何体积变化。300 K 时水的饱和蒸气压为 3.567 kPa。

2. 将温度为 300 K、压力为 1800 kPa 的钢瓶中的氮气,放入体积为 20 dm^3 的贮气瓶中,使贮气瓶压力在 300 K 时为 100 kPa,这时原来钢瓶中的压力降为 1600 kPa(假设温度未变)。试求原钢瓶的体积。仍假设气体可作为理想气体处理。

3. 用电解水的方法制备氢气时,氢气总是被水蒸气饱和,现常用降温的方法去除部分水蒸气。将在 298 K 条件下制得的饱和了水汽的氢气通入 283 K、压力恒定为 128.5 kPa 的冷凝器中,试计算冷凝前后混合气体中水汽的摩尔分数。已知在 298 K 和 283 K 时,水的饱和蒸气压分别为 3.167 kPa 和 1.227 kPa,混合气体近似作为理想气体。

4. 某气柜内贮存氯乙烯 $CH_2=CHCl(g)$ 300 m^3,压力为 122 kPa,温度为 300 K,求气柜内氯乙烯气体的密度和质量。若提用其中的 100 m^3,相当于氯乙烯的物质的量为多少?已知其摩尔质量为 62.5 $g\cdot mol^{-1}$,设气体为理想气体。

5. 有氮气和甲烷(均为气体)的气体混合物 100 g,已知氮气的质量分数为 0.31。在 420 K 和一定压力下混合气体的体积为 9.95 dm^3,求混合气体的总压力和各组分的分压。假定混合气体遵守 Dalton 分压定律。已知氮气和甲烷的摩尔质量分别为 28 $g\cdot mol^{-1}$ 和 16 $g\cdot mol^{-1}$。

6. 某一容器中含有 $H_2(g)$和 $N_2(g)$两种气体，压力为 152 kPa，温度为 300 K。将 $N_2(g)$分离后，只留下 $H_2(g)$，保持温度不变，压力降为 50.7 kPa，气体质量减少 14 g。试计算：

(1) 容器的体积；

(2) 容器中 $H_2(g)$的质量；

(3) 容器中最初的气体混合物中，$H_2(g)$和 $N_2(g)$的摩尔分数。

7. 设某水煤气中各组分的质量分数分别为：$w(H_2)=0.064$，$w(CO)=0.678$，$w(N_2)=0.107$，$w(CO_2)=0.140$，$w(CH_4)=0.011$。试计算：

(1) 混合气中各气体的摩尔分数；

(2) 混合气在 670 K 和 152 kPa 时的密度；

(3) 各气体在上述条件下的分压。

8. 两个容积均为 V 的玻璃球泡之间用细管连接，泡内密封着标准状态下的空气。若将其中的一个球加热到 100 ℃，另一个球则维持 0 ℃，忽略连接细管中气体体积，试求该容器内空气的压力。

9. 今有 20 ℃ 的乙烷-丁烷混合气体，充入一抽成真空的 200 cm^3 容器中，直至压力达 101.325 kPa，测得容器中混合气体的质量为 0.3897 g。试求该混合气体中两种组分的摩尔分数及分压力。

10. 如下图所示，一带隔板的容器内，两侧分别有同温同压的氢气与氮气，二者均可视为理想气体。

H_2 3 dm^3	N_2 1 dm^3
p， T	p， T

(1) 保持容器内温度恒定时抽去隔板，且隔板本身的体积可忽略不计，试求两种气体混合后的压力。

(2) 隔板抽去前后，H_2 及 N_2 的摩尔体积是否相同？

(3) 隔板抽去后，混合气体中 H_2 及 N_2 的分压力之比以及它们的分体积各为若干？

11. CO_2 气体在 40 ℃时的摩尔体积为 0.381 $dm^3 \cdot mol^{-1}$。设 CO_2 为 van der Waals 气体，试求其压力，并比较与实验值 5066.3 kPa 的相对误差。

第 2 章　热力学基本原理

本章学习目标：

- 理解并掌握状态函数、系统与环境、过程与途径等概念。
- 掌握热和功，以及热力学能、焓、热容等物理量的定义。
- 理解并掌握热力学第一定律的内容；掌握理想气体 p、V、T 变化过程，相变过程和化学反应过程中 ΔU、ΔH、Q 和 W 的计算方法。
- 理解并掌握热力学第二定律的内容。
- 掌握熵 S、Gibbs 自由能 G 和 Helmholtz 自由能 A 的定义；掌握不同过程的 ΔS、ΔG 和 ΔA 的计算方法。
- 掌握热力学三大判据、热力学基本方程和 Maxwell 关系式及其应用。
- 掌握热力学第三定律的内容及其应用。

§2.1　热力学概论和一些基本概念

热力学(thermodynamics)是研究热现象与其他形式能量之间相互转换过程中所遵循规律的科学。热力学发展初期主要是研究热和机械功之间的相互转化关系，随着科学的发展，热力学的研究范围也在不断地扩大和延伸。如将热力学方法用于工程学称为工程热力学，将热力学应用于化学称为化学热力学(chemical thermodynamics)，后者是物理化学课程的重要组成部分。

热力学的理论体系主要建立在两个热力学经验定律的基础之上，即热力学第一定律和热力学第二定律。这两个热力学定律是在研究能量转化、热功当量、热机及其效率的过程中发展起来的，是人们通过大量经验事实总结归纳出来的，虽然不能用逻辑推理或其他方法加以推导、证明，但它们的正确性却已为无数次的实验事实所验证。自两个定律创立以来，还从未发现有任何实验事实违背这两个定律，而企图违背这两个定律的实验均以失败告终，这足以证明这两个定律的正确性。

运用热力学第一定律可以计算物理和化学变化过程中的能量效应，通过热力学第二定律可解决物理和化学变化的方向和限度问题。在 20 世纪初提出的热力学第三定律，是一个有关低温现象的定律，它的应用虽没有热力学第一定律和热力学第二定律广泛，但却在化学平衡的计算中具有重要的意义。

热力学研究的是大量分子的集合体，所得结论具有统计意义。它从基本定律出发，根据体系的宏观性质，确定体系的始态和终态并运用严格的逻辑推理和数学推导以预示过程的方向和限度。热力学方法不考察物质的微观结构，不考虑变化过程中的细节，这是热力学方法的特点，也是它的局限所在。但是由于它有坚实的实验基础，其结论具有高度的可靠性和普适性，因此在生产实际和科学实验中具有重大的指导作用。例如,热力学计算结果表明,在常温常压下将氢气和氧气混合能够生成水,但实际上将这两种气体放置一处,经长时间的观察也看不到反应发生,这就提示我们其反应速率较慢,可加入催化剂或改变途径来快速完成该反应。又如,人们无数次进行了利用石墨制造金刚石的实验,但都失败了。后经热力学计算发现,只有在压力超过 1.5 GPa 时,这种转变才有可能实现。热力学只能解决在某种条件下变化(反应)的方向问题,但至于如何具体实现这一变化,还需要与动力学等其他学科结合,才能解决实际问题。

1. 系统与环境

在进行热力学研究时,必须首先确定所要研究的对象,把所要研究的对象与其余的部分分开,它们之间的界面可以是实际的,也可以是想象的。这种被人为划定的对象称为系统(system),而系统以外与系统密切相关且影响所能及的部分则称为环境(surrounding)。

根据系统与环境之间物质和能量交换的关系,把系统分为三类:

(1) 敞开系统(open system)。系统和环境之间既有物质的交换,又有能量的交换。

(2) 封闭系统(closed system)。系统和环境之间没有物质的交换,但有能量的交换。

(3) 孤立系统(isolated system)。又称隔离系统,系统和环境之间既没有物质的交换,也没有能量的交换。真正的孤立系统是理想化的、不存在的。但是为了研究问题的方便,热力学中常把封闭系统和与系统密切相关的那一部分环境合并在一起视为孤立系统。

2. 系统的性质

用于描述系统热力学状态的宏观物理量称为系统的性质,又称为热力学变量(thermodynamic variable),如体积、压力、温度、黏度、表面张力以及部分热力学函数等都是系统的性质。根据它们与系统的物质的量的关系,可以把它们分为两类:

(1) 广度性质(extensive property)。广度性质的数值与系统的物质的量成正比,具有加和性,即整个系统的某种广度性质是系统中各部分该性质数值的加和,如体积、质量和热力学能等。

(2) 强度性质(intensive property)。强度性质的数值只与系统自身的特性有关,与系统的物质的量无关,没有加和性,如温度、压力、密度和黏度等。

系统的两个广度性质之比,或者广度性质除以系统的物质的量,就得到强度性质。如质量与体积之比为密度,是强度性质;质量与物质的量之比所得的摩尔质量也为强度性质。

3. 热力学平衡态

当系统的各种性质不随时间而变化时,则系统就处于热力学平衡状态。这时,系统必须同时满足以下四个平衡条件:

(1) 热平衡(thermal equilibrium)。系统的各部分温度相等。

(2) 力平衡(mechanical equilibrium)。系统内各部分之间以及系统与环境之间,没有不平衡的力存在。在不考虑重力场的影响下,就是指系统的各部分压力相等。

(3) 相平衡(phase equilibrium)。当系统发生相变并达到平衡后,系统中各相的组成和数量不随时间而变化。

(4) 化学平衡(chemical equilibrium)。当化学反应达到平衡后,系统的组成不随时间而变化。

在以后的讨论中,如说系统处于某个定态,若不特别注明,均指系统处于热力学平衡态。

如果上述四个条件有一个得不到满足，则该系统就不处于热力学平衡态，它的状态就不能用系统的性质简单地描述出来。

4. 状态与状态函数

系统的状态(state)是系统的物理性质和化学性质的综合表现。通常把系统变化前的状态称为始态，变化后的状态称为终态。描述系统的状态要用到系统的一系列性质，如温度、压力、体积、物质的量和组成等。系统状态与系统的性质之间密切相关，系统状态确定，系统的全部状态性质也都有确定的值；反之亦然。系统的性质又可称为系统的状态函数(state function)。

系统的性质只取决于系统目前所处的状态，而与过去的历史无关。当系统的状态确定后，状态函数的值随之确定；反之，系统的状态改变，状态函数也会相应改变。状态函数的变化值仅与系统的始态和终态有关，而与变化所经历的具体步骤无关。一旦系统恢复原状，则所有的状态函数也都复原。状态函数的这种特性可以用如下四句话描述，即"异途同归，值变相等；周而复始，数值还原"。

状态函数在数学上具有全微分的性质，可以按全微分的关系进行处理。例如，当状态函数 Z 发生一个无限小的变化时，其变化值用 $\mathrm{d}Z$ 表示，当状态函数由始态 1 的 Z_1 变到终态 2 的 Z_2 时，则状态函数的变化值可用积分计算，而与具体的变化途径无关。

$$\Delta Z = \int_{Z_1}^{Z_2} \mathrm{d}Z = Z_2 - Z_1 \tag{2.1}$$

当系统经历一个循环过程，则所有状态函数复原，状态函数的变化值为零：

$$\oint \mathrm{d}Z = 0 \tag{2.2}$$

描述均相系统状态函数之间的定量关系式称为状态方程(equation of state)。经验证明：对于一定量的单组分均相体系，状态函数 T、p、V 之间有一定的联系，可表示为

$$V = f(p, T)$$

对于多组分均相系统，系统的状态还与组成有关：

$$V = f(p, T, n_1, n_2, \cdots)$$

式中 $n_1, n_2, \cdots$ 是物质 1,2 …的物质的量。

5. 过程与途径

在一定的环境条件下，系统由始态变到终态，称之为系统发生了一个热力学过程，简称过程(process)。完成这一过程的具体步骤则称为途径(path)。

常见的过程有如下 5 种：

(1) 等温过程(isothermal process)。系统由始态变到终态，始态温度 T_1、终态温度 T_2 及环境温度 T_e 相等，即 $T_1 = T_2 = T_e$。

(2) 等压过程(isobaric process)。系统的始态压力等于终态压力，且与环境压力相同，即 $p_1 = p_2 = p_e$。

(3) 等容过程(isochoric process)。系统在变化过程中保持体积不变。在刚性容器中发生的变化一般为等容过程。

(4) 绝热过程(adiabatic process)。系统在变化过程中与环境间没有热交换。在绝热容器中发生的过程通常视为绝热过程，或因为变化太快而系统与环境之间来不及热交换或热交换

量极少时的过程可近似视为绝热过程。

(5) 循环过程(cyclic process)。系统从始态出发,经过一系列变化后又回到原来的状态。系统经历循环过程,所有的状态函数变化值均为零。

6. 热和功

在热力学中,热(heat)和功(work)是系统和环境之间能量交换的两种不同形式。热和功都是和过程联系在一起的,因此,热和功不是状态函数,而是过程量,其微小的变化值用符号"δ"表示,以区别于状态函数的微小变化"d"。

热,又称为热量,定义为系统和环境之间因温度差而传递的能量,用符号 Q 表示,单位为能量的单位 J 或 kJ。Q 的取号规定如下:系统吸热,$Q>0$;系统放热,$Q<0$。热力学中,除热以外,系统和环境之间传递的其他能量均称为功,用符号 W 表示,功的单位和热相同,也为 J 或 kJ。W 的取号规定如下:系统对环境做功,$W<0$;环境对系统做功,$W>0$。功的种类有很多种,如体积功(W_e)、表面功和电功等。热力学中把除体积功(也称为膨胀功)以外的功,称为非体积功(非膨胀功),用符号 W_f 表示。

§2.2 热力学第一定律

1. 热力学能

系统的总能量(E)由系统整体运动的动能(T)、系统在外力场中的位能(V)和热力学能(U)三部分构成。在化学热力学中,通常研究宏观静止的平衡系统,不考虑特殊的外力场,因此不考虑动能和位能,而只关注热力学能。热力学能,又称内能,是指系统内分子运动的平动能、转动能、振动能、电子及核运动的能量,以及分子与分子间相互作用的位能等能量的总和。由于物质运动形式及分子内部结构的研究是不断发展、无穷尽的,因此热力学能的绝对值无法确定。热力学能是一个反映系统内部能量的函数,与系统的状态是一一对应的关系,它的数值只取决于系统的始态和终态,与变化的途径无关。热力学能是一个状态函数,是系统的广度性质,与物质的数量成正比。对于一个单组分均相封闭系统,可将热力学能表示为 $U=f(T,V)$ 或 $U=f(T,p)$。热力学能在数学上具有全微分的性质,可表示为

$$dU=\left(\frac{\partial U}{\partial T}\right)_V dT+\left(\frac{\partial U}{\partial V}\right)_T dV \tag{2.3}$$

$$dU=\left(\frac{\partial U}{\partial T}\right)_p dT+\left(\frac{\partial U}{\partial p}\right)_T dp \tag{2.4}$$

2. 热力学第一定律概述

自然界的一切物质都具有能量。能量有各种形式,能够从一种形式转化为另一种形式,在转化中,能量的总值不变,这就是能量守恒定律。热力学第一定律是能量守恒定律在热现象领域内所具有的特殊形式。它是人类长期经验的总结,无数事实证明了这个定律的正确性。

热力学第一定律有多种表述形式,例如可以表述为"第一类永动机是不可能造成的"。第一类永动机是指既不消耗燃料和动力,本身也不减少能量,却可以不断对外工作的机器。这种机器显然与能量守恒定律相矛盾。历史上人们多次尝试制造第一类永动机,但均以失败告终,这也进一步证明了热力学第一定律的正确性。

对于封闭系统,当系统经历某个过程由始态 1 变化到终态 2 时,若系统在此过程中从环境

吸收的热量为 Q，环境对系统做的功为 W，则根据热力学第一定律，系统的热力学能变化是

$$\Delta U = U_2 - U_1 = Q + W \tag{2.5}$$

若系统发生微小变化，则热力学能的变化是

$$dU = \delta Q + \delta W \tag{2.6}$$

以上两式均为热力学第一定律的数学表达式。它们的适用条件均为封闭系统。

§2.3　功和过程

1. 功与过程的关系

功是过程量，其数值与途径有关。若系统抵抗外压 p_e 体积改变了 dV，则体积功的计算式为

$$\delta W = -p_e dV \tag{2.7}$$

当气体膨胀时，体积增加，$dV>0$，则 $\delta W<0$，表明该过程系统对环境做功；当气体被压缩时，体积减小，$dV<0$，则 $\delta W>0$，表明该过程环境对系统做功。以此为依据，可以计算不同过程的体积功。

考察物质的量为 n 的理想气体定温下由始态 $1(n,T,p_1,V_1)$ 经四种不同途径膨胀至终态 $2(n,T,p_2,V_2)$ 所做的体积功：

(1) 真空(自由)膨胀

若外压 p_e 为零，这种膨胀过程称为真空膨胀，又称为自由膨胀。由于 $p_e=0$，故

$$W_1 = 0$$

(2) 一次膨胀

若外压一直保持为 p_2 不变，则系统从始态 1 膨胀到终态 2 所做的功为

$$W_2 = -\int_{V_1}^{V_2} p_e dV = -p_2(V_2 - V_1)$$

(3) 二次膨胀

系统由始态 1 经历外压为 p' 的等外压(外压为 p'，如图 2-1 所示)过程膨胀至中间态(n, T, p', V')，再经外压为 p_2 的等外压过程由中间态膨胀至终态 2，整个过程所做的功为

$$W_3 = -\int_{V_1}^{V'} p' dV - \int_{V'}^{V_2} p_2 dV = -p'(V' - V_1) - p_2(V_2 - V')$$

显然，系统对环境经二次膨胀所做的功比一次膨胀的功大。以此类推，分步膨胀次数越多，系统对外所做的功越大。

(4) 可逆膨胀

若外压 p_e 总是比系统的压力小一个无限小的量 dp，即 $p_e = p - dp$。这一过程进行得非常缓慢，这样系统就有足够的时间由不平衡态重新回到平衡态。整个过程可以看成由一系列无限接近于平衡的状态所构成，这种过程称为“准静态过程”或“可逆过程”(reversible process)。该过程的功的计算如下：

$$W_4 = -\int_{V_1}^{V_2} p_e dV = -\int_{V_1}^{V_2} (p - dp) dV$$

略去二级无限小值 $dp dV$，若气体为理想气体且温度恒定，则

$$W_4=-\int_{V_1}^{V_2}p\,\mathrm{d}V=-\int_{V_1}^{V_2}\frac{nRT}{V}\mathrm{d}V=-nRT\ln\frac{V_2}{V_1}=-nRT\ln\frac{p_1}{p_2} \tag{2.8}$$

这四种等温膨胀过程的功可用图 2-1 表示。真空膨胀系统所做的功为零，一次膨胀系统所做的功 W_2 的绝对值为 $dcgh$ 的面积，二次膨胀系统做的功 W_3 的绝对值为 $dbefgh$ 的面积，可逆过程系统做的功 W_4 的绝对值由面积 $daegh$ 表示。因此，功为过程量，与变化的途径有关，等温可逆膨胀系统对环境做的功最大，常用 $W_{\max}$ 表示。

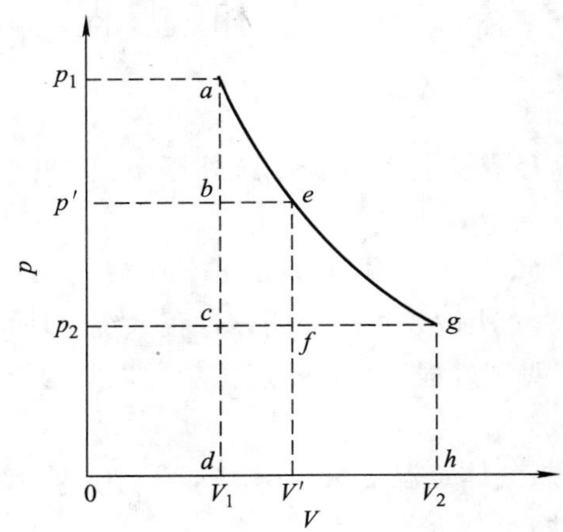

图 2-1　功与过程的关系

2. 可逆过程

系统经历某一过程之后，能使系统和环境都完全复原的过程称为可逆过程；反之，用任何方法都不可能使系统和环境完全复原的过程则称为不可逆过程(irreversible process)。

例如，等温可逆膨胀的逆过程是等温可逆压缩，可将外压保持为比系统压力大一个无限小的量 $\mathrm{d}p$ ($p_e=p+\mathrm{d}p$) 以实现这一过程，等温下由终态 $2(n,T,p_2,V_2)$ 压回始态 $1(n,T,p_1,V_1)$。则环境在这一过程中对系统所做的功为

$$W=-nRT\ln\frac{V_1}{V_2}$$

由此可见，等温可逆压缩与等温可逆膨胀所做的功数值相等，符号相反。若系统由始态 1 经等温可逆膨胀变到终态 2，再经等温可逆压缩回到始态 1，经历一个循环过程，系统回到了原来的状态，即 $\Delta U=0$。环境所做的功等于上述两个过程功之和，即 $W=0$，根据热力学第一定律可知，$Q=0$。这一结论表明：经历这一循环过程后环境和系统之间无热功交换，环境也恢复了原状。因此，等温可逆膨胀为可逆过程。

还可以举出很多接近于可逆过程的实际变化。例如，液体在其正常沸点(外压为 100 kPa)的蒸发，固体在其熔点时的熔化等。另外，液体在某一温度(外压为液体在该温度下的饱和蒸气压)下的蒸发或固体在某一温度(外压为固体在该温度下的饱和蒸气压)下的升华均可视为可逆过程。

总结起来，可逆过程具有以下特点：

(1) 可逆过程由一系列无限接近于平衡的状态构成。

(2) 若系统沿着原变化过程的逆过程进行，系统和环境均能复原。

(3) 在等温可逆膨胀过程中，系统对环境所做的功(绝对值)最大；在等温可逆压缩过程中，环境对系统所做的功最小。

§2.4 热和热容

1. 等容热(Q_V)

若系统在变化过程中保持体积不变，与环境交换的热量称为等容热，用符号 Q_V 表示。

若系统进行一非体积功为零的等容过程，则 $W=0$，根据热力学第一定律得

$$\mathrm{d}U=\delta Q_V \quad \text{或} \quad \Delta U=Q_V \tag{2.9}$$

式(2.9)表明：非体积功为零的等容过程，系统吸收的等容热等于热力学能的变化值。

2. 等压热(Q_p)和焓

若系统在变化过程中保持压力不变，与环境交换的热量称为等压热，用符号 Q_p 表示。

若系统进行一非体积功为零的等压过程，则 $p=p_{\text{sur}}$，根据热力学第一定律得

$$\mathrm{d}U=\delta Q_p+\delta W_{\mathrm{e}}=\delta Q_p-p\,\mathrm{d}V$$

移项得

$$\delta Q_p=\mathrm{d}U+p\,\mathrm{d}V=\mathrm{d}(U+pV)$$

因为 U、p、V 均为系统的状态函数，则将 $U+pV$ 合并起来考虑，则其数值也只与系统的状态有关，因此，在热力学上把 $U+pV$ 定义为焓(enthalpy)，并用符号 H 表示。焓的定义式为

$$H\equiv U+pV \tag{2.10}$$

则

$$\delta Q_p=\mathrm{d}H \quad \text{或} \quad Q_p=\Delta H \tag{2.11}$$

式(2.11)表明：非体积功为零的等压过程，系统吸收的热等于系统的焓变。焓没有明确的物理意义，因为热力学能的绝对值无法确定，故焓的绝对值也无法确定。焓的单位为能量的单位，J 或 kJ。

3. 热容

对没有相变化和化学变化且不做非体积功的均相封闭系统，使系统温度升高 1 K 所需的热称为热容(heat capacity)，用符号 C 表示，热容的单位为 $\mathrm{J\cdot K^{-1}}$。热容显然与系统的物质的量及升温的条件有关，故将 1 mol 物质的热容称为摩尔热容，用符号 C_{m} 表示，单位为 $\mathrm{J\cdot K^{-1}\cdot mol^{-1}}$。等压过程的热容称为等压热容(heat capacity at constant pressure)，用符号 C_p 表示；等容过程的热容称为等容热容(heat capacity at constant volume)，用符号 C_V 表示；1 mol 物质等压过程的热容称为摩尔等压热容，用符号 $C_{p,\mathrm{m}}$表示；1 mol 物质等容过程的热容称为摩尔等容热容，用符号 $C_{V,\mathrm{m}}$表示。

$$C_p=\frac{\delta Q_p}{\mathrm{d}T}=\left(\frac{\partial H}{\partial T}\right)_p, \quad \Delta H=Q_p=\int C_p\,\mathrm{d}T \tag{2.12}$$

$$C_V=\frac{\delta Q_V}{\mathrm{d}T}=\left(\frac{\partial U}{\partial T}\right)_V, \quad \Delta U=Q_V=\int C_V\,\mathrm{d}T \tag{2.13}$$

热容是温度的函数，通常摩尔等压热容与温度的关系可表示为

$$C_{p,\mathrm{m}}=a+bT+cT^2+\cdots \tag{2.14}$$

或

$$C_{p,\mathrm{m}}=a'+b'T^{-1}+c'T^{-2}+\cdots$$

式中 a、b、c、a'、b'、c'等是经验常数，由各种物质自身的特性决定，可在相关热力学数据表或手册中查到。

§2.5 热力学第一定律的应用

2.5.1 对单纯物理变化过程的应用

1. 对理想气体的应用

(1) Joule 实验

1843 年，焦耳(Joule)设计了如下实验(图 2-2)：将两个容量较大且容积相等的导热容器中间用活塞连通并放置在一个大的水浴中，左边容器装满气体，右边容器抽成真空。旋开活塞，左边气体向右边真空膨胀，当系统达到平衡后，发现水温仍保持不变。就全部的实验结果来看，气体真空膨胀，$W=0$；膨胀过程中，水温不变，说明系统与环境没有热交换，$Q=0$；根据热力学第一定律，$\Delta U=0$。因此，从实验可以得出一个结论：理想气体在真空膨胀过程中温度不变，热力学能不变。

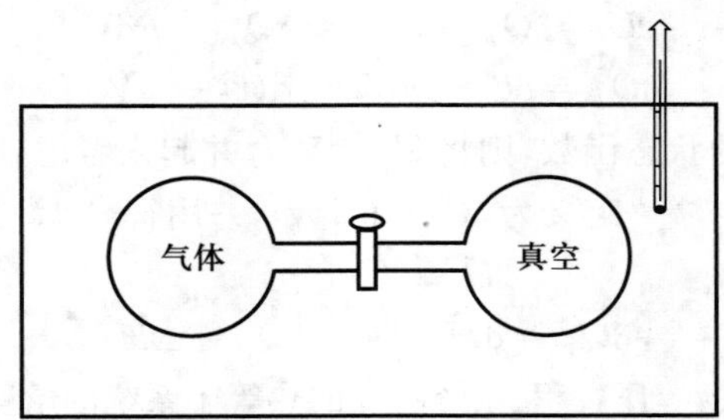

图 2-2 Joule 实验

若将理想气体的热力学能写成温度和体积的函数，即 $U=f(T,V)$，则

$$dU=\left(\frac{\partial U}{\partial T}\right)_V dT+\left(\frac{\partial U}{\partial V}\right)_T dV$$

实验中温度不变，$dT=0$，$dU=0$，而 $dV\neq 0$，故

$$\left(\frac{\partial U}{\partial V}\right)_T=0 \tag{2.15}$$

同样，若以 T、p 为变量，可得

$$\left(\frac{\partial U}{\partial p}\right)_T=0 \tag{2.16}$$

式(2.15)和(2.16)说明：理想气体的热力学能与体积和压力无关，仅为温度的函数，即为 $U=U(T)$。

由于 $H=U+pV$，对于理想气体，等温条件下 $d(pV)=0$，所以理想气体的焓也仅是温度的函数，而与体积和压力无关，记为 $H=H(T)$。即

$$\left(\frac{\partial H}{\partial p}\right)_T=0 \tag{2.17}$$

$$\left(\frac{\partial H}{\partial V}\right)_T=0 \tag{2.18}$$

(2) 理想气体的 $C_{p,m}$ 与 $C_{V,m}$ 的关系

根据焓的定义式，当系统发生微小变化时：

$$dH = dU + d(pV)$$

理想气体，$d(pV) = nRdT$，并将式(2.12)、(2.13)代入得

$$C_p dT = C_V dT + nRdT$$

故

$$C_p - C_V = nR \quad 或 \quad C_{p,m} - C_{V,m} = R \tag{2.19}$$

根据气体分子运动论和经典的能量均分原理，可知：

单原子理想气体　$C_{V,m} = \frac{3}{2}R$，　$C_{p,m} = \frac{5}{2}R$

双原子理想气体　$C_{V,m} = \frac{5}{2}R$，　$C_{p,m} = \frac{7}{2}R$

多原子理想气体　$C_{V,m} = 3R$，　$C_{p,m} = 4R$

(3) 理想气体的绝热可逆过程

在非体积功为零的绝热可逆过程中，$Q=0$，$\delta W = -pdV$，根据热力学第一定律：

$$dU = -pdV$$

对于理想气体，$dU = nC_{V,m}dT$，结合理想气体状态方程可得

$$nC_{V,m}dT = -\frac{nRT}{V}dV$$

又因理想气体的 $C_{p,m} - C_{V,m} = R$，则

$$C_{V,m}\frac{dT}{T} = -(C_{p,m} - C_{V,m})\frac{dV}{V}$$

上式两边同时除以 $C_{V,m}$，并定义 $\gamma = \frac{C_{p,m}}{C_{V,m}}$，则

$$\frac{dT}{T} = (1-\gamma)\frac{dV}{V}$$

两边求积分整理得

$$TV^{\gamma-1} = 常数 \tag{2.20}$$

若将理想气体状态方程 $T = \frac{pV}{nR}$ 代入式(2.20)，则得

$$pV^{\gamma} = 常数 \tag{2.21}$$

如果用 $\frac{nRT}{p}$ 代替 V，则

$$p^{1-\gamma}T^{\gamma} = 常数 \tag{2.22}$$

式(2.20)～(2.22)均为理想气体绝热可逆过程方程式。根据这三个公式，可了解理想气体发生绝热可逆过程时 p、V 和 T 之间的关系。

(4) 理想气体 ΔU 和 ΔH 的计算

根据 Joule 实验，理想气体的热力学能和焓都为温度的函数，则

$$dU = \left(\frac{\partial U}{\partial T}\right)_V dT = C_V dT$$

$$dH = \left(\frac{\partial H}{\partial T}\right)_p dT = C_p dT$$

因此,对于不做非体积功且无化学变化和相变的过程,理想气体的 ΔU 和 ΔH 可由下式计算:

$$\Delta U = \int_{T_1}^{T_2} C_V \mathrm{d}T = \int_{T_1}^{T_2} nC_{V,\mathrm{m}} \mathrm{d}T \tag{2.23}$$

$$\Delta H = \int_{T_1}^{T_2} C_p \mathrm{d}T = \int_{T_1}^{T_2} nC_{p,\mathrm{m}} \mathrm{d}T \tag{2.24}$$

【例 2-1】 1 mol 氢气,可视为理想气体,从始态 350 K,20 dm^3,经下列不同过程等温膨胀至 40 dm^3。计算各过程的 Q、W、ΔU 和 ΔH。

(1) 可逆膨胀;

(2) 真空膨胀;

(3) 对抗恒外压 100 kPa 膨胀。

解 (1) 等温可逆过程,温度不变,故

$$\Delta U = \Delta H = 0$$

$$W = -nRT\ln\frac{V_2}{V_1} = (-1\times 8.314\times 350\times \ln 2)\ \mathrm{J} = -2016.85\ \mathrm{J}$$

根据热力学第一定律可得

$$Q = -W = 2016.85\ \mathrm{J}$$

(2) 真空膨胀为等温过程

$$Q = W = \Delta U = \Delta H = 0$$

(3) 该过程仍是等温过程

$$\Delta U = \Delta H = 0$$

$$W = -p_{\mathrm{e}}\Delta V = [-100\times 10^3\times (40\times 10^{-3} - 20\times 10^{-3})]\mathrm{J} = -2000\ \mathrm{J}$$

$$Q = -W = 2000\ \mathrm{J}$$

由上面计算可知,理想气体的热力学能和焓仅与温度有关;对于等温过程,无论是可逆过程还是不可逆过程,热力学能变和焓变均为零,与变化的途径无关。

【例 2-2】 有 2 mol 单原子理想气体,从始态 $T_1 = 300$ K,$p_1 = 100$ kPa 经历下列不同过程到达指定的终态:

(1) 保持体积不变,压力加倍;

(2) 保持压力不变,体积加倍;

(3) 绝热可逆膨胀至压力减半。

求上述各过程的 Q、W、ΔU 和 ΔH。假设 $C_{V,\mathrm{m}}$ 与温度无关。

解 (1) 单原子理想气体,$C_{V,\mathrm{m}} = \dfrac{3}{2}R$,$C_{p,\mathrm{m}} = \dfrac{5}{2}R$,则该过程为等容过程,$W = 0$ J;

理想气体压力加倍,则必然温度加倍,$T_2 = 600$ K。

$$Q = \Delta U = nC_{V,\mathrm{m}}\Delta T = [2\times 1.5\times 8.314\times (600-300)]\mathrm{J} = 7482.60\ \mathrm{J}$$

$$\Delta H = nC_{p,\mathrm{m}}\Delta T = [2\times 2.5\times 8.314\times (600-300)]\mathrm{J} = 12471.00\ \mathrm{J}$$

(2) 该过程为等压过程,体积加倍,必然温度加倍,$T_2 = 600$ K。

$$\Delta U = nC_{V,\mathrm{m}}\Delta T = [2\times 1.5\times 8.314\times (600-300)]\mathrm{J} = 7482.60\ \mathrm{J}$$

$$Q=\Delta H=nC_{p,\mathrm{m}}\Delta T=[2\times 2.5\times 8.314\times(600-300)]\mathrm{J}=12471.00\ \mathrm{J}$$

$$W=\Delta U-Q=(7482.60-12471.00)\mathrm{J}=-4988.40\ \mathrm{J}$$

(3) 该过程为绝热可逆过程,$Q=0$ J。根据理想气体绝热可逆过程方程式可求出终态温度 T_2:

$$p_1^{1-\gamma}T_1^{\gamma}=p_2^{1-\gamma}T_2^{\gamma},\quad \gamma=\frac{C_{p,\mathrm{m}}}{C_{V,\mathrm{m}}}=\frac{5}{3}$$

将相关数据代入得

$$(100\times 10^3)^{-\frac{2}{3}}\times 300^{\frac{5}{3}}=(50\times 10^3)^{-\frac{2}{3}}T_2^{\frac{5}{3}}$$

解得 $T_2=395.85$ K。

$$W=\Delta U=nC_{V,\mathrm{m}}\Delta T=[2\times 1.5\times 8.314\times(395.85-300)]\mathrm{J}=2390.69\ \mathrm{J}$$

$$\Delta H=nC_{p,\mathrm{m}}\Delta T=[2\times 2.5\times 8.314\times(395.85-300)]\mathrm{J}=3984.48\ \mathrm{J}$$

2. 对实际气体的应用——Joule -Thomson 效应

(1) Joule -Thomson 实验

Joule 在 1843 年做的气体真空膨胀实验不够精确,主要体现在水浴的热容很大,不易观察到温度的微小变化。针对这一问题,Joule 和汤姆逊(Thomson)于 1852 年进行了另外一个实验,即 Joule-Thomson 实验。该实验有助于进一步了解实际气体的热力学能和焓等性质,实验装置的示意图见图 2-3。

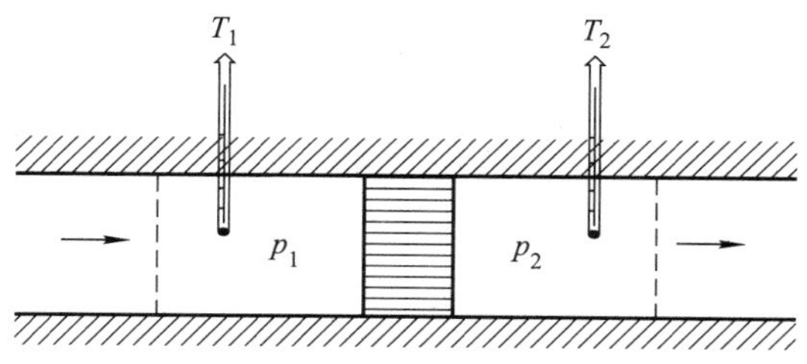

图 2-3 Joule-Thomson 实验装置示意图

在一个圆形绝热筒的中部,有一个用棉花或软木塞制成的固定多孔塞,作用是使气体不能很快地通过,并在塞子的两边保持一定的压力差。从 p_1 到 p_2 的压力降低过程基本发生在多孔塞内。在左、右两侧压力分别保持 p_1、p_2($p_1>p_2$)不变的条件下,将左侧气体连续地压过多孔塞。当气体经过一定时间达到稳态后,可观察到气体的温度分别稳定于 T_1 和 T_2,这一过程称为节流过程。

下面讨论节流过程中的能量效应,过程的功由两部分组成。在左侧,环境对气体所做的功为 $W_1=-p_1(0-V_1)=p_1V_1$;而这部分气体在右侧对环境所做的功为 $W_2=-p_2(V_2-0)=-p_2V_2$。故整个节流过程的功为

$$W=W_1+W_2=p_1V_1-p_2V_2$$

由于过程是绝热过程,$Q=0$。根据热力学第一定律,可以得到

$$U_2-U_1=\Delta U=W=p_1V_1-p_2V_2$$

移项得

$$U_2 + p_2V_2 = U_1 + p_1V_1$$

故

$$H_2 = H_1 \quad 或 \quad \Delta H = 0$$

由上式可知，节流过程为恒焓过程。

(2) Joule-Thomson 系数

节流过程中，系统的焓保持不变，而气体的压力和温度都发生了变化。恒焓条件下，温度变化与压力变化的比值称为 Joule-Thomson 系数，简称焦-汤系数，用 $\mu_{J\text{-}T}$ 表示，其微分表达式为

$$\mu_{J\text{-}T} = \left(\frac{\partial T}{\partial p}\right)_H$$

$\mu_{J\text{-}T}$表示经 Joule-Thomson 实验后气体的温度随压力的变化率，为系统的强度性质，是 T、p 的函数。节流过程 $\mathrm{d}p<0$，存在以下三种情况：

① 若 $\mu_{J\text{-}T}>0$，则 $\mathrm{d}T<0$，即随着压力的降低，节流后气体的温度下降，称为制冷效应。大部分气体在常温下如此，可通过节流过程使气体液化。

② 若 $\mu_{J\text{-}T}<0$，则 $\mathrm{d}T>0$，即随着压力的降低，节流后气体的温度升高，称为发热效应。常温下的氢气和氦气为这一类情况。

③ 若 $\mu_{J\text{-}T}=0$，则 $\mathrm{d}T=0$，即节流过程前后气体的温度不变。

气体在 $\mu_{J\text{-}T}=0$ 的温度称为转化温度，每种气体都存在一个特定的转化温度。如氢气在 195 K 以上 $\mu_{J\text{-}T}$为负值，在 195 K 以下 $\mu_{J\text{-}T}$为正值，在 195 K 时 $\mu_{J\text{-}T}$为零，故氢气的转化温度为 195 K。要使氢气通过节流过程降温或液化，需选择在 195 K 以下进行。

3. 相变过程中的应用

物质的聚集状态发生变化称为相变，如液体的蒸发(vap)、沸腾和凝固，固体的熔化(fus)和升华，气体的凝结等。另外，不同晶型的相互转化过程(trs)也为相变。相变过程一般伴随着热效应，如液态在正常沸点下蒸发为气态所吸收的热称为蒸发焓，用符号 $\Delta_{vap}H$ 表示；固态在正常熔点下熔化为液态所吸收的热为熔化焓，用符号 $\Delta_{fus}H$ 表示。

相变分为可逆相变和不可逆相变。物质在相平衡条件，即两相处于相同的温度与压力，且压力为此温度下该物质的饱和蒸气压下进行的相变为可逆相变；其他相变为不可逆相变。可逆相变和不可逆相变过程中的能量转换计算方法各不相同，现举例以说明不同相变过程能量转换的计算。

【例 2-3】 (1) 1 mol 水在其正常沸点(373.15 K，101.325 kPa)下变为同温同压下的水蒸气，已知水的摩尔气化焓 $\Delta_{vap}H_m=40.69\ \mathrm{kJ\cdot mol^{-1}}$，试计算该相变过程的 Q、W、ΔU 和 ΔH。(2) 如果将 1 mol 水(373.15 K，101.325 kPa)突然移到温度恒为 100 ℃的真空箱中，水蒸气充满整个真空箱，测其压力仍为 101.325 kPa，试计算该过程的 Q、W、ΔU 和 ΔH。

解 (1) 因为该相变为可逆相变，且为非体积功等于零的等压过程，故

$$Q_p = \Delta H = n\Delta_{vap}H_m = 40.69\ \mathrm{kJ}$$

$$W = -p_e\Delta V = -p_e(V_{水蒸气} - V_{水})$$

液态水相对于等量的水蒸气而言，体积较小，可以忽略不计。将水蒸气当作理想气体处理，则上式变为

$$W \approx -p_e V_{水蒸气} = -nRT = (-1 \times 8.314 \times 373.15)\text{J} = -3102.37\ \text{J}$$

根据热力学第一定律，可得

$$\Delta U = Q + W = (40690 - 3102.37)\text{J} = 37587.63\ \text{J}$$

(2) 真空膨胀相变为不可逆相变，但其始态和终态与(1)的可逆相变相同，因此状态函数的变化值与(1)相同，则

$$\Delta U = 37587.63\ \text{J}, \quad \Delta H = 40.69\ \text{kJ}$$

真空膨胀 $W=0$ J，故根据热力学第一定律可得

$$Q = \Delta U = 37587.63\ \text{J}$$

由上面例题中第二问的计算可知，如果相变为不可逆相变，需将其设计为可逆过程来计算状态函数的变化值。因为热和功为过程量，不同的过程数值不同。

2.5.2　对化学反应的应用——热化学

化工生产中离不开化学反应，而化学反应常常伴随着热的交换。对这些热效应进行精密测定并研究其变化规律的科学称为热化学(thermochemistry)。热化学是物理化学的一个重要分支，它是热力学第一定律在化学反应过程中的具体应用。热化学对实际工业生产具有重要的意义，如化工生产设备的设计和工艺流程的确定都需用到相关的热化学数据。

1. 热化学基本概念

(1) 反应进度

反应进度是描述反应进行程度(extent of reaction)的物理量，以符号 ξ 表示。

对于如下化学反应：

$$d\text{D} + e\text{E} = g\text{G} + h\text{H}$$

反应前物质的量	$n_\text{D}(0)$	$n_\text{E}(0)$	$n_\text{G}(0)$	$n_\text{H}(0)$
反应 t 时刻物质的量	$n_\text{D}(t)$	$n_\text{E}(t)$	$n_\text{G}(t)$	$n_\text{H}(t)$

则反应进度表示为

$$\xi = -\frac{n_\text{D}(t) - n_\text{D}(0)}{d} = -\frac{n_\text{E}(t) - n_\text{E}(0)}{e} = \frac{n_\text{G}(t) - n_\text{G}(0)}{g} = \frac{n_\text{H}(t) - n_\text{H}(0)}{h}$$

可写成通式表示为

$$\xi = \frac{n_\text{B}(t) - n_\text{B}(0)}{\nu_\text{B}} \quad 或 \quad \mathrm{d}\xi = \frac{\mathrm{d}n_\text{B}}{\nu_\text{B}} \tag{2.25}$$

式中，n_B 为反应方程式中任一物质 B 的物质的量；ν_B 为该物质在化学反应方程式中的化学计量系数，对反应物 ν_B 为负，对生成物 ν_B 为正。当反应按所给反应方程式的化学计量系数进行一个单位的化学反应时，反应进度为 1 mol。

同一反应，当物质 B 的实际反应量一定时，因化学反应方程式写法不同，ν_B 不同，故反应进度 ξ 也不相同。例如，H_2 和 O_2 化合生成 H_2O 的反应，可写成下述两种不同的计量方程式：

$$H_2(g) + \frac{1}{2}O_2(g) = H_2O(l) \tag{1}$$

$$2H_2(g) + O_2(g) = 2H_2O(l) \tag{2}$$

当 2 mol H_2(g)与 1 mol O_2(g)反应生成 2 mol H_2O(l)时，对方程式(1)来说，反应进度为 2 mol；而对方程式(2)来说，反应进度为 1 mol。因此，在用到反应进度的概念时，需指明使用的化学计量方程式。

(2) 化学反应的热效应——等压热和等容热

化学反应的热效应是指当反应物温度和生成物温度相同，且反应过程不做非体积功时，反应系统吸收或释放的热量，简称反应热。若反应在等压条件下进行，其热效应称为等压热效应 Q_p，等于系统的反应焓变，用 $\Delta_r H$ 表示；若反应在等容条件下进行，其热效应称为等容热效应 Q_V，等于系统的反应热力学能变，用 $\Delta_r U$ 表示。当反应进度为 1 mol 时，反应的焓变和热力学能变分别称为反应的摩尔焓变和摩尔热力学能变，分别用符号 $\Delta_r H_m$ 或 $\Delta_r U_m$ 表示。化学反应的反应热一般在等容条件下测定，但大多数化学反应是在等压条件下发生的，因此需确定 Q_p 与 Q_V 的关系。

设封闭系统的等温反应可经由等温等压和等温等容两个途径进行，如下图所示：

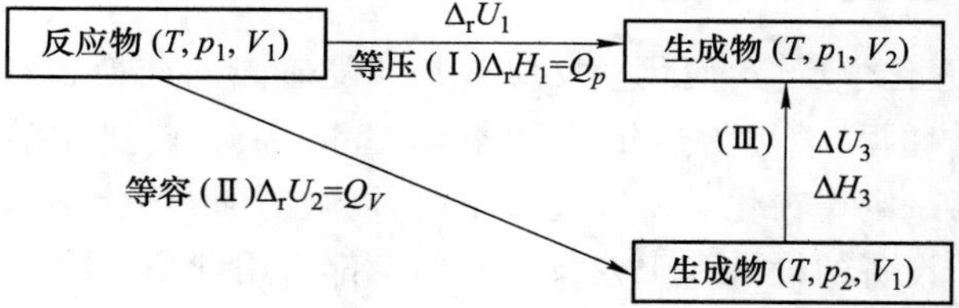

因为 H 是状态函数，故

$$\Delta_r H_1 = \Delta_r H_2 + \Delta H_3 = \Delta_r U_2 + \Delta(pV)_2 + \Delta H_3$$

其中 $\Delta(pV)_2$ 取决于过程Ⅱ的终态和始态的 pV 之差，如果是凝聚态物质，反应前后 pV 变化不大，可以忽略不计。因此，只需考察反应中的气体，假定气体为理想气体，则有 $\Delta(pV)_2 = (\Delta n)RT$。$\Delta H_3$ 这一项是等温过程的焓变，如果生成物是理想气体，焓仅为温度的函数，故 $\Delta H_3 = 0$；如果生成物为凝聚态物质，等温过程引起的焓变虽不为零，但相较于反应过程Ⅰ和Ⅱ而言，焓变较小，可忽略不计，则

$$\Delta_r H = \Delta_r U + \Delta n(g)RT \quad 或 \quad Q_p = Q_V + \Delta n(g)RT \tag{2.26}$$

当反应进度为 1 mol 时，上式变为

$$\Delta_r H_m = \Delta_r U_m + \sum_B \nu_B(g)RT \quad 或 \quad Q_{p,m} = Q_{V,m} + \sum_B \nu_B(g)RT \tag{2.27}$$

式中 $\sum_B \nu_B(g)$ 为反应中气体的化学计量系数之和，对生成物取正值，对反应物取负值。

【例 2-4】 在氧弹量热计中，1 mol 液态苯完全燃烧，生成 CO_2(g)和 H_2O(l)。保持反应温度恒定为 298 K，放热 3264.09 kJ，试计算该反应的等压热。

解 反应方程式写成

$$C_6H_6(l) + \frac{15}{2}O_2(g) \xlongequal{\quad} 6CO_2(g) + 3H_2O(l)$$

$$\begin{aligned} Q_{p,m} &= Q_{V,m} + \sum_B \nu_B(g)RT = \left[-3264090 + \left(6 - \frac{15}{2}\right) \times 8.314 \times 298\right] \text{J} \cdot \text{mol}^{-1} \\ &= -3268 \text{ kJ} \cdot \text{mol}^{-1} \end{aligned}$$

(3) 热化学方程式

表示化学反应与反应热之间关系的方程式称为热化学方程式。书写热化学方程式需在反应方程式中注明反应的热效应，而反应热效应又与物质的聚集状态有关。因此，在书写热化学方程式时，需注明物质存在的状态、温度、压力、组成及晶型等。一般在热化学方程式中，气体用“g”表示，液体用“l”表示，固体用“s”表示；如果热化学方程式中没有注明温度和压力，则指温度为 298.15 K，压力为 100 kPa。另外，热化学方程式中的热效应是指反应进度为 1 mol 的热效应。例如：

$$N_2(g) + 3H_2(g) = 2NH_3(g) \quad \Delta_r H_m^\ominus = -92.38\ kJ \cdot mol^{-1}$$

$$H_2(g) + I_2(g) = 2HI(g) \quad \Delta_r H_m^\ominus = -51.8\ kJ \cdot mol^{-1}$$

(4) 盖斯(Hess)定律

Hess 定律是热化学的一个基本规律，是经大量实验证明总结出的一条实验规律：“不管化学反应是一步完成或分几步完成，该反应的热效应相同。”换句话说，就是一个反应的热效应仅与始态和终态有关，而与变化的途径无关。这一定律只对等压热效应或等容热效应成立，因为等压热 $Q_p = \Delta H$，等容热 $Q_V = \Delta U$，而 ΔH 和 ΔU 只与系统的始态和终态有关，与变化的途径无关。

Hess 定律的用处很多：可使热化学方程式可以进行加减运算，从而求出难以测量或不能直接测量的反应热。例如 C(s)和 O_2(g)化合成 CO(g)的反应热不能通过实验直接测量，但应用 Hess 定律，可求出其反应热。

$$C(s) + O_2(g) = CO_2(g) \quad \Delta_r H_{m,1} = -393.5\ kJ \cdot mol^{-1} \tag{1}$$

$$CO(g) + \frac{1}{2}O_2(g) = CO_2(g) \quad \Delta_r H_{m,2} = -283.0\ kJ \cdot mol^{-1} \tag{2}$$

方程式(1)－(2)得

$$C(s) + \frac{1}{2}O_2(g) = CO(g) \tag{3}$$

所以

$$\Delta_r H_{m,3} = \Delta_r H_{m,1} - \Delta_r H_{m,2} = -110.54\ kJ \cdot mol^{-1}$$

值得注意的是，在利用 Hess 定律计算反应摩尔焓变时，需各方程式中同一物质所处状态相同。

2. 标准摩尔生成焓和标准摩尔燃烧焓

等温等压下一个化学反应的焓变等于产物的焓与反应物的焓之差，但物质的焓绝对值无法准确求得，因此采用一个相对的标准，以方便求出反应的焓变是非常必要的。下面分别介绍标准态、标准摩尔生成焓和标准摩尔燃烧焓。

(1) 标准态

热力学对物质的标准态进行了严格的规定：

(1) 固体：压力为 $p^\ominus$时，最稳定的晶体状态为标准态。

(2) 液体：压力为 $p^\ominus$下纯液体状态为标准态。

(3) 气体：压力为 $p^\ominus$且具有理想气体性质的状态为标准态。理想气体并不存在，且实际气体在 $p^\ominus$时也不能当作理想气体，故纯气体的标准态是一种假想的状态。

标准态对温度没有作出规定，故不同温度的标准态也不相同。为方便地构建热力学数据，一般选择 298.15 K 作为参照温度。

(2) 标准摩尔生成焓

在标准态和发生反应的温度条件下，由最稳定的单质生成标准压力 $p^{\ominus}$下 1 mol 化合物 B 时的反应焓变，称为 B 物质的标准摩尔生成焓(standard molar enthalpy of formation)，用符号 $\Delta_f H_m^{\ominus}$(B,相态,T)表示。由定义可知，最稳定单质的标准摩尔生成焓为零。有些单质并不一定是最稳定单质，例如，碳的最稳定单质为石墨而不是金刚石，磷的最稳定单质为白磷而不是红磷。一个化合物生成反应的标准摩尔焓变即为该物质的标准摩尔生成焓。例如，在 298.15 K 时，

$$C(石墨) + 2H_2(g) \xlongequal{\quad} CH_4(g) \quad \Delta_r H_m^{\ominus} = -74.81\ \mathrm{kJ \cdot mol^{-1}}$$

则 CH_4(g)的标准摩尔生成焓 $\Delta_f H_m^{\ominus}(CH_4, g, 298.15\ K) = -74.81\ \mathrm{kJ \cdot mol^{-1}}$。

另外，同一种物质，相态不同，$\Delta_f H_m^{\ominus}$ 也不同。例如，298.15 K 时液态水的标准摩尔生成焓为$-285.83\ \mathrm{kJ \cdot mol^{-1}}$，而同温下的水蒸气为$-241.82\ \mathrm{kJ \cdot mol^{-1}}$。因此，在计算化学焓变时，化学方程式需注明每种物质的温度和相态。

(3) 标准摩尔燃烧焓

绝大多数有机物可以燃烧，多采用标准摩尔燃烧焓来评价。可燃物质 B 在指定温度及标准压力下，1 mol 物质完全燃烧生成指定产物时的反应热称为物质 B 的标准摩尔燃烧焓(standard molar enthalpy of combustion)，符号为 $\Delta_c H_m^{\ominus}$(B,相态,T)。上述定义中的"完全燃烧"是指在没有催化剂作用下的自然燃烧。通常指定的燃烧产物为：C 元素生成 CO_2(g)，H 元素生成 H_2O(l)，S 元素生成 SO_2(g)，N 元素生成 N_2(g)，Cl 元素生成 HCl(无限稀的水溶液)，金属等生成游离态单质。例如：

$$H_2(g) + \frac{1}{2}O_2(g) \xlongequal{\quad} H_2O(l) \quad \Delta_r H_m^{\ominus} = -285.83\ \mathrm{kJ \cdot mol^{-1}}$$

则 H_2(g)的标准摩尔燃烧焓 $\Delta_c H_m^{\ominus}(H_2, g, 298.15\ K) = -285.83\ \mathrm{kJ \cdot mol^{-1}}$。

由定义可知，H_2(g)的标准摩尔燃烧焓就是 H_2O(l)的标准摩尔生成焓。O_2(g)的标准摩尔燃烧焓为零。

3. 化学反应焓变的计算

根据反应中各物质的标准摩尔生成焓或标准摩尔燃烧焓，能够计算化学反应过程中的焓变。

(1) 根据标准摩尔生成焓计算反应的焓变

对于任一反应：

$$d\mathrm{D} + e\mathrm{E} \xlongequal{\quad} g\mathrm{G} + h\mathrm{H}$$

$$\Delta_r H_m^{\ominus} = g\Delta_f H_m^{\ominus}(\mathrm{G}) + h\Delta_f H_m^{\ominus}(\mathrm{H}) - d\Delta_f H_m^{\ominus}(\mathrm{D}) - e\Delta_f H_m^{\ominus}(\mathrm{E})$$

或用通式表示为

$$\Delta_r H_m^{\ominus} = \sum_{\mathrm{B}} \nu_{\mathrm{B}} \Delta_f H_m^{\ominus}(\mathrm{B}) \tag{2.28}$$

式中，ν_B 为化学方程式中的化学计量系数，对生成物取正值，对反应物取负值。

【例 2-5】 试计算如下反应在 298.15 K 下的 $\Delta_r H_m^{\ominus}$：

$$2CH_3OH(g) + 3O_2(g) \xlongequal{\quad} 2CO_2(g) + 4H_2O(l)$$

解 由式(2.28)得

$$\Delta_r H_m^\ominus = [4\Delta_f H_m^\ominus(H_2O,l) + 2\Delta_f H_m^\ominus(CO_2,g)] - [3\Delta_f H_m^\ominus(O_2,g) + 2\Delta_f H_m^\ominus(CH_3OH,g)]$$

查表可得各物质的标准摩尔生成焓，代入上式即得

$$\begin{aligned}\Delta_r H_m^\ominus &= \{[4\times(-285.83)+2\times(-393.51)] \\ &\quad -[3\times 0+2\times(-200.66)]\}\ \text{kJ}\cdot\text{mol}^{-1} \\ &= -1529.02\ \text{kJ}\cdot\text{mol}^{-1}\end{aligned}$$

(2) 根据标准摩尔燃烧焓计算反应的焓变

利用物质的燃烧焓数据可以计算反应的焓变，对任意化学反应，$\sum_B \nu_B B = 0$，其标准摩尔焓变等于参与反应的各物质燃烧焓代数和的负值。

$$\Delta_r H_m^\ominus = -\sum_B \nu_B \Delta_c H_m^\ominus(B) \tag{2.29}$$

式中，ν_B 为化学方程式中的化学计量系数，对生成物取正值，对反应物取负值。

【例 2-6】 在 298 K、101.325 kPa 下，石墨和氢气的标准摩尔燃烧焓分别为 $-393.51\ \text{kJ}\cdot\text{mol}^{-1}$ 及 $-285.84\ \text{kJ}\cdot\text{mol}^{-1}$，试求 298 K 时反应 C(石墨)$+2H_2O(l) = 2H_2(g)+CO_2(g)$ 的 $\Delta_r H_m^\ominus$。

解　由题可知

$$\Delta_f H_m^\ominus(H_2O,l) = \Delta_c H_m^\ominus(H_2,g) = -285.84\ \text{kJ}\cdot\text{mol}^{-1}$$

$$\Delta_f H_m^\ominus(CO_2,g) = \Delta_c H_m^\ominus(C,s) = -393.51\ \text{kJ}\cdot\text{mol}^{-1}$$

$$\begin{aligned}\Delta_r H_m^\ominus &= [2\Delta_f H_m^\ominus(H_2,g) + \Delta_f H_m^\ominus(CO_2,g)] - [\Delta_f H_m^\ominus(\text{石墨}) + 2\Delta_f H_m^\ominus(H_2O,l)] \\ &= \{[2\times 0+(-393.51)]-[0+2\times(-285.84)]\}\ \text{kJ}\cdot\text{mol}^{-1} \\ &= 178.17\ \text{kJ}\cdot\text{mol}^{-1}\end{aligned}$$

4. 化学反应焓变与温度的关系

温度对化学反应焓变的影响不能忽略。根据热力学手册提供的 $\Delta_f H_m^\ominus$ 或 $\Delta_c H_m^\ominus$ 只能求算出 298.15 K 下的反应焓变；若要求得其他温度下的热效应，就必须了解化学反应焓变与温度的关系。

设等压下某反应的焓变为 $\Delta_r H_m^\ominus(T_1)$，求另一温度下的 $\Delta_r H_m^\ominus(T_2)$。设计以下过程：

$$\begin{array}{ccc} T_1: dD + eE + \cdots & \xrightarrow{\Delta_r H_m(T_1)} & fF + gG + \cdots \\ \uparrow \Delta H_1 & & \downarrow \Delta H_2 \\ T_2: dD + eE + \cdots & \xrightarrow{\Delta_r H_m(T_2)} & fF + gG + \cdots \end{array}$$

根据状态函数的性质，可知

$$\Delta_r H_m(T_2) = \Delta_r H_m(T_1) + \Delta H_1 + \Delta H_2$$

若参加反应的物质没有相变，则

$$\Delta H_1 = \int_{T_2}^{T_1} [dC_{p,m}(D) + eC_{p,m}(E)]dT$$

$$\Delta H_2 = \int_{T_1}^{T_2} [fC_{p,m}(F) + gC_{p,m}(G)]dT$$

$$\Delta_r H_m(T_2) = \Delta_r H_m(T_1) + \int_{T_1}^{T_2} \sum_B \nu_B C_{p,m} dT \tag{2.30a}$$

若 $C_{p,m}$ 为一常数，不随温度变化，则上式写成

$$\Delta_r H_m(T_2) = \Delta_r H_m(T_1) + \sum_B \nu_B C_{p,m}(T_2 - T_1) \tag{2.30b}$$

式(2.30a)和(2.30b)称为基尔霍夫(Kirchhoff)公式。可根据 298.15 K 的焓变，借助反应中各物质的等压热容，依据该公式计算其他任意温度下的焓变。如果参加反应的一种或几种物质发生相变，可设计途径，由已知温度下的标准摩尔焓变，结合相关物质在相变温度下的摩尔相变焓及相关的摩尔等压热容，求算另一温度下的标准摩尔焓变。

【例 2-7】 已知如下合成氨反应：

$$\frac{1}{2}N_2(g) + \frac{3}{2}H_2(g) \longrightarrow NH_3(g) \quad \Delta_r H_m^{\ominus}(298.15\ K) = -46.11\ kJ \cdot mol^{-1}$$

试计算 500 K 下生成 1 mol $NH_3(g)$ 的 $\Delta_r U_m^{\ominus}$。已知在 298.15～500 K 温度范围内各物质的平均摩尔热容分别为：$C_{p,m}(H_2,g) = 28.56\ J \cdot K^{-1} \cdot mol^{-1}$，$C_{p,m}(N_2,g) = 29.65\ J \cdot K^{-1} \cdot mol^{-1}$，$C_{p,m}(NH_3,g) = 40.12\ J \cdot K^{-1} \cdot mol^{-1}$。

解 根据 Kirchhoff 公式：

$$\Delta_r H_m^{\ominus}(500\ K) = \Delta_r H_m^{\ominus}(298.15\ K) + \sum_B \nu_B C_{p,m}(500 - 298.15)$$

$$\sum_B \nu_B C_{p,m}(B) = C_{p,m}(NH_3,g) - \frac{3}{2}C_{p,m}(H_2,g) - \frac{1}{2}C_{p,m}(N_2,g) = -17.55\ J \cdot K^{-1} \cdot mol^{-1}$$

$$\Delta_r H_m^{\ominus}(500\ K) = [-46110 - 17.55 \times (500 - 298.15)]\ J \cdot mol^{-1} = -49.65\ kJ \cdot mol^{-1}$$

$$\Delta_r U_m^{\ominus}(500\ K) = \Delta_r H_m^{\ominus}(500\ K) - \sum_B \nu_B(g)RT = (-49650 + 8.314 \times 298.15)\ J \cdot mol^{-1} = -47.17\ kJ \cdot mol^{-1}$$

5. 绝热反应

前面章节都是讨论等温反应过程(即系统温度不变，反应物温度等于生成物温度)中的热效应。但在实际化工生产中，情况往往复杂得多，反应前后系统的温度可能发生变化，系统还可能存在不参与反应的惰性组分等。其中最极端的情况是热量一点都不能逸散或供给，反应在绝热条件下进行。如剧烈燃烧或爆炸几乎在瞬间完成，可以认为此类反应是绝热反应。在绝热反应过程中，系统的生成物温度会发生改变。

将恒压燃烧反应所能达到的最高温度称为最高火焰温度；而在恒容爆炸反应中，当产物温度最高时，所对应的压力也最大。因此，计算最高火焰温度以及爆炸反应的最高温度和最高压力，具有重要的理论和实际意义。

(1) 计算恒压燃烧反应的最高火焰温度的依据：

$$Q_p = \Delta H = 0$$

(2) 计算恒容爆炸反应的最高温度和最大压力的依据：

$$Q_V = \Delta U = 0$$

下面举例详细说明。

【例 2-8】 在 298.15 K 及 100 kPa 下，将乙炔与压缩空气混合，燃烧后用来切割金属，试计算最高火焰温度，设空气中氧含量为 20%。已知 298.15 K 的热力学数据如下：

物质	$\Delta_f H_m^\ominus/(kJ \cdot mol^{-1})$	$C_{p,m}/(J \cdot mol^{-1} \cdot K^{-1})$
$CO_2(g)$	−393.51	37.1
$H_2O(g)$	−241.82	33.58
$C_2H_2(g)$	226.7	43.93
$N_2(g)$	0	29.12

解　乙炔的燃烧反应为

$$C_2H_2(g) + 5/2O_2(g) = 2CO_2(g) + H_2O(g)$$

1 mol 乙炔气体燃烧，需消耗 2.5 mol 氧气，剩余 10 mol 氮气，氮气虽然没有参与反应，但随着体系的温度改变，也会吸收热量。将系统中各气体当作理想气体处理，设计如下途径以计算最高火焰温度：

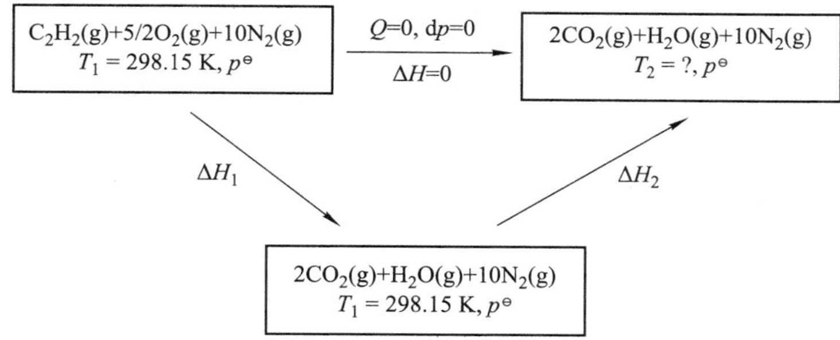

设想反应物先在 298.15 K 时生成产物，再吸收反应的热量，将产物的温度升至 T_2。

$$\Delta H_1 = \sum_B \nu_B \Delta_f H_m^\ominus(B) = [-241.82 + 2 \times (-393.51) - 226.7]\ kJ = -1255.54\ kJ$$

$$\Delta H_2 = nC_{p,m}\Delta T = (10 \times 29.12 + 33.58 + 2 \times 37.1)(T_2/K - 298.15)\ J$$
$$= 398.98 \times (T_2/K - 298.15)\ J$$

因为 $\Delta H = \Delta H_1 + \Delta H_2 = 0$，则

$$1255540 = 398.98 \times (T_2/K - 298.15)$$

解得最高火焰温度 $T_2 = 3445$ K。

§2.6　热力学第二定律

热力学第一定律的核心内容是能量守恒，违背这一核心内容的过程是不可能发生的。但是在一定条件下，许多过程并不违背热力学第一定律，但也不能发生。例如温度可以自动地从高温物体传向低温物体，但是反过来，在能量守恒的条件下，却不能自动地从低温物体传向高温物体。热力学第一定律也无法区分不同能量形式之间质的差别。要解决这些问题，需要借助于热力学的另一部分内容，即判断一个过程的方向和限度，这属于热力学第二定律的范畴。

热力学第二定律引进了熵函数（S）和两个辅助热力学函数——亥姆霍兹自由能

(Helmholtz free energy,符号 A)和吉布斯自由能(Gibbs free energy,符号 G),利用这些函数作为判据,可以在特定条件下预测变化进行的方向和限度。热力学第二定律和热力学第一定律一样,都是建立在无数事实的基础上的,虽然不能用其他定律推导、证明,但事实证明,凡是违反该定律的实验都只能以失败告终。

需要指出的是,热力学第二定律只是判断某一变化发生的可能性,而不能肯定在一定时间内一定能发生。例如,工业上合成氨,通过热力学第二定律可以断言氢气和氮气混合可以发生反应生成氨;但是,只把氮气和氢气简单混合,常温下很长时间也不可能觉察到反应发生。事实上,氮气和氢气需要在高温高压和催化剂存在的环境下才可以发生反应,但是具体的反应速率、反应途径及反应机理,这些是热力学第二定律不能解决的。

2.6.1 自发过程的共同特征

自发过程是指能够自动发生的过程,即无需依靠外来作用就可以发生的过程。或者说,自发过程就是指不需要消耗环境做功就能发生的过程。例如,热量总是自发地由高温物体传入低温物体,直至两物体的温度相等为止;而相反的过程,即热量自发地由温度低的物体传向温度高的物体的现象绝不会自动发生。水总是自发地由高水位流向低水位,一直流到两处水位相等为止;从来没有人发现水自发地由低水位流向高水位,而使得两处水位差越来越大。气体总是自发地由高压区流向低压区,直至各处气压相等为止;从来没有人发现气体自发地由低压区流向高压区,而使得低压区的气体减少、高压区的气体增加。导体中的电流总是自发地由高电势端流向低电势端,直至导体两端的电势相等为止;其相反过程,电流自发地由低电势端流向高电势端,而导致导体两端的电势差越来越大的现象也绝不会发生。由经验可知,自发过程总是单向地趋于平衡,不能自动逆转。也就是说,自发过程的逆过程不能自动发生,我们称之为非自发过程。

非自发过程并不是说该过程不能发生,而是不能自发发生;如果使之发生,环境必须做功才行。例如上述情况,要想热量从低温热源传到高温热源,需要开动冷冻机,从低温热源吸热,向高温热源放热,可以使热传导过程的效果得以消除。但是,环境做的功也成了传给高温热源的热,这部分热可由高温热源传回环境。整个过程在消除热传导过程痕迹的同时,其代价是产生了新的痕迹——环境少了功而多了热。因此,自发过程的逆过程都是非自发的,这些现象不违反热力学第一定律,但是无法利用热力学第一定律解释。

通过以上事例的讨论可以发现,自发过程的限度是在该条件下系统的平衡状态。例如,热量传递的限度是温差相等,即热平衡;气体流动过程的限度是压力相等,即力学平衡。总的来说,自发过程具有共同特征:一个自发过程发生之后,不可能使系统和环境都恢复到原来的状态而不留下任何影响,也就是说,自发过程是有方向的,是不可逆的。

2.6.2 热力学第二定律概述

自然界中存在许多自发过程,它们都具有单向趋于平衡和不可逆性。尽管自发变化的逆向变化并不违反热力学第一定律,但却不能自动发生。各种自发过程看似各不相干,但实际上都存在着相互关联,从某个自发变化的逆向变化不能自动发生可以推断出另一个自发变化也不能自动逆转。因此,凭借实践经验,指明任意一种自发过程为不可逆过程,并说明变化方向,即可作为热力学第二定律的文字表述。热力学第二定律的经典表述有克劳修斯(Clausius)说法和开尔文(Kelvin)说法：

Clausius 说法："不可能把热从低温物体传到高温物体，而不引起其他变化。"

Kelvin 说法："不可能从单一热源取出热使之完全变为功，而不引起其他变化。"

后来，奥斯特瓦尔德又将 Kelvin 的说法简述为："第二类永动机是不可能实现的。"

热力学第二定律的各种不同说法本质上是一致和等价的，都是指某种自发过程的逆过程是不能自动进行的；一旦进行，必会留下影响。Clausius 说的是热传导的不可逆性，Kelvin 指的是功转变为热的不可逆性。并没有说不能将热从低温传到高温(事实上冰箱、空调都是将热从低温传到高温的)，也没有说热不能全部变成功(理想气体的等温可逆膨胀就将所吸的热全部变成了功)，而是说实现这两个过程不留下影响是不可能的，这是热力学第二定律两种说法的重点。

与热力学第一定律一样，热力学第二定律是建立在无数客观事实的基础上，是人类长期的实践经验的理性总结，无法用其他定律推导或证明。整个热力学的发展过程令人信服地表明，热力学第二定律真实地反映了客观事实，凡是违反它的实验都只能以失败而告终。

§2.7　Carnot 循环和 Carnot 定理

2.7.1　热机效率

19 世纪，随着工业革命的发展，蒸汽机在纺织工业、轮船和火车中作为动力设备已得到广泛应用。但当时蒸汽机的效率很低，仅有百分之几，许多科学家和工程师致力于提高热机效率的研究。1842 年，法国的一位年轻工程师卡诺(Sadi Carnot)从理论上解决了这些问题。

人们把能够循环操作、不断地将热转化为功的机器称为热机，蒸汽机可以看作循环工作于两个热源之间的热机，见图 2-4。其工作介质从高温热源 T_1(锅炉蒸汽)吸收热量 Q_1，对外膨胀做功 W，同时将一部分热量 Q_2 传递给低温热源 T_2(一般为空气)。热机效率可以定义为

$$\eta=\frac{-W}{Q_1}=\frac{|W|}{Q_1} \tag{2.31}$$

式中，η 为热机效率。

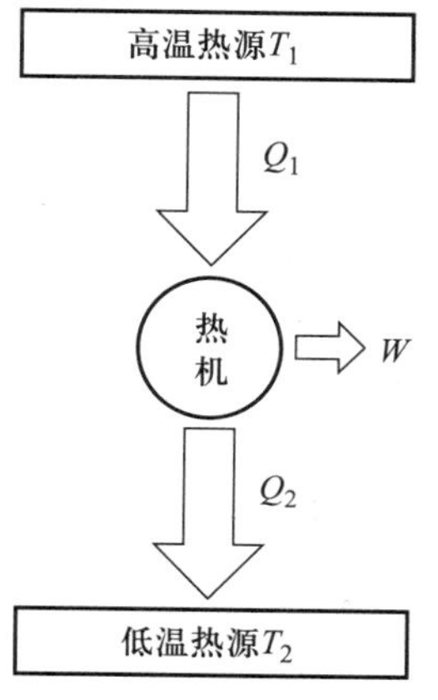

图 2-4　热机工作原理示意图

热机循环过程中，$\Delta U=0$，即

$$W=Q_1+Q_2$$

代入式(2.31)得

$$\eta=1+\frac{Q_2}{Q_1} \tag{2.32}$$

2.7.2 Carnot 循环

1824 年，Carnot 根据热机工作原理，设计了一台在两个定温热源之间工作的理想热机。该热机以理想气体作为工作介质，工作过程由两个等温可逆和两个绝热可逆过程组成，称为 Carnot 热机，其循环工作过程称为 Carnot 循环，如图 2-5 所示。Carnot 循环包括：① 等温(T_1)可逆膨胀(过程 A→B)；② 绝热可逆膨胀，温度由 T_1 降至 T_2(过程 B→C)；③ 等温(T_2)可逆压缩(过程 C→D)；④ 绝热可逆压缩(过程 D→A)。图中 ABCD 围起来的面积即为 Carnot 循环所做的功。

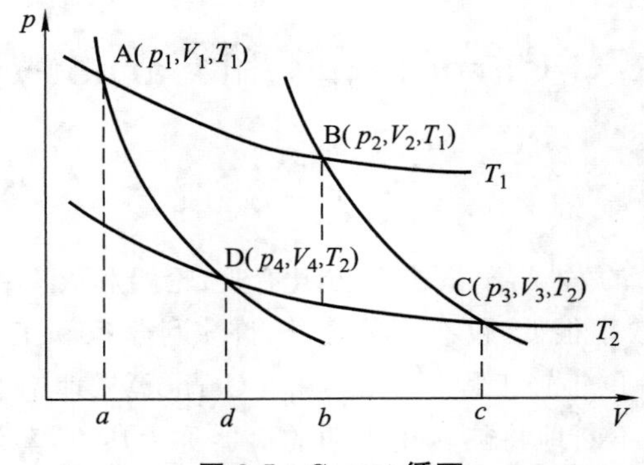

图 2-5 Carnot 循环

过程 A→B：工作介质(物质的量为 n 的理想气体)与高温热源接触并吸热，由状态 A(p_1，V_1，T_1)等温(T_1)可逆膨胀到状态 B(p_2，V_2，T_1)，此过程中工作介质从高温热源吸热 Q_1，做功 W_1。由于是等温过程，$\Delta U_1=0$，故有

$$W_1=-nRT_1\ln\frac{V_2}{V_1}$$

$$Q_1=-W_1$$

$$Q_1=nRT_1\ln\frac{V_2}{V_1}$$

过程 B→C：工作介质由状态 B(p_2，V_2，T_1)绝热可逆膨胀到低温 T_2 下的状态 C(p_3，V_3，T_2)，此过程绝热，$Q=0$，故有

$$W_2=\Delta U_2=\int_{T_1}^{T_2} nC_{V,\mathrm{m}}\mathrm{d}T$$

过程 C→D：工作介质与低温热源接触，由状态 C(p_3，V_3，T_2)等温(T_2)可逆压缩到状态 D(p_4，V_4，T_2)，此过程中工作介质放热 Q_2 给低温热源，做功 W_3。由于是等温过程，$\Delta U_3=0$，故有

$$Q_2=-W_3$$

$$W_3 = -nRT_2 \ln \frac{V_4}{V_3}$$

过程 D→A：工作介质由状态 D(p_4, V_4, T_2)绝热可逆压缩回初始状态 A(p_1, V_1, T_1)，此过程也是绝热，$Q=0$，故有

$$W_4 = \Delta U_4 = \int_{T_2}^{T_1} nC_{V,\mathrm{m}} \mathrm{d}T$$

通过以上四个过程完成一次循环，对整个循环过程来说 $\Delta U=0, Q=-W$。其中 W_2 和 W_4 相互抵消，$W=W_1+W_3$，而 $Q=Q_1+Q_2$，所以热机效率为

$$\eta = \frac{-W}{Q_1} = \frac{Q_1+Q_2}{Q_1} = \frac{nRT_1 \ln \frac{V_2}{V_1} + nRT_2 \ln \frac{V_4}{V_3}}{nRT_1 \ln \frac{V_2}{V_1}} \tag{2.33}$$

因为过程 B→C 与过程 D→A 均为理想气体绝热可逆过程，利用理想气体绝热可逆过程方程式，得

$$T_1 V_2^{\gamma-1} = T_2 V_3^{\gamma-1}$$
$$T_1 V_1^{\gamma-1} = T_2 V_4^{\gamma-1}$$

两式相除得$\frac{V_2}{V_1}=\frac{V_3}{V_4}$，代入式(2.33)得

$$\eta = \frac{-W}{Q_1} = \frac{Q_1+Q_2}{Q_1} = \frac{T_1-T_2}{T_1} \tag{2.34}$$

式(2.34)表明：Carnot 热机的效率只与两个热源的温度有关，温差越大，热机效率越高；反之，温差越小，热机效率越低。在上述推导过程中，虽然借助于理想气体作为工作介质，但是下面将证明，即使以其他物质代替理想气体，只要保证热机做可逆循环，其效率也必服从式(2.34)。因此，该式能够计算一切可逆热机的效率。

2.7.3　Carnot 定理

Carnot 循环的讨论表明：热机效率取决于两热源的温差，温差越大，效率越高。实际热机的工作介质并非理想气体，其循环也不是 Carnot 循环，那么实际热机的效率能达到多高呢？Carnot 认为："所有工作于同温热源与同温冷源之间的热机，其效率不超过可逆热机。"这就是 Carnot 定理。虽然 Carnot 定理发表在热力学第二定律建立之前，但要严格地证明这一定理，却需要应用到热力学第二定律。

假设在高温热源 T_1 与低温热源 T_2 之间有可逆热机 R(Carnot 机)和任意热机 I 在工作。调节两个热机使其所做的功相等。R 机从高温热源吸热 Q_1，做功 W，给低温热源放热(Q_1-W)，其热机效率为 $\eta_\mathrm{R}=-W/Q_1$。另一任意热机 I，从高温热源吸热 Q_1'，做功 W，给低温热源放热($Q_1'-W$)，其热机效率为 $\eta_\mathrm{I}=-W/Q_1'$。

先假设热机 I 的效率大于可逆热机 R，W 取绝对值。

$$\eta_\mathrm{I} > \eta_\mathrm{R} \quad 或 \quad W/Q_1' > W/Q_1$$

由上式得

$$Q_1 > Q_1'$$

现在利用热机 I 带动可逆热机 R，使可逆热机 R 逆向转动，变为制冷机，此时所需的功 W 由热

机 I 提供，见图 2-6。R 从低温热源吸热(Q_1-W)并放热 Q_1 到高温热源，整个复合循环一周后，两热机中的工作介质均恢复原态，最后除热源有热交换外，无其他变化。

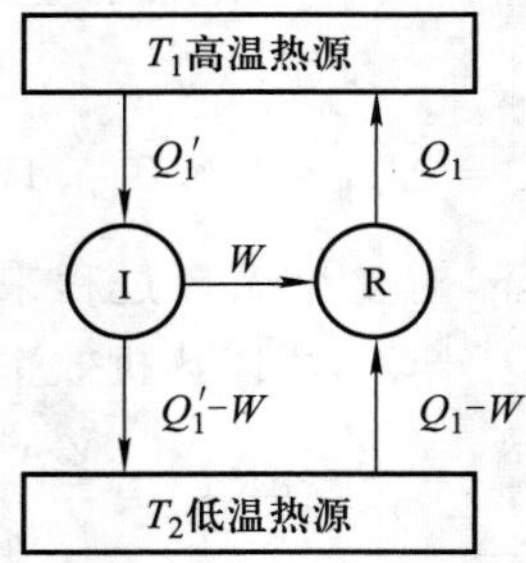

图 2-6 Carnot 定理的证明

从低温热源得到的热量为 $(Q_1-W)-(Q_1'-W)=Q_1-Q_1'>0$

提供给高温热源的热量为 Q_1-Q_1'

则总的变化是热从低温热源传到高温热源而没有发生其他变化。这违反了热力学第二定律 Clausius 的说法，所以最初的假设 $\eta_{\mathrm{I}}>\eta_{\mathrm{R}}$不能成立。因此有

$$\eta_{\mathrm{I}}\leqslant\eta_{\mathrm{R}}$$

这就证明了 Carnot 定理。

根据 Carnot 定理，可得如下推论：①"所有工作于同温热源与同温冷源之间的可逆热机，其效率相等，都等于 Carnot 热机的效率。"②"可逆热机的效率只取决于高温热源与低温热源的温度，而与工作介质无关。"

Carnot 定理及其推论，虽然讨论的只是热机效率的问题，但它涉及热力学中可逆与不可逆这一关键问题，并且在公式中引入了一个不等号，因此具有非常重大的意义。Carnot 定理为热力学第二定律的产生及新的状态函数——熵的提出奠定了基础，从这一点讲，其在理论上的深远意义远远超过了定理本身。

§2.8 熵的概念及其物理意义

2.8.1 熵的定义

从可逆的 Carnot 热机效率得

$$\eta=\frac{-W}{Q_1}=\frac{Q_1+Q_2}{Q_1}=\frac{T_1-T_2}{T_1}$$

$$\frac{Q_1}{T_1}+\frac{Q_2}{T_2}=0$$

若将上式中的每一项称为热温商，则该式说明 Carnot 循环的热温商之和等于零。这一结论也可以推广到任意的可逆循环。

对任意可逆循环，如图 2-7(a)所示，在任意一段过程 PQ，通过 P、Q 两点作两条可逆绝热线 RS 和 TU，然后在 PQ 间通过 O 点画一条等温线 VW，使曲边形 PVO 的面积等于曲边形

OWQ 的面积，即所做的功相等。折线所经过的过程 $PVOWQ$ 与直接由 P 到 Q 的过程中所做的功相同，由于这两个过程的始终态相同，其热力学能的变化相同，故这两个过程所对应的热效应也一样。同理，在弧线 MN 上也作类似处理，使经过折线 $MXO'YN$ 的过程与直接由 M 到 N 的过程所做的功相同，ΔU 相同，热效应也一样。这样，$VWYX$ 就构成一个 Carnot 循环，其效果和任意可逆循环中 $PQNM$ 的效果是相同的。

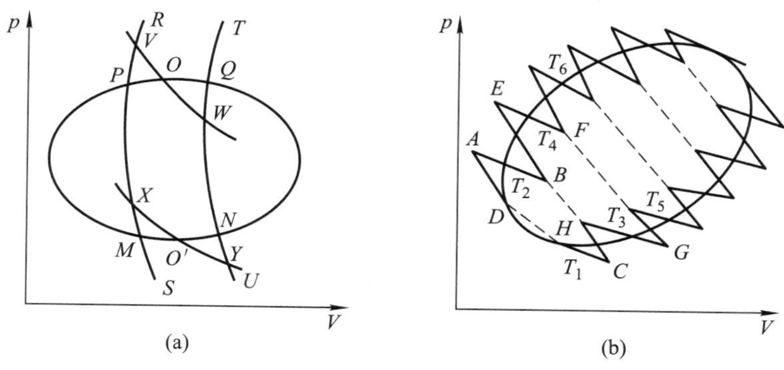

图 2-7　任意可逆循环

用同样的方法，可以将任意可逆循环的闭合曲线划分为多个小的 Carnot 循环。对于每一个小的 Carnot 循环都有下列关系：

$$\frac{\delta Q_1}{T_1}+\frac{\delta Q_2}{T_2}=0,\quad \frac{\delta Q_3}{T_3}+\frac{\delta Q_4}{T_4}=0,\quad \cdots\cdots$$

各式相加，得

$$\frac{\delta Q_1}{T_1}+\frac{\delta Q_2}{T_2}+\frac{\delta Q_3}{T_3}+\frac{\delta Q_4}{T_4}+\cdots=0$$

若每个 Carnot 循环都取无限小，并且前一个循环的绝热膨胀线在下一个循环里为绝热压缩线，在每条绝热线上，过程各沿正、反方向进行一次，如图 2-7(b)所示的虚线部分，其功相互抵消，所有无限小 Carnot 循环的总和与图中任意可逆循环的闭合曲线相当，即一个任意可逆循环可以用无限多个无限小的 Carnot 循环来代替。

上式加和还可以写成

$$\sum_i\left(\frac{\delta Q_i}{T_i}\right)_{\mathrm{R}}=0 \tag{2.35}$$

或

$$\oint\left(\frac{\delta Q}{T}\right)_{\mathrm{R}}=0 \tag{2.36}$$

式中，R 表示可逆，$\oint$ 表示循环积分。此式表明，任意可逆循环的热温商之和等于零。

一个任意可逆循环 ABA 可以看作由两个可逆过程 $\mathrm{R_1}$ 和 $\mathrm{R_2}$ 所构成，如图 2-8 所示。可将式(2.36)中的循环积分拆写成两项，即

$$\int_{\mathrm{A}}^{\mathrm{B}}\left(\frac{\delta Q}{T}\right)_{\mathrm{R_1}}+\int_{\mathrm{B}}^{\mathrm{A}}\left(\frac{\delta Q}{T}\right)_{\mathrm{R_2}}=0$$

移项后得

$$\int_{A}^{B}\left(\frac{\delta Q}{T}\right)_{R_1}=-\int_{B}^{A}\left(\frac{\delta Q}{T}\right)_{R_2}$$

由此可得

$$\int_{A}^{B}\left(\frac{\delta Q}{T}\right)_{R_1}=\int_{A}^{B}\left(\frac{\delta Q}{T}\right)_{R_2}$$

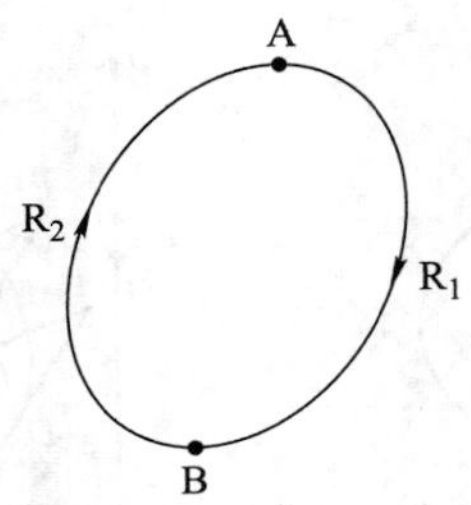

图 2-8 可逆循环

这表明:从状态 A 到状态 B 经由两个不同的可逆过程,这两个可逆过程的热温商之和相等。由于所选用的可逆过程是任意的,因此从 A 至 B 的其他任何可逆过程也可得到同样的结论。所以,$\int_{A}^{B}\left(\frac{\delta Q}{T}\right)_{R}$ 值仅取决于系统的始态 A 和终态 B,而与变化的具体途径无关。因此,$\int_{A}^{B}\left(\frac{\delta Q}{T}\right)_{R}$ 应该代表某个状态函数的变化值。Clausius 把该状态函数命名为熵,用符号 S 表示,其单位为 $J\cdot K^{-1}$。熵的定义式为

$$dS \xlongequal{\text{def}} \left(\frac{\delta Q}{T}\right)_{R} \tag{2.37}$$

当系统经可逆过程达到一个新状态时,此过程的熵变为

$$S_B-S_A=\Delta S=\int_{A}^{B}\left(\frac{\delta Q}{T}\right)_{R} \tag{2.38}$$

也可以写成

$$\Delta S-\sum_{i=1}^{n}\left(\frac{\delta Q_i}{T_i}\right)_{R}=0 \tag{2.39}$$

由定义可知,熵是系统的状态函数,是广度性质,其变化值等于可逆过程的热温商。

2.8.2 热力学第二定律的数学表达式

Carnot 定理指出,在确定温度的两个热源之间工作的热机中,不可逆热机效率 η_{IR} 总是小于可逆热机的效率 η_R,即

$$\eta_{IR}<\eta_R$$

式中,IR 表示不可逆。不可逆热机的效率为

$$\eta_{IR}=\frac{-W}{Q_1}=\frac{Q_1+Q_2}{Q_1}=1+\frac{Q_2}{Q_1}$$

在两个热源间工作的可逆热机的效率为

$$\eta_R=\frac{T_1-T_2}{T_1}=1-\frac{T_2}{T_1}$$

因为 $\eta_{IR}<\eta_R$，所以

$$1+\frac{Q_2}{Q_1}<1-\frac{T_2}{T_1}$$

移项后，得

$$\frac{Q_1}{T_1}+\frac{Q_2}{T_2}<0$$

对于任意不可逆循环，设系统在循环过程中与 n 个热源接触，吸取的热量分别为 $Q_1,\cdots,Q_n$，则上式可推广为

$$\sum_{i=1}^{n}\left(\frac{\delta Q_i}{T_i}\right)_{IR}<0 \tag{2.40}$$

设有如图 2-9 所示的循环，体系经过不可逆过程由 A→B，然后经过可逆过程由 B→A。整个循环仍然是一个不可逆循环，根据式(2.40)有

$$\sum_{A}^{B}\left(\frac{\delta Q_i}{T_i}\right)_{IR}+\sum_{B}^{A}\left(\frac{\delta Q_i}{T_i}\right)_{R}<0$$

因为

$$\sum_{B}^{A}\left(\frac{\delta Q_i}{T_i}\right)_{R}=S_A-S_B=-\Delta S_{A\to B}$$

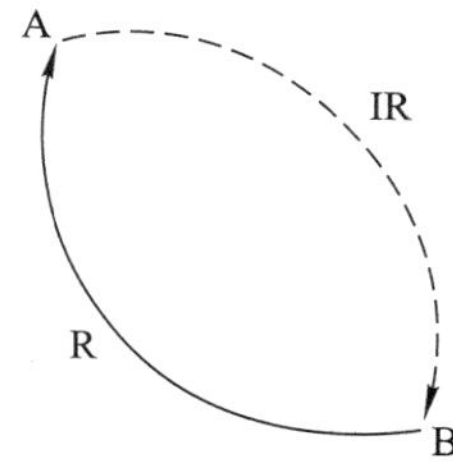

图 2-9　不可逆循环

所以

$$\Delta S_{A\to B}>\sum_{A}^{B}\left(\frac{\delta Q_i}{T_i}\right)_{IR}$$

或者

$$\Delta S_{A\to B}-\sum_{A}^{B}\left(\frac{\delta Q_i}{T_i}\right)_{IR}>0 \tag{2.41}$$

合并式(2.39)和式(2.41)，得

$$\Delta S_{A\to B}-\sum_{A}^{B}\left(\frac{\delta Q_i}{T_i}\right)\geqslant 0 \tag{2.42}$$

式(2.42)称为 Clausius 不等式。式中，T_i 为环境温度，对可逆过程也是体系的温度；$\sum_{A}^{B}\left(\frac{\delta Q_i}{T_i}\right)$ 称为热温商。过程中熵变 ΔS 体现了体系性质的变化，热温商体现了过程进行的条件。熵是状态函数，始、终态确定后，ΔS 就有定值。式(2.42)中，大于号表示实际过程是不可逆过程，等号表示实际过程是可逆过程。

对于微小的变化过程，式(2.42)可表示为

$$dS-\frac{\delta Q}{T}\geqslant 0 \quad 或 \quad dS\geqslant\frac{\delta Q}{T} \tag{2.43}$$

式(2.42)和式(2.43)称作 Clausius 不等式,它就是热力学第二定律的数学表达式。

2.8.3 熵增加原理

对于绝热体系或者孤立体系,δQ 等于零,故热温商等于零。由热力学第二定律,式(2.43)可写为 $dS\geqslant 0$ 或 $\Delta S\geqslant 0$,不等号表示不可逆,等号表示可逆。

在可逆的绝热过程中,体系的熵不变;在不可逆绝热过程中,体系的熵增加。绝热体系不可能发生熵减少的变化。一个孤立系统当然也应该是绝热的,上式还可以写成

$$dS_{iso}\geqslant 0$$

即一个孤立系统的熵永不减少,这称为熵增加原理,也可以作为热力学第二定律的一种表述。孤立系统中,不可逆过程朝着体系混乱度增大的方向进行,也就是朝着体系熵增大的方向进行。因此可以得出结论:孤立系统中发生的过程,总是自发地向着熵值增大的方向进行,直到系统的熵达到最大,即系统达到平衡态为止。在平衡态时,系统发生的一切过程都是可逆过程,其熵值保持不变,这就是熵判据,用来判断过程的方向和限度。熵判据只能用于判断孤立系统中过程的方向和限度。

在实际生产和科研中,孤立系统或可以近似作为孤立系统的情况极为少见,因此用熵增加原理作为判据有很大的局限性。人们常常将系统及与系统有联系的环境一起作为一个大的孤立系统,这个重新划定的大孤立系统必定服从熵增加原理,即

$$\Delta S_{iso}=\Delta S_{sys}+\Delta S_{sur}\geqslant 0$$

如果等于零,是可逆过程;如果大于零,则是不可逆过程,即自发过程。

需要指出的是,绝热系统中的熵增加原理只能用于判定过程是否可逆,而不能判定过程是否可以自发进行。

2.8.4 熵的物理意义

热力学第二定律的熵表述对过程的方向和限度给出了定量的判据,即孤立系统中的不可逆过程总是向着熵增加的方向自发进行。如孤立系统内的自发过程是由非平衡态趋向平衡态的过程,达到平衡态时宏观上过程就停止。由此可见,平衡态的熵为极大值。也就是说,自发过程的限度就是熵为极大值,换句话说,熵的大小反映了系统接近平衡态的程度。因此,从宏观上讲,熵是系统接近平衡态的一种量度。而当系统处于平衡态时,其微观状态数达到最大值。由此不难想象,系统的熵与微观状态之间必然存在某种函数关系,系统的微观状态数越多,其熵就越大。而系统的微观状态数越多,则说明系统越混沌,越无序。所以,从微观上讲,熵是系统混乱程度的一种量度。

热力学第二定律表明:孤立系统的一切不可逆过程(或自发过程)总是向着无序性增大的方向进行。在能量转化中,有效的能量(机械能)可以全部无条件地转化为无效能(热力学能),而无效的能量是不可能全部无条件转化为有效能的。每当自然界发生任何功变热后,熵的增加就意味着有效能量的减少,一定的能量从做功形式变为不能再做功的无效能量,被转化成无效状态的能量构成了我们所说的污染。许多人以为污染是生产的副产品,但实际上它只是世界上转化成无效能量的全部有效能量的总和,耗散了的能量就是污染。实践中我们也可以观

察到，任何事物任其自然发展，混乱程度一定有增无减。例如，房间里物品整齐对应于低熵态，房间里物品凌乱对应于高熵态。从整齐到凌乱是自发过程；反过来从凌乱到整齐需要作出特殊的努力，因而是非自发过程。

由此可见，熵是系统混乱度的一种量度，一切自发的不可逆过程都是从有序向无序的变化过程，向混乱度增加的方向进行，这就是熵的物理意义。

2.8.5 热力学第三定律和规定熵

和热力学能一样，熵的绝对值也是不能确定的。热力学第二定律只告诉我们如何测量和求算熵的改变值，而不能告诉我们熵的绝对值。所以，在讨论熵值时需规定一个相对标准，这是热力学第三定律所要解决的问题。

20 世纪初，科学家们利用电池研究低温下凝聚相的化学反应时发现，随着温度的降低，化学反应的熵变 ΔS 逐渐减小。在此实验事实的基础上，能斯特(Nernst)于 1906 年提出了一个假设：任何凝聚系统中等温化学反应的熵变随温度趋于 0 K 而趋于零，此假设称为 Nernst 热定理。

$$\lim_{T\to 0\mathrm{K}} \Delta S = 0$$

在当时情况下，低温条件只能达到 20.4 K，Nernst 在实验基础并不充分的条件下提出上述假设，这在科学史上实属罕见。直到十几年之后，它的使用条件才得以完善。在 Nernst 热定理的启发下，普朗克(Planck)于 1911 年提出进一步的假设：在 0 K 时，一切物质的熵均等于零，即

$$\lim_{T\to 0\mathrm{K}} S = 0$$

在进一步实验的基础上，1920 年路易斯(Lewis) 和吉布斯(Gibbs)指出，Planck 的假设只适用于纯态的完美晶体。所谓完美晶体，是指晶体中的分子或原子只有一种排列方式。例如，CO 晶体中，两种排列方式 C—O 和 O—C 不同时存在才称为完美晶体。这表明：只有当参与反应的各物质都是完美晶体时，才遵守 Nernst 热定理。基于上述研究基础，Planck 于 1912 年提出了热力学第三定律：0 K 时，任何纯物质完美晶体的熵值为零。热力学第三定律为任意状态下物质的熵值提供了相对标准，但其实这只是一种规定，因此人们将以此规定为基础计算出的其他状态下的熵称为规定熵，也称第三定律熵。

2.8.6 熵的计算

任一过程体系熵的变化，可以根据熵的定义式(2.37)和(2.38)进行计算，即

$$\mathrm{d}S = \left(\frac{\delta Q}{T}\right)_{\mathrm{R}} \quad 或 \quad \Delta S = \int_{\mathrm{A}}^{\mathrm{B}} \left(\frac{\delta Q}{T}\right)_{\mathrm{R}}$$

1. 理想气体 p、V、T 变化过程

(1) 恒温过程

对于恒温过程，根据熵变的定义可得

$$\Delta S = \frac{Q_{\mathrm{R}}}{T}$$

若理想气体系统发生不做非体积功的恒温过程，则

$$\Delta S = -\frac{W_{\mathrm{R}}}{T} = nR\ln\frac{V_2}{V_1} = nR\ln\frac{p_1}{p_2} \tag{2.44}$$

式(2.44)不仅适用于理想气体的恒温过程，也适用于始终态温度相同的过程。

【例 2-9】 1.00 mol 的 N_2(设为理想气体),始态为 273 K、100 kPa。(1) 经一恒温可逆过程膨胀到压力为 10 kPa,计算过程的熵变 ΔS_1;(2) 若该气体自同一始态经一向真空恒温膨胀过程,变化到压力为 10 kPa,试计算其过程的熵变 ΔS_2;(3) 能否利用 ΔS_2 来判断向真空膨胀的自发性?

解 (1) 因过程恒温可逆,根据式(2.44)得

$$\Delta S_1 = nR\ln\frac{p_1}{p_2} = \left(1\times 8.314\times\ln\frac{100}{10}\right)\ \mathrm{J\cdot K^{-1}} = 19.15\ \mathrm{J\cdot K^{-1}}$$

(2) 该过程与过程(1)的始、终态相同,故其过程的熵变 ΔS_2 与 ΔS_1 相等,即

$$\Delta S_2 = 19.15\ \mathrm{J\cdot K^{-1}}$$

(3) 由于气体向真空恒温膨胀,$W=0$,$\Delta U=0$,所以 $Q=0$,系统与环境间无物质和能量交换,可将系统看作一孤立系统,可以利用 ΔS_2 来判断过程进行的方向。$\Delta S_2 = 19.15\ \mathrm{J\cdot K^{-1}} > 0$,说明理想气体向真空恒温膨胀是一自发过程。

(2) 恒压过程

对系统加热或冷却,使其温度由 T_1 变化到 T_2,若过程恒压且不做非体积功,则

$$\Delta S = \int_{T_1}^{T_2}\frac{\delta Q_\mathrm{R}}{T} = \int_{T_1}^{T_2}\frac{nC_{p,\mathrm{m}}\mathrm{d}T}{T} \tag{2.45}$$

如果恒压摩尔热容 $C_{p,\mathrm{m}}$ 是常数,则对式(2.45)积分可得

$$\Delta S = nC_{p,\mathrm{m}}\ln\frac{T_2}{T_1} \tag{2.46}$$

式(2.46)不仅适用于理想气体的恒压过程,也适用于始终态压力相同的过程。

(3) 恒容过程

对系统加热或冷却,使其温度由 T_1 变化到 T_2,若过程恒容且不做非体积功,则

$$\Delta S = \int_{T_1}^{T_2}\frac{\delta Q_\mathrm{R}}{T} = \int_{T_1}^{T_2}\frac{nC_{V,\mathrm{m}}\mathrm{d}T}{T} \tag{2.47}$$

如果恒容摩尔热容 $C_{V,\mathrm{m}}$ 是常数,则对式(2.47)积分可得

$$\Delta S = nC_{V,\mathrm{m}}\ln\frac{T_2}{T_1} \tag{2.48}$$

式(2.48)不仅适用于理想气体的恒容过程,也适用于始终态体积相同的过程。

(4) p、V、T 都改变的过程

若过程 p、V、T 都改变,且不做非体积功,则过程的熵变 ΔS 可设计两种不同的途径来求得,如图 2-10 所示。

例如,由状态 A→B,有如下几种分步方法:

方法 1: 在 T_1 温度下,由 A 等温可逆膨胀至 C,再等容可逆变温至 B,即

$$\mathrm{A}\xrightarrow[\text{等温可逆}]{\Delta S_1}\mathrm{C}\xrightarrow[\text{等容可逆变温}]{\Delta S_2}\mathrm{B}$$

$$\Delta S = \Delta S_1 + \Delta S_2 = nR\ln\frac{V_2}{V_1} + nC_{V,\mathrm{m}}\ln\frac{T_2}{T_1} \tag{2.49}$$

方法 2: 在 T_1 温度下,由 A 等温可逆膨胀至 D,再等压可逆变温至 B,即

$$\mathrm{A}\xrightarrow[\text{等温可逆}]{\Delta S_1'}\mathrm{D}\xrightarrow[\text{等压可逆变温}]{\Delta S_2'}\mathrm{B}$$

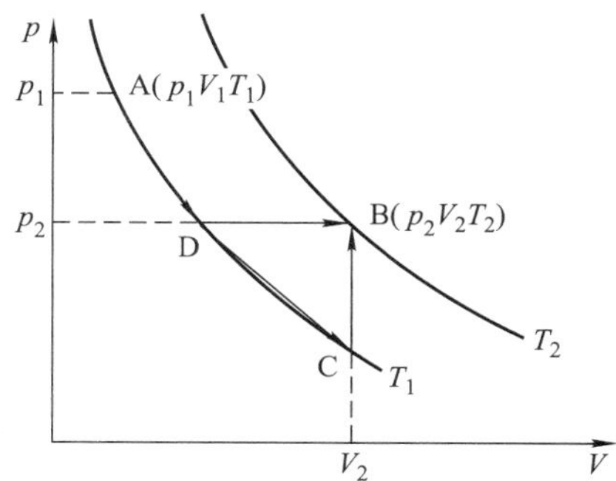

图 2-10　分步计算熵变

$$\Delta S = nR\ln\frac{p_1}{p_2} + nC_{p,\mathrm{m}}\ln\frac{T_2}{T_1} \tag{2.50}$$

显然，式(2.49)与(2.50)计算所得结果是相同的（还有其他可逆途径，如先等压可逆至 V_2，再等容可逆变温至 T_2 等）。需要说明的是，求理想气体的 p、V、T 都改变的过程的熵变时，首先要考虑过程是否绝热可逆。若是，则 $\Delta S=0$；若不是，则按以上通式计算。

【例 2-10】 1 mol 金属银在定容条件下，由 273.2 K 加热升温到 303.2 K，求 ΔS。已知在该温度范围内银的 $C_{V,\mathrm{m}}$ 为 24.84 J · mol^{-1} · K^{-1}。

解　据式(2.48)得

$$\Delta S = nC_{V,\mathrm{m}}\ln\frac{T_2}{T_1} = \left(1\times 24.84\times\ln\frac{303.2}{273.2}\right)\ \mathrm{J\cdot K^{-1}} = 2.588\ \mathrm{J\cdot K^{-1}}$$

【例 2-11】 体积为 25 dm^3 的 2 mol 理想气体，自 300 K 加热到 600 K，体积膨胀到 100 dm^3，求过程的熵变。已知 $C_{V,\mathrm{m}}$=19.37 J · mol^{-1} · K^{-1}。

解　这是一个 p、V、T 都变的过程，据式(2.49)得

$$\begin{aligned}\Delta S &= nR\ln\frac{V_2}{V_1} + nC_{V,\mathrm{m}}\ln\frac{T_2}{T_1}\\ &= \left(2\times 8.314\times\ln\frac{100}{25} + 2\times 19.37\times\ln\frac{600}{300}\right)\ \mathrm{J\cdot K^{-1}}\\ &= 49.90\ \mathrm{J\cdot K^{-1}}\end{aligned}$$

(5) 恒温恒压的混合过程

设在同温同压下，物质的量分别为 n_A 和 n_B 的两种理想气体 A 和 B 相互混合，其混合过程的始态和终态如图 2-11 所示。

图 2-11　理想气体的等温等压混合过程

由图 2-11 可以看出，两种理想气体的恒温恒压混合过程可分解为两种理想气体的恒温过

程，分别计算其熵变 ΔS_A 和 ΔS_B，则 $\Delta S=\Delta S_A+\Delta S_B$。据式(2.44)可得

$$\Delta S_A = n_A R\ln\frac{V}{V_A}$$

$$\Delta S_B = n_B R\ln\frac{V}{V_B}$$

所以

$$\Delta S = n_A R\ln\frac{V}{V_A} + n_B R\ln\frac{V}{V_B}$$

又由于 $V=V_A+V_B$，按气体分体积定律，$y_A=\frac{V_A}{V}$，$y_B=\frac{V_B}{V}$，代入上式得

$$\Delta S = -(n_A R\ln y_A + n_B R\ln y_B) \tag{2.51}$$

式中，y_A、y_B 分别为混合气体中 A 和 B 的物质的量分数。$y_A<1$，$y_B<1$，所以有 $\Delta S>0$。该系统在混合过程中与环境之间既无物质交换又无能量交换，可看作孤立系统。根据熵增加原理可以判断，该气体的混合过程为自发过程。

对于多种气体的恒温恒压混合，类似地可以得到

$$\Delta S = -\sum_i n_i R\ln y_i$$

2. 相变过程

(1) 可逆相变

在相平衡的温度和压力下产生的相变过程是可逆相变过程。因可逆过程是在恒温恒压且不做非体积功的条件下进行的，所以有 $Q_R=\Delta H=n\Delta_{相变}H_m$，由式(2.38)可得

$$\Delta S = \frac{n\Delta_{相变}H_m}{T} \tag{2.52}$$

(2) 不可逆相变

在非平衡温度和压力下发生的相变为不可逆相变，其熵变计算可通过设计一个包含可逆相变的过程来实现。

【例 2-12】 水在正常凝固点 273.15 K 时的凝固热为 $-6008\ \mathrm{J\cdot mol^{-1}}$，水和冰的摩尔恒压热容分别为 $C_{p,m}(水)=75.3\ \mathrm{J\cdot mol^{-1}\cdot K^{-1}}$，$C_{p,m}(冰)=37.6\ \mathrm{J\cdot mol^{-1}\cdot K^{-1}}$，求：(1) 273.15 K 时水凝固过程的 ΔS；(2) 268.15 K 时水凝固过程的 ΔS。

解 (1) 273.15 K 是水的正常凝固点，此过程是可逆相变，故

$$\Delta S = \frac{n\Delta H_m}{T} = -\frac{6008}{273.15}\ \mathrm{J\cdot K^{-1}} = -22.0\ \mathrm{J\cdot K^{-1}}$$

(2) 268.15 K 不是水的正常凝固点，此过程是不可逆相变，故必须通过设计一个包含可逆相变的过程来计算 ΔS。设计图示如下：

1mol $H_2O(l)$ $T_1=268.15$ K 101325Pa	—— 不可逆相变 ΔS →	1mol $H_2O(s)$ $T_1=268.15$ K 101325Pa
↓ ΔS_1		↑ ΔS_3
1mol $H_2O(l)$ $T_2=273.15$ K 101325Pa	—— 可逆相变 ΔS_2 →	1mol $H_2O(s)$ $T_2=273.15$ K 101325Pa

$$\Delta S=\Delta S_1+\Delta S_2+\Delta S_3$$

$$\Delta S_1=nC_{p,m}(H_2O,l)\ln\frac{T_2}{T_1}=\left(1\times75.3\times\ln\frac{273.15}{268.15}\right)\ J\cdot K^{-1}=1.39\ J\cdot K^{-1}$$

$$\Delta S_2=-22.0\ J\cdot K^{-1}$$

$$\Delta S_3=nC_{p,m}(H_2O,s)\ln\frac{T_1}{T_2}=\left(1\times37.6\times\ln\frac{268.15}{273.15}\right)\ J\cdot K^{-1}=-0.69\ J\cdot K^{-1}$$

$$\Delta S=\Delta S_1+\Delta S_2+\Delta S_3=(1.39-22.0-0.69)\ J\cdot K^{-1}=-21.3\ J\cdot K^{-1}$$

虽然该过程的 $\Delta S<0$,但实际上却能发生,因为该系统并不是孤立系统,熵判据不适用。实际上,该过程是过冷水的凝固过程,是自发过程。要对该过程进行判断,应计算环境的熵变,将其整体看作一个大孤立系统来进行。

3. 化学反应过程

通常化学反应都在不可逆条件下进行,其热效应是不可逆过程热,化学反应过程的熵变不能由热温商求得。然而到目前为止,将全部化学反应设计成可逆反应困难很大,因此有必要引入热力学第三定律来解决化学反应过程的熵变计算问题。

以热力学第三定律中的完美晶体为相对标准求得的熵值 S_T 称为物质的规定熵。在标准状态下 1 mol 纯物质在温度 T 时的规定熵称为标准摩尔熵,用 $S_m^\ominus(T)$表示,单位是 $J\cdot mol^{-1}\cdot K^{-1}$。一些物质在 298.15 K 时的 $S_m^\ominus$ 值见本书附录Ⅳ。

由标准摩尔熵 $S_m^\ominus(T)$可计算任一化学反应同温度下的标准摩尔熵变 $\Delta_r S_m^\ominus(T)$。设化学反应为

$$aA+dD=\!=\!=eE+fF$$

则

$$\Delta_r S_m^\ominus(T)=(eS_E^\ominus+fS_F^\ominus)_{产物}-(aS_A^\ominus+dS_D^\ominus)_{反应物}=\sum_B\nu_B S_m^\ominus(B,相态,T)$$

【例 2-13】 计算甲醇合成反应在 25 ℃时的标准摩尔熵变 $\Delta_r S_m^\ominus$。反应方程式为

$$CO(g)+2H_2(g)=\!=\!=CH_3OH(g)$$

解 查表得 $CO(g)$、$H_2(g)$和 $CH_3OH(g)$的 $S_m^\ominus$(298.15 K)分别为 197.67 $J\cdot mol^{-1}\cdot K^{-1}$、130.68 $J\cdot mol^{-1}\cdot K^{-1}$和 239.80 $J\cdot mol^{-1}\cdot K^{-1}$,代入得

$$\begin{aligned}\Delta_r S_m^\ominus(298.15\ K)&=\sum_B\nu_B S_m^\ominus(B,相态,298.15\ K)\\&=S_m^\ominus(CH_3OH,g,298.15\ K)-S_m^\ominus(CO,g,298.15\ K)-2\times S_m^\ominus(H_2,g,298.15\ K)\\&=(239.80-197.67-2\times130.68)\ J\cdot mol^{-1}\cdot K^{-1}\\&=-219.23\ J\cdot mol^{-1}\cdot K^{-1}\end{aligned}$$

§2.9 Helmholtz 自由能和 Gibbs 自由能

熵作为自发过程的方向和限度的判据只适用于孤立(隔离)系统,但在实际过程中,很多变化通常是在等温等压或等温等容条件下进行的,允许近似作为孤立(隔离)系统的情况并不多

见。因此计算孤立系统的熵变时,必须考虑环境的熵变,这很不方便。在某些特定条件下,若能引入诸如焓这样的状态函数,仅利用系统函数值的变化就能判断自发变化的方向和限度,而不需要考虑环境,就方便多了。亥姆霍兹(Helmholtz)和吉布斯(Gibbs)在熵函数的基础上,定义了两个新的热力学函数——Helmholtz 自由能(符号 A)和 Gibbs 自由能(符号 G),分别用来作为等温等容和等温等压下过程变化的判据。这两个状态函数与焓一样,也是组合函数,都不是热力学定律的直接结果。

2.9.1 Helmholtz 自由能和 Gibbs 自由能的导出

设任一封闭系统,在温度 T 时发生一等温过程,由热力学第二定律可得

$$\Delta S \geqslant \sum_{\mathrm{A}}^{\mathrm{B}} \frac{\delta Q_{\mathrm{R}}}{T} \tag{2.53}$$

由热力学第一定律得 $Q=\Delta U-W$,代入式(2.53)并整理得

$$\Delta U - T\Delta S \leqslant W \tag{2.54}$$

因为是等温过程,又可写为

$$\Delta U - \Delta(TS) \leqslant W$$

或

$$\Delta(U - TS) \leqslant W \tag{2.55}$$

德国物理学家 Helmholtz 首先提出并定义了一个新函数:

$$A \xlongequal{\mathrm{def}} U - TS \tag{2.56}$$

代入式(2.55)得

$$\Delta A \leqslant W \quad (< \text{为不可逆}, = \text{为可逆}) \tag{2.57}$$

式中,A 称为 Helmholtz 自由能,是系统的广度性质,具有能量的量纲,也无法确定其绝对值。式(2.57)表明:系统在等温可逆过程中与环境交换的功等于 Helmholtz 自由能的变化值,而系统在等温不可逆过程中与环境交换的功恒大于 Helmholtz 自由能的变化值。显然,这个功既包括体积功,也包括非体积功。Helmholtz 自由能的变化值能够用来衡量系统做功的本领,故也称为功函数。

设任一封闭系统,发生一等温等压过程,由热力学第二定律得

$$\Delta S \geqslant \frac{\delta Q}{T}$$

又由热力学第一定律,$Q=\Delta U-W$,而功包括体积功和非体积功两部分,即

$$W = -\int p\,\mathrm{d}V + W' = -p\Delta V + W'$$

则

$$Q = \Delta U - W = \Delta U - (-p\Delta V + W') = \Delta U + p\Delta V - W'$$

整理得

$$\Delta U + p\Delta V - T\Delta S \leqslant W'$$

等温等压下可写为

$$\Delta U + \Delta(pV) - \Delta(TS) \leqslant W'$$

或

$$\Delta(U + pV - TS) \leqslant W' \tag{2.58}$$

美国理论物理与化学家 Gibbs 也定义了一个新的状态函数:

$$G \xlongequal{\text{def}} U + pV - TS = H - TS = A + pV \tag{2.59}$$

则式(2.58)可以写为

$$\Delta G_{T,p} \leqslant W' \tag{2.60}$$

式中,G 为 Gibbs 自由能,是由 Gibbs 最早提出并定义的,也是系统的广度性质,具有能量的量纲,也无法确定其绝对值。式(2.60)表明:系统在等温等压可逆过程中与环境交换的非体积功等于 Gibbs 自由能的变化值,而系统在等温等压不可逆过程中与环境交换的非体积功恒大于 Gibbs 自由能的变化值。

2.9.2　Helmholtz 自由能的计算

1. 等温的简单变化过程

对于封闭系统的等温过程:

$$\Delta A = \Delta U - \Delta(TS) = \Delta U - T\Delta S$$

式中,$T\Delta S = Q_r$。由热力学第一定律,$\Delta U = Q_r + W$,于是上式变为

$$\Delta A = W$$

若过程中不做非体积功,则上式简化为

$$\Delta A = W_e = -\int_{V_1}^{V_2} p_e \mathrm{d}V \tag{2.61}$$

若为理想气体,则上式可积分为

$$\Delta A = nRT\ln\frac{V_1}{V_2} = nRT\ln\frac{p_2}{p_1} \tag{2.62}$$

2. 可逆相变过程

可逆相变过程是在等温等压且没有非体积功的条件下进行的,属于不做非体积功的等温可逆过程,有

$$\Delta A = -\int_{V_1}^{V_2} p_e \mathrm{d}V = -p\Delta V \tag{2.63}$$

对于凝聚相系统变为蒸气的可逆相变过程,由于其凝聚相体积远小于蒸气体积,可忽略不计。若蒸气又可视为理想气体,则式(2.63)可写为

$$\Delta A = -nRT$$

2.9.3　Gibbs 自由能的计算

1. 等温的简单变化过程

对于封闭系统的等温过程,由定义式 $G = H - TS$ 得

$$\Delta G = \Delta H - T\Delta S \tag{2.64}$$

只要求得等温过程的 ΔH 与 ΔS,即可求得其 ΔG。

也可以根据定义式 $G = A - pV$,求微分得

$$\mathrm{d}G = \mathrm{d}A + p\mathrm{d}V + V\mathrm{d}p$$

在等温且没有非体积功的过程中,$\mathrm{d}A = \delta W = -p\mathrm{d}V$,代入上式得

$$dG = V dp$$

积分得

$$\Delta G = \int_{p_1}^{p_2} V dp \tag{2.65}$$

对于理想气体，上式积分为

$$\Delta G = nRT \ln \frac{p_2}{p_1} = nRT \ln \frac{V_1}{V_2} \tag{2.66}$$

【例 2-14】 1 mol 单原子理想气体，$T_1 = 273$ K，$p_1 = 100$ kPa，$S_1 = 100\ \mathrm{J \cdot mol^{-1} \cdot K^{-1}}$，分别经历恒温、压强加倍，求变化过程中的 ΔG 和 ΔA。

解 恒温，压强加倍

$$\Delta G = \Delta A = -nRT \ln \frac{p_1}{p_2} = \left(-1 \times 8.314 \times 273 \times \ln \frac{1}{2}\right) \mathrm{J} = 1573.2\ \mathrm{J}$$

2. 相变过程

(1) 可逆相变

可逆相变过程是在相平衡的温度和压力下进行的，属等温等压且没有非体积功的过程，$\Delta G = 0$。所以对于可逆相变，不必进行计算即可判定其 $\Delta G = 0$。

$$\begin{aligned} dA &= \delta W_e = -p dV \\ dG &= dA + p dV + V dp \\ &= \delta W_e + p dV + V dp \quad (\delta W_e = -p dV,\ \ dp = 0) \\ &= 0 \end{aligned}$$

(2) 不可逆相变

不可逆相变即是在非相平衡温度、压力下进行的非体积功为零的相变，该条件下的不可逆过程不可能通过相同条件的可逆过程来完成。与计算不可逆相变 ΔS 类似，也需要设计一系列的可逆过程完成此变化，其原则是不改变过程的温度(或压力)，并由所设计的可逆过程求得该变化的 ΔG。

【例 2-15】 在 −59 ℃时，过冷液态二氧化碳的饱和蒸气压为 0.460 MPa，同温度时固态 CO_2 的饱和蒸气压为 0.434 MPa。问在上述温度时，将 1 mol 过冷液态 CO_2 转化为固态 CO_2 的 ΔG 为多少？设气体服从理想气体行为。

解 该过程为不可逆相变，故设计过程如下：

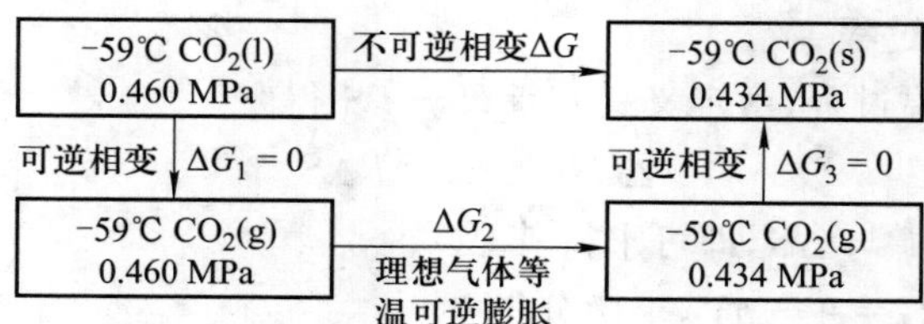

$$\Delta G_2 = nRT\ln\frac{p_2}{p_1} = \left(1\times 8.314\times 214.2\times\ln\frac{0.434}{0.460}\right)\ \mathrm{J} = -104\ \mathrm{J}$$

$$\Delta G = \Delta G_1 + \Delta G_2 + \Delta G_3 = \Delta G_2 = -104\ \mathrm{J}$$

3. 化学变化

对于如下等温、等压的化学反应

$$a\mathrm{A} + b\mathrm{B} = y\mathrm{Y} + z\mathrm{Z}$$

除非反应已达到平衡($\Delta_r G_m = 0$),则不论反应自发或非自发,过程均不可逆。因此,需要设计可逆过程来计算反应的 $\Delta_r G_m$。

最简单的方法是将反应设计成可逆电池进行放电(自发反应)或充电(非自发反应),则

$$\Delta_r G_m = -zEF$$

但并非所有反应都能设计成可逆电池,所以此方法不具普遍性。

如果已知化学反应的 $\Delta_r H_m$ 和 $\Delta_r S_m$,则不必设计可逆过程,可直接由 $\Delta_r H_m$ 和 $\Delta_r S_m$ 计算 $\Delta_r G_m$。

$$\Delta_r G_m = \Delta_r H_m - T\Delta_r S_m$$

我们将在第 4 章化学平衡中进一步详细介绍化学变化过程 $\Delta_r G_m$ 的计算方法。

【例 2-16】 计算下列反应在 25 ℃及标准压力下的 $\Delta_r G_m$,并判断此反应在该条件下能否发生。

$$H_2O(l) + CO(g) \longrightarrow CO_2(g) + H_2(g)$$

已知 25 ℃时,$H_2O(l)$、$CO(g)$、$CO_2(g)$和 $H_2(g)$的 $\Delta_f H_m^\ominus$ 分别为 $-285.8\ \mathrm{kJ\cdot mol^{-1}}$, $-110.5\ \mathrm{kJ\cdot mol^{-1}}$, $-393.5\ \mathrm{kJ\cdot mol^{-1}}$和 $0\ \mathrm{kJ\cdot mol^{-1}}$;它们的 $S_m^\ominus$ 分别为 $69.9\ \mathrm{J\cdot mol^{-1}\cdot K^{-1}}$, $198\ \mathrm{J\cdot mol^{-1}\cdot K^{-1}}$, $213.8\ \mathrm{J\cdot mol^{-1}\cdot K^{-1}}$和 $130.7\ \mathrm{J\cdot mol^{-1}\cdot K^{-1}}$。

解

$$\begin{aligned}\Delta_r H_m^\ominus = \sum \nu_B \Delta_f H_m^\ominus &= [-393.5 + 0 - (-285.8) - (-110.5)]\ \mathrm{kJ\cdot mol^{-1}} \\ &= -2.8\ \mathrm{kJ\cdot mol^{-1}}\end{aligned}$$

$$\begin{aligned}\Delta_r S_m^\ominus = \sum \nu_B S_m^\ominus &= (213.8 + 130.7 - 69.9 - 198)\ \mathrm{J\cdot mol^{-1}\cdot K^{-1}} \\ &= 76.6\ \mathrm{J\cdot mol^{-1}\cdot K^{-1}}\end{aligned}$$

故

$$\begin{aligned}\Delta_r G_m = \Delta_r G_m^\ominus = \Delta_r H_m^\ominus - T\Delta_r S_m^\ominus &= [-2.8\times 1000 - 298.15\times 76.6]\ \mathrm{J\cdot mol^{-1}} \\ &= -2.56\times 10^4\ \mathrm{J\cdot mol^{-1}} < 0\end{aligned}$$

所以此反应在该条件下可自发进行。

§2.10 过程方向和限度的热力学判据

由热力学第一定律和热力学第二定律的联合公式,引出了两个辅助的状态函数——Helmholtz 自由能 A 和 Gibbs 自由能 G。联合公式中有关熵函数的不等式,推导出了 Helmholtz 自由能和 Gibbs 自由能的不等式，由此可以判别变化的方向和平衡的条件。现将 S、A 及 G 的相关判据及限制条件归纳如下：

1. 熵判据

对于孤立(隔离)系统，$dS \geqslant 0$，“=”表示可逆，“>”表示不可逆。在孤立系统中，如果发生了不可逆变化，则必定是自发的。即在孤立系统中，自发变化总是朝着熵增加的方向进行，变化的结果是使系统趋向于平衡状态。系统达平衡状态后，其中的任何过程都是可逆的，因此判别变化方向性的熵判据应为

$$\Delta S_{孤立} \geqslant 0$$

“>”表示变化自发，“=”表示达到平衡。

2. Helmholtz 自由能判据

在等温等容及不存在非体积功时，$dA \leqslant 0$，“=”表示可逆，“<”表示不可逆。但在此条件下，系统处于无任何外来作用、任其自然的情况下，若发生不可逆过程，则必然为自发的变化。因此，在等温等容且不做非体积功的条件下，自发变化总是向 A 减小的方向进行，直至 A 不再变化即达到平衡，即 Helmholtz 自由能判据为

$$(\Delta A)_{T,V,W'=0} \leqslant 0 \tag{2.67}$$

“<”表示变化自发，“=”表示达到平衡。

3. Gibbs 自由能判据

若封闭系统经历任一等温等压且没有非体积功的过程，则 $W'=0$，式(2.60)可写为

$$\Delta G_{T,p} \leqslant 0 \tag{2.68}$$

“<”表示不可逆或自发，“=”表示可逆或达到平衡。式(2.68)即为等温等压且没有非体积功的条件下过程方向和限度的判据，称为 Gibbs 自由能判据。在等温等压且没有非体积功的条件下，封闭系统中的过程总是自发地向着 Gibbs 自由能减小的方向进行，直到达到该条件下 Gibbs 自由能最小的平衡态为止。

判断化学反应的方向性是非常重要的，如 $\Delta G_{T,p} \leqslant 0$，说明在等温等压下反应时，不但不需要消耗非体积功，相反地还可能提供非体积功。对于等温等压下的自发反应($\Delta G<0$)，完全有可能在指定的温度和压力下自动进行；对于在等温等压下的非自发反应($\Delta G>0$)，在指定的温度和压力下必须消耗数值上至少等于 ΔG 的非体积功才有可能实现。

热力学的判据只表明过程存在着该种可能性，并不意味着就可以实现，因为还有一个速率问题。热力学只能说明有这种可能，但如何把可能性转变为现实，则需要化学动力学来解决。

§2.11 热力学函数之间的相互关系

到目前为止，我们已经学习了五个热力学函数 U、H、S、A 和 G。在这五个热力学函数中，热力学能和熵是基本函数。熵具有特殊地位，最初用来作为变化方向和过程可逆性的判据来讨论，后来为了应用方便，又衍生出 Gibbs 自由能和 Helmholtz 自由能的判据。在实际中，上述五个状态函数要经常与容易由实验测得的热力学函数 p、V、T 发生联系，因此需要明确热力学函数之间的关系。

2.11.1 热力学函数间的关系

U、H、S、A 和 G 五个热力学函数之间的关系如下：

$$H = U + pV$$
$$A = U - TS = H - pV - TS$$
$$G = H - TS = U + pV - TS$$

这些化学计量式也表达了状态函数之间的关系。当状态发生变化时，这些状态函数也发生变化；但对于封闭系统，状态函数之间的关系不变。可用图 2-12 表示。

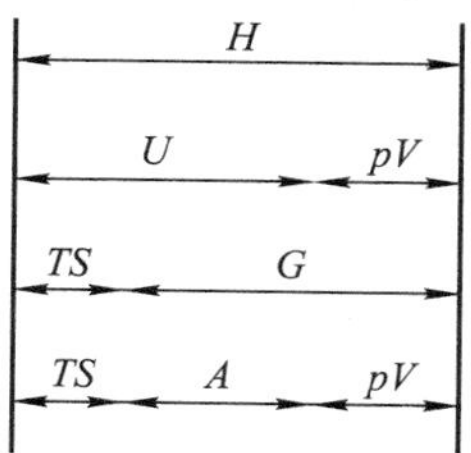

图 2-12 热力学函数之间的关系

2.11.2 热力学基本方程

对于组成恒定的封闭系统的微小过程，由热力学第一定律得

$$\mathrm{d}U = \delta Q + \delta W$$

若过程可逆且没有非体积功，由热力学第二定律得

$$\delta Q_{\mathrm{r}} = T\mathrm{d}S$$

因为

$$\delta W_{\mathrm{r}} = -p\mathrm{d}V$$

所以

$$\mathrm{d}U = T\mathrm{d}S - p\mathrm{d}V \tag{2.69}$$

此式为热力学第一定律和热力学第二定律的联合表达式，适用于组成恒定的封闭系统且无非体积功的可逆过程。

对 $H=U+pV$ 进行全微分，得 $\mathrm{d}H=\mathrm{d}U+p\mathrm{d}V+V\mathrm{d}p$，将式(2.69)代入得

$$\mathrm{d}H = T\mathrm{d}S + V\mathrm{d}p \tag{2.70}$$

同理，分别对 $A=U-TS$，$G=H-TS$ 进行全微分，并将式(2.69)和(2.70)分别代入，可得

$$\mathrm{d}A = -S\mathrm{d}T - p\mathrm{d}V \tag{2.71}$$
$$\mathrm{d}G = -S\mathrm{d}T + V\mathrm{d}p \tag{2.72}$$

式(2.69)～(2.72)是四个十分重要的关系式，称为封闭系统的热力学基本方程。这些基本方程虽然是由组成恒定的封闭系统且无非体积功的可逆过程推导出的，但对该条件下的不可逆过程同样适用。因此，其使用范围可扩大为组成恒定的封闭系统且无非体积功的任意过程。

四个基本方程中涉及八个热力学函数，其中 U 与 S 和 V 相联系，确定 U 的特征变量为 S 和 V。同样，H 的特征变量为 S 和 p，A 的特征变量为 T 和 V，G 的特征变量为 T 和 p。当 U、H、A、G 这四个热力学函数以相应的特征变量作为自变量时，称为特性函数。

2.11.3 对应系数关系式

将四个特性函数写成各自特征变量的全微分,并与四个基本方程相比较,便可得到四对关系式。

例如,特性函数 $U=U(S,V)$ 的全微分为

$$\mathrm{d}U=\left(\frac{\partial U}{\partial S}\right)_V\mathrm{d}S+\left(\frac{\partial U}{\partial V}\right)_S\mathrm{d}V$$

与基本公式

$$\mathrm{d}U=T\mathrm{d}S-p\mathrm{d}V$$

相比较,可得一组偏微商:

$$\left(\frac{\partial U}{\partial S}\right)_V=T,\quad \left(\frac{\partial U}{\partial V}\right)_S=-p \tag{2.73}$$

同理,由特性函数 $H=H(S,p)$,$A=A(T,V)$,$G=G(T,p)$ 可以得到另外三组偏微商:

$$\left(\frac{\partial H}{\partial S}\right)_p=T,\quad \left(\frac{\partial H}{\partial p}\right)_S=V \tag{2.74}$$

$$\left(\frac{\partial A}{\partial T}\right)_V=-S,\quad \left(\frac{\partial A}{\partial V}\right)_T=-p \tag{2.75}$$

$$\left(\frac{\partial G}{\partial T}\right)_p=-S,\quad \left(\frac{\partial G}{\partial p}\right)_T=V \tag{2.76}$$

以上八个特性偏微商式称为对应系数关系式。这些偏微商也可以由基本方程直接得到。例如,由 $\mathrm{d}G=-S\mathrm{d}T-V\mathrm{d}p$,恒温条件下 $\mathrm{d}T=0$,则得 $\frac{\mathrm{d}G}{\mathrm{d}p}=V$,因此可以改为 $\left(\frac{\partial G}{\partial p}\right)_T=V$。同理,可得其他对应系数关系式。这些关系式在分析或证明问题时常用到。

2.11.4 Maxwell 关系式

设 z 是系统的任一状态函数,并且是两个变量 x 和 y 的函数,即 $z=f(x,y)$,则 z 在数学上具有全微分的性质,其微小变化值可用一个全微分表达式来表示:

$$\mathrm{d}z=\left(\frac{\partial z}{\partial x}\right)_y\mathrm{d}x+\left(\frac{\partial z}{\partial y}\right)_x\mathrm{d}y=M\mathrm{d}x+N\mathrm{d}y$$

式中 $M=\left(\frac{\partial z}{\partial x}\right)_y$,$N=\left(\frac{\partial z}{\partial y}\right)_x$,$M$ 和 N 也是 x、y 的函数。再将 M 对 y 求偏微分,将 N 对 x 求偏微分,得

$$\left(\frac{\partial M}{\partial y}\right)_x=\frac{\partial^2 z}{\partial x\partial y},\quad \left(\frac{\partial N}{\partial x}\right)_y=\frac{\partial^2 z}{\partial x\partial y}$$

所以

$$\left(\frac{\partial M}{\partial y}\right)_x=\left(\frac{\partial N}{\partial x}\right)_y$$

将该结论应用到式(2.69)~(2.72)四个热力学基本方程,可得

$$\left.\begin{aligned}\left(\frac{\partial T}{\partial V}\right)_S &= -\left(\frac{\partial p}{\partial S}\right)_V \\ \left(\frac{\partial T}{\partial p}\right)_S &= \left(\frac{\partial V}{\partial S}\right)_p \\ \left(\frac{\partial S}{\partial V}\right)_T &= \left(\frac{\partial p}{\partial T}\right)_V \\ \left(\frac{\partial S}{\partial p}\right)_T &= -\left(\frac{\partial V}{\partial T}\right)_p\end{aligned}\right\} \tag{2.77}$$

式(2.77)的四个公式称为麦克斯韦(Maxwell)关系式。利用这些关系式,可以将那些难以通过实验测量的偏导数,如熵随压力或体积的变化率,用能直接测量的 p、V、T 的偏导数来代替。

2.11.5　Gibbs-Helmholtz 方程

在研究化学反应问题时,常需要由某一反应温度(T_1)下的 $\Delta G(T_1)$ 求得另一反应温度(T_2)下的 $\Delta G(T_2)$。

根据 $\left(\frac{\partial G}{\partial T}\right)_p = -S$ 可得

$$\left(\frac{\partial \Delta G}{\partial T}\right)_p = -\Delta S$$

在恒温 T 时,有

$$\Delta G = \Delta H - T\Delta S$$

或

$$-\Delta S = \frac{\Delta G - \Delta H}{T}$$

代入上式,得

$$\left(\frac{\partial \Delta G}{\partial T}\right)_p = \frac{\Delta G - \Delta H}{T} \tag{2.78}$$

式(2.78)左边表示一个等温、等压化学反应的 ΔG 在保持压力不变时对温度的变化率。将式(2.78)两边同除以 T,并整理后可得

$$\frac{1}{T}\left(\frac{\partial \Delta G}{\partial T}\right)_p - \frac{\Delta G}{T^2} = \frac{-\Delta H}{T^2}$$

上式左边是压力不变时 $\Delta G/T$ 对 T 的偏微商,即

$$\left[\frac{\partial\left(\frac{\Delta G}{T}\right)}{\partial T}\right]_p = \frac{-\Delta H}{T^2} \tag{2.79}$$

对式(2.79)作不定积分,得

$$\frac{\Delta G}{T} = -\int \frac{\Delta H}{T^2}\, \mathrm{d}T + I \tag{2.80}$$

式中 I 为积分常数。若对式(2.79)进行定积分,则有

$$\frac{\Delta G(T_2)}{T_2} - \frac{\Delta G(T_1)}{T_1} = -\int_{T_1}^{T_2} \frac{\Delta H}{T^2}\mathrm{d}T \tag{2.81}$$

式(2.79)～(2.81)称为 Gibbs-Helmholtz 方程。通过该方程，若已知 ΔH 及某温度(T_1)下的 $\Delta G(T_1)$，可求得另一温度(T_2)下的 $\Delta G(T_2)$。

同理，根据式 $\left(\frac{\partial A}{\partial T}\right)_V=-S$，同样可以证明

$$\left[\frac{\partial\left(\frac{\Delta A}{T}\right)}{\partial T}\right]_V=\frac{-\Delta U}{T^2} \tag{2.82}$$

式(2.82)也称为 Gibbs-Helmholtz 方程，即等式左边为体积不变时 $\Delta A/T$ 对 T 的偏微商。

【例 2-17】 有下列反应：

$$2SO_3(g,p^\ominus) \rightleftharpoons 2SO_2(g,p^\ominus)+O_2(g,p^\ominus)$$

已知 298 K 时，反应的 $\Delta_r G_m=1.400\times10^5\ \mathrm{J\cdot mol^{-1}}$，$\Delta_r H_m=1.956\times10^5\ \mathrm{J\cdot mol^{-1}}$。若反应的焓变不随温度而变化，求在 600 ℃时此反应的 $\Delta_r G_m$。

解 由 Gibbs-Helmholtz 方程得

$$\frac{\Delta G(T_2)}{T_2}-\frac{\Delta G(T_1)}{T_1}=\frac{\Delta H}{T_2}-\frac{\Delta H}{T_1}$$

$$\frac{\Delta G(T_2)}{873\ \mathrm{K}}-\frac{140000\ \mathrm{J\cdot mol^{-1}}}{298\ \mathrm{K}}=\frac{195600\ \mathrm{J\cdot mol^{-1}}}{873\ \mathrm{K}}-\frac{195600\ \mathrm{J\cdot mol^{-1}}}{298\ \mathrm{K}}$$

$$\Delta G(T_2)=30869\ \mathrm{J\cdot mol^{-1}}$$

2.11.6 ΔG 与压力的关系

一个等温、等压下的化学变化或相变化，在保持温度不变的前提下，其 ΔG 将随压力的改变而改变。

已知 $\left(\frac{\partial G}{\partial p}\right)_T=V$，则

$$\left(\frac{\partial \Delta G}{\partial p}\right)_T=\Delta V$$

对上式作定积分，得

$$\Delta G_2-\Delta G_1=\int_{p_1}^{p_2}\Delta V\mathrm{d}p$$

ΔG_1 和 ΔG_2 分别是系统在同一温度、在两个不同压力下按等温、等压进行时 Gibbs 自由能的变化值。

【例 2-18】 已知在 298 K 和 100 kPa 的条件下，如下反应的 $\Delta_{trs}G_m^\ominus$ 为 2.862 kJ · mol^{-1}。

$$C(s,石墨)\longrightarrow C(s,金刚石)$$

在 298 K 的条件下，要加多少压力才有可能将石墨变为金刚石？已知金刚石的密度为 3513 kg · m^{-3}，石墨的密度为 2260 kg · m^{-3}，下标“trs”表示“转晶”。

解 在室温和标准压力下，从石墨变为金刚石的 Gibbs 自由能变化值大于零，显然石墨更稳定，这个变化不能自发进行。要使反应进行，至少使 $\Delta G=0$，这就要利用等温下 G 随 p 变化

的关系式

$$\Delta G_2 - \Delta G_1 = \int_{p_1}^{p_2} \Delta V \mathrm{d}p$$

式中 $\Delta G_1 = \Delta_{\mathrm{trs}} G_{\mathrm{m}}^{\ominus}$，故上式为

$$\Delta G_2 = \Delta_{\mathrm{trs}} G_{\mathrm{m}}^{\ominus} + \Delta V(p - 100\ \mathrm{kPa}) = 0$$

$$\Delta V = \frac{0.012\ \mathrm{kg \cdot mol^{-1}}}{3513\ \mathrm{kg \cdot m^{-3}}} - \frac{0.012\ \mathrm{kg \cdot mol^{-1}}}{2260\ \mathrm{kg \cdot m^{-3}}} = -1.89 \times 10^{-6}\ \mathrm{m^3 \cdot mol^{-1}}$$

代入已知数，解得 $p = 1.5 \times 10^9$ Pa。

也就是说，在室温下要将石墨变为金刚石，压力必须大于 1.5×10^9 Pa 才有可能。要获得标准压力的 10^4 倍的高压通常难以做到，要有特殊的设备才行。

§2.12　非平衡态热力学简介

经典热力学是建立在观察与实验基础上的一门学科，从根本上说它只有两条基本定律：热力学第一定律——运动的守恒性；热力学第二定律——运动的方向性。热力学第一定律揭示了各种形式能量之间相互转化和守恒的规律。热力学第二定律的思想始自 1824 年的 Carnot 循环和 Carnot 定理，Clausius 在 Carnot 工作的基础上，发现了热力学第二定律。Clausius 将其表述为：不可能把热从低温物体转移到高温物体而不引起别的变化。1851 年，Kelvin 独立地提出了热力学第二定律的另一种表述方法：不可能从单一热源取热使之完全变为有用功而不产生其他影响。1865 年，Clausius 把上述关系推广到不可逆过程，提出 Clausius 不等式；同时，引入了新的热力学函数——熵，给出了热力学第二定律的数学表达式。1906 年，Nernst 提出热力学第三定律：若将热力学零度时完美晶体中的每种元素的熵值取为零，则一切物质均具有一定的正熵值，但是在热力学零度时，完美晶体物质的熵值为零。至此，经典热力学的基本定律确立。

昂萨格（Onsager）于 1931 年确立的以他名字命名的 Onsager 倒易关系（reciprocal relation）和普里高津（Prigogine）于 1945 年确立的最小熵产生原理是线性热力学的基础，标志着线性非平衡态热力学的成熟。线性热力学对许多输运现象有重要的应用。Prigogine 于 1967 年在关于“理论物理和生物学”的第一次国际会议上提出了耗散结构（dissipative structure）这一新概念，使非线性非平衡态热力学取得突破性进展。这首次使人们认识到：不可逆过程并不是单纯破坏宏观有序结构，在远离平衡态的条件下，非平衡态和不可逆过程在建立有序结构方面起到积极的作用。这不仅有利于人们认识并解释自然界中的各种宏观上有序结构的形成和机理维持，也有利于人们去利用这些有序现象，具有广阔的应用前景。近代非平衡态热力学的发展，使得用一些等式取代经典热力学中热力学第二定律的不等式成为可能，进而对不可逆过程作出定量的描述。非平衡态热力学又分为线性非平衡态热力学和非线性非平衡态热力学。除人们所熟悉的平衡结构理论以外，近年来又提出耗散结构理论。

2.12.1　耗散结构理论

耗散结构理论是 1967 年比利时著名物理学家 Prigogine 为首的布鲁塞尔学派提出的。其

特点是从广义热力学概念得出开放系统与外界进行物质和能量交换产生负熵流，成功地解释了非平衡态通过自组织产生新的有序结构的条件，并以数学分支点理论描述了系统演化的一般模式。耗散结构理论由于其精确的统计形式和方法的多样性，而取得广泛的成功，并展示了深远的前景，Prigogine 因而获得了 1977 年诺贝尔化学奖。这一理论提出后，在科学界和哲学界影响极大，人们认为这一理论“协助人类解决了科学上一项最扰人的似是而非的问题”。

Prigogine 等在建立“耗散结构”理论时准确地抓住了系统自发出现有序结构的本质，总结、归纳得出，系统形成耗散结构需要下列条件：

(1) 系统必须开放。对于开放系统，通过与外界进行物质与能量的交换，可以从外界获取负熵，用来抵消自身熵的增加，从而使系统实现从无序到有序、从简单到复杂的演化。

(2) 远离平衡态。远离平衡态是系统出现有序结构的必要条件，也是对系统开放的进一步说明。只有系统处于远离平衡的非线性区时，才有可能形成有序结构；否则即使开放，也无济于事。

(3) 非线性相互作用。产生耗散结构的系统都包含大量的系统基元甚至多层次的成分，各成分之间还通常存在着错综复杂的相互作用。一般来讲，这些相互作用是非线性的，不满足叠加原理。系统产生的耗散结构的内部动力学机理，正是其子系统之间的非线性相互作用所致。

(4) 涨落。涨落就是物理量在其平均值上下波动，对系统演变所起的是一种触发作用。耗散结构的出现是由于远离平衡的系统内部涨落被放入而诱发的。

2.12.2 局域平衡假设

平衡态与可逆过程相对应，非平衡态与不可逆过程相对应。为了能继续保持热力学的含义而又不能绕过定义非平衡态热力学的困难，人们在非平衡态热力学中通常引入所谓的局域平衡假设。其基本思想是：设想把所讨论的体系划分成许多很小的体积元，每个体积元在宏观上足够小，以至于它的性质可以用该体积元内部的某一点附近的性质来代表，但所有的体积元在微观上又足够大，每个体积元内部包含足够多的分子，因此仍然满足统计处理的要求。另外，还认为上述近似定义的热力学变量间仍然满足在平衡体系中的热力学关系，即符合经典热力学要求。上述两个假设合起来称为局域平衡假设。应当指出，局域平衡假设的适用条件有两个：① 要求实验体系中各热力学变量的空间梯度不大；②要求在每个体积元内任何涨落的衰减速度比起体系中发生的宏观变化速度要快得多。局域平衡假设是把从平衡态热力学中得到的结果推广到非平衡态热力学中的第一步。

2.12.3 线性非平衡态热力学与 Onsager 倒易关系

对于开放体系，当热力学力很弱时，即体系的状态偏离平衡态很小时，热力学力与热力学流间存在如下关系，即唯象关系。

$$J = LX$$

式中，L 为唯象系数。满足这种线性关系的非平衡态叫非平衡态的线性区，研究线性区特性的热力学称为线性非平衡态热力学(线性不可逆过程热力学)，它成为继平衡态热力学之后的热力学发展的第二阶段。当体系中同时发生着多种非平衡过程时，不同非平衡态的不可逆过程间可以存在某种耦合。此时，唯象关系为

$$J_K = \sum L_{Kl} X_l$$

唯象系数 L_{KK} 关联了热力学力 X_K 和它对应的热力学共轭流 J_K，而 L_{Kl} 反映了各种不同的不可逆过程间的交叉耦合效应。同时，热力学第二定律对唯象系数具有如下限制：空间对称性限制，即在各向同性介质中，不同对称特性的流和力间不存在耦合；时间对称性限制，即 Onsager 倒易关系或微观可逆性原理限制，线性唯象系数具有对称性。Onsager 倒易关系的重要性在于它的普适性，它已得到许多实验事实的支持。这种普适性第一次表明了非平衡态热力学和平衡态热力学一样，可以产生与特定的微观模型无关的一般性结果，从实践的观点看，大大减少了实践分析的困难和工作量。

2.12.4　最小熵产生原理

对于一个不连续的非平衡态体系，利用 Onsager 倒易关系得：当体系达平衡时，所有的力和流为零，体系的各种性质在各处都相等。当体系达稳态时，流和力不随时间变化，熵产生仍然大于 0，熵产生率达到一个极小值。即体系处于稳态时，热力学力变化调整，以使熵产生率为最小。这就是最小熵产生原理。平衡态是熵产生为 0 的状态，稳态是熵产生为最小（但不等于 0）的状态。从某种意义上讲，非平衡态热力学的稳态相当于平衡态热力学的平衡态。最小熵产生原理的成立是有条件的，即体系的流-力间的关系处于线性范围，Onsager 倒易关系成立，唯象系数不随时间变化。

2.12.5　非线性非平衡态热力学与动力学

当体系远离热力学平衡时，热力学流是热力学力的非线性函数。热力学力和热力学流之间超过线性关系而必须考虑非平衡关系的非平衡态叫作非平衡态的非线性区。研究这种非线性区特性的非平衡态热力学称为非线性非平衡态热力学或非线性不可逆过程热力学，这即是热力学发展的第三阶段。此时，过程的发展方向不能依靠纯粹的热力学方法来确定，必须同时研究动力学的详细行为。在局域平衡假设成立的条件下，即使在非平衡态的非线性区，只要边界条件与时间无关，在熵产生的时间变化中力的时间变化部分的贡献总为负或为零。

本 章 小 结

本章在封闭系统热力学第一定律基础上，介绍了热力学基本函数热力学能；在热力学能的基础上引出焓函数，并推导出其他一些重要定律和公式。通过自发变化和非自发变化的概念，分析了它们各自的特征和它们之间的根本区别。根据自发变化具有方向性的特点，提出要解决方向性问题，需要用到热力学第二定律，最具有代表性的是 Clausius 和 Kelvin 的两种经典表述。

根据热力学第二定律和 Carnot 定理的联系，引出了熵的概念，并得到了 Clausius 不等式：

$$\mathrm{d}S - \frac{\delta Q}{T} \geqslant 0$$

上式为热力学第二定律的数学表达式，是一切热力学过程可逆性的判据。在孤立系统中利用“熵增加原理”可作为方向性判据，根据 Boltzmann 公式可知熵具有统计意义，它是系统中混乱度的量度。通过热力学第三定律引入了规定熵的概念，从根本上解决了化学反应熵变的计算问题。

从热力学第一定律和热力学第二定律的联合式出发，定义了 Helmholtz 自由能和 Gibbs 自由能这两个辅助函数，作为等温等容和等温等压下变化的方向性判据。此外，根据状态函数的特点导出了封闭系统中热力学基本方程、对应系数关系式和 Maxwell 关系式等一系列热力学重要公式。根据这些重要公式，可以解决 ΔS 和 ΔG 的计算，以及 ΔG 与温度和压力的关系。其中着重介绍了几种常见情况下 ΔS 和 ΔG 的计算，以及如何正确运用它们作为可逆性和方向性的判据。

拓展阅读及相关链接

1. 傅献彩，沈文霞，姚天扬，等．物理化学．第五版．北京：高等教育出版社，2009.
2. 肖衍繁，李文斌，李志伟．物理化学解题指南．北京：高等教育出版社，2003.
3. 天津大学物理化学精品课程：
   http://course.jingpinke.com/details/chapters?uuid=8a833996-18ac928d-0118-ac928fc5-02aa&courseID=A050085
4. 南京大学物理化学国家精品课程：
   http://course.jingpinke.com/details/examples?uuid=8a833996-18ac928d-0118-ac9291d9-0624&courseID=A030047&resourceType=example
5. 复旦大学物理化学网络视频资源：
   http://video.jingpinke.com/details?uuid=8a83399b-19cc280d-0119-cc280d75-0051
6. 中山大学物理化学国家精品课程：
   http://ce.sysu.edu.cn/Echemi/phychemi/

参考文献

[1] 傅献彩，沈文霞，姚天扬，等．物理化学．第五版．北京：高等教育出版社，2005.

[2] 沈文霞．物理化学核心教程．第二版．北京：科学出版社，2004.

[3] 朱文涛．基础物理化学．北京：清华大学出版社，2011.

[4] 孙世刚．物理化学．厦门：厦门大学出版社，2008.

[5] 刘光东，崔宝秋．物理化学．武汉：华中科技大学出版社，2010.

习　题

1. (1) 一系统的热力学能增加了 100 kJ，从环境吸收了 40 kJ 的热，计算系统与环境的功的交换量；(2) 如果该系统在膨胀过程中对环境做了 20 kJ 的功，同时吸收了 20 kJ 的热，计算系统热力学能的变化值。

2. 在 300 K 时，有 10 mol 理想气体，始态压力为 1000 kPa。计算在等温下，下列三个过程中所做体积功：

(1) 在 100 kPa 压力下体积胀大 1 dm^3；

(2) 在 100 kPa 压力下，气体膨胀到压力也等于 100 kPa；

(3) 等温可逆膨胀到气体的压力等于 100 kPa。

3. 在 373 K 恒温条件下，计算 1 mol 理想气体在下列四个过程中所做的体积功。已知始、终态体积分别为 25 dm^3 和 100 dm^3。

(1) 向真空膨胀;

(2) 等温可逆膨胀;

(3) 在外压恒定为气体终态压力下膨胀;

(4) 先外压恒定为体积等于 50 dm^3 时气体的平衡压力下膨胀,当膨胀到 50 dm^3 以后,再在外压等于 100 dm^3 时气体的平衡压力下膨胀。

试比较四个过程的功,这说明了什么问题?

4. 在一绝热保温瓶中,将 100 g 0 ℃的冰和 100 g 50 ℃的水混合在一起,试计算:(1) 系统达平衡时的温度;(2) 混合物中含水的质量。(已知:冰的熔化热 $Q_p=333.46\ J\cdot g^{-1}$,水的平均比热 $C_p=4.184\ J\cdot K^{-1}\cdot g^{-1}$)

5. 1 mol 理想气体在 122 K 等温的情况下,反抗恒定外压 10.15 kPa,从 10 dm^3 膨胀到终态 100 dm^3。试计算 Q、W、ΔU 和 ΔH。

6. 1 mol 单原子分子理想气体,初始状态为 298 K,100 kPa,经历 $\Delta U=0$ 的可逆变化后,体积为初始状态的 2 倍。请计算 Q、W 和 ΔH。

7. 判断以下各过程中 Q、W、ΔU、ΔH 是否为零?若不为零,能否判断是大于零还是小于零?

(1) 理想气体恒温可逆膨胀;

(2) 理想气体节流(绝热等压)膨胀;

(3) 理想气体绝热、反抗恒外压膨胀;

(4) 1 mol 实际气体恒容升温;

(5) 在绝热恒容容器中,$H_2(g)$与 $Cl_2(g)$生成 HCl(g)(理想气体反应)。

8. 设有 300 K 的 1 mol 理想气体作等温膨胀,起始压力为 1500 kPa,终态体积为 10 dm^3。试计算该过程的 Q、W、ΔU 和 ΔH。

9. 在 300 K 时,4 g Ar(g)(可视为理想气体,其摩尔质量 $M_{Ar}=39.95\ g\cdot mol^{-1}$)压力为 506.6 kPa。今在等温下分别按如下两过程、反抗 202.6 kPa 的恒定外压进行膨胀:(1) 等温可逆过程;(2) 等温、等外压膨胀,至终态压力为 202.6 kPa。试分别计算两种过程的 Q、W、ΔU 和 ΔH。

10. 在 573 K 时,将 1 mol Ne(可视为理想气体)从 1000 kPa 经绝热可逆膨胀到 100 kPa。求 Q、W、ΔU 和 ΔH。

11. 有 1 m^3 的单原子分子理想气体,始态为 273 K,1000 kPa。现分别经(1)等温可逆膨胀;(2) 绝热可逆膨胀;(3) 绝热等外压膨胀,到达相同的终态压力 100 kPa。请分别计算终态温度 T_2、终态体积 V_2 和所做的功。

12. 在 373 K 和 101.325 kPa 时,有 1 mol $H_2O(l)$可逆蒸发成同温、同压的 $H_2O(g)$,已知 $H_2O(l)$的摩尔气化焓 $\Delta_{vap}H_m=40.66\ kJ\cdot mol^{-1}$。(1) 试计算该过程的 Q、W、$\Delta_{vap}U_m$,可以忽略液态水的体积;(2) 比较 $\Delta_{vap}H_m$ 与 $\Delta_{vap}U_m$ 的大小,并说明原因。

13. 300 K 时,将 1.53 mol Zn 溶于过量稀盐酸中。反应若分别在开口烧杯和密封容器中进行,哪种情况放热较多?多出多少?

14. 在 373 K 和 101.325 kPa 时,有 1 g 液态 H_2O 经(1)等温、等压可逆气化;(2)在恒温 373 K 的真空箱中突然气化,都变为同温、同压的 $H_2O(g)$。分别计算两个过程的 Q、W、ΔU 和 ΔH。已知水的气化热为 2259 $J\cdot g^{-1}$,可以忽略液态水的体积。

15. 在 298 K 时,有酯化反应$(COOH)_2(s)+2CH_3OH(l) \rightleftharpoons (COOCH_3)_2(s)+2H_2O(l)$,计算酯化反应的标准摩尔反应焓变 $\Delta_r H_m^\ominus$。已知 $\Delta_c H_m^\ominus((COOH)_2,s)=-120.2\ kJ\cdot mol^{-1}$,$\Delta_c H_m^\ominus(CH_3OH,l)=-726.5\ kJ\cdot mol^{-1}$,$\Delta_c H_m^\ominus((COOCH_3)_2,s)=-1678\ kJ\cdot mol^{-1}$。

16. 已知下列反应在标准压力和 298 K 时的反应焓为:

(1) $CH_3COOH(l)+2O_2(g) = 2CO_2(g)+2H_2O(l)$ $\quad \Delta_r H_m(1)=-870.3\ kJ\cdot mol^{-1}$

(2) $C(s)+O_2(g) \longrightarrow CO_2(g)$　　　　$\Delta_r H_m(2)=-393.5\ kJ\cdot mol^{-1}$

(3) $H_2(g)+\frac{1}{2}O_2(g) \longrightarrow H_2O(l)$　　　　$\Delta_r H_m(3)=-285.8\ kJ\cdot mol^{-1}$

试计算反应(4) $2C(s)+2H_2(g)+O_2(g) \longrightarrow CH_3COOH(l)$的$\Delta_r H_m^\ominus(298\ K)$。

17. 298 K时，$C_2H_5OH(l)$的标准摩尔燃烧焓为$-1367\ kJ\cdot mol^{-1}$，$CO_2(g)$和$H_2O(l)$的标准摩尔生成焓分别为$-393.5\ kJ\cdot mol^{-1}$和$-285.8\ kJ\cdot mol^{-1}$。求298 K时$C_2H_5OH(l)$的标准摩尔生成焓。

18. 已知298 K时，$CH_4(g)$、$CO_2(g)$、$H_2O(l)$的标准摩尔生成焓分别为$-74.8\ kJ\cdot mol^{-1}$、$-393.5\ kJ\cdot mol^{-1}$和$-285.8\ kJ\cdot mol^{-1}$。请求算298 K时$CH_4(g)$的标准摩尔燃烧焓。

19. 0.50 g正庚烷在弹式量热计中燃烧，温度上升2.94 K。若弹式量热计本身及附件的热容为$8.177\ kJ\cdot K^{-1}$，请计算298 K时正庚烷的标准摩尔燃烧焓。设量热计的平均温度为298 K，已知正庚烷的摩尔质量为$100.2\ g\cdot mol^{-1}$。

20. 在标准压力和298 K时，$H_2(g)$与$O_2(g)$的反应为

$$H_2(g)+\frac{1}{2}O_2(g) \longrightarrow H_2O(g)$$

设参与反应的物质均可作为理想气体处理，已知$\Delta_f H_m^\ominus(H_2O,g)=-241.82\ kJ\cdot mol^{-1}$，它们的标准等压摩尔热容(设与温度无关)分别为$C_m^\ominus(H_2,g)=28.82\ J\cdot K^{-1}\cdot mol^{-1}$，$C_m^\ominus(O_2,g)=29.36\ J\cdot K^{-1}\cdot mol^{-1}$，$C_m^\ominus(H_2O,g)=33.58\ J\cdot K^{-1}\cdot mol^{-1}$。试计算：

(1) 298 K时的标准摩尔反应焓变$\Delta_r H_m^\ominus(298\ K)$和热力学能变化$\Delta_r U_m^\ominus(298\ K)$；

(2) 498 K时的标准摩尔反应焓变$\Delta_r H_m^\ominus(498\ K)$。

21. 热机的低温热源一般是空气或水，平均温度设为293 K，为提高热机的效率，只有尽可能提高高温热源的温度。如果希望可逆热机的效率达到60%，试计算这时高温热源的温度。高温热源一般为加压水蒸气，这时水蒸气将处于什么状态？已知水的临界温度为647 K。

22. 试计算以下过程的ΔS：

(1) 5 mol双原子分子理想气体，在等容条件下由448 K冷却到298 K；

(2) 3 mol单原子分子理想气体，在等压条件下由300 K加热到600 K。

23. 某蛋白质在323 K时变性，并达到平衡状态，即天然蛋白质 $\rightleftharpoons$ 变性蛋白质。已知该变性过程的摩尔焓变$\Delta_r H_m=29.288\ kJ\cdot mol^{-1}$，求该反应的摩尔熵变$\Delta_r S_m$。

24. 1 mol理想气体在等温下分别经历如下两个过程：(1) 可逆膨胀过程；(2) 向真空膨胀过程。终态体积都是始态的10倍。分别计算这两个过程的熵变。

25. 有2 mol单原子分子理想气体由始态500 kPa、323 K加热到终态1000 kPa、3733 K。试计算此气体的熵变。

26. 在300 K时，有物质的量为n的单原子分子理想气体由始态100 kPa、122 dm^3反抗50 kPa的外压，等温膨胀到50 kPa。试计算：

(1) ΔU、ΔH、终态体积V_2以及如果过程是可逆过程的热Q_R和功W_R；

(2) 如果过程是不可逆过程(一次膨胀)的热Q_I和功W_I；

(3) ΔS_{sys}、ΔS_{sur}和ΔS_{iso}。

27. 有一绝热、具有固定体积的容器，中间用导热隔板将容器分为体积相同的两部分，分别充以$N_2(g)$和$O_2(g)$，如下图：

1 mol N_2	1 mol O_2
293 K	283 K

N_2、O_2皆可视为理想气体，热容相同，$C_{V,m}=(5/2)R$。

(1) 求系统达到热平衡时的 ΔS；

(2) 热平衡后将隔板抽去，求系统的 $\Delta_{mix}S$。

28. 人体活动和生理过程是在恒压下做广义电功的过程。问 1 mol 葡萄糖最多能供应多少能量来供给人体动作和维持生命之用？

已知：葡萄糖的 $\Delta_c H_m^\ominus(298\ K)=-2808\ kJ\cdot mol^{-1}$，$S_m^\ominus(298\ K)=288.9\ J\cdot K^{-1}\cdot mol^{-1}$；$CO_2$ 的 $S_m^\ominus(298\ K)=213.639\ J\cdot K^{-1}\cdot mol^{-1}$；$H_2O(l)$的 $S_m^\ominus(298\ K)=69.94\ J\cdot K^{-1}\cdot mol^{-1}$；$O_2$ 的 $S_m^\ominus(298\ K)=205.029\ J\cdot K^{-1}\cdot mol^{-1}$。

29. 某化学反应在等温等压下（$298\ K, p^\ominus$）进行，放热 40.00 kJ；若使该反应通过可逆电池来完成，则吸热 4.00 kJ。

(1) 计算该化学反应的 $\Delta_r S_m^\ominus$；

(2) 当该反应自发进行时（即不做电功时），求环境的熵变及总熵变；

(3) 计算系统可能做的最大电功。

30. 在 298.2 K 的等温情况下，两个瓶子中间有旋塞连通，开始时一瓶放 0.2 mol O_2，压力为 20 kPa；另一瓶放 0.8 mol N_2，压力为 80 kPa。打开旋塞后，两气体相互混合。计算：

(1) 终态时瓶中的压力；

(2) 混合过程的 Q、W、$\Delta_{mix}U$、$\Delta_{mix}S$、$\Delta_{mix}G$；

(3) 如果等温下可逆地使气体恢复原状，计算过程的 Q 和 W。

31. 1 mol 理想气体在 273 K 等温地从 1000 kPa 膨胀到 100 kPa，如果膨胀是可逆的，试计算此过程的 Q、W 以及气体的 ΔU、ΔH、ΔS、ΔG、ΔA。

32. 300 K 时，1 mol 理想气体从压力 100 kPa 经等温可逆压缩到 1000 kPa，求 Q、W、ΔU、ΔH、ΔS、ΔA 和 ΔG。

33. 1 mol 单原子分子理想气体，始态为 273 K，压力为 $p^\ominus$。分别经下列三种可逆变化，其 Gibbs 自由能的变化值各为多少？

(1) 恒温下压力加倍；

(2) 恒压下体积加倍；

(3) 恒容下压力加倍。

假定在 273 K、$p^\ominus$下，该气体的摩尔熵为 $100\ J\cdot K^{-1}\cdot mol^{-1}$。

34. 在 373 K、101.325 kPa 条件下，将 2 mol 的液态水可逆蒸发为同温、同压的水蒸气，计算此过程的 Q、W、ΔU、ΔH 和 ΔS。已知 101.325 kPa、373 K 时水的摩尔气化焓为 $40.68\ kJ\cdot mol^{-1}$。水蒸气可视为理想气体，忽略液态水的体积。

35. 将一玻璃球放入真空容器中，球中已封入 1 mol $H_2O(l)$，压力为 101.3 kPa，温度为 373 K；真空容器内部恰好容纳 1 mol 的 101.3 kPa、373 K 的 $H_2O(g)$。若保持整个系统的温度为 373 K，小球被击破后，水全部气化成水蒸气，计算 Q、W、ΔU、ΔH、ΔS、ΔG 和 ΔA。根据计算结果，这一过程是自发的吗？用哪一个热力学性质作为判据？试说明之。已知在 373 K 和 101.3 kPa 下，水的摩尔气化焓为 $40.68\ kJ\cdot mol^{-1}$。气体可以作为理想气体处理，忽略液体的体积。

36. 1 mol 理想气体在 122 K 等温的情况下反抗恒定的外压，从 $10\ dm^3$ 膨胀到终态。已知在该过程中系统的熵变为 $19.14\ J\cdot K^{-1}$，求该膨胀过程系统反抗的外压 p_e 和终态的体积 V_2，并计算 ΔU、ΔH、ΔG、ΔA、环境熵变 ΔS_{sur} 和孤立系统的熵变 ΔS_{iso}。

37. 在 −5 ℃和标准压力下，1 mol 过冷液体苯凝固为同温、同压的固体苯，计算该过程的 ΔS 和 ΔG。已知 −5 ℃ 时，固态苯和液态苯的饱和蒸气压分别为 2.25 kPa 和 2.64 kPa；−5 ℃及 $p^\ominus$时，苯的摩尔熔化焓为 $9.86\ kJ\cdot mol^{-1}$。

38. 苯在正常沸点 353 K 下的 $\Delta_{vap}H_m^\ominus=30.77\ kJ\cdot mol^{-1}$，今将 353 K 和标准压力下的 1 mol $C_6H_6(l)$向真空等温气化为同温、同压的苯蒸气（设为理想气体）。

(1) 求算在此过程中苯吸收的热量 Q 与做的功 W；

(2) 求苯的摩尔气化熵 $\Delta_{vap}S_m^{\ominus}$ 及摩尔气化 Gibbs 自由能 $\Delta_{vap}G_m^{\ominus}$；

(3) 求环境的熵变 ΔS_{sur}；

(4) 应用有关原理判断上述过程是否为不可逆过程？

39. 298 K、101.3 kPa 下，Zn 和 $CuSO_4$ 溶液的置换反应在可逆电池中进行，做电功 200 kJ，放热 6 kJ，求该反应的 Δ_rU、Δ_rH、Δ_rA、Δ_rS 和 Δ_rG(设反应前后的体积变化可忽略不计)。

40. 在温度为 298 K 的恒温浴中，某 2 mol 理想气体发生不可逆膨胀过程。过程中环境对系统做功为 3.5 kJ，到达终态时体积为始态的 10 倍。求此过程的 Q、W 及气体的 ΔU、ΔH、ΔS、ΔG、ΔA。

41. 在 101.3 kPa 和 373 K 下，把 1 mol 水蒸气可逆压缩为液体，计算 Q、W、ΔU、ΔH、ΔA、ΔG 和 ΔS。已知在 373 K 和 101.3 kPa 下，水的摩尔气化焓为 40.68 kJ · mol^{-1}。气体可以作为理想气体处理，忽略液体的体积。

42. 计算下列反应在 298 K 和标准压力下的熵变 $\Delta_rS_m^{\ominus}$。

$$CH_3OH(l) + 3/2O_2(g) \longrightarrow CO_2(g) + 2H_2O(l)$$

已知 298 K、$p^{\ominus}$下，下列物质的标准摩尔熵分别为

$$S_m^{\ominus}(CH_3OH,l) = 126.80\ J\cdot K^{-1}\cdot mol^{-1},\quad S_m^{\ominus}(O_2,g) = 205.14\ J\cdot K^{-1}\cdot mol^{-1}$$

$$S_m^{\ominus}(CO_2,g) = 213.74\ J\cdot K^{-1}\cdot mol^{-1},\quad S_m^{\ominus}(H_2O,l) = 69.91\ J\cdot K^{-1}\cdot mol^{-1}$$

43. 在 600 K、100 kPa 压力下，水合硫酸钙的脱水反应为

$$CaSO_3\cdot 2H_2O(s) \longrightarrow CaSO_3(s) + 2H_2O(g)$$

试计算该反应进度为 1 mol 时的 Q、W、$\Delta_rU_m^{\ominus}$、$\Delta_rH_m^{\ominus}$、$\Delta_rS_m^{\ominus}$、$\Delta_rA_m^{\ominus}$ 和 $\Delta_rG_m^{\ominus}$。已知各物质 298 K、100 kPa 时的热力学数据如下：

物质	$\Delta_fH_m^{\ominus}/(kJ\cdot mol^{-1})$	$S_m^{\ominus}/(J\cdot K^{-1}\cdot mol^{-1})$	$C_{p,m}/(J\cdot K^{-1}\cdot mol^{-1})$
$CaSO_3\cdot 2H_2O(s)$	−2021.12	193.97	186.20
$CaSO_3(s)$	−1432.68	106.70	99.60
$2H_2O(g)$	−241.82	188.83	33.58

44. 已知甲苯在正常沸点 383 K 时的摩尔气化焓 $\Delta_{vap}H_m = 13.343$ kJ · mol^{-1}，设气体为理想气体，凝聚态的体积与气体体积相比可忽略不计。

(1) 1 mol 甲苯在正常沸点 383 K，可逆蒸发为同温、同压(101.325 kPa)的蒸气，计算该过程的 Q、W、ΔU、ΔH、ΔS、ΔA 和 ΔG；

(2) 如果是向真空蒸发变为同温、同压的蒸气，计算该过程的 Q、W、ΔU、ΔH、ΔS、ΔA 和 ΔG；

(3) 请用熵判据，通过计算说明真空蒸发的可逆性和自发性。

第3章　多组分系统热力学

本章学习目标：

- 理解偏摩尔量和化学势的概念，掌握偏摩尔量的加和公式和Gibbs-Duhem公式的意义及应用。
- 理解理想液态混合物和理想稀溶液的定义，掌握Raoult定律和Henry定律以及它们的应用。
- 理解逸度和活度的概念以及稀溶液的依数性概念。
- 掌握理想混合物和理想稀溶液中各组分化学势的表达式及其性质。

前面的章节我们讨论的主要是单组分单相封闭系统的热力学，并且得到了一系列热力学公式。而实际上，我们在研究过程中遇到的更多的是多组分且组成可变的系统。多组分系统又分为单相和多相，在这些系统中，如果系统组成发生变化，系统状态函数的变化将与系统组成的变化有关，所以前面所得到的热力学公式便不能应用于多组分系统。

为了解决这一问题，美国物理化学家Gibbs在1876年引入化学势的概念，并且由此推导出了组成可变的多组分多相系统的热力学公式。这些热力学公式为用热力学原理解决相变过程和反应过程的方向和限度问题奠定了坚实的理论基础。后来，美国物理化学家路易斯(Lewis)提出了逸度和活度的概念，可将在理想条件下推导的热力学关系式推广用于真实体系，实现了应用热力学原理来解决化工生产中的实际问题。

在本章中，首先介绍多组分系统的概念以及多组分系统和单组分系统的区别，然后引入偏摩尔量和化学势这两个重要的概念以及拉乌尔(Raoult)定律和亨利(Henry)定律。在此基础上，讨论气体、液体等的化学势的表示方法。

§3.1　多组分系统组成及其表示方法

3.1.1　多组分系统、混合物和溶液

两种或两种以上的物质(组分)所形成的系统称为多组分系统(multi-component system)。多组分系统可以是单相或多相的，而多相系统又可以分为几个多组分单相系统。为了热力学上讨论问题方便，我们将多组分单相系统划分为混合物(mixture)和溶液(solution)。

混合物是含有一种以上组分的系统，有液态、固态和气态之分。在热力学中，系统中任一组分在热力学上可用相同方法处理，有相同的标准态、相同的化学势表示式。

溶液是含有一种以上组分的液相和固相，通常将其中一种组分称为溶剂(solvent)，而将其余的组分称为溶质(solute)。在热力学中，系统中各组分在热力学上用不同方法处理，其标准态不同，化学势表示式不同，分别服从不同的经验规律。

如果组成溶液的物质有不同的状态,通常将液态物质称为溶剂,将气态或固态物质称为溶质;如果都是液态,则通常是将含量多者称为溶剂,含量较少者称为溶质。溶液有固态、液态之分,无气态溶液。按溶质的导电性能,又把溶液分为电解质溶液和非电解质溶液,本章只讨论非电解质溶液。

总之,溶液与混合物本质并无不同,都是由多种组分的物质以分子形式混合在一起而形成的均相系统。只是溶液有溶剂、溶质之分,而多组分的气相只能称为混合物。

3.1.2 多组分系统的组成表示法

描述多组分系统的状态,除使用温度、压力和体积外,还应标明各组分的浓度,其表示方法有很多。

1. 混合物

下面这两种方法是用来表示混合物中任一组分 B 浓度的常用方法:

(1) 组分 B 的摩尔分数(mole fraction of B)x_B 或 y_B

$$x_B \xlongequal{\text{def}} \frac{n_B}{\sum_A n_A} \tag{3.1}$$

x_B 指 B 的物质的量 n_B 与混合物的总物质的量 $\sum_A n_A$ 之比,最大值为 1,也称为 B 的物质的量分数。如果存在气液两相,气态混合物中 B 的摩尔分数通常用 y_B 表示。

(2) 组分 B 的质量分数(mass fraction of B)w_B

$$w_B \xlongequal{\text{def}} \frac{m(B)}{\sum_A m_A} \tag{3.2}$$

w_B 指 B 的质量 $m(B)$ 与混合物的总质量 $\sum_A m_A$ 之比,最大值为 1。

此外,对于混合物中任一组分 B 的浓度的表示还有其他方法,如用 B 的质量浓度 ρ_B 或者用物质的量浓度 c_B 表示。

2. 溶液

对于溶液,其组成表示方法主要有如下两种:

(1) 溶质 B 的物质的量浓度(amount of substance concentration of solute B)c_B

$$c_B \xlongequal{\text{def}} \frac{n_B}{V} \tag{3.3}$$

c_B 指溶质 B 的物质的量与溶液体积 V 的比值,或称为溶质 B 的浓度,单位为 $mol \cdot m^{-3}$ 或 $mol \cdot dm^{-3}$。c_B 也可以用符号[B]表示。

(2) 溶质 B 的质量摩尔浓度(molality of solute B)m_B 或 b_B

$$m_B \xlongequal{\text{def}} \frac{n_B}{m_A} \quad 或 \quad b_B \xlongequal{\text{def}} \frac{n_B}{m_A} \tag{3.4}$$

m_B 或 b_B 指溶质 B 的物质的量与溶剂 A 的质量的比值,单位为 $mol \cdot kg^{-1}$。因质量摩尔浓度不受温度的影响,故在物理化学,尤其是电化学中用得较多。

§3.2 偏摩尔量

前面的章节中主要讨论的是单组分系统，或者是多组分组成不变的系统，即组成恒定的均相封闭系统，因此只需要 T 和 p 两个变量就可以描述系统的状态。而在实际研究过程中，常遇到的是多组分且组成可变的系统，即多组分系统。

单组分系统的广度性质具有简单加和性，若 1 mol 单组分 B 物质的体积为 $V_{m,B}^*$，则 2 mol 单组分 B 物质的体积为

$$V = 1\ \text{mol} \times V_{m,B}^* + 1\ \text{mol} \times V_{m,B}^* = 2\ \text{mol} \times V_{m,B}^*$$

例如，在一定的温度和压力下，将 1 mol H_2O 加到大量纯水中，发现水的体积增加了 18 cm^3，即 1 mol H_2O 的体积；而如果将这 1 mol H_2O 加到大量的纯乙醇中，则发现体积只增加了 4 cm^3。可见，对于多组分系统，由于含有不止一种物质，所以物质的量 n_B 也是决定系统状态的变量。内部组成可变的多组分系统，在热力学函数的表示式中都应该将各组分的物质的量 n_B 作为变量。

3.2.1 偏摩尔量的定义

多组分均相系统的广度性质（质量除外）不仅与温度和压力有关，还与系统的组成有关。以乙醇和水混合形成的溶液体积为例，在 20 ℃、常压下，1 g 乙醇的体积是 1.267 cm^3，1 g 水的体积是 1.004 cm^3。按不同比例配制 100 g 的乙醇水溶液，使溶液的质量为 100 g，实际测得的溶液体积如表 3-1 所示。

表 3-1　20 ℃时乙醇与水混合时的体积变化

乙醇的质量分数	$V_{乙醇}$ /cm^3	$V_{水}$ /cm^3	$(V_{乙醇}+V_{水})$ /cm^3	$V_{乙醇+水}$ /cm^3	ΔV /cm^3
0.10	12.67	90.36	103.03	101.84	1.19
0.20	25.34	80.32	105.66	103.24	2.42
0.30	38.01	70.28	108.29	104.84	3.45
0.40	50.68	60.24	110.92	106.93	3.99
0.50	63.35	50.20	113.55	109.43	4.12
0.60	76.02	40.16	116.18	112.22	3.96
0.70	88.69	36.12	118.81	115.25	3.56
0.80	101.36	20.08	121.44	118.56	2.88
0.90	114.03	10.04	124.07	122.25	1.82

可以看出，乙醇与水混合后的溶液体积并不等于两组分在纯态时的体积加和，即此时体积不具有加和性，乙醇与水混合成的 100 g 溶液的体积与混合比例或组成有关。因此，讨论多组分系统状态时，除指明温度和压力外，还必须指明系统中每种组分的量，这需要引入新的概念来代替对于纯物质所用的摩尔量。

若由组分 1,2,3,…,k 形成多组分均相系统,则系统中任一广度性质的状态函数 X 可表示为

$$X = X(T, p, n_1, n_2, n_3, \cdots, n_k) \tag{3.5}$$

当系统的温度、压力和组成发生微小的变化时,那么系统的广度性质 X 会发生相应的变化,

$$\begin{aligned} \mathrm{d}X = &\left(\frac{\partial X}{\partial T}\right)_{p,n_1,n_2,n_3,\cdots,n_k} \mathrm{d}T + \left(\frac{\partial X}{\partial p}\right)_{T,n_1,n_2,n_3,\cdots,n_k} \mathrm{d}p + \left(\frac{\partial X}{\partial n_1}\right)_{T,p,n_2,n_3,\cdots,n_k} \mathrm{d}n_1 \\ &+ \left(\frac{\partial X}{\partial n_2}\right)_{T,p,n_1,n_3,\cdots,n_k} \mathrm{d}n_2 + \cdots + \left(\frac{\partial X}{\partial n_k}\right)_{T,p,n_1,n_2,n_3,\cdots,n_{k-1}} \mathrm{d}n_k \end{aligned} \tag{3.6}$$

在等温等压条件下,式(3.6)可写为

$$\begin{aligned} \mathrm{d}X &= \left(\frac{\partial X}{\partial n_1}\right)_{T,p,n_2,n_3,\cdots,n_k} \mathrm{d}n_1 + \left(\frac{\partial X}{\partial n_2}\right)_{T,p,n_1,n_3,\cdots,n_k} \mathrm{d}n_2 + \cdots + \left(\frac{\partial X}{\partial n_k}\right)_{T,p,n_1,n_2,n_3,\cdots,n_{k-1}} \mathrm{d}n_k \\ &= \sum_{\mathrm{B}=1}^{k} \left(\frac{\partial X}{\partial n_\mathrm{B}}\right)_{T,p,n_{\mathrm{C(C\neq B)}}} \mathrm{d}n_\mathrm{B} \end{aligned} \tag{3.7}$$

上式表示在等温、等压条件下,保持除 B 以外的其他组分不变,改变组分 B 的物质的量所引起广度性质 X 的变化率。其中 $n_{\mathrm{C(C\neq B)}}$ 表示除 B 以外的其他组分物质的量不变。

定义

$$X_\mathrm{B} \xlongequal{\mathrm{def}} \left(\frac{\partial X}{\partial n_\mathrm{B}}\right)_{T,p,n_{\mathrm{C(C\neq B)}}} \tag{3.8}$$

X_B 称为物质 B 的某种广度性质 X 的偏摩尔量(partial molar quantity)。它的物理意义是,在等温、等压条件下,保持除 B 以外的其他组分的物质的量不变,改变组分 B 的物质的量所引起广度性质 X 的变化率。也相当于在含有大量物质的系统中,在等温、等压和除 B 以外的其他组分物质的量保持不变的条件下,加入 1 mol 物质 B 所引起的系统广度性质 X 的变化量。因为其形式是偏导数,所以称之为偏摩尔量。

将偏摩尔量的定义式代入式(3.7),得

$$\mathrm{d}X = X_1\mathrm{d}n_1 + X_2\mathrm{d}n_2 + X_3\mathrm{d}n_3 + \cdots + X_k\mathrm{d}n_k = \sum_{\mathrm{B}=1}^{k} X_\mathrm{B}\mathrm{d}n_\mathrm{B} \tag{3.9}$$

常用的多组分均相系统中组分 B 的偏摩尔量定义如下:

偏摩尔体积　$V_\mathrm{B} \xlongequal{\mathrm{def}} \left(\frac{\partial V}{\partial n_\mathrm{B}}\right)_{T,p,n_{\mathrm{C(C\neq B)}}}$

偏摩尔热力学能　$U_\mathrm{B} \xlongequal{\mathrm{def}} \left(\frac{\partial U}{\partial n_\mathrm{B}}\right)_{T,p,n_{\mathrm{C(C\neq B)}}}$

偏摩尔焓　$H_\mathrm{B} \xlongequal{\mathrm{def}} \left(\frac{\partial H}{\partial n_\mathrm{B}}\right)_{T,p,n_{\mathrm{C(C\neq B)}}}$

偏摩尔熵　$S_\mathrm{B} \xlongequal{\mathrm{def}} \left(\frac{\partial S}{\partial n_\mathrm{B}}\right)_{T,p,n_{\mathrm{C(C\neq B)}}}$

偏摩尔 Helmholtz 自由能　$A_\mathrm{B} \xlongequal{\mathrm{def}} \left(\frac{\partial A}{\partial n_\mathrm{B}}\right)_{T,p,n_{\mathrm{C(C\neq B)}}}$

偏摩尔 Gibbs 自由能　$G_\mathrm{B} \xlongequal{\mathrm{def}} \left(\frac{\partial G}{\partial n_\mathrm{B}}\right)_{T,p,n_{\mathrm{C(C\neq B)}}}$　(3.10)

对于纯组分,$X_\mathrm{B} = X_{\mathrm{m,B}}^{*}$,即纯物质的偏摩尔量与摩尔量相同。

使用偏摩尔量时要注意：只有系统广度性质 X 才有偏摩尔量；只有在等温、等压、除 B 外其他组分的量保持不变时，某广度性质对组分 B 的物质的量的偏微分才称为偏摩尔量；偏摩尔量 X_B 是强度性质，它与系统的温度、压力以及组成有关。

3.2.2　偏摩尔量的加和公式

偏摩尔量是广度性质 X 与 n_B 之比，是每摩尔物质的加入对系统性质的贡献，是强度性质，与混合物的总量无关。恒温恒压条件下，如果按照原始系统中各物质的比例，同时加入物质 1,2,3,…,k，溶液的浓度不变，偏摩尔量也不变。等温等压条件下，由偏摩尔量定义以及式(3.7)应有

$$dX = X_1 dn_1 + X_2 dn_2 + X_3 dn_3 + \cdots + X_k dn_k = \sum_{B=1}^{k} X_B dn_B$$

对上式积分，当加入 $n_1, n_2, \cdots, n_k$ 后，则系统的总 X 为

$$\begin{aligned} X &= \int_0^X dX = \int_0^{n_1} X_1 dn_1 + \int_0^{n_2} X_2 dn_2 + \cdots + \int_0^{n_k} X_k dn_k \\ &= n_1 X_1 + n_2 X_2 + \cdots + n_k X_k \\ &= \sum_{B=1}^{k} n_B X_B \end{aligned} \tag{3.11}$$

式(3.11)称为偏摩尔量的加和公式，揭示了多组分系统中各个广度性质的总值与各组分的偏摩尔量之间的关系。在温度和压力不变的条件下，多组分单相系统的广度性质，等于系统中各组分对应的偏摩尔量与物质的量的乘积之和。对于二组分系统，其广度性质体积的总值等于各组分的偏摩尔体积与物质的量的乘积之和，即

$$V = n_1 V_1 + n_2 V_2$$

X 代表系统的任何广度性质，因此应该有

$$\begin{aligned} V &= \sum_{B=1}^{k} n_B V_B, \quad U = \sum_{B=1}^{k} n_B U_B, \quad H = \sum_{B=1}^{k} n_B H_B \\ A &= \sum_{B=1}^{k} n_B A_B, \quad S = \sum_{B=1}^{k} n_B S_B, \quad G = \sum_{B=1}^{k} n_B G_B \end{aligned} \tag{3.12}$$

【例 3-1】　已知某 NaCl 溶液在 1 kg 水中含 n(mol) NaCl，体积 V 随 n 的变化关系为

$$\begin{aligned} V/\mathrm{m}^3 = &1.00138 \times 10^{-3} + 1.66253 \times 10^{-5} n/\mathrm{mol} + 1.7738 \times 10^{-6} (n/\mathrm{mol})^{3/2} \\ &+ 1.194 \times 10^{-7} (n/\mathrm{mol})^2 \end{aligned}$$

求当 n 为 2 mol 时，H_2O 和 NaCl 的偏摩尔体积各为多少？

解　根据偏摩尔体积定义有

$$\begin{aligned} V_{\mathrm{NaCl}} &= \left(\frac{\partial V}{\partial n_{\mathrm{NaCl}}}\right)_{T,p,n_{\mathrm{H_2O}}} \\ &= \left[1.66253 \times 10^{-5} + \frac{3}{2} \times 1.7738 \times 10^{-6} (n/\mathrm{mol})^{1/2} \right. \\ &\quad \left. + 2 \times 1.194 \times 10^{-7} (n/\mathrm{mol})\right] \mathrm{m}^3 \cdot \mathrm{mol}^{-1} \end{aligned}$$

当 n=2 mol 时，

$$V_{NaCl} = 2.086 \times 10^{-5}\ m^3 \cdot mol^{-1}$$

根据偏摩尔体积加和公式：

$$V = n_{H_2O}V_{H_2O} + n_{NaCl}V_{NaCl}$$

$$V_{H_2O} = \frac{V - n_{NaCl}V_{NaCl}}{n_{H_2O}}$$

$$= \frac{\left[1.00138 \times 10^{-3} - \frac{1}{2} \times 1.7738 \times 10^{-6}(n/mol)^{3/2} - 1.194 \times 10^{-7}(n/mol)^2\right] m^3}{1\ kg/(0.01802\ kg \cdot mol^{-1})}$$

当 $n = 2$ mol 时，

$$V_{H_2O} = 1.799 \times 10^{-5}\ m^3 \cdot mol^{-1}$$

3.2.3 Gibbs-Duhem 方程

在均相多组分系统中，除了偏摩尔量的加和公式，各组分的偏摩尔量之间还有一个重要的关系，即吉布斯-杜亥姆(Gibbs-Duhem)方程表达的内容。

温度、压力不变的条件下，若体系中不是按原系统中各种物质的比例加入各组分时，那么混合物的组成将发生改变。此时，不仅 $n_1, n_2, \cdots, n_k$ 等发生改变，系统的任何一个广度性质的偏摩尔量 $X_1, X_2, \cdots, X_k$ 等也将随之发生改变。对加和公式(3.11)微分，得

$$dX = \sum_{B=1}^{k} n_B dX_B + \sum_{B=1}^{k} X_B dn_B \tag{3.13}$$

与式(3.9)比较，得

$$\sum_{B=1}^{k} n_B dX_B = 0 \tag{3.14}$$

将此式除以混合物总的物质的量，得

$$\sum_{B=1}^{k} x_B dX_B = 0 \tag{3.15}$$

式(3.14)和式(3.15)均称为 Gibbs-Duhem 方程。此式表明：在恒温恒压条件下，系统内各组分的偏摩尔量是相互关联的，每一个偏摩尔量都不能脱离其他组分独立地发生变化，必须服从 Gibbs-Duhem 方程。例如，对于二组分混合物，式(3.14)可写为

$$n_1 dX_1 + n_2 dX_2 = 0$$

可见，当二组分系统中一组分的偏摩尔量增大时，那么另一组分的偏摩尔量必然减少，且增大与减小的比例与混合物中二组分的摩尔分数成反比。

§3.3 化 学 势

3.3.1 多组分系统的热力学基本方程

对于含有物质 $1, 2, 3, \cdots, k\ (k > 1)$ 的均相系统，它的任何性质都是系统中各物质的量及 p, V, T, U 等热力学函数中任意两个独立变量的函数，在四个基本公式中，都应该增加变量 n_B，即

$$U=U(S,V,n_1,n_2,\cdots,n_k),\quad H=H(S,p,n_1,n_2,\cdots,n_k)$$
$$A=A(T,V,n_1,n_2,\cdots,n_k),\quad G=G(T,p,n_1,n_2,\cdots,n_k)$$

写成全微分形式，得

$$\mathrm{d}U=\left(\frac{\partial U}{\partial S}\right)_{V,n_B}\mathrm{d}S+\left(\frac{\partial U}{\partial V}\right)_{S,n_B}\mathrm{d}V+\sum_B\left(\frac{\partial U}{\partial n_B}\right)_{S,V,n_{C(C\neq B)}}\mathrm{d}n_B \tag{3.16}$$

$$\mathrm{d}H=\left(\frac{\partial H}{\partial S}\right)_{p,n_B}\mathrm{d}S+\left(\frac{\partial H}{\partial p}\right)_{S,n_B}\mathrm{d}p+\sum_B\left(\frac{\partial H}{\partial n_B}\right)_{S,p,n_{C(C\neq B)}}\mathrm{d}n_B \tag{3.17}$$

$$\mathrm{d}A=\left(\frac{\partial A}{\partial T}\right)_{V,n_B}\mathrm{d}T+\left(\frac{\partial A}{\partial V}\right)_{T,n_B}\mathrm{d}V+\sum_B\left(\frac{\partial A}{\partial n_B}\right)_{T,V,n_{C(C\neq B)}}\mathrm{d}n_B \tag{3.18}$$

$$\mathrm{d}G=\left(\frac{\partial G}{\partial T}\right)_{p,n_B}\mathrm{d}T+\left(\frac{\partial G}{\partial p}\right)_{T,n_B}\mathrm{d}p+\sum_B\left(\frac{\partial G}{\partial n_B}\right)_{T,p,n_{C(C\neq B)}}\mathrm{d}n_B \tag{3.19}$$

再代入单组分系统的热力学基本方程，得

$$\mathrm{d}U=T\mathrm{d}S-p\mathrm{d}V+\sum_B\left(\frac{\partial U}{\partial n_B}\right)_{S,V,n_{C(C\neq B)}}\mathrm{d}n_B \tag{3.20}$$

$$\mathrm{d}H=T\mathrm{d}S+V\mathrm{d}p+\sum_B\left(\frac{\partial H}{\partial n_B}\right)_{S,p,n_{C(C\neq B)}}\mathrm{d}n_B \tag{3.21}$$

$$\mathrm{d}A=-S\mathrm{d}T-p\mathrm{d}V+\sum_B\left(\frac{\partial A}{\partial n_B}\right)_{T,V,n_{C(C\neq B)}}\mathrm{d}n_B \tag{3.22}$$

$$\mathrm{d}G=-S\mathrm{d}T+V\mathrm{d}p+\sum_B\left(\frac{\partial G}{\partial n_B}\right)_{T,p,n_{C(C\neq B)}}\mathrm{d}n_B \tag{3.23}$$

式(3.20)～(3.23)就是多组分系统的热力学基本方程。

3.3.2　化学势的定义

由于偏摩尔 Gibbs 自由能 G_B 在化学热力学中有特殊的重要性，热力学中将它定义为化学势(chemical potential)，用符号 μ_B 表示，单位为 $\mathrm{J\cdot mol^{-1}}$。也就是在多组分单相系统中，物质 B 的化学势为

$$\mu_B \xlongequal{\text{def}} G_B=\left(\frac{\partial G}{\partial n_B}\right)_{T,p,n_{C(C\neq B)}} \tag{3.24}$$

这是化学势的狭义定义，今后会用到很多次。因为大部分实验是在等温、等压下进行的，用化学势可以判断化学变化或相变化的方向和限度。

化学势的广义定义是保持热力学函数的特征变量和除 B 以外的其他组分不变，热力学函数对 B 物质的量求偏导，反映了 B 物质的量的变化对热力学函数变化值的贡献率，即

$$\mu_B \xlongequal{\text{def}} \left(\frac{\partial U}{\partial n_B}\right)_{S,V,n_{C(C\neq B)}} \xlongequal{\text{def}} \left(\frac{\partial H}{\partial n_B}\right)_{S,p,n_{C(C\neq B)}} \xlongequal{\text{def}} \left(\frac{\partial A}{\partial n_B}\right)_{T,V,n_{C(C\neq B)}} \xlongequal{\text{def}} \left(\frac{\partial G}{\partial n_B}\right)_{T,p,n_{C(C\neq B)}}$$

至此，把上式代入热力学函数的微分式(3.20)～(3.23)中，得

$$\mathrm{d}U=T\mathrm{d}S-p\mathrm{d}V+\sum_B\mu_B\mathrm{d}n_B \tag{3.25}$$

$$\mathrm{d}H=T\mathrm{d}S+V\mathrm{d}p+\sum_B\mu_B\mathrm{d}n_B \tag{3.26}$$

$$\mathrm{d}A=-S\mathrm{d}T-p\mathrm{d}V+\sum_B\mu_B\mathrm{d}n_B \tag{3.27}$$

$$dG = -SdT + Vdp + \sum_B \mu_B dn_B \tag{3.28}$$

显然，这些公式是多组分系统热力学基本方程的另一种表示形式。它们比单组分系统多了最后一项，即保持B的化学势不变，稍微改变B的物质的量引起的热力学函数的改变。它们不仅适用于多组分系统，而且适用于开放系统！上述四个公式中，最后一个应用最多，以后课程中讲到的化学势，如果没有特别注明，一般指 $\mu_B \xlongequal{\text{def}} \left(\frac{\partial G}{\partial n_B}\right)_{T,p,n_{C(C\neq B)}}$。此外，默认用下标 n_C 表示保持除B以外的其他组分的物质的量不变，即 $n_{C(C\neq B)}$。

3.3.3 化学势与压力、温度的关系

根据狭义化学势的定义以及偏微商的规则，可以导出化学势与压力、温度的关系。

1. 化学势与压力的关系

已知

$$\mu_B = \left(\frac{\partial G}{\partial n_B}\right)_{T,p,n_{C(C\neq B)}}, \quad \left(\frac{\partial G}{\partial p}\right)_{T,n_B} = V$$

因此

$$\left(\frac{\partial \mu_B}{\partial p}\right)_{T,n_B} = \left[\frac{\partial}{\partial p}\left(\frac{\partial G}{\partial n_B}\right)_{T,p,n_C}\right]_{T,n_B} = \left[\frac{\partial}{\partial n_B}\left(\frac{\partial G}{\partial p}\right)_{T,n_B}\right]_{T,p,n_C}$$

$$= \left[\frac{\partial V}{\partial n_B}\right]_{T,p,n_C} = V_B \tag{3.29}$$

式中，V_B 是物质B的偏摩尔体积。

2. 化学势与温度的关系

已知

$$\mu_B = \left(\frac{\partial G}{\partial n_B}\right)_{T,p,n_{C(C\neq B)}}, \quad \left(\frac{\partial G}{\partial T}\right)_{p,n_B} = -S$$

因此

$$\left(\frac{\partial \mu_B}{\partial T}\right)_{p,n_B} = \left[\frac{\partial}{\partial T}\left(\frac{\partial G}{\partial n_B}\right)_{T,p,n_C}\right]_{p,n_B} = \left[\frac{\partial}{\partial n_B}\left(\frac{\partial G}{\partial T}\right)_{p,n_B}\right]_{T,p,n_C}$$

$$= \left[\frac{\partial(-S)}{\partial n_B}\right]_{T,p,n_C} = -S_B \tag{3.30}$$

式中，S_B 就是物质B的偏摩尔熵。

将上述两个公式与纯物质的 Gibbs 自由能与压力和温度的关系相比较，可以推知：实际上，单组分系统中的各种函数关系，包括定义式和各种导出关系式，都适用于多组分系统中各组分的偏摩尔量。如

$$H_B = U_B + pV_B, \quad \left(\frac{\partial G_B}{\partial p}\right)_{T,n_B} = V_B, \quad \left(\frac{\partial S_B}{\partial p}\right)_{T,n_B} = -\left(\frac{\partial V_B}{\partial T}\right)_{p,n_B}$$

3.3.4 化学势判据

我们知道，在等温、等压和不做非体积功的条件下，根据 Gibbs 自由能判据，当 $(dG)_{T,p,W_f=0} < 0$ 时，为能够自发进行的过程，不可逆；而当 $(dG)_{T,p,W_f=0} = 0$ 时，是过程达到平衡态。这一判据同样适用于多组分系统，此时，$dG = -SdT + Vdp + \sum_B \mu_B dn_B$，当 $\left(\sum_B \mu_B dn_B\right)_{T,p,W_f=0} < 0$

时，为能够自发进行的过程，不可逆；而当 $\left(\sum_{\mathrm{B}}\mu_{\mathrm{B}}\mathrm{d}n_{\mathrm{B}}\right)_{T,p,W_{\mathrm{f}}=0}=0$ 时，是过程达到平衡态。

扩展到多组分多相系统，系统中的 α，β，…每一个相，根据式(3.28)均有

$$\mathrm{d}G(\alpha)=-S(\alpha)\mathrm{d}T+V(\alpha)\mathrm{d}p+\sum_{\mathrm{B}=1}^{k}\mu_{\mathrm{B}}(\alpha)\mathrm{d}n_{\mathrm{B}}(\alpha)$$

$$\mathrm{d}G(\beta)=-S(\beta)\mathrm{d}T+V(\beta)\mathrm{d}p+\sum_{\mathrm{B}=1}^{k}\mu_{\mathrm{B}}(\beta)\mathrm{d}n_{\mathrm{B}}(\beta)$$

……

对系统内所有相求和，得

$$\mathrm{d}G=\mathrm{d}G(\alpha)+\mathrm{d}G(\beta)+\cdots=\sum_{\alpha}\mathrm{d}G(\alpha)$$

由于各相的 T、p 相同，所以

$$\begin{aligned}\mathrm{d}G&=-\sum_{\alpha}S(\alpha)\mathrm{d}T+\sum_{\alpha}V(\alpha)\mathrm{d}p+\sum_{\alpha}\sum_{\mathrm{B}}\mu_{\mathrm{B}}(\alpha)\mathrm{d}n_{\mathrm{B}}(\alpha)\\&=-S\mathrm{d}T+V\mathrm{d}p+\sum_{\alpha}\sum_{\mathrm{B}}\mu_{\mathrm{B}}(\alpha)\mathrm{d}n_{\mathrm{B}}(\alpha)\end{aligned}\tag{3.31}$$

那么，对于多组分多相系统，在等温、等压、不做非体积功条件下的平衡判据为，$\left(\sum_{\alpha}\sum_{\mathrm{B}}\mu_{\mathrm{B}}(\alpha)\mathrm{d}n_{\mathrm{B}}(\alpha)\right)_{T,p,W_{\mathrm{f}}=0}\leqslant 0\begin{pmatrix}<0 & \text{自发}\\=0 & \text{平衡}\end{pmatrix}$。将此判据应用于相平衡和化学平衡系统，可得到相平衡和化学平衡条件。

对于简单的两相相变：设系统有 α 和 β 两相，两相均为多组分系统，在等温、等压条件下，如果任一物质 B 在两相中具有相同的分子式，其化学势分别为 $\mu_{\mathrm{B}}(\alpha)$ 和 $\mu_{\mathrm{B}}(\beta)$，若有 $\mathrm{d}n_{\mathrm{B}}$ 的 B 物质从 α 相转移到 β 相，此时，Gibbs 自由能的总变化为

$$\mathrm{d}G=\mathrm{d}G(\alpha)+\mathrm{d}G(\beta)=\mu_{\mathrm{B}}(\alpha)\mathrm{d}n_{\mathrm{B}}(\alpha)+\mu_{\mathrm{B}}(\beta)\mathrm{d}n_{\mathrm{B}}(\beta)$$

β 相所得等于 α 相所失，即

$$\mathrm{d}n_{\mathrm{B}}(\alpha)=-\mathrm{d}n_{\mathrm{B}}(\beta)$$

若此相变自发进行，则有

$$\mu_{\mathrm{B}}(\alpha)\mathrm{d}n_{\mathrm{B}}(\alpha)+\mu_{\mathrm{B}}(\beta)\mathrm{d}n_{\mathrm{B}}(\beta)<0$$

$$[\mu_{\mathrm{B}}(\beta)-\mu_{\mathrm{B}}(\alpha)]\mathrm{d}n_{\mathrm{B}}(\beta)<0$$

则必有 $\mu_{\mathrm{B}}(\beta)<\mu_{\mathrm{B}}(\alpha)$；而平衡时，$\mu_{\mathrm{B}}(\beta)=\mu_{\mathrm{B}}(\alpha)$。这表明，组分 B 在 α 和 β 两相中达到平衡的条件是该组分在两相中的化学势相等，而相变自发进行的方向是由化学势高的相向化学势低的相变化（或转移）。

§ 3.4　气体的化学势

很多化学反应是在气相中进行的，所以我们需要知道气体混合物中各个组分的化学势。这节我们将分别讨论单组分理想气体、多组分理想气体和非理想气体混合物的化学势。

我们知道，物质 B 的化学势 μ_{B} 就是其偏摩尔 Gibbs 自由能 G_{B}，因为 Gibbs 自由能的绝对值无法确定，所以我们也无法确定化学势的绝对值。为了计算方便，在化学热力学中需要选择一个标准状态作为计算的基准。通常规定，气体的标准状态是在标准压力 $p^{\ominus}=100\ \mathrm{kPa}$ 下具有理想气体性质的纯气体，该状态下的化学势称为标准化学势（standard chemical potential），

以符号 $\mu_B^\ominus$ 表示。由于标准态只限定了压力而没有限定温度,所以标准态化学势 $\mu_B^\ominus$ 是温度 T 的函数,在使用标准态数据时应注明温度。

3.4.1 理想气体的化学势

1. 单组分理想气体化学势

对于单组分理想气体,相对于标准态而言,只有压力不同。已知 $\left(\frac{\partial \mu_B}{\partial p}\right)_{T,n_B}=V_B=V_m$,此时,偏摩尔量就等于摩尔量。对上述等式两边积分,从标准压力积到实际压力,得

$$\int_{T,p^\ominus}^{T,p} d\mu=\int_{p^\ominus}^{p} V_m dp=\int_{p^\ominus}^{p} \frac{RT}{p} dp$$

$$\mu(T,p)-\mu^\ominus(T,p^\ominus)=RT\ln\frac{p}{p^\ominus}$$

$$\mu(T,p)=\mu^\ominus(T,p^\ominus)+RT\ln\frac{p}{p^\ominus} \tag{3.32}$$

$\mu(T,p)$是单组分理想气体的化学势,是温度、压力的函数;$\mu^\ominus(T,p^\ominus)$是理想气体在标准压力和温度 T 时的化学势,因压力确定,仅是温度的函数,也可写作 $\mu^\ominus(T)$。由于对应的状态是气体的标准态(standard state),因而称 $\mu^\ominus(T,p^\ominus)$(或 $\mu^\ominus(T)$)为气体的标准化学势。

2. 多组分理想气体化学势

对于多组分理想气体即混合理想气体,其中任何一种气体的状态与该气体单独占有总体积时的状态相同。所以,当理想混合气体中某组分 B 的分压为 p_B 时,它的化学势表达式与该气体作为纯气体单独存在、温度为 T、$p=p_B$ 时的化学势表达式相似,只是纯态物质的压力 p 用分压 p_B 代替,即

$$\mu_B(T,p)=\mu_B^\ominus(T)+RT\ln\frac{p_B}{p^\ominus} \tag{3.33}$$

式中,$\mu_B(T,p)$是混合气体中 B 的化学势,是温度、压力的函数;$\mu_B^\ominus(T)$是气体 B 在标准压力和温度 T 时的化学势,因压力已指定,所以它仅是温度的函数;p_B 是气体 B 在混合理想气体中的分压。这个公式可以作为理想气体混合物的热力学定义式。

将 Dalton 分压定律 $p_B=px_B$ 代入式(3.33),得

$$\begin{aligned}\mu_B(T,p)&=\mu_B^\ominus(T)+RT\ln\frac{p}{p^\ominus}+RT\ln x_B\\&=\mu_B^*(T,p)+RT\ln x_B\end{aligned} \tag{3.34}$$

$\mu_B^*(T,p)$是 B 组分在 T、p 和处于纯态时的化学势,显然这不是标准态;x_B 是混合理想气体中 B 组分的摩尔分数。

3.4.2 非理想气体的化学势

非理想气体的化学势,按照单组分非理想气体和混合非理想气体分别讨论。对于单组分非理想气体,所用的基本公式仍然类似式(3.32),但要用该式计算单组分非理想气体的化学势,就必须知道摩尔体积 V_m 与气体压力 p 之间的函数关系。理想气体摩尔体积 V_m 与气体压力 p 之间的函数关系遵循理想气体状态方程,但理想气体状态方程对于非理想气体并不适用。因此,要按照式(3.32)计算非理想气体的化学势,就必须先知道非理想气体的状态方程。迄今为止,已有

数百个非理想气体的状态方程,较常用的是范德华(van der Waals)方程和维里(virial)方程。

1. 单组分非理想气体化学势

设非理想气体的状态方程可用 virial 方程来表示:

$$pV_m = RT(1 + Bp + Cp^2 + Dp^3 + \cdots)$$

将该式代入式(3.32)后,积分得

$$\mu(T,p) = \mu^{\ominus}(T) + RT\ln\frac{p}{p^{\ominus}} + RT\int_{p^{\ominus}}^{p}(B + Cp + Dp^2 + \cdots)\mathrm{d}p \tag{3.35}$$

这就是单组分非理想气体化学势表示式,式中 B,C,D 等都是与气体种类有关的常数。容易发现,右边的前两项与单组分理想气体化学势的表示式是相同的,而最后一项则表示了单组分非理想气体化学势相对于单组分理想气体化学势的偏差值,这个偏差与非理想气体的状态方程有关,也与气体的种类有关。

用式(3.35)表示单组分非理想气体的化学势形式复杂,使用起来也很不方便;同时,不同的气体有不同的状态方程,难以得到较为统一的公式。为此,Lewis 引入了逸度(fugacity)的概念,用逸度来代替压力,将式(3.35)写成

$$\mu(T,p) = \mu^{\ominus}(T) + RT\ln\frac{\widetilde{p}}{p^{\ominus}} \tag{3.36}$$

这就是非理想气体化学势的通用表示式。式中,$\widetilde{p}$ 是单组分非理想气体的逸度。$\widetilde{p} = fp$,f 称为逸度因子(fugacity factor),也称为逸度系数(fugacity coefficient),它反映了该气体与理想气体偏差的程度,其数值可大于 1、小于 1 或等于 1。f 越偏离于 1,表明该气体的非理想性越大;当 $p \to 0$ Pa 时,$f=1$,$\widetilde{p}=p$。

2. 多组分非理想气体化学势

对于多组分非理想气体中组分 B 的化学势表达,在引入了逸度的概念后,只需要将理想气体混合物中组分 B 的化学势表达式中的分压改写为逸度 $\widetilde{p}_B$ 即可,使多组分非理想气体中组分 B 的化学势在形式上与多组分理想气体中组分 B 的化学势相似,即

$$\mu_B(T,p) = \mu_B^{\ominus}(T) + RT\ln\frac{\widetilde{p}_B}{p^{\ominus}} \tag{3.37}$$

式中,$\widetilde{p}_B$ 是混合非理想气体中 B 组分的逸度,$\widetilde{p}_B = f_B p_B$,$f_B$ 称为 B 的逸度系数。

单组分非理想气体的逸度 $\widetilde{p}$ 和逸度系数 f 是温度和压力的函数,而多组分非理想气体的逸度 $\widetilde{p}_B$ 和逸度系数 f_B 则是组成、温度和压力的函数。对于 $\widetilde{p}$ 与 $\widetilde{p}_B$ 之间的关系,Lewis-Landle 提出一个近似的规则:当温度、压力一致时,$\widetilde{p}_B = y_B\,\widetilde{p}$。

对于逸度的计算,归根结底是逸度系数的计算,常用的方法除了从状态方程中求得外,还有图解法、对比状态法以及近似法,具体内容在此不一一详述。

§3.5　稀溶液的两个经验定律

Raoult 定律和 Henry 定律都是在经验的基础上总结出来的,在溶液热力学的发展中起着重要作用。对于理想溶液和稀溶液来说,无论对它们赋予什么样的模型,还是从宏观和微观讨论它们的性质等,都必须通过实践的检验,即它们都必须在一定条件下满足 Raoult 定律或

Henry 定律。

3.5.1 Raoult 定律

1887 年,法国化学家 Raoult 发现并归纳了由于非挥发性溶质的加入而引起溶剂蒸气压下降的实验结果,在此基础上他得出了在稀溶液中溶剂的蒸气压与溶剂摩尔分数之间的定量关系为

$$p_A = p_A^* x_A \tag{3.38}$$

式中,p_A^* 是纯溶剂 A 的蒸气压,x_A 是溶剂在溶液中的摩尔分数,p_A 是稀溶液中溶剂的蒸气压。式(3.38)即为 Raoult 定律的数学表达式,文字表述为:定温下,在稀溶液中,溶剂的蒸气压等于纯溶剂的蒸气压乘以溶液中溶剂的摩尔分数。

若溶液中仅有 A、B 两个组分,则 $x_A + x_B = 1$,式(3.38)可表示为

$$p_A = p_A^*(1 - x_B)$$

$$\frac{p_A^* - p_A}{p_A^*} = x_B \tag{3.39}$$

即溶剂蒸气压的降低值与纯溶剂蒸气压之比等于溶质的摩尔分数,式(3.39)是 Raoult 定律的另一种表达形式。

一般说来,只有在稀溶液中的溶剂才能较准确地遵守 Raoult 定律。因为在稀溶液中,溶剂分子之间的引力受溶质分子的影响很小,即溶剂分子周围的环境与纯溶剂几乎相同,所以溶剂的蒸气压仅与单位体积溶液中溶剂的分子数有关,而与溶质分子的性质无关。在计算溶剂的物质的量时,不考虑溶剂分子的缔合现象,其摩尔质量用其气态分子的摩尔质量。例如,水虽有缔合分子,但摩尔质量仍以 $18.01\ \mathrm{g \cdot mol^{-1}}$ 计。

Raoult 定律是溶液最基本的经验定律之一,溶液的其他性质如凝固点降低、沸点升高和产生渗透压等都可以用溶剂蒸气压降低来解释。Raoult 定律最初是从不挥发的非电解质稀溶液中总结出来的,然后才推广到双液系。

例如,由两种液态物质 A 和 B 构成的理想液态混合物,则分别有 $p_A = p_A^* x_A$,$p_B = p_B^* x_B$。

3.5.2 Henry 定律

1. 概述

1803 年,英国化学家 Henry 根据大量的实验结果归纳出稀溶液的另一个重要的经验规律,即在一定温度和平衡状态下,气体在液体里的溶解度(用摩尔分数表示)与该气体的平衡分压成正比,称之为 Henry 定律。后被推广到所有挥发性溶质。用公式表示为

$$p_B = k_{x,B} x_B \tag{3.40}$$

式中,x_B 是挥发性溶质 B 在溶液中的摩尔分数;p_B 是平衡时挥发性溶质 B 在溶液上方的分压;$k_{x,B}$ 是挥发性溶质 B 的浓度用摩尔分数表示时的 Henry 系数,它是一个常数,其数值取决于温度、压力及溶质和溶剂的性质。

溶质的浓度有不同的表示形式,相应地,Henry 定律也有不同的表达式。

当 B 的浓度用摩尔分数表示时 $p_B = k_{x,B} x_B$

当 B 的浓度用质量摩尔浓度表示时 $p_B = k_{m,B} m_B$

当 B 的浓度用物质的量浓度表示时 $p_B = k_{c,B} c_B$

其中 $k_{x,B}$,$k_{m,B}$,$k_{c,B}$都称为 Henry 系数,且 $k_{x,B} \neq k_{m,B} \neq k_{c,B}$。显然它们的数值和单位都不同,$k_{m,B}$和 $k_{c,B}$的单位分别为 $Pa \cdot mol^{-1} \cdot kg$ 和 $Pa \cdot mol^{-1} \cdot m^3$(或 $Pa \cdot mol^{-1} \cdot dm^3$)。

使用 Henry 定律时应注意:

(1) 该定律由气体在液体中的溶解总结出来,也适用于挥发性溶质。如有多种溶质,在总压不大时,可分别适用于每种溶质。

(2) 该定律只适用于稀溶液中的溶质。因为在稀溶液中,溶质分子的周围绝大部分都是溶剂分子,因此溶质分子逸出液相的能力(即平衡蒸气压)不仅与单位体积溶液中溶质的量(即浓度)有关,还与溶质分子与溶剂分子之间的作用力有关。

(3) 溶质在气相和液相必须有相同的分子状态。如完全不同,则不能适用;如部分相同,则仅对相同部分适用。

例如,HCl 气体溶于苯中,在气相和液相里都是呈 HCl 的分子状态,系统服从 Henry 定律;但是如果 HCl 气体溶在水里,在气相中是 HCl 分子,在液相中则为 H^+ 和 Cl^-,这时 Henry 定律就不适用。使用 Henry 定律时,必须注意公式中所用的浓度是溶解态的分子在溶液中的浓度,例如 NH_3 溶于水,只有在 NH_3 的压力十分低的情况下才能适用。因为 NH_3 在水中有解离平衡,一部分 NH_3 以 NH_4^+ 的形式存在。

(4) 对于大多数气体溶于水时,溶解度随温度的升高而降低,因此升高温度或降低气体的分压都能使溶液更稀、更能服从 Henry 定律。

2. Raoult 定律与 Henry 定律的对比

以 A、B 都是挥发性物质的二组分系统为例说明两个定律的不同和适用范围,见图 3-1。

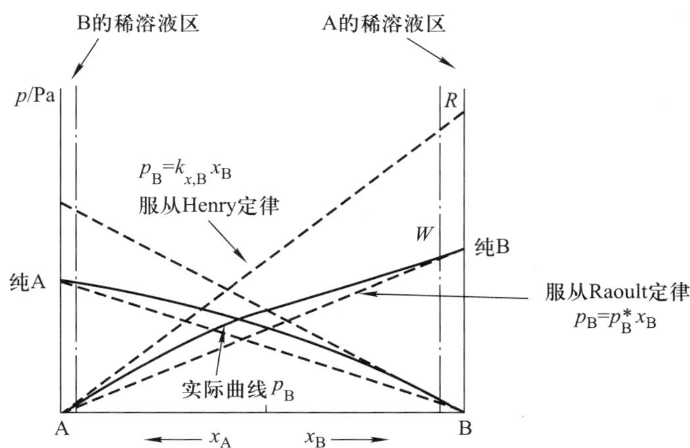

图 3-1 二组分液态完全互溶系统中组分的蒸气压与组成的关系

从图 3-1 可以看出,对于组分 A,在左侧稀溶液区它作为溶剂,p_A 与 x_A 成正比,比例系数为 p_A^*,符合 Raoult 定律;在稀溶液区以外,p_A 的实际值与按 Raoult 定律的计算值有明显的偏差。到了右侧稀溶液区,A 作为溶质,虽然 p_A 与 x_A 并不符合 Raoult 定律,但 p_A 与 x_A 还是成正比的,比例系数为 $k_{x,A}$,符合 Henry 定律(显然 $k_{x,A} \neq p_A^*$)。对于组分 B 的分析和 A 类似。

§3.6 理想液态混合物和理想稀溶液的化学势

3.6.1 理想液态混合物

理想液态混合物定义为在等温、等压条件下，任一组分在全部浓度范围内都符合 Raoult 定律的多组分液态系统，这是一个宏观上的定义。从微观的角度解释，混合物中各种分子之间的相互作用力完全相同，且各组分分子具有相似的形状和体积，当一种组分的分子被另一种组分的分子取代时，没有能量的变化或空间结构的变化。换言之，当各组分混合时，没有焓变和体积的变化，即 $\Delta_{\text{mix}}H=0$，$\Delta_{\text{mix}}V=0$。

理想液态混合物和理想气体一样，也是一个极限的概念，它能以极其简单的形式总结混合物的一般规律。严格意义上的理想混合物在客观上是不存在的，但是在任意浓度下均遵守 Raoult 定律的非常类似理想液态混合物的系统是存在的，例如，苯和甲苯的混合物、正己烷和正庚烷的混合物等。

3.6.2 理想液态混合物中任一组分的化学势

1. 化学势的表示式

利用气、液两相平衡时任一组分在两相的化学势相等的原理，结合气体化学势表达式及理想液态混合物的定义式，可推导出理想液态混合物中任一组分的化学势与混合物组成的关系式。设温度 T 时，当理想液态混合物与其蒸气达平衡时，理想液态混合物中任一组分 B 与气相中该组分的化学势相等，即

$$\mu_{\text{B(l)}}=\mu_{\text{B(g)}}$$

当与理想液态混合物成平衡的蒸气压力 p 不大时，气相可以近似认为是理想气体混合物，故有

$$\mu_{\text{B(l)}}=\mu_{\text{B(g)}}=\mu_{\text{B(g)}}^{\ominus}+RT\ln\frac{p_{\text{B}}}{p^{\ominus}} \tag{3.41}$$

根据理想液态混合物的定义，有 $p_{\text{B}}=p_{\text{B}}^{*}x_{\text{B}}$，将其代入上式，得

$$\mu_{\text{B(l)}}=\mu_{\text{B(g)}}^{\ominus}+RT\ln\frac{p_{\text{B}}^{*}}{p^{\ominus}}+RT\ln x_{\text{B}} \tag{3.42}$$

对于纯的液相 B，$x_{\text{B}}=1$，故在温度 T、压力 p 时，式(3.42)为

$$\mu_{\text{B(l)}}^{*}=\mu_{\text{B(g)}}^{\ominus}+RT\ln\frac{p_{\text{B}}^{*}}{p^{\ominus}} \tag{3.43}$$

因此

$$\mu_{\text{B(l)}}=\mu_{\text{B(l)}}^{*}+RT\ln x_{\text{B}} \tag{3.44}$$

式中，$\mu_{\text{B(l)}}^{*}$ 是纯 B 液体在温度 T 和压力 p 时的化学势，此压力并不是标准压力，故 $\mu_{\text{B(l)}}^{*}$ 并非是纯 B 液体的标准态化学势。因液态混合物中组分 B 的标准态规定为同样温度 T、压力为标准压力 $p^{\ominus}$ 的纯液体，其标准化学势为 $\mu_{\text{B(l)}}^{\ominus}$，故要用热力学基本方程求出 $\mu_{\text{B(l)}}^{*}$ 与 $\mu_{\text{B(l)}}^{\ominus}$ 的关系。对纯液体 B，应用 $\mathrm{d}G_{\text{m}}=-S_{\text{m}}\mathrm{d}T+V_{\text{m}}\mathrm{d}p$，因 $\mathrm{d}T=0$，故当压力从 $p^{\ominus}$ 变至 p 时，纯液体 B 的化学势由 $\mu_{\text{B(l)}}^{\ominus}$ 变至 $\mu_{\text{B(l)}}^{*}$，于是

$$\mu^*_{\mathrm{B(l)}}=\mu^{\ominus}_{\mathrm{B(l)}}+\int_{p^{\ominus}}^{p}V^*_{\mathrm{m,B(l)}}\mathrm{d}p \tag{3.45}$$

式中，$V^*_{\mathrm{m,B(l)}}$ 为纯液体 B 在温度 T 下的摩尔体积。

将式(3.45)代入式(3.44)，最后得到一定温度下理想液态混合物中任一组分 B 的化学势与混合物组成的关系式：

$$\mu_{\mathrm{B(l)}}=\mu^{\ominus}_{\mathrm{B(l)}}+RT\ln x_{\mathrm{B}}+\int_{p^{\ominus}}^{p}V^*_{\mathrm{m,B(l)}}\mathrm{d}p \tag{3.46}$$

通常情况下，p 与 $p^{\ominus}$ 相差不大，式(3.46)中的积分项可以忽略，故该式可近似写作

$$\mu_{\mathrm{B(l)}}=\mu^{\ominus}_{\mathrm{B(l)}}+RT\ln x_{\mathrm{B}} \tag{3.47}$$

此式为常用公式。

2. 理想液态混合物的通性

从式(3.47)很容易导出理想液态混合物的一些性质。

(1) 由纯液体混合成混合物时，$\Delta_{\mathrm{mix}}V=0$，即混合物的体积等于未混合前各纯组分的体积之和，总体积不变。根据化学势与压力的关系及式(3.44)，得

$$V_{\mathrm{B}}=\left(\frac{\partial\mu_{\mathrm{B}}}{\partial p}\right)_{T,n_{\mathrm{B}}}=\left\{\frac{\partial\mu^*_{\mathrm{B}}(T,p)}{\partial p}\right\}_{T,n_{\mathrm{B}}}=V^*_{\mathrm{m,B}}$$

即理想液态混合物中某组分的偏摩尔体积等于该组分(纯组分)的摩尔体积，所以混合前后体积不变($\Delta_{\mathrm{mix}}V=0$)，可表示为

$$\Delta_{\mathrm{mix}}V=V_{\text{混合后}}-V_{\text{混合前}}=\sum_{\mathrm{B}}n_{\mathrm{B}}V_{\mathrm{B}}-\sum_{\mathrm{B}}n_{\mathrm{B}}V^*_{\mathrm{m,B}}=0 \tag{3.48}$$

(2) 两种纯液体混合成混合物时，$\Delta_{\mathrm{mix}}H=0$。根据式(3.44)得

$$\frac{\mu_{\mathrm{B(l)}}}{T}=\frac{\mu^*_{\mathrm{B(l)}}}{T}+R\ln x_{\mathrm{B}}$$

对 T 微分后得

$$\left[\frac{\partial\left(\frac{\mu_{\mathrm{B(l)}}}{T}\right)}{\partial T}\right]_{p,n_{\mathrm{B}}}=\left[\frac{\partial\left(\frac{\mu^*_{\mathrm{B(l)}}}{T}\right)}{\partial T}\right]_{p,n_{\mathrm{B}}}$$

根据 Gibbs-Helmholtz 方程，得

$$H_{\mathrm{B}}=H^*_{\mathrm{m,B}}$$

即在混合过程中物质 B 的摩尔焓没有变化。所以混合前后总焓不变，不产生热效应，可表示为

$$\Delta_{\mathrm{mix}}H=H_{\text{混合后}}-H_{\text{混合前}}=\sum_{\mathrm{B}}n_{\mathrm{B}}H_{\mathrm{B}}-\sum_{\mathrm{B}}n_{\mathrm{B}}H^*_{\mathrm{m,B}}=0 \tag{3.49}$$

(3) 具有理想的混合熵。对 T 微分后，得

$$\left[\frac{\partial\mu_{\mathrm{B}}(T,p)}{\partial T}\right]_{p,n_{\mathrm{B}}}=\left[\frac{\partial\mu^*_{\mathrm{B}}(T,p)}{\partial T}\right]_{p,n_{\mathrm{B}}}+R\ln x_{\mathrm{B}}$$

所以

$$-S_{\mathrm{B}}=-S^*_{\mathrm{m,B}}+R\ln x_{\mathrm{B}}$$

形成理想液态混合物时的混合熵 $\Delta_{\mathrm{mix}}S$ 为

$$\begin{aligned}\Delta_{\mathrm{mix}}S&=S_{\text{混合后}}-S_{\text{混合前}}=\sum_{\mathrm{B}}n_{\mathrm{B}}S_{\mathrm{B}}-\sum_{\mathrm{B}}n_{\mathrm{B}}S^*_{\mathrm{m,B}}\\&=-R\sum_{\mathrm{B}}n_{\mathrm{B}}\ln x_{\mathrm{B}}\end{aligned} \tag{3.50}$$

由于 $x_B < 1$，故 $\Delta_{mix}S > 0$，混合熵恒为正值。

(4) 混合 Gibbs 自由能和 Helmholtz 自由能。等温等压下的混合过程是自发过程，混合时 Gibbs 自由能的变化值小于零。根据 $\Delta G = \Delta H - T\Delta S$ 应有

$$\begin{aligned}\Delta_{mix}G &= \Delta_{mix}H - T\Delta_{mix}S \\ &= 0 - T\Delta_{mix}S = RT\sum_B n_B \ln x_B\end{aligned} \tag{3.51}$$

Helmholtz 自由能和 Gibbs 自由能具有类似的特点，根据定义：

$$\Delta_{mix}A = \Delta_{mix}G - p\Delta_{mix}V = \Delta_{mix}G = RT\sum_B n_B \ln x_B$$

$$\Delta_{mix}U = \Delta_{mix}A + T\Delta_{mix}S = 0$$

上述结果列于表 3-2 中。

表 3-2 理想液态混合物的通性

$\Delta_{mix}G$	$\Delta_{mix}S$	$\Delta_{mix}A$	$\Delta_{mix}V$	$\Delta_{mix}H$	$\Delta_{mix}U$
$RT\sum_B n_B \ln x_B$	$-R\sum_B n_B \ln x_B$	$RT\sum_B n_B \ln x_B$	0	0	0

表 3-2 所列结果对于理想气体的恒温、恒压混合过程完全适用。这是因为理想气体混合物所满足的条件(分子间无相互作用，分子本身无体积)为理想液态混合物所满足条件的特例。

3.6.3 理想稀溶液中各组分的化学势

1. 化学势的表示式

一定的温度和压力及一定的浓度范围内，溶剂遵守 Raoult 定律、溶质遵守 Henry 定律的溶液称为理想稀溶液。以二组分系统为例，设 A 为溶剂，B 为溶质，理想稀溶液中溶剂的化学势为

$$\mu_A = \mu_A^*(T,p) + RT\ln x_A \tag{3.52}$$

这个公式的导出方法和理想液态混合物一样，式中 μ_A^* 的物理意义是在 T、p 时纯 A(即 $x_A = 1$)的化学势。

在溶液中对于溶质而言，平衡时其化学势为

$$\mu_{B(l)} = \mu_{B(g)} = \mu_{B(g)}^{\ominus}(T) + RT\ln\frac{p_B}{p^{\ominus}}$$

在理想稀溶液中，溶质服从 Henry 定律，$p_B = k_{x,B}x_B$，代入后，得

$$\mu_B = \mu_{B(g)}^{\ominus}(T) + RT\ln(k_{x,B}/p^{\ominus}) + RT\ln x_B$$

令等式右方前两项合并，即令 $\mu_{B(g)}^{\ominus}(T) + RT\ln(k_{x,B}/p^{\ominus}) = \mu_B^*(T,p)$，得

$$\mu_B = \mu_B^*(T,p) + RT\ln x_B \tag{3.53}$$

式中，μ_B^* 是 T、p 的函数，一定温度和压力下为定值。在该式中，$\mu_B^*(T,p)$可看作 $x_B = 1$ 且服从 Henry 定律的那个假想状态的化学势。参阅图 3-2，将 $p_B = k_{x,B}x_B$ 的直线延长得 R 点。这个由引申而得到的状态(R)实际上并不存在。在图中纯 B 的实际状态由 W 点表示。这个假想的状态(R)是外推出来的，因为不可能在 x_B 从 0～1 的整个区间内，溶质都服从 Henry 定律。引入这样一个想象的标准态，并不影响 ΔG 和 $\Delta\mu$ 的计算，因为在求这些值时有关标准态

的项都消去了。

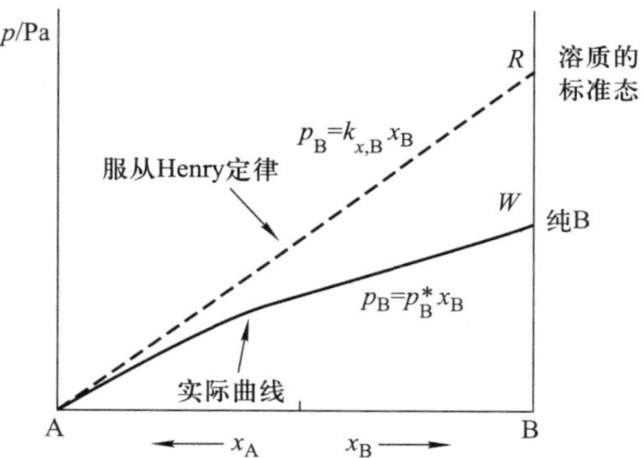

图 3-2 溶液中溶质的标准态(浓度为摩尔分数)

若 Henry 定律写作 $p=k_{m,B}m_B$,可以得到

$$\mu_B=\mu_B^{\ominus}(T)+RT\ln\frac{k_{m,B}m^{\ominus}}{p^{\ominus}}+RT\ln\frac{m_B}{m^{\ominus}}$$

$$=\mu^{\square}(T,p)+RT\ln\frac{m_B}{m^{\ominus}} \tag{3.54}$$

式中,$\mu^{\square}(T,p)$是温度、压力的函数。当 $m_B=m^{\ominus}=1\ \mathrm{mol\cdot kg^{-1}}$时,仍服从 Henry 定律的状态的化学势,这个状态也是假想的标准态。参阅图 3-3(a)。

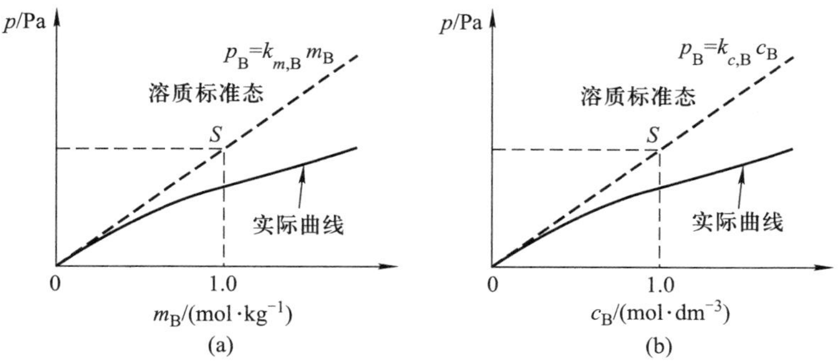

图 3-3 溶液中溶质的标准态(浓度分别为 m_B 和 c_B)

若 Henry 定律写作 $p=k_{c,B}c_B$,可以得到

$$\mu_B=\mu_B^{\ominus}(T)+RT\ln\frac{k_{c,B}c^{\ominus}}{p^{\ominus}}+RT\ln\frac{c_B}{c^{\ominus}}$$

$$=\mu^{\triangle}(T,p)+RT\ln\frac{c_B}{c^{\ominus}} \tag{3.55}$$

$\mu^{\triangle}(T,p)$ 也是温度、压力的函数。当 $c_B=c^{\ominus}=1\ \mathrm{mol\cdot dm^{-3}}$时,仍服从 Henry 定律的状态的化学势,这个状态也是假想的标准态。参阅图 3-3(b)。

注意,在使用组成的不同标度时,溶质 B 的标准态、标准化学势及化学势表达式不同,即 $\mu_B^*(T,p)\neq\mu^{\square}(T,p)\neq\mu^{\triangle}(T,p)$;但对于同一溶液,在相同条件下其化学势的值是唯一的。

2. 溶质化学势表示式的应用举例——分配定律

在一定的温度、压力下，当溶质在共存的两不互溶液体间成平衡时，若形成理想稀溶液，则溶质在两液相中的质量摩尔浓度之比为一常数，这就是 Nernst 分配定律(distribution law)。用公式表示为

$$\frac{m_{\mathrm{B}}(\alpha)}{m_{\mathrm{B}}(\beta)}=K \quad \text{或} \quad \frac{c_{\mathrm{B}}(\alpha)}{c_{\mathrm{B}}(\beta)}=K' \tag{3.56}$$

式中，$m_{\mathrm{B}}(\alpha)$、$m_{\mathrm{B}}(\beta)$分别为溶质 B 在溶剂 α 和 β 相中的质量摩尔浓度；K 称为分配系数(distribution coefficient)，影响分配系数的因素主要有温度、压力、溶质的性质和两种溶剂的性质等。当溶液的浓度不大时，该式能很好地与实验结果相吻合，如醋酸在水与乙醚间的分配，碘在水与四氯化碳间的分配等。

这个经验定律也可以通过热力学得到证明。定温定压下，达到平衡时，溶质 B 在 α 和 β 相中的化学势相等，即

$$\mu_{\mathrm{B}}(\alpha)=\mu_{\mathrm{B}}(\beta)$$

因为

$$\mu_{\mathrm{B}}(\alpha)=\mu_{\mathrm{B}}^{\square}(\alpha)+RT\ln\frac{m_{\mathrm{B}}(\alpha)}{m^{\ominus}}$$

$$\mu_{\mathrm{B}}(\beta)=\mu_{\mathrm{B}}^{\square}(\beta)+RT\ln\frac{m_{\mathrm{B}}(\beta)}{m^{\ominus}}$$

所以

$$\mu_{\mathrm{B}}^{\square}(\alpha)+RT\ln\frac{m_{\mathrm{B}}(\alpha)}{m^{\ominus}}=\mu_{\mathrm{B}}^{\square}(\beta)+RT\ln\frac{m_{\mathrm{B}}(\beta)}{m^{\ominus}}$$

整理得

$$\frac{m_{\mathrm{B}}(\alpha)}{m_{\mathrm{B}}(\beta)}=\exp\left[\frac{\mu_{\mathrm{B}}^{\square}(\beta)-\mu_{\mathrm{B}}^{\square}(\alpha)}{RT}\right]=K(T,p)$$

若溶质 B 在 α 相中完全以 B 的形式存在，而在 β 相中可以有 B 及 B_2 两种分子形式存在，则在达到平衡时，应是 B 在 α、β 两相中的化学势相等，即 $\mu_{\mathrm{B}}(\alpha)=\mu_{\mathrm{B}}(\beta)$，同时在 β 相中 B 与 B_2 达到化学平衡，即 $2\mu_{\mathrm{B}}(\beta)=\mu_{\mathrm{B}_2}(\beta)$。

§3.7 实际溶液中各组分的化学势

对理想液态混合物来说，任一组分均遵守 Raoult 定律，此种混合物中不同分子之间的引力和同种分子之间的引力相同，而且在形成混合物时没有体积变化和热效应。但是，类似理想液态混合物的系统毕竟只是极少数，大多数液态混合物由于各组分性质差异较大，使其中任一组分在整个浓度范围内对 Raoult 定律发生偏差，这种偏差可以是正的，也可以是负的。由于发生了偏差，使混合物各组分的实测蒸气压与计算值不符，这同样影响了化学势的值。和在真实气体中引入逸度、逸度系数来修正其对理想气体的偏差一样，对于非理想液态混合物以及真实溶液，Lewis 引入了活度的概念。

3.7.1 非理想液态混合物

1. 化学势的表示式

对于理想的液态混合物，在忽略压力对液体体积影响的情况下，其中任一组分 B 的化学势的表达式为

$$\mu_{B(l)}(T,p)=\mu_{B(l)}^{\ominus}(T)+RT\ln x_B \tag{3.57}$$

式中

$$x_B=\frac{p_B}{p_B^*}\approx\frac{p_B}{p_B^{\ominus}}$$

由于液态混合物是非理想的，任一组分的实际蒸气压与 Raoult 定律计算的结果有一定的偏差，需要进行适当的修正，将浓度项乘以一个校正因子，即

$$\frac{p_B}{p_B^*}=\gamma_{x,B}x_B \tag{3.58}$$

定义

$$a_{x,B}\xlongequal{\text{def}}\gamma_{x,B}x_B \tag{3.59}$$

式中，$a_{x,B}$是 B 组分用摩尔分数表示的活度(activity)，是量纲为 1 的量，是系统的强度性质，其数值与系统所处的状态和标准态的选择有关，是温度、压力和组成的函数；$\gamma_{x,B}$称为组成用摩尔分数表示的活度因子(activity factor)，它表示在实际混合物中，B 组分的摩尔分数与理想液态混合物的偏差，也是量纲为 1 的量。将式(3.59)代入式(3.57)，就可得到非理想液态混合物中任一组分的化学势表达式：

$$\mu_{B(l)}(T,p)=\mu_{B(l)}^{\ominus}(T)+RT\ln a_{x,B} \tag{3.60}$$

对于理想液态混合物，$\gamma_{x,B}=1$，$a_{x,B}=x_B$，此时式(3.57)与式(3.60)是一样的，但后者比前者更具有普遍意义，它可以用于任何系统(理想或非理想)。若 $\gamma_{x,B}>1$，则 $a_{x,B}>x_B$，$p_B>p_B^*x_B$，非理想液态混合物对 Raoult 定律发生正偏差；若 $\gamma_{x,B}<1$，则 $a_{x,B}<x_B$，$p_B<p_B^*x_B$，非理想液态混合物对 Raoult 定律发生负偏差。此外，用式(3.60)表示非理想混合物中物质的化学势时，校正的仅仅是物质 B 的浓度，而没有改变标准态化学势 $\mu_{B(l)}^{\ominus}$，所以 $\mu_{B(l)}^{\ominus}$ 依然是理想液态混合物中物质 B 的标准态化学势，即物质 B 处于真正纯态($x_B=1$，$\gamma_{x,B}=1$)时的化学势。

2. 拓展

正偏差：实际液态混合物在一定浓度时的蒸气压比同浓度理想液态混合物的蒸气压大，即实际蒸气压大于 Raoult 定律的计算值，这种情况称为“正偏差”。实验表明，当液态混合物中某物质发生正偏差时，另一种物质一般亦发生正偏差，因此混合物的总蒸气压亦发生正偏差(图 3-4)。由纯物质混合形成具有正偏差的混合物时，往往发生吸热现象。具有正偏差的混合物中，各物质的化学势大于同浓度时理想液态混合物中各物质的化学势。产生正偏差的原因往往是由于 A 和 B 分子间的吸引力小于 A 和 A 及 B 和 B 分子间的吸引力。此外，当形成混合物时，若 A 分子发生解离，亦容易产生正偏差。

负偏差：实际蒸气压小于 Raoult 定律的计算值，这种情况称为“负偏差”。实验表明，当液态混合物中某物质发生负偏差时，另一物质一般亦发生负偏差，因此溶液的总蒸气压亦发生负偏差(图 3-5)。由纯物质混合形成具有负偏差的混合物时，往往发生放热现象。在具有负偏差的混合物中，各物质的化学势要小于同浓度时理想液态混合物中各物质的化学势。产生负偏差的原因往往是由于 A 和 B 分子之间的吸引力大于 A 和 A 及 B 和 B 之间的吸引力。此外，若分子间发生化学作用，形成缔合分子或化合物时，亦容易产生负偏差。

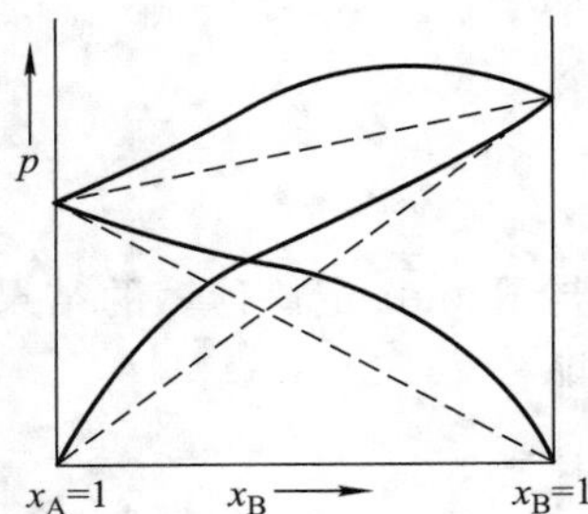

图 3-4 发生正偏差的溶液的蒸气压-组成图

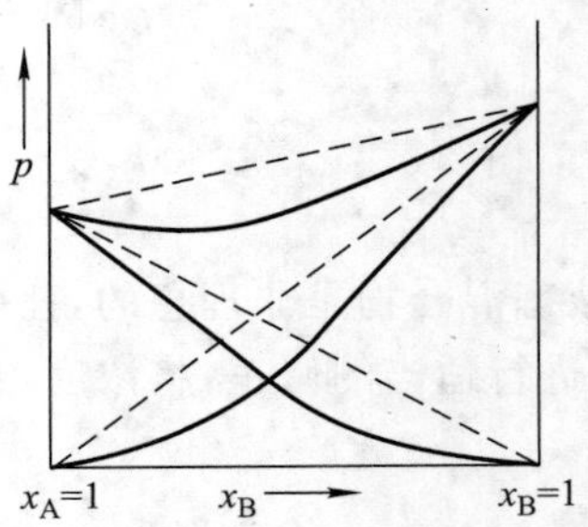

图 3-5 发生负偏差的溶液的蒸气压-组成图

3.7.2 非理想稀溶液中溶剂的活度

非理想溶液中溶剂对 Raoult 定律发生偏差,溶质对 Henry 定律发生偏差,这种偏差可正可负。此类稀溶液偏离了理想状态,称为非理想稀溶液。为了使非理想稀溶液中溶剂和溶质的化学势分别与理想稀溶液中的形式相同,同样以活度代替浓度。

根据 Raoult 定律,在理想稀溶液中,有如下关系:

$$\frac{p_A}{p_A^*}=x_A$$

对于非理想溶液,Raoult 定律应修正为

$$\frac{p_A}{p_A^*}=\gamma_{x,A}x_A$$

令

$$a_{x,A}=\gamma_{x,A}x_A$$

因此,对于溶剂 A,在温度 T、压力 p 下,其化学势可表示为

$$\mu_A(T,p)=\mu_A^{\ominus}(T)+RT\ln a_{x,A} \tag{3.61}$$

式中,$a_{x,A}$ 称为溶剂 A 的活度,量纲为 1;$\gamma_{x,A}$ 称为(浓度用摩尔分数表示时)活度因子,量纲也是 1。由于稀溶液中溶剂的摩尔分数很大,活度往往接近于 1,活度因子也接近于 1,即 $\lim\limits_{x_A\to 1}\gamma_{x,A}x_A=1$,因此很难用活度因子明显表示出溶剂的非理想性。

3.7.3 非理想稀溶液中溶质的活度

在理想稀溶液中,溶质服从 Henry 定律,有 $p_B=k_{x,B}x_B$。对于非理想溶液,Henry 定律可修正为

$$p_B=k_{x,B}\gamma_{x,B}x_B=k_{x,B}a_{x,B} \tag{3.62}$$

式中,$a_{x,B}=\gamma_{x,B}x_B$,$a_{x,B}$ 称为溶质用摩尔分数表示的活度,$\gamma_{x,B}$ 即为对应的活度因子。当溶液极稀时,$\gamma_{x,B}\to 1$,则 $a_{x,B}\approx x_B$。将溶质的活度代入相应的化学势表示式,得

$$\mu_B(T,p)=\mu_B^*(T,p)+RT\ln a_{x,B} \tag{3.63}$$

由于稀溶液中溶质的浓度可以用不同的方法表示,对应的活度也不相同。同上,当溶质浓度用质量摩尔浓度或用物质的量浓度表示时,对应的活度表示式为

$$a_{m,B}=\gamma_{m,B}\frac{m_B}{m^{\ominus}},\quad a_{c,B}=\gamma_{c,B}\frac{c_B}{c^{\ominus}} \tag{3.64}$$

代入对应的化学势表示式，得

$$\mu_{\mathrm{B}}(T,p)=\mu_{\mathrm{B}}^{\square}(T,p)+RT\ln a_{m,\mathrm{B}}=\mu_{\mathrm{B}}^{\triangle}(T,p)+RT\ln a_{c,\mathrm{B}} \tag{3.65}$$

由于 $a_{x,\mathrm{B}}\neq a_{m,\mathrm{B}}\neq a_{c,\mathrm{B}}$，所以 $\mu_{\mathrm{B}}^{*}(T,p)\neq\mu_{\mathrm{B}}^{\square}(T,p)\neq\mu_{\mathrm{B}}^{\triangle}(T,p)$。这里 $\mu_{\mathrm{B}}^{*}(T,p)$、$\mu_{\mathrm{B}}^{\square}(T,p)$、$\mu_{\mathrm{B}}^{\triangle}(T,p)$ 都不是通常意义上的标准态，它们都是 T、p 的函数。只有当各自的浓度数值都等于 1 且服从 Henry 定律，各自的活度因子也等于 1，即各自的活度都等于 1，且压力为标准压力 $p^{\ominus}$ 时才是标准态，这些标准态都是互不相同的假想状态。当然，溶质 B 在同一稀溶液中的化学势只有一个数值，不会因浓度的表示方法不同而不同。

§3.8　稀溶液的依数性

所谓稀溶液的依数性(colligative properties)，是指只依赖溶液中溶质分子的数量，而与溶质分子本性无关的性质。依数性包括溶液中溶剂的蒸气压下降、凝固点降低、沸点升高和渗透压等。本节依数性的公式只适用于理想稀溶液，对稀溶液只是近似适用。

3.8.1　溶剂蒸气压下降

溶液中溶剂的蒸气压 p_{A} 低于同温度下纯溶剂的饱和蒸气压 p_{A}^{*}，这一现象称为溶剂的蒸气压下降。溶剂的蒸气压下降值 $\Delta p=p_{\mathrm{A}}^{*}-p_{\mathrm{A}}$。对稀溶液，将 Raoult 定律 $p_{\mathrm{A}}=p_{\mathrm{A}}^{*}x_{\mathrm{A}}$ 代入，得

$$\Delta p=p_{\mathrm{A}}^{*}-p_{\mathrm{A}}=p_{\mathrm{A}}^{*}-p_{\mathrm{A}}^{*}x_{\mathrm{A}}=p_{\mathrm{A}}^{*}(1-x_{\mathrm{A}})$$

故

$$\Delta p=p_{\mathrm{A}}^{*}x_{\mathrm{B}} \tag{3.66}$$

即稀溶液溶剂的蒸气压下降值与溶液中溶质的摩尔分数成正比，比例系数即同温度下纯溶剂的饱和蒸气压。

根据稀溶液中溶剂化学势的表示式：

$$\mu_{\mathrm{A}}(T,p)=\mu_{\mathrm{A}}^{*}(T,p)+RT\ln x_{\mathrm{A}}$$

在稀溶液中由于 $x_{\mathrm{A}}<1$，故

$$\mu_{\mathrm{A}}(T,p)<\mu_{\mathrm{A}}^{*}(T,p)$$

而在溶液中

$$\mu_{\mathrm{A}}(T,p)=\mu_{\mathrm{A(g)}}=\mu_{\mathrm{A(g)}}^{\ominus}+RT\ln\frac{p_{\mathrm{A}}}{p^{\ominus}}$$

纯溶剂

$$\mu_{\mathrm{A}}^{*}(T,p)=\mu_{\mathrm{A(g)}}^{*}=\mu_{\mathrm{A(g)}}^{\ominus}+RT\ln\frac{p_{\mathrm{A}}^{*}}{p^{\ominus}}$$

因此

$$p_{\mathrm{A}}<p_{\mathrm{A}}^{*}$$

即稀溶液中，溶剂的化学势小于纯溶剂的化学势，因而导致溶液中溶剂蒸气压降低，这是稀溶液依数性产生的热力学根源。

3.8.2　凝固点降低

稀溶液的凝固点是指一定外压下，固态纯溶剂从稀溶液中开始析出的温度，即纯溶剂固相-溶液平衡共存的温度。

如图 3-6 所示，图中 $O^{*}C$ 线是纯溶剂 A 的蒸气压曲线，OD 线是溶液中溶剂 A 的蒸气压曲线。显然，溶液中溶剂的蒸气压在气液平衡的温度区间内都要比纯溶剂的低。BOO^{*} 线是固态纯溶剂 A 的蒸气压曲线。

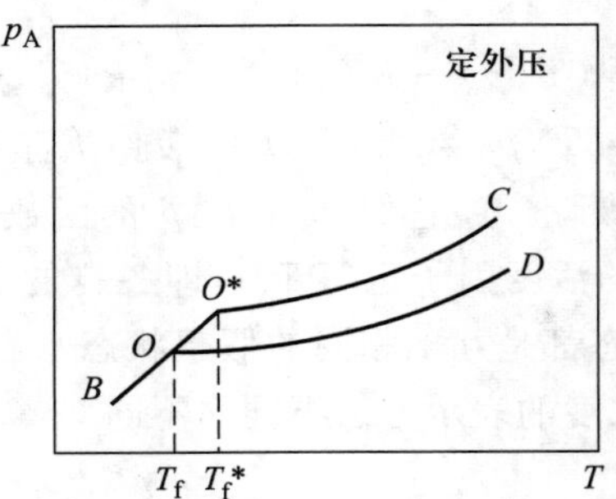

图 3-6 溶液的凝固点下降示意图

在一定的外压(如大气压)下,固体和液体的蒸气压相等,这时的温度称为凝固点。纯溶剂的凝固点为 T_f^*,溶液中溶剂的凝固点为 T_f,溶质的加入使固态纯溶剂从溶液中析出的温度 T_f 比纯溶剂的凝固点 T_f^* 低,$\Delta T_f = T_f^* - T_f$ 就是溶剂凝固点的降低值。应用热力学原理,可以推导出凝固点降低值与溶液组成的定量关系式为

$$\Delta T_f = k_f m_B \tag{3.67}$$

式中,m_B 是溶质的质量摩尔浓度;k_f 为凝固点降低常数,单位为 $K \cdot mol^{-1} \cdot kg$,其数值只与溶剂的性质有关。$k_f$ 的数学表达式为

$$k_f = \frac{R(T_f^*)^2}{\Delta_{fus} H_{m,A}^*} M_A \tag{3.68}$$

式中,$\Delta_{fus} H_{m,A}^*$是纯溶剂的摩尔熔化焓,M_A 是溶剂的摩尔质量。常见溶剂的 k_f 值可以查阅物理化学手册,表 3-3 列出几种常见溶剂的 k_f 值。

表 3-3 几种溶剂的 k_f 和 k_b 值

溶剂	水	醋酸	苯	二硫化碳	萘	四氯化碳	苯酚
$k_f/(K \cdot mol^{-1} \cdot kg)$	1.86	3.90	5.12	3.80	6.94	30	7.27
$k_b/(K \cdot mol^{-1} \cdot kg)$	0.51	3.07	2.53	2.37	5.8	4.95	3.04

若已知 k_f 值,实验测得溶剂的凝固点降低值 ΔT_f,可求出溶质的摩尔质量 M_B。设溶质 B 的质量和溶剂 A 的质量分别为 $m(B)$和 $m(A)$,则溶质 B 的质量摩尔浓度 m_B 为

$$m_B = \frac{n_B}{m(A)} = \frac{m(B)}{M_B m(A)}$$

溶质 B 的摩尔质量 M_B 为

$$M_B = \frac{m(B)}{m_B m(A)}$$

因为 $\Delta T_f = k_f m_B$,代入上式,得溶质 B 的摩尔质量为

$$M_B = k_f \frac{m(B)}{\Delta T_f m(A)} \tag{3.69}$$

3.8.3 沸点升高

液体饱和蒸气压等于外压时的温度称为沸点。当溶剂中加入不挥发的溶质时,溶剂的蒸

气压下降，使溶液的沸点升高。如图 3-7 所示，B^*C^* 线是纯溶剂 A 的蒸气压曲线，BC 线是加入不挥发溶质后溶液中溶剂的蒸气压曲线。由于溶液的蒸气压低于纯溶剂的蒸气压，所以溶液沸点 T_b 高于纯溶剂沸点 T_b^*。沸点升高值 ΔT_b 为

$$\Delta T_b = T_b - T_b^*$$

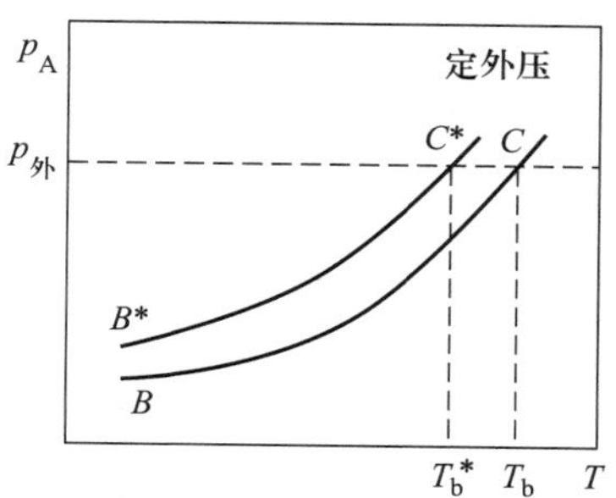

图 3-7　溶液沸点升高示意图

ΔT_b 与溶液组成的定量关系也可以用热力学原理进行推导，所得结果为

$$\Delta T_b = k_b m_B \tag{3.70}$$

$$k_b = \frac{R(T_b^*)^2}{\Delta_{vap} H_{m,A}^*} M_A \tag{3.71}$$

式中，k_b 为沸点升高常数，单位为 $K \cdot mol^{-1} \cdot kg$；$\Delta_{vap} H_{m,A}^*$ 是纯溶剂的摩尔蒸发焓。k_b 可以用实验测定，其数值只与溶剂的性质有关，常见溶剂的 k_b 值可查表 3-3。在已知所用溶质和溶剂质量的情况下，测定沸点升高值 ΔT_b 同样可以计算未知溶质的摩尔质量。通常 $k_b < k_f$，所以 $\Delta T_b < \Delta T_f$，用凝固点降低法测定样品摩尔质量的准确度更高。

3.8.4　渗透压

在一 U 形恒温容器中，用一半透膜将容器分为两部分，一边为稀溶液，另一边为纯溶剂（图 3-8）。此半透膜只允许溶剂分子通过，溶质分子不能通过。一定温度时，由于纯溶剂的化学势比溶液中溶剂的化学势大（即 $\mu_A^* > \mu_A$），所以溶剂分子可通过半透膜进入溶液，这种现象称为渗透现象。欲制止此现象发生，必须增高溶液的压力，以使溶液中溶剂的化学势增大，直到两边溶剂的化学势相等，此时两边才能够平衡，不再发生渗透现象。如果在平衡时纯溶剂的压力为 p^*，溶液的压力为 p，则

$$p - p^* = \Pi \tag{3.72}$$

此压力差 Π 即为“渗透压”。

应用渗透平衡时半透膜两侧溶剂的化学势相等这一原理，可推导出渗透压的大小与溶液的浓度有关。温度 T 下，系统达到渗透平衡时，有

$$\begin{aligned}\mu_A^* &= \mu_A + \int_{p^*}^{p} \left(\frac{\partial \mu_A}{\partial p}\right)_T dp \\ &= \mu_A + \int_{p^*}^{p} V_A dp\end{aligned}$$

式中，V_A 是溶液中溶剂的偏摩尔体积。假定压力对体积的影响忽略不计，则上式可写作

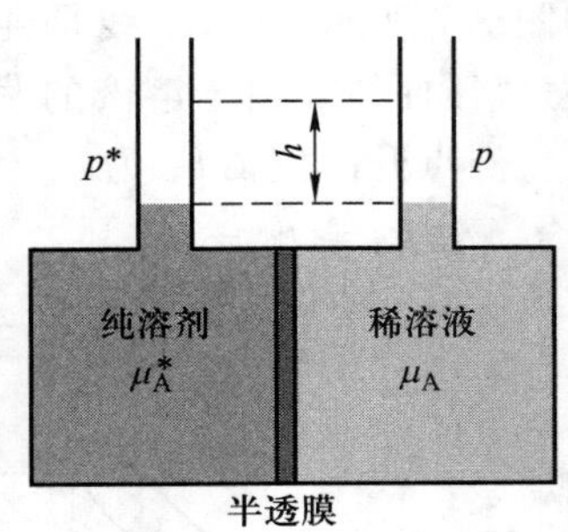

图 3-8 渗透压示意图

$$\mu_A^* = \mu_A + V_A(p - p^*)$$

由于溶剂的化学势为 $\mu_A = \mu_A^* + RT\ln x_A$，代入上式，得

$$\Pi V_A = -RT\ln x_A = -RT\ln(1 - x_B) \approx RTx_B \approx RT\frac{n_B}{n_A}$$

式中，n_A、n_B 分别是溶剂和溶质的物质的量。在稀溶液中 $V_A \approx V_{m,A}$，并且 $V \approx n_A V_{m,A}$ 为溶液的体积，所以

$$\Pi V = n_B RT \tag{3.73}$$

或

$$\Pi = c_B RT \tag{3.74}$$

这就是适用于稀溶液的范特霍夫(van't Hoff)渗透压公式。由此式可以看出，溶液渗透压的大小只由溶液中溶质的浓度决定，而与溶质的性质无关，故渗透压也是溶液的依数性质。从形式上看，渗透压公式与理想气体状态方程是相似的。通过渗透压的测定，可以求出大分子溶质的摩尔质量。渗透现象在动、植物的生命过程中占有重要地位。

根据上述渗透压产生的原因，当在右边液面上方施加的压力大于溶液的渗透压时，则将会迫使溶液中的溶剂分子通过半透膜向左边纯溶剂一方渗透，这种现象称为反渗透。反渗透广泛用于海水的淡化和工业废水的处理中，其关键问题是要有性能良好的半透膜。人体中肾就具有强大的反渗透作用，若肾功能有缺陷，血液中的糖分将进入尿液而形成糖尿病。

本章小结

本章将单组分单相封闭系统的热力学基本原理推广到多组分且组成可变的系统。在这些系统中，如果系统组成发生变化，系统的状态函数也将随之变化。

首先介绍了多组分系统的概念以及多组分系统和单组分系统的区别，引入了偏摩尔量 X_B 和化学势 μ_B 两个重要的物理量，并解释了它们之间的区别及在多组分系统中的应用和意义。

$$\mu_B \xlongequal{\text{def}} G_B = \left(\frac{\partial G}{\partial n_B}\right)_{T,p,n_{C(C\neq B)}}$$

因为大部分实验是在等温、等压下进行的，用化学势可以判断化学变化或相变化的方向和限度，即：变化是朝向系统化学势减小的方向进行的，达到平衡的条件是该组分在各相中的化学势相等。

在此基础上，讨论了气体化学势的表示方法，并引入了逸度的概念。然后根据稀溶液中两个重要的经验定律——Raoult 定律($p_A=p_A^*x_A$)和 Henry 定律($p_B=k_{x,B}x_B$),介绍了理想液态混合物的通性及化学势的表示式,即 $\mu_{B(l)}=\mu_{B(l)}^{\ominus}+RT\ln x_B$。对于理想稀溶液,由于其有溶剂和溶质之分,它们的标准态不同,因而化学势的表示方法也不同。理想稀溶液中溶剂的化学势为 $\mu_A=\mu_A^*(T,p)+RT\ln x_A$,而溶质的化学势为 $\mu_{B(l)}=\mu_{B(g)}=\mu_{B(g)}^{\ominus}(T)+RT\ln\frac{p_B}{p^{\ominus}}$。而对于非理想液态混合物,又引入了活度的概念。在本章的最后讨论了非挥发性溶质二组分稀溶液的依数性,包括蒸气压下降、凝固点降低、沸点升高、渗透压等,在指定溶剂的种类和数量后,这些性质只取决于所含溶质分子的数目,而与溶质的本性无关。

实际过程中更多遇到的是多组分且组成可变的系统,化学势概念的引入以及由此推导出的组成可变的多组分多相系统的热力学基本方程,为用热力学原理解决化学反应和相变过程的方向和限度问题奠定了坚实的理论基础。逸度和活度的提出,为将理想条件下推导的热力学关系式推广到真实体系提供了可能,实现了运用热力学原理解决生产中的实际问题。

拓展阅读及相关链接

1. 吉尔伯特·牛顿·路易斯(Gilbert Newton Lewis,1875—1946),美国化学家,1875 年生于马萨诸塞州的韦思纽顿。他聪明过人,在 3 岁时开始在家接受家庭教育,13 岁入内布拉斯加大学预备学校。1891 年起,他先后在内布拉斯加大学和哈佛大学学习,1899 年获得哲学博士学位。他的科研成就主要在原子价电子理论和化学热力学方面。

1916 年,Lewis 和 Kossel 同时研究原子价的电子理论,Kossel 主要研究电价键理论,Lewis 主要研究共价键理论。1901 和 1907 年,Lewis 在《美国科技学会杂志》上著文,提出“逸度”和“活度”的概念。这两个概念是本章的重点内容,它们的提出使得在理想条件下推导的热力学关系式推广用于真实体系,实现了应用热力学原理来解决化工生产中的实际问题。Lewis 后期还研究酸碱理论,给酸、碱下了如下定义:“酸”是能接受电子的物质,而“碱”是能给予电子的物质,这一见解深受化学界的重视。

2. 偏摩尔量的定义以及相关公式及其在实际中的应用。举个例子,聚合铁的研究始于 1972 年,基于生物催化法制备聚合铁的方法,可以使反应在常温下进行,且具有成本低、操作方便、设备简单、对环境友好的特点而得到人们的重视。但是存在一个问题需要解决,那就是制备出满足不同客户实际需求的不同浓度的生物聚合铁溶液。研究者应用偏摩尔量理论解决了这一问题,根据偏摩尔量理论,推导出加入溶质质量和溶液体积的关系式,再根据关系式配制出准确质量浓度的生物聚合铁溶液,从而制备出不同质量浓度的生物聚合铁溶液。

3. 偏摩尔量加和公式可能的新应用——摩尔反应 Gibbs 自由能与化学势关系的推解。在物理化学书中,对于 $\Delta_r G_m=\sum_B \nu_B\mu_B$ 的推解都是通过 Gibbs 自由能和物质变化的热力学基本方程 $dG=-SdT+Vdp+\sum_B \mu_B dn_B$,然后在等温等压条件下引入反应进度 ξ 与反应物质的量 n_B 之间的关系,得到 $dG=\sum_B \nu_B\mu_B d\xi$,再通过摩尔反应 Gibbs 自由能 $\Delta_r G_m=\left(\frac{\partial G}{\partial \xi}\right)_{T,p}$ 得到的。

如果在推导时使用偏摩尔量加和公式,那么,对于任何反应

$$cC+dD = eE+fF$$

若反应进度为 1 mol 时,都会有

始态: $$G_{始}=n_C\mu_C+n_D\mu_D+n_E\mu_E+n_F\mu_F$$

终态: $$G_{终}=(n_C-c)\mu_C+(n_D-d)\mu_D+(n_E+e)\mu_E+(n_F+f)\mu_F$$

则整个反应的摩尔反应 Gibbs 自由能变为

$$\Delta_r G_m = G_{终} - G_{始} = e\mu_E + f\mu_F - c\mu_C - d\mu_D$$

即得到了化学反应的摩尔反应 Gibbs 自由能与各物质化学势的关系 $\Delta_r G_m = \sum_B \nu_B \mu_B$。该式需要反应为大平衡下的微小变化作保障，有利于对过程的等温等压条件进行理解，不需要再对大平衡下的微小变化作出特别的说明。

4. virial 方程。1901 年，卡末林-昂尼斯(Kammerlingh-Onnes)考虑实际气体分子之间有相互作用，提出了实际气体状态方程的 virial 表达式。virial 表达式被称为 virial 方程，virial 一词来源于拉丁文，是"力"的意思。该方程有两种形式：

$$pV_m = RT(1 + Bp + Cp^2 + Dp^3 + \cdots)$$

$$pV_m = RT\left(1 + \frac{B'}{V_m} + \frac{C'}{V_m^2} + \frac{D'}{V_m^3} + \cdots\right)$$

式中，$B, C, D\cdots$ 与 $B', C', D'\cdots$ 分别称为第一、第二、第三、…virial 系数，它们都是温度的函数，并与气体本性有关。两式中的 virial 系数有不同的数值和单位，其值通常由实验测得的 p、V、T 数据拟合得到，这种方程对压力较高的气体比较合适。

5. 气体的标准态与逸度相关问题的讨论。实际气体的标准态是温度为 T、压力为 $p^\ominus$ 且行为符合理想气体的状态，对实际气体这是一个假想态。实际气体要选一个假想态作为标准态，似乎令人费解。

为何不选用 T、$p^\ominus$ 的实际状态为标准态？因为这在理论上是可行的，但不同实际气体在 $p^\ominus$ 时的化学势是不同的；而按前述方法选择的标准态，对所有气体都相同。有一种说法：实际气体的标准态即逸度为 $p^\ominus$ 的状态，这是不对的。逸度是一个状态相对于标准态偏离的量度，没有规定标准态就谈逸度是毫无意义的，更谈不上用逸度等于多少来定义标准态。只能说，按照上述标准态的规定(T、$p^\ominus$ 时理想状态)，标准态的逸度等于 $p^\ominus$。那为什么不用 $p\to 0$ 时的状态作标准态？此时气体的行为趋于理想状态，但不能作标准态，因为化学势趋于负无穷，没有确定值。

6. 拉乌尔(F. M. Raoult，1830—1901)，法国化学家，从事溶液性质的研究，自 1867 年至逝世一直是格勒诺勃大学的化学教授。Raoult 最有价值的发现是溶剂与溶液平衡时的蒸气压与溶液中溶剂的摩尔分数成正比，即 Raoult 定律。Raoult 还发现了水溶液的冰点降低与溶质的摩尔分数成正比。他研究了电解质溶液冰点降低，为 Arrhenius 提出的电解质在溶液中以离子存在的理论提供了佐证。

7. 亨利(W. Henry，1775—1836)，英国物理学家和化学家，在 1803 年提出了在不发生化学反应的情况下，被液体吸收气体的数量正比于该气体在液面上的压力，即 Henry 定律。

参考文献

[1] 印永嘉，奚正楷，张树永，等．物理化学简明教程．第四版．北京：高等教育出版社，2007.

[2] 韩德刚，高执棣，高盘良．物理化学．第二版．北京：高等教育出版社，2006.

[3] 周鲁．物理化学教程．第四版．北京：科学出版社，2012：32～44.

[4] 傅献彩，沈文霞，姚天扬，等．物理化学．第五版．北京：高等教育出版社，2005：204～221.

[5] 范康年．物理化学．第二版．北京：高等教育出版社，2005：519～521.

[6] 邵谦．物理化学简明教程．北京：化学工业出版社，2013.

[7] 孙德坤，沈文霞，姚天扬，等．物理化学学习指导．北京：高等教育出版社，2007：176～222.

[8] 侯文华，淳远，姚天扬，等．物理化学习题集．北京：高等教育出版社，2009.

[9] 北京化工大学．物理化学例题与习题．北京：化学工业出版社，2001.

[10] 冯霞，高正虹，陈丽．物理化学解题指南．第二版．北京：高等教育出版社，2009.

[11] 杨成祥．关于"逸度""活度"问题的几点浅见．化学通报，1981，(9)：52.

[12] 吴金添，苏文煅．热力学函数偏微商的求导规则．化学通报，1994，(11)：53.

[13]　关晓辉,李颖,秦玉华,等．偏摩尔量理论用于生物聚合铁制备的研究．化学工程,2008,36(2):63～66.

[14]　屈军艳．偏摩尔量加和公式可能的两处新应用．化学通报,2013,76(5):478～480.

[15]　谢小红．标准态与活度、逸度的关系浅析．南昌职业技术师范学院学报,2000,3:34～37.

[16]　徐海涵．浅释 GB 的逸度与活度的意义．化学通报,1987,4:51.

[17]　梁毅,陈杰．非理想气体和实际气体．大学化学,1996,11(2):58.

[18]　Sattar S. The thermodynamics of mixing real gases. J Chem Ed,2000,77:1361.

[19]　Meyer E F. Thermodynamics of "mixing" of ideal gases: A persistent pitfall. J Chem Ed,1987,64:676.

[20]　Combs L L. An alternative view of fugacity. J Chem Ed,1992,69:218.

习　题

1. 什么是偏摩尔量？什么是化学势？这两个概念有何异同？在理解这两个概念时应注意哪些方面？

2. 偏摩尔量是强度性质,它应该与物质的数量无关,但是当浓度不同时,其值亦不同,该如何理解？

3. 在如下的偏微分公式中,判断哪些表示偏摩尔量,哪些表示化学势,哪些什么都不是。

(1) $\left(\frac{\partial G}{\partial n_B}\right)_{T,V,n_C}$　(2) $\left(\frac{\partial A}{\partial n_B}\right)_{T,p,n_C}$　(3) $\left(\frac{\partial U}{\partial n_B}\right)_{S,T,n_C}$　(4) $\left(\frac{\partial U}{\partial n_B}\right)_{S,V,n_C}$

(5) $\left(\frac{\partial G}{\partial n_B}\right)_{T,p,n_C}$　(6) $\left(\frac{\partial A}{\partial n_B}\right)_{T,V,n_C}$　(7) $\left(\frac{\partial H}{\partial n_B}\right)_{T,p,n_C}$　(8) $\left(\frac{\partial H}{\partial n_B}\right)_{S,p,n_C}$

4. 为什么引入逸度和逸度系数来讨论实际气体的化学势？试说明它们的物理意义。

5. 判断下列说法是否正确,并说明理由。

(1) 气体的标准态都取压力为 $p^{\ominus}$、温度为 T 且符合理想气体行为的状态,所以纯气体只有一个标准态;

(2) 对于纯组分,其化学势就等于它的 Gibbs 自由能。

6. 在等温等压条件下,由 A 和 B 组成的均相系统中,若 A 的偏摩尔体积随浓度的改变而增加,则 B 的偏摩尔体积将(　)

A. 减小　B. 增加　C. 不变　D. 随 A 和 B 的比例不同而不同

7. 实际气体的标准态是(　)

A. $\tilde{p}=p^{\ominus}$ 的真实气体　B. $\tilde{p}=p^{\ominus}$ 的理想气体

C. $p=p^{\ominus}$ 的理想气体　D. $p=p^{\ominus}$ 的真实气体

8. 当水和水蒸气构成两相平衡时,两相化学势的关系为(　)

A. $\mu_g=\mu_l$　B. $\mu_g<\mu_l$　C. $\mu_g>\mu_l$　D. 不能确定

9. 当组分 B 从 α 相扩散至 β 相中时,下列说法中正确的是(　)

A. 总是从浓度低的相向浓度高的相扩散　B. 总是从浓度高的相向浓度低的相扩散

C. 总是从高化学势移向低化学势　D. 平衡时两相浓度相等

10. 化学势不具有的基本性质是(　)

A. 体系的状态函数　B. 体系的强度性质

C. 与温度、压力无关　D. 其绝对值不能确定

11. 在 298 K 和 100 kPa 时,有一 $AgNO_3$(B)的水溶液,已知 $AgNO_3$ 的质量分数 $w_B=0.12$,质量浓度 $\rho_B=1.108\times10^{-3}\,kg\cdot m^{-3}$。求 $AgNO_3$ 的物质的量分数、质量摩尔浓度并近似计算其物质的量浓度。

12. 由溶剂 A 和溶质 B 形成一定组成的溶液。此溶液浓度为 c_B,质量摩尔浓度为 m_B,密度为 ρ。以 M_A、M_B 分别代表溶剂和溶质的摩尔质量,若溶液的组成用摩尔分数 x_B 表示,试导出 x_B 与 c_B,x_B 与 m_B 之间的关系。

13. 298 K 时,K_2SO_4 在水溶液中的偏摩尔体积 V_2 与其质量摩尔浓度 m 之间的关系为

$$V_2/\mathrm{m^3} = 3.228\times10^{-5} + 1.821\times10^{-5} m^{\frac{1}{2}}/(\mathrm{mol\cdot kg^{-1}})^{\frac{1}{2}} + 2.2\times10^{-8} m/(\mathrm{mol\cdot kg^{-1}})$$

求 H_2O 的偏摩尔体积 V_{H_2O} 与 m 的关系。已知纯水的摩尔体积为 $1.7963\times10^{-5}\ \mathrm{m^3\cdot mol^{-1}}$。

14. 在 298 K 和大气压力下，某酒窖中存有酒 10.0 $\mathrm{m^3}$，其中，含乙醇的质量分数为 0.96。现在想要加水调制含乙醇质量分数为 0.56 的酒，试计算：

(1) 应加入水的体积；

(2) 加水后，能得到含乙醇的质量分数为 0.56 的酒的体积。

已知该条件下，纯水的密度为 999.1 $\mathrm{kg\cdot m^{-3}}$，水和乙醇的偏摩尔体积为

$w_{C_2H_5OH}$	$V_{H_2O}/(10^{-6}\ \mathrm{m^3\cdot mol^{-1}})$	$V_{C_2H_5OH}/(10^{-6}\ \mathrm{m^3\cdot mol^{-1}})$
0.96	14.61	58.01
0.56	17.11	56.58

15. 在 25 ℃和标准压力下，有一物质的量分数为 0.4 的甲醇-水混合物。假如往大量的此混合物中加入 1 mol 水，混合物的体积增加 17.35 $\mathrm{cm^3}$；而如果往大量的此混合物中加 1 mol 甲醇，则混合物的体积将增加 39.01 $\mathrm{cm^3}$。试计算将 0.4 mol 甲醇和 0.6 mol 水混合时，此混合物的体积为多少？此混合过程中体积的变化是多少？已知在 25 ℃和标准压力下甲醇的密度为 0.7911 $\mathrm{g\cdot cm^{-3}}$，水的密度为 0.9971 $\mathrm{g\cdot cm^{-3}}$。

16. 试证明等温等压条件下，存在下列关系：

$$\sum n_i \mathrm{d}X_i = 0$$

17. 298 K 时，纯 A 与纯 B 可形成理想的混合物，试计算如下两种情况下所需做的最小功值。

(1) 从大量的等物质的量的纯 A 和纯 B 形成的理想混合物中，分出 1 mol 纯 A；

(2) 从纯 A 与纯 B 各 2 mol 所形成的理想混合物中，分出 1 mol 纯 A。

18. 某气体的状态方程为 $pV_m = RT + B/V_m$，其中，B 为常数，试导出该气体的逸度表达式。

19. A、B 两液体能形成理想液态混合物。已知在温度 t 时纯 A 的饱和蒸气压 $p_A^* = 40$ kPa，纯 B 的饱和蒸气压 $p_B^* = 120$ kPa。

(1) 在温度 t 时，于气缸中将组成为 $y(\mathrm{A}) = 0.4$ 的 A、B 混合气体恒温缓慢压缩，求凝结出第一滴微小液滴时系统的总压及该液滴的组成(以摩尔分数表示)各为多少？

(2) 若将 A、B 两液体混合，并使此混合物在 100 kPa、温度 t 下开始沸腾，求该液态混合物的组成及沸腾时饱和蒸气的组成(摩尔分数)。

20. 在 100 g 苯中加入 13.76 g 联苯($C_6H_5C_6H_5$)，所形成溶液的沸点为 82.4 ℃。已知纯苯的沸点为 80.1 ℃。求：

(1) 苯的沸点升高常数；

(2) 苯的摩尔蒸发焓。

21. 现有蔗糖($C_{12}H_{22}O_{11}$)溶于水形成某一浓度的稀溶液，其凝固点为 −0.200 ℃，计算此溶液在 25 ℃时的蒸气压。已知水的 $k_f = 1.86\ \mathrm{K\cdot mol^{-1}\cdot kg}$，纯水在 25 ℃时的蒸气压为 $p^* = 3.167$ kPa。

22. 实验测得 50 ℃时乙醇(A)-水(B)液态混合物的液相组成 $x(\mathrm{B}) = 0.5561$，平衡气相组成 $y(\mathrm{B}) = 0.4289$ 及气相总压 $p = 24.832$ kPa，试计算水的活度及活度因子。假设水的摩尔蒸发焓在 50～100 ℃范围内可按常数处理。已知 $\Delta_{vap}H_m(H_2O, l) = 42.23\ \mathrm{kJ\cdot mol^{-1}}$。

23. (1) 人类血浆的凝固点为 −0.5 ℃(272.65 K)，求在 37 ℃(310.15 K)时血浆的渗透压。已知水的凝固点降低常数 $k_f = 1.86\ \mathrm{K\cdot mol^{-1}\cdot kg}$，血浆的密度近似等于水的密度，为 $1\times10^3\ \mathrm{kg\cdot m^{-3}}$。

(2) 假设某人在 310 K 时其血浆的渗透压为 729 kPa，试计算葡萄糖等渗溶液的质量摩尔浓度。

24. 由三氯甲烷(A)和丙酮(B)组成的溶液，若液相的组成为 $x(\mathrm{B}) = 0.713$，则在 301.4 K 时的总蒸气压为 29.39 kPa，在蒸气中丙酮(B)的组成为 $y(\mathrm{B}) = 0.818$。已知在该温度时，纯三氯甲烷的蒸气压为 29.57

kPa。试求：在三氯甲烷和丙酮组成的溶液中，三氯甲烷的相对活度 $a_{x,A}$ 和活度系数 $\gamma_{x,A}$。

25. 某水溶液含有非挥发性溶质，在 271.65 K 时凝固。试求：

(1) 该溶液的正常沸点；

(2) 在 298 K 时的蒸气压，已知该温度时纯水的蒸气压为 3.178 kPa；

(3) 在 298 K 时的渗透压，假设溶液是理想的稀溶液。

26. 将 12.2 g 苯甲酸溶于 100 g 乙醇中，使乙醇的沸点升高了 1.13 K。若将这些苯甲酸溶于 100 g 苯中，则苯的沸点升高了 1.36 K。计算苯甲酸在这两种溶剂中的摩尔质量。计算结果说明了什么问题？已知在乙醇中的沸点升高常数为 $k_b = 1.19\ \text{K}\cdot\text{mol}^{-1}\cdot\text{kg}$，在苯中为 $k_b = 2.60\ \text{K}\cdot\text{mol}^{-1}\cdot\text{kg}$。

27. 293 K 时，HCl(g)溶于 C_6H_6(l)中形成理想的稀溶液，当达到气液平衡时，液相中 HCl 的摩尔分数为 0.0385，气相中 C_6H_6(g)的摩尔分数为 0.095。已知 293 K 时，C_6H_6(l)的饱和蒸气压为 10.01 kPa。试求：

(1) 气液平衡时，气相的总压；

(2) 293 K 时，HCl(g)在苯溶液中的 Henry 系数。

28. 液体 B 与液体 C 可形成理想液态混合物。在常压及 25 ℃下，向总量 $n=10$ mol、组成 $x(\text{C})=0.4$ 的 B 和 C 液态混合物中加入 14 mol 的纯液体 C，形成新的混合物。求过程的 ΔG 和 ΔS。

29. 液体 B 和液体 C 可形成理想液态混合物。在 25 ℃下，向无限大量组成 $x(\text{C})=0.4$ 的混合物中加入 5 mol 的纯液体 C。求过程的 ΔG 和 ΔS。

30. 25 g 的 CCl_4 中溶有 0.5455 g 某溶质，与此溶液成平衡的 CCl_4 的蒸气分压为 11.1888 kPa，而在同一温度时纯 CCl_4 的饱和蒸气压为 11.4008 kPa。

(1) 求此溶质的相对分子质量；

(2) 根据元素分析结果，溶质中含 C 为 94.34%，含 H 为 5.66%(质量分数)，确定溶质的化学式。

31. 25 ℃时 0.1 mol NH_3 溶于 1 dm^3 三氯甲烷中，此溶液 NH_3 的蒸气分压为 4.433 kPa；同温度下，当 0.1 mol NH_3 溶于 1 dm^3 水中时，NH_3 的蒸气分压为 0.887 kPa，求 NH_3 在水与三氯甲烷中的分配系数 K。

$$K = c(\text{NH}_3, \text{H}_2\text{O 相})/c(\text{NH}_3, \text{CHCl}_3\text{ 相})$$

32. 20 ℃某有机酸在水和乙醚中的分配系数为 0.4。今该有机酸 5 g 溶于 100 cm^3 水中形成溶液。

(1) 若用 40 cm^3 乙醚一次萃取(所用乙醚已事先被水饱和，因此萃取时不会有水溶于乙醚)，求水中还剩下多少有机酸？

(2) 将 40 cm^3 乙醚分为两份，每次用 20 cm^3 乙醚萃取，连续萃取两次，问水中还剩下多少有机酸？

33. 试解释下列原因：

(1) 盐碱地上，庄稼总是长势不良；施太浓的肥料，庄稼会“烧死”；

(2) 被砂锅里的肉汤烫伤的程度要比被开水烫伤厉害得多；

(3) 北方冬天吃冻梨前，先将冻梨放入凉水浸泡一段时间，发现冻梨表面结了一层薄冰，而里边却已经解冻了。

34. 在 300 K 时，液态 A 和 B 形成非理想的液态混合物。已知液态 A 的蒸气压为 $p_A^* = 37.338$ kPa，液态 B 的蒸气压 $p_B^* = 22.656$ kPa。当 2 mol A 和 2 mol B 混合后，液面上的总蒸气压 $p = 50.663$ kPa。在蒸气中 A 的摩尔分数 $y(\text{A}) = 0.6$，假定蒸气为理想气体。试计算：

(1) 溶液中 A 和 B 的以摩尔分数表示的活度 $a_{x,A}$ 和 $a_{x,B}$；

(2) 溶液中 A 和 B 的相应的活度因子 $\gamma_{x,A}$ 和 $\gamma_{x,B}$；

(3) A 和 B 在混合时的 Gibbs 自由能变化值 $\Delta_{mix}G$。

第4章　化学平衡

本章学习目标：

- 理解化学反应的平衡条件，掌握化学反应的方向和限度及其判据。
- 理解平衡常数的定义，掌握理想气体反应标准平衡常数和其他平衡常数的表达式及其转换，了解不同反应的平衡常数表达式，熟练掌握平衡常数及平衡组成的计算方法。
- 能够准确分析温度、压力和惰性气体等因素的变化对化学平衡的影响。

一般情况下，化学反应可以同时向着正、反两个方向进行。例如，在高温条件下 CO(g)和 H_2O(g)作用，可以得到 H_2(g)和 CO_2(g)；同时 H_2(g)和 CO_2(g)也能反应生成 CO(g)和 H_2O(g)。

$$CO(g) + H_2O(g) \rightleftharpoons H_2(g) + CO_2(g)$$

在一定条件下，当正反两个方向的反应速率相等时，系统就达到了化学平衡状态。不同的系统达到平衡所需的时间各不相同，但是共同的特点是，达到平衡后各物质的浓度不再随时间而变化，只要外界条件不变，这个状态就不会发生变化。化学平衡状态在宏观上表现为静止状态，而在微观上则是一种动态平衡。

没有达到平衡的化学反应，在一定条件下均有向着一定方向进行的趋势，即该反应过程中有一定的推动力。随着反应的进行，过程推动力逐渐减小，最后下降为零，这时反应达到最大的限度。这表明反应总是向着平衡状态进行，达到化学平衡状态，反应就达到了最大限度。因此，只要找到一定条件下的化学平衡状态，求出平衡组成，那么化学反应的方向和限度问题就解决了。由此可见，判断化学反应可能性的核心问题，就是找出化学平衡时的温度、压力和组成之间的关系。这些热力学函数之间的定量关系，可用热力学方法严格地推导出来。

在工业生产中，总希望一定数量的原料(反应物)能生产更多的产物，但在一定的工艺条件下产率总是有上限的。因此在实际生产中需要知道：如何控制反应的条件，反应才能按我们所需要的方向进行？在给定的条件下反应进行的最高限度是什么？这些问题对于化学工业、冶金工业、制药工业及其他工业都有着重要的意义，例如提高化工产品产率以及合成路线的开发，研究反应理论最大限度来预知反应的极限等。这些工业上的重要问题，从热力学上看都是化学平衡问题，利用热力学可以计算给定条件下的化学限度，预知反应进行的方向和最大限度。在反应无法进行或者产率极低的情况下就不必再花费人力、物力和时间去进行实验，此时只有改变反应条件才能在新的条件下达到新的限度。

本章将根据热力学第二定律的一些结论来处理化学平衡问题，并将讨论平衡常数的一些计算方法，以及温度、压力和惰性气体等因素对化学平衡的影响。

§4.1　化学反应的方向和限度及其判据

4.1.1　化学反应的方向和平衡条件

对封闭系统的反应，在无非体积功的情况下，若系统内发生了微小的变化，系统内部各物质的量相应地发生微小的变化，有热力学基本方程

$$\mathrm{d}G = -S\mathrm{d}T + V\mathrm{d}p + \sum_{\mathrm{B}} \mu_{\mathrm{B}} \mathrm{d}n_{\mathrm{B}}$$

若该系统在等温等压条件下进行，则

$$(\mathrm{d}G)_{T,p} = \sum_{\mathrm{B}} \mu_{\mathrm{B}} \mathrm{d}n_{\mathrm{B}} \tag{4.1}$$

对封闭系统中任一化学反应

$$0 = \sum_{\mathrm{B}} \nu_{\mathrm{B}} \mathrm{B}$$

根据反应进度的定义可知

$$\mathrm{d}n_{\mathrm{B}} = \nu_{\mathrm{B}} \mathrm{d}\xi \tag{4.2}$$

将式(4.2)代入式(4.1)，得

$$(\mathrm{d}G)_{T,p} = \sum_{\mathrm{B}} \mu_{\mathrm{B}} \mathrm{d}n_{\mathrm{B}} = \sum_{\mathrm{B}} \nu_{\mathrm{B}} \mu_{\mathrm{B}} \mathrm{d}\xi \tag{4.3}$$

将上式写成偏导形式，得

$$\left(\frac{\partial G}{\partial \xi}\right)_{T,p} = \sum_{\mathrm{B}} \nu_{\mathrm{B}} \mu_{\mathrm{B}} = \Delta_{\mathrm{r}} G_{\mathrm{m}} \tag{4.4}$$

式(4.4)中通常将 $\Delta_{\mathrm{r}} G_{\mathrm{m}}$ 称为化学反应的摩尔反应 Gibbs 自由能，表示在等温、等压且非体积功为零的条件下，反应系统的 Gibbs 自由能随反应进度的变化，也可理解为在一个无限大的等温、等压且非体积功为零的封闭系统中，进行单位反应进度 ξ 所引起 Gibbs 自由能的变化值。

由等温、等压条件下，一个封闭系统所能做的最大非体积功等于其 Gibbs 自由能的减少值可知，自发变化总是向着 Gibbs 自由能减少的方向进行。直到反应达到平衡，系统的 Gibbs 自由能将不再发生改变，即

$$\Delta_{\mathrm{r}} G_{\mathrm{m}} \begin{cases} < 0 & \text{正向自发进行} \\ = 0 & \text{平衡状态} \\ > 0 & \text{逆向自发进行} \end{cases}$$

这一结论也可以由等温、等压下反应系统的 Gibbs 自由能随反应进度 ξ 的变化曲线(见图 4-1)中分析得到。

从图 4-1 中可以看到，从反应开始至达到平衡之前的任意一点都有 $(\partial G/\partial \xi)_{T,p} < 0$，表示正向反应将使 Gibbs 自由能降低，反应能够正向自发进行；当 Gibbs 自由能降低到最小值时，$(\partial G/\partial \xi)_{T,p} = 0$，表示在该反应进度下正向和逆向进行的趋势相等，反应达到平衡状态；过了平衡点以后，$(\partial G/\partial \xi)_{T,p} > 0$，表示正向反应将使 Gibbs 自由能升高，反应不能正向自发进行，而只能逆向自发进行。虽然上述结论由均相系统得出，但该结论同样适用于多相系统。

由于反应物和产物相互混合，使系统 Gibbs 自由能小于各反应物和产物分别处于纯态时的 Gibbs 自由能之和，造成了化学反应平衡的存在，即化学反应存在一定的限度。

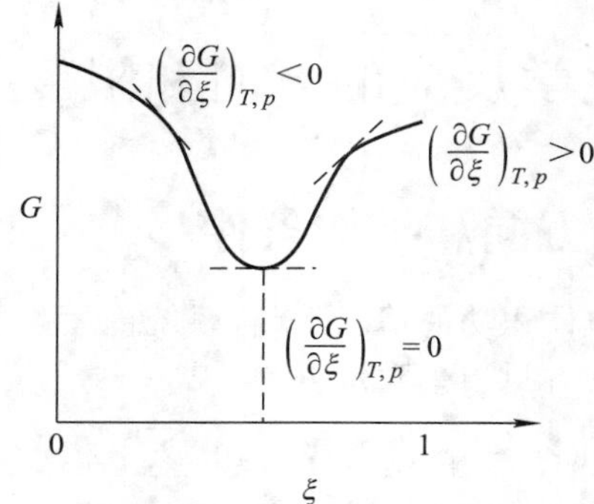

图 4-1 等温、等压下化学反应系统 G-ξ 示意图

4.1.2 理想气体化学反应的等温方程

在等温、等压且非体积功为零的系统中，任一化学反应

$$0=\sum_{\mathrm{B}}\nu_{\mathrm{B}}\mathrm{B}$$

对于理想气体混合物反应系统，任一组分 B 在温度 T 下的化学势可用如下通式表示：

$$\mu_{\mathrm{B}}(T,p)=\mu_{\mathrm{B}}^{\ominus}(T)+RT\ln\frac{p_{\mathrm{B}}}{p^{\ominus}} \tag{4.5a}$$

将其代入式(4.4)中整理得

$$\Delta_{\mathrm{r}}G_{\mathrm{m}}=\sum_{\mathrm{B}}\nu_{\mathrm{B}}\mu_{\mathrm{B}}=\sum_{\mathrm{B}}\nu_{\mathrm{B}}\mu_{\mathrm{B}}^{\ominus}(T)+RT\ln\prod_{\mathrm{B}}\left(\frac{p_{\mathrm{B}}}{p^{\ominus}}\right)^{\nu_{\mathrm{B}}} \tag{4.5b}$$

等式右边第一项是各组分的活度均等于 1 时（各个反应物和产物均处于反应温度 T 下各自的标准态），该反应的摩尔反应 Gibbs 自由能，称为该反应在温度 T 时的标准摩尔反应 Gibbs 自由能，用 $\Delta_{\mathrm{r}}G_{\mathrm{m}}^{\ominus}$ 表示。

$$\Delta_{\mathrm{r}}G_{\mathrm{m}}^{\ominus}(T)=\sum_{\mathrm{B}}\nu_{\mathrm{B}}\mu_{\mathrm{B}}^{\ominus}(T)$$

于是式(4.5b)可写作

$$\Delta_{\mathrm{r}}G_{\mathrm{m}}(T,p)=\Delta_{\mathrm{r}}G_{\mathrm{m}}^{\ominus}(T)+RT\ln\prod_{\mathrm{B}}\left(\frac{p_{\mathrm{B}}}{p^{\ominus}}\right)^{\nu_{\mathrm{B}}} \tag{4.5c}$$

式中等号右侧第二项代表反应系统的“压力商”，用 Q_p 表示，即

$$Q_p=\prod_{\mathrm{B}}\left(\frac{p_{\mathrm{B}}}{p^{\ominus}}\right)^{\nu_{\mathrm{B}}}$$

于是式(4.5b)可以表示为

$$\Delta_{\mathrm{r}}G_{\mathrm{m}}=\Delta_{\mathrm{r}}G_{\mathrm{m}}^{\ominus}+RT\ln Q_p \tag{4.5d}$$

因此只要得到 $\Delta_{\mathrm{r}}G_{\mathrm{m}}^{\ominus}$ 值，并将反应系统中各物质的分压代入式中，就能得到 $\Delta_{\mathrm{r}}G_{\mathrm{m}}$ 值，根据 $\Delta_{\mathrm{r}}G_{\mathrm{m}}$ 的正负就可以判断反应的方向和限度。

式(4.5c)和式(4.5d)称为理想气体化学反应的等温方程。它们指出了等温条件下理想气体化学反应的摩尔反应 Gibbs 自由能随反应组成的变化关系。

4.1.3 标准平衡常数

仍以理想气体化学反应为例，对于等温、等压且非体积功为零的化学反应，当反应达到平

衡时，$\Delta_r G_m = 0$，由式(4.5d)可得

$$\Delta_r G_m^\ominus = -RT\ln Q_p^\ominus \tag{4.6}$$

式中，$Q_p^\ominus$ 为平衡时的压力商。因为标准摩尔反应 Gibbs 自由能 $\Delta_r G_m^\ominus$ 只取决于温度和标准态的选择，在等温状态下，对于确定的化学反应来说，$\Delta_r G_m^\ominus$ 为确定值。所以，平衡时的压力商 $Q_p^\ominus$ 也只是温度的函数，而与反应的压力和组成无关，在一定温度下为常数。

将平衡时的压力商 $Q_p^\ominus$ 定义为化学反应的标准平衡常数(standard equilibrium constant)，用符号 $K^\ominus$ 表示，其表达式为

$$K^\ominus = \prod_B \left(\frac{p_B^{eq}}{p^\ominus}\right)^{\nu_B} \tag{4.7}$$

式中，$K^\ominus$ 仅是温度的函数，其量纲为1；p_B^{eq} 为化学反应中任一组分B的平衡分压。由式(4.6)和式(4.7)可得

$$\Delta_r G_m^\ominus = -RT\ln K^\ominus \tag{4.8}$$

或

$$K^\ominus = \exp(-\Delta_r G_m^\ominus / RT) \tag{4.9}$$

由式(4.8)和式(4.9)可知，只要知道 $\Delta_r G_m^\ominus$，就可以求得 $K^\ominus$。上述两式把热力学和化学平衡联系起来，可通过热力学数据计算平衡组成或者根据平衡组成的测定计算热力学函数。它是一个普遍公式，不仅适用于理想气体化学反应，也适用于高压下的实际气体、液态混合物及液态溶液中的化学反应。

将式(4.8)代入式(4.5d)，得

$$\Delta_r G_m = -RT\ln K^\ominus + RT\ln Q_p = RT\ln\left(\frac{Q_p}{K^\ominus}\right) \tag{4.10}$$

式(4.10)也是化学反应等温方程。在等温、等压且非体积功为零下，对于任一化学反应，可以看出：

当 $Q_p < K^\ominus$ 时，$\Delta_r G_m < 0$，正向反应自发进行；

当 $Q_p = K^\ominus$ 时，$\Delta_r G_m = 0$，反应处于平衡状态；

当 $Q_p > K^\ominus$ 时，$\Delta_r G_m > 0$，逆向反应自发进行。

因此，可以通过比较标准平衡常数与任一反应状态下的压力商的大小，来判断反应进行的方向和限度。

【例 4-1】 298 K 时，反应

$$\frac{1}{2}N_2(g) + \frac{3}{2}H_2(g) = NH_3(g)$$

的 $\Delta_r G_m^\ominus = -16.5\ kJ \cdot mol^{-1}$。$n_{N_2} : n_{H_2} : n_{NH_3} = 1:3:2$ 的系统，总压强为 100 kPa。

求：(1) 反应的压力商 Q_p 及摩尔反应 Gibbs 自由能 $\Delta_r G_m$，并判断反应进行的方向；

(2) 298 K 时反应的 $K^\ominus$，并用 $K^\ominus$ 和 Q_p 比较判断反应的方向。

解 (1) 由 Q_p 定义得

$$Q_p = \prod_B \left(\frac{p_B}{p^\ominus}\right)^{\nu_B} = \frac{p_{NH_3}}{p_{N_2}^{0.5} p_{H_2}^{1.5}}(p^\ominus)^1 = \frac{\left(\frac{2}{1+3+2} \times \frac{100}{100}\right)}{\left(\frac{1}{1+3+2} \times \frac{100}{100}\right)^{0.5}\left(\frac{3}{1+3+2} \times \frac{100}{100}\right)^{1.5}}$$

$$= 2.309$$

由 $\Delta_r G_m = \Delta_r G_m^\ominus + RT\ln Q_p$ 得

$$\Delta_r G_m = -16.5\ \text{kJ} \cdot \text{mol}^{-1} + 8.314\ \text{J} \cdot \text{mol}^{-1} \cdot \text{K}^{-1} \times 298\ \text{K} \times \ln 2.309$$
$$= -14.4\ \text{kJ} \cdot \text{mol}^{-1}$$

因为 $\Delta_r G_m < 0$，所以正向反应自发进行。

(2) 由 $K^{\ominus} = \exp(-\Delta_r G_m^{\ominus}/RT)$ 得

$$K^{\ominus} = \exp\left(\frac{16500\ \text{J} \cdot \text{mol}^{-1}}{8.314\ \text{J} \cdot \text{mol}^{-1} \cdot \text{K}^{-1} \times 298\ \text{K}}\right) = 780$$

因为 $Q_p < K^{\ominus}$，所以正向反应自发进行。

关于标准平衡常数，需要说明几点：

(1) 标准平衡常数的大小与化学反应方程式的计量系数有关，相同化学反应，计量方程式不同，反应的标准平衡常数不同，呈指数关系。例如，理想气体反应

$$① \ \frac{1}{2}N_2(g) + \frac{3}{2}H_2(g) \longrightarrow NH_3(g) \quad \Delta_r G_{m,1}^{\ominus} = -RT\ln K_1^{\ominus}$$

$$② \ N_2(g) + 3H_2(g) \longrightarrow 2NH_3(g) \quad \Delta_r G_{m,2}^{\ominus} = -RT\ln K_2^{\ominus}$$

因为 $2\Delta_r G_{m,1}^{\ominus} = \Delta_r G_{m,2}^{\ominus}$，所以 $(K_1^{\ominus})^2 = K_2^{\ominus}$。

(2) 正逆反应的平衡常数互为倒数关系。

(3) $K^{\ominus}$ 只是温度的函数，只与温度有关，与压力和组成无关。

(4) $K^{\ominus}$ 越大，意味着反应产物的平衡分压越大，反应进行得越彻底，反应进行的完全程度越高。

(5) 标准平衡常数书写时，右上角加符号“⊖”以示区别，对理想气体化学反应此符号代表标准压力。

§4.2 化学反应的平衡常数

4.2.1 理想气体化学反应的平衡常数

对理想气体化学反应 $aA(g) + bB(g) \longrightarrow gG(g) + hH(g)$，达到平衡时有

$$K^{\ominus} = \prod_B \left(\frac{p_B^{eq}}{p^{\ominus}}\right)^{\nu_B}$$

它反映了标准平衡常数与平衡分压之间的关系。对于理想气体反应系统，组分的平衡组成方式有许多种表示方法。除平衡分压以外，为计算和处理问题方便，还常用反应物、生成物的实际压力、摩尔分数、物质的量浓度等代入计算，这些平衡常数称为经验平衡常数。常见的理想气体反应系统的平衡常数通常有以下几种表示方法。

1. 用各组分分压表示的平衡常数 K_p

由式(4.7)得

$$K^{\ominus} = \frac{\left(\frac{p_G}{p^{\ominus}}\right)^g \left(\frac{p_H}{p^{\ominus}}\right)^h}{\left(\frac{p_A}{p^{\ominus}}\right)^a \left(\frac{p_B}{p^{\ominus}}\right)^b} = \frac{p_G^g p_H^h}{p_A^a p_B^b}(p^{\ominus})^{-\sum_B \nu_B} = K_p(p^{\ominus})^{-\sum_B \nu_B} \tag{4.11}$$

式中，$K_p=\frac{p_G^g p_H^h}{p_A^a p_B^b}$，称为经验平衡常数，$\sum\nu_B=g+h-a-b$。$K_p$ 是有量纲的量，其单位为 $(Pa)^{\sum\nu_B}$；只有当 $\sum\nu_B=0$ 时，其量纲才为1。由于 $K^\ominus$ 仅是温度的函数，所以 K_p 也只是温度的函数，在一定的温度下 K_p 是常数。

2. 用摩尔分数表示的平衡常数 K_x

根据理想气体混合物的Dalton分压定律，任一组分B的平衡分压 $p_B=px_B$，将此式代入式(4.11)，得

$$K^\ominus=\frac{p_G^g p_H^h}{p_A^a p_B^b}(p^\ominus)^{-\sum\nu_B}=\frac{(px_G)^g(px_H)^h}{(px_A)^a(px_B)^b}(p^\ominus)^{-\sum\nu_B}$$
$$=\frac{(x_G)^g(x_H)^h}{(x_A)^a(x_B)^b}p^{\sum\nu_B}(p^\ominus)^{-\sum\nu_B}=K_x\left(\frac{p}{p^\ominus}\right)^{\sum\nu_B} \tag{4.12}$$

式中，$K_x=\frac{(x_G)^g(x_H)^h}{(x_A)^a(x_B)^b}$，$K_x$ 是量纲为1的量。K_x 不仅是温度的函数，同时也与压力有关，因此 K_x 只能在恒定的 T、p 下才是常数。

3. 用物质的量浓度表示的平衡常数 K_c

对于理想气体，任一组分B的平衡分压 $p_B=n_BRT/V=c_BRT$，将其代入式(4.11)，得

$$K^\ominus=\frac{p_G^g p_H^h}{p_A^a p_B^b}(p^\ominus)^{-\sum\nu_B}=\frac{(c_GRT)^g(c_HRT)^h}{(c_ART)^a(c_BRT)^b}(p^\ominus)^{-\sum\nu_B}$$
$$=\frac{(c_G)^g(c_H)^h}{(c_A)^a(c_B)^b}RT^{\sum\nu_B}(p^\ominus)^{-\sum\nu_B}=K_c\left(\frac{RT}{p^\ominus}\right)^{\sum\nu_B} \tag{4.13}$$

式中，$K_c=\frac{(c_G)^g(c_H)^h}{(c_A)^a(c_B)^b}$，显然，除了 $\sum\nu_B=0$ 的反应 K_c 的量纲为1外，其他反应都是有量纲的，其单位为 $[c]^{\sum\nu_B}$，当 c 的单位为 $mol\cdot dm^{-3}$ 时，K_c 的单位为 $(mol\cdot dm^{-3})^{\sum\nu_B}$。另外，$K_c$ 也仅是温度的函数，在一定的温度下 K_c 也是常数。

4. 用物质的量表示的平衡常数 K_n

由 $p_B=y_Bp=\frac{n_B}{\sum n_B}p$，代入式(4.11)，得

$$K^\ominus=\frac{p_G^g p_H^h}{p_A^a p_B^b}(p^\ominus)^{-\sum\nu_B}=\frac{\left(\frac{n_G}{\sum n_B}p\right)^g\left(\frac{n_H}{\sum n_B}p\right)^h}{\left(\frac{n_A}{\sum n_B}p\right)^a\left(\frac{n_B}{\sum n_B}p\right)^b}(p^\ominus)^{-\sum\nu_B} \tag{4.14}$$
$$=\frac{(n_G)^g(n_H)^h}{(n_A)^a(n_B)^b}\left(\frac{p}{\sum n_B}\right)^{\sum\nu_B}(p^\ominus)^{-\sum\nu_B}=K_n\left(\frac{p}{p^\ominus\sum n_B}\right)^{\sum\nu_B}$$

式中，$K_n=\frac{(n_G)^g(n_H)^h}{(n_A)^a(n_B)^b}$，除了 $\sum\nu_B=0$ 的反应外，K_n 是有量纲的量，其单位为 $(mol)^{\sum\nu_B}$。由式(4.14)可知，$\sum n_B$ 是反应中各组分物质的量之和，所以，K_n 不仅与温度、压力有关，还与

系统的总的物质的量有关，即使是不参加反应的惰性气体组分的物质的量，添加或分离惰性气体也可能会影响到 K_n 及化学平衡。

以上就是理想气体反应的四种经验平衡常数。综上，$K^\ominus$ 与 K_p、K_x、K_c 和 K_n 的关系为

$$K^\ominus = K_p(p^\ominus)^{-\sum\nu_B} = K_x\left(\frac{p}{p^\ominus}\right)^{\sum\nu_B} = K_c\left(\frac{RT}{p^\ominus}\right)^{\sum\nu_B} = K_n\left[\frac{p}{p^\ominus\sum n_B}\right]^{\sum\nu_B} \tag{4.15}$$

且当 $\sum\nu_B = 0$ 时，$K^\ominus = K_p = K_x = K_c = K_n$。

4.2.2 有纯凝聚态物质参加的理想气体反应平衡常数

有气相和凝聚相（液相、固相）共同参与的反应称为复相化学反应。若凝聚相均处于纯态，即纯凝聚态（液态纯物质或固态纯物质），则不考虑压力对凝聚相的化学势的影响，在常压下纯凝聚态物质的化学势近似认为等于它的标准化学势，即 $\mu_B = \mu_B^\ominus$。这类有纯凝聚态物质参加的化学反应的平衡常数的表示方法，可以用典型化学反应说明。

例如，对于反应

$$CaCO_3(s) \xlongequal{\quad} CaO(s) + CO_2(g)$$

反应中的理想气体组分的化学势与该组分的分压关系为

$$\mu_B = \mu_B^\ominus + RT\ln(p_B/p^\ominus)$$

如果此反应在密闭容器中进行，则反应达平衡时

$$\Delta_r G_m = \sum_B \nu_B\mu_B = 0$$

$$\mu(CO_2, g) + \mu(CaO, s) - \mu(CaCO_3, s) = 0$$

由纯凝聚相的 $\mu_B = \mu_B^\ominus$ 可得

$$\mu^\ominus(CO_2, g) + RT\ln\left(\frac{p_{CO_2}}{p^\ominus}\right) + \mu^\ominus(CaO, s) - \mu^\ominus(CaCO_3, s) = 0$$

将 $\mu^\ominus$ 项合并整理，得

$$\frac{p_{CO_2}}{p^\ominus} = \exp\left\{-\frac{1}{RT}[\mu^\ominus(CO_2, g) + \mu^\ominus(CaO, s) - \mu^\ominus(CaCO_3, s)]\right\} = \exp(-\Delta_r G_m^\ominus/RT)$$

由 $K^\ominus = \exp(-\Delta_r G_m^\ominus/RT)$ 得

$$K^\ominus = \frac{p_{CO_2}}{p^\ominus} \tag{4.16}$$

因此，有纯凝聚态物质参加的理想气体化学反应的平衡常数，只需用系统中气相组分的平衡分压表示，与纯凝聚态物质无关。另外，将温度 T 下反应平衡时的 $CO_2(g)$ 的平衡分压称为 $CaCO_3(s)$ 的分解压。分解压是指固体物质在一定温度下分解达到平衡时气体产物的分压之和，该反应中产物只有 $CO_2(g)$ 一种气体，因此 $CO_2(g)$ 的平衡分压就是 $CaCO_3(s)$ 的分解压。温度一定时，分解压是定值。

如果产物不止一种气体，则分解压是各气体产物分压之和，例如

$$NH_4Cl(s) \xlongequal{\quad} NH_3(g) + HCl(g)$$

由上述结论可得

$$K^\ominus = \frac{p_{NH_3}}{p^\ominus} \cdot \frac{p_{HCl}}{p^\ominus} \tag{4.17}$$

当达到平衡时，分解压应为

$$p = p_{NH_3} + p_{HCl}$$

需要指出的是，只有分解反应才有分解压，例如 $NH_4HCO_3(s) \longrightarrow NH_3(g) + H_2O(g) + CO_2(g)$。而有些反应，例如 $Ag_2S(s) + H_2(g) \longrightarrow 2Ag(s) + H_2S(g)$，虽然是复相反应但不是分解反应，因此没有分解压。

4.2.3 实际气体化学反应的平衡常数

低压下的实际气体通常可以按理想气体近似处理，但当压力较高时，实际气体与理想气体之间的偏差不能忽略，并且压力越高，差别越大。

对于任一实际气体反应

$$aA(g) + bB(g) \longrightarrow gG(g) + hH(g)$$

实际气体B的化学势表达式为

$$\mu_B = \mu_B^\ominus + RT\ln\frac{\widetilde{p}_B}{p^\ominus} \tag{4.18}$$

将式(4.18)代入 $\Delta_r G_m = \sum_B \nu_B \mu_B = 0$，得

$$\Delta_r G_m = \Delta_r G_m^\ominus + RT\ln J_f \tag{4.19}$$

式中，$J_f = \dfrac{\left(\dfrac{\widetilde{p}_G}{p^\ominus}\right)^g \left(\dfrac{\widetilde{p}_H}{p^\ominus}\right)^h}{\left(\dfrac{\widetilde{p}_A}{p^\ominus}\right)^a \left(\dfrac{\widetilde{p}_B}{p^\ominus}\right)^b}$，称为逸度商。式(4.19)为实际气体系统化学反应的等温方程。当实际气体化学反应达到平衡时，得

$$\Delta_r G_m = \Delta_r G_m^\ominus + RT\ln(J_f)_{平} = 0$$

其中令 $K^\ominus = (J_f)_{平}$，即实际气体化学反应的标准平衡常数用逸度来定义。

$$K^\ominus = \frac{\left(\frac{\widetilde{p}_G}{p^\ominus}\right)^g \left(\frac{\widetilde{p}_H}{p^\ominus}\right)^h}{\left(\frac{\widetilde{p}_A}{p^\ominus}\right)^a \left(\frac{\widetilde{p}_B}{p^\ominus}\right)^b} = \frac{\left(\frac{p_G f_G}{p^\ominus}\right)^g \left(\frac{p_H f_H}{p^\ominus}\right)^h}{\left(\frac{p_A f_A}{p^\ominus}\right)^a \left(\frac{p_B f_B}{p^\ominus}\right)^b} = \frac{\left(\frac{p_G}{p^\ominus}\right)^g \left(\frac{p_H}{p^\ominus}\right)^h}{\left(\frac{p_A}{p^\ominus}\right)^a \left(\frac{p_B}{p^\ominus}\right)^b} \cdot \frac{f_G^g f_H^h}{f_A^a f_B^b} = K_p^\ominus K_f \tag{4.20}$$

式中 $K_f = \dfrac{f_G^g f_H^h}{f_A^a f_B^b}$。其中 $\widetilde{p}_B = p_B f_B$，$f_B$ 为组分B在指定条件下的逸度系数。对于理想气体系统，各组分的逸度系数 $f_B = 1$，所以 $K_f = 1$，$K^\ominus = K_p^\ominus$；而较高压力下的实际气体 $f_B \neq 1$，则 $K_f \neq 1$，$K^\ominus \neq K_p^\ominus$。由于逸度系数 f_B 既是温度的函数也是压力的函数，所以 K_f 也是温度和压力的函数。因此，对于较高压力下的实际气体反应，$K_p^\ominus$ 除了与温度有关，也与系统的压力有关。同一实际气体反应，只要温度一定，不论是高压条件或者是低压条件，标准平衡常数是不变的。因此，实际气体反应的平衡常数通常来说可以在低压条件下测得，并且应用于高压条件下。

4.2.4 液态混合物化学反应的平衡常数

1. 理想液态混合物反应系统

对于等温、等压且非体积功为零的条件下，理想液态混合物化学反应

$$0=\sum_{B}\nu_{B}B$$

当反应达到平衡时

$$\Delta_r G_m=\sum_{B}\nu_{B}\mu_{B}=0$$

在这里，我们只讨论常压或压力 p 与 $p^{\ominus}$ 相差不大的情况。

液态混合物中任一组分 B 的化学势可表达为

$$\mu_{B(l)}=\mu_{B(l)}^{\ominus}+RT\ln x_{B}$$

式中，x_B 表示混合物任一组分 B 的摩尔分数，并且各组分的标准状态为相同温度下的纯液体。

理想液态混合物化学反应等温方程为

$$\Delta_r G_m=\Delta_r G_m^{\ominus}+RT\ln\prod_{B}x_{B}^{\nu_B} \tag{4.21}$$

当反应达到平衡时 $\Delta_r G_m=0$，所以

$$\Delta_r G_m^{\ominus}=-RT\ln\prod_{B}x_{B}^{\nu_B}$$

由式(4.8)得

$$K^{\ominus}=\prod_{B}x_{B}^{\nu_B} \tag{4.22}$$

2. 非理想液态混合物反应系统

对于非理想液态混合物，液态混合物中任一组分 B 的化学势可表达为

$$\mu_{B(l)}=\mu_{B(l)}^{\ominus}+RT\ln a_{B}$$

式中，a_B 表示混合物任一组分 B 的活度，并且各组分的标准状态为相同温度下的纯液体。

同理，非理想液态混合物中化学反应的等温方程和标准平衡常数可以表示为

$$\Delta_r G_m=\Delta_r G_m^{\ominus}+RT\ln\prod_{B}a_{B}^{\nu_B} \tag{4.23}$$

和

$$K^{\ominus}=\prod_{B}a_{B}^{\nu_B} \tag{4.24}$$

因为 $a_B=x_B\gamma_B$，所以标准平衡常数还可以表示为

$$K^{\ominus}=\prod_{B}x_{B}^{\nu_B}\cdot\prod_{B}\gamma_{B}^{\nu_B} \tag{4.25}$$

式中，γ_B 为组分 B 在指定条件下的活度因子。对于理想液态混合物中的反应，$\gamma_B=1$；而实际溶液中接近理想的情况很少，因此对于非理想液态混合物中的反应，$\gamma_B\neq1$。

§4.3 标准平衡常数的计算和应用

化学反应平衡常数反映了化学反应的限度，是化学平衡计算中必不可少的物理量。平衡常数既反映了反应物与产物平衡组成之间的关系，也反映了与标准摩尔反应 Gibbs 自由能之间的关联。所以，平衡常数的测定包括实验测定和热力学计算两种方法。一个化学反应达到平衡时，系统中任一组分的组成称为该组分的平衡组成，即在给定条件下该反应所能达到的最大限度。因此，化学反应平衡常数可以计算化学反应的限度，以此来判断化学反应是否达到平衡，并且计算化学反应的转化率或者平衡产率等物理量。

4.3.1 标准平衡常数的实验测定

通过测定平衡系统中各物质的组成或压力，就可以计算平衡常数。实验测定方法可以采用物理方法或者化学方法。

1. 物理方法

通过测量与浓度相关的物理量间接地测定平衡系统中反应物和产物的平衡浓度或组成。一般都是测定系统中与组成具有正比关系的物理量，如折射率、电导率、吸光度、pH、压力或体积等。物理方法的特点是一般不会扰乱系统的平衡态，即不会破坏化学平衡，是目前常用的方法。如通过测定不同浓度的甲基红溶液的吸光度来确定甲基红的电离平衡常数，通过测定平衡系统的压力来确定氨基甲酸铵分解反应系统中各组分的组成。

2. 化学方法

通过化学分析的方法测定平衡系统中各物质的平衡浓度或组成。化学分析需要加入各种分析试剂，但会造成平衡移动而产生实验误差。因此，需要在分析前将系统骤然冷却，在较低的温度下进行化学分析，此方法可以适当降低平衡移动的速度，从而使误差减到最小；对于溶液中的反应，可以通过加入大量溶剂的方法把溶液冲稀，以降低平衡移动的速度；对于需要加入催化剂的反应，可以通过移除催化剂来达到降低平衡移动速度的目的。

标准平衡常数只与温度有关，而与压力和浓度无关。在较低压力下，气体可以近似视为理想气体，其逸度因子趋近于1，所以气相反应的平衡常数在低压下更容易测得准确；同样，在极稀溶液中溶质的活度约等于浓度，所以溶液中的平衡常数在低浓度下更容易测准确。但最大的缺点是，在低压或低浓度下反应速率慢，达到化学平衡的时间较长。另外，测定平衡常数还需要判断反应是否已经达到化学平衡，这一点对于反应速率慢的反应尤为重要。判断的标准是系统中所有物质的浓度或者分压不再随时间的变化而改变。因此，不同的化学反应选用哪种测定方法需要根据具体情况来确定。

4.3.2 标准平衡常数的计算

除了实验方法测定以外，化学反应标准平衡常数也可以通过标准摩尔反应Gibbs自由能$\Delta_r G_m^\ominus$来计算求得。根据式(4.9)

$$K^\ominus = \exp\left(\frac{-\Delta_r G_m^\ominus}{RT}\right)$$

可知，只要知道设定温度下的$\Delta_r G_m^\ominus$，就能求出该温度下化学反应的$K^\ominus$。因此，计算标准平衡常数的关键就是计算$\Delta_r G_m^\ominus$，通常采用以下几种方法。

1. 由标准摩尔生成Gibbs自由能$\Delta_f G_m^\ominus$计算$\Delta_r G_m^\ominus$

某物质B的标准摩尔生成Gibbs自由能的定义是：在一定温度T和标准压力$p^\ominus$下，由最稳定单质(elementary substance)生成1 mol生成物B时的Gibbs自由能的变化值，用符号$\Delta_f G_m^\ominus$表示，下角"f"代表生成(formation)，上角"$\ominus$"代表反应物和产物处于标准压力。通常在298 K下进行的数据可以在标准热力学函数表中查到。根据这一定义，稳定单质的标准摩尔生成Gibbs自由能都等于零。

例如，在298 K时

$$\frac{1}{2}N_2(g,p^\ominus)+\frac{3}{2}H_2(g,p^\ominus) \xlongequal{\quad} NH_3(g,p^\ominus)$$

已知合成 1 mol NH_3(g)反应的 $\Delta_f G_m^\ominus$ 为 $-16.635\ kJ\cdot mol^{-1}$，在 $p^\ominus$ 时，稳定单质 N_2 和 H_2 的 $\Delta_f G_m^\ominus$ 都为零，所以

$$\Delta_r G_m^\ominus = \Delta_f G_m^\ominus(NH_3) = -16.635\ kJ\cdot mol^{-1}$$

对于任意反应

$$aA + bB \xlongequal{\quad} gG + hH$$

$$\begin{aligned}\Delta_r G_m^\ominus &= [g\Delta_f G_m^\ominus(G) + h\Delta_f G_m^\ominus(H)] - [a\Delta_f G_m^\ominus(A) + b\Delta_f G_m^\ominus(B)] \\ &= \sum_B \nu_B \Delta_f G_m^\ominus(B)\end{aligned} \tag{4.26}$$

进而利用式(4.9)计算反应的 $K^\ominus$。

2. 由某一些反应的 $\Delta_r G_m^\ominus$ 计算另一些反应的 $\Delta_r G_m^\ominus$

例如反应

① $C(s) + O_2(g) \xlongequal{\quad} CO_2(g) \qquad \Delta_r G_{m,1}^\ominus$

② $CO(g) + \frac{1}{2}O_2(g) \xlongequal{\quad} CO_2(g) \qquad \Delta_r G_{m,2}^\ominus$

③ $C(s) + \frac{1}{2}O_2(g) \xlongequal{\quad} CO(g) \qquad \Delta_r G_{m,3}^\ominus$

$$\Delta_r G_{m,3}^\ominus = \Delta_r G_{m,1}^\ominus - \Delta_r G_{m,2}^\ominus$$

其中反应③的平衡常数很难直接测得，但如果已知 $\Delta_r G_{m,1}^\ominus$ 和 $\Delta_r G_{m,2}^\ominus$，就能求得 $\Delta_r G_{m,3}^\ominus$，从而求得③的 $K^\ominus$。同时，我们还应注意到 $\Delta_r G_m^\ominus$ 的加减关系，反映到平衡常数上就是乘除关系，即

$$-RT\ln K_3^\ominus = -RT\ln K_1^\ominus + RT\ln K_2^\ominus$$

整理得

$$K_3^\ominus = \frac{K_1^\ominus}{K_2^\ominus}$$

3. 由热力学函数的定义计算 $\Delta_r G_m^\ominus$

由热力学函数定义知 $G=H-TS$，在等温下

$$\Delta G = \Delta H - T\Delta S$$

对于在等温和标准压力下进行的化学反应，当反应进度为 1 mol 时有

$$\Delta_r G_m^\ominus = \Delta_r H_m^\ominus - T\Delta_r S_m^\ominus \tag{4.27}$$

当反应温度为 298 K 时，可以查标准热力学函数表中的热力学数据计算得到 $\Delta_r H_m^\ominus$ 和 $\Delta_r S_m^\ominus$，从而由式(4.27)计算 $\Delta_r G_m^\ominus$，最后再由式(4.9)计算出 $K^\ominus$。

【例 4-2】 Ag_2CO_3(s)分解计量方程为 $Ag_2CO_3(s) \xlongequal{\quad} Ag_2O(s)+CO_2(g)$，设气相为理想气体，298 K 时各物质的热力学数据如下：

物质	$\Delta_f H_m^\ominus/(kJ\cdot mol^{-1})$	$S_m^\ominus/(J\cdot mol^{-1}\cdot K^{-1})$
Ag_2CO_3(s)	−506.14	167.36
Ag_2O(s)	−30.57	121.71
CO_2(g)	−393.15	213.64

求：(1) 298 K、100 kPa 下，1 mol $Ag_2CO_3(s)$完全分解时的反应热；(2) 298 K 下，$Ag_2CO_3(s)$的分解压力。

解　(1) 由 298 K 下热力学数据得

$$\Delta_r H_m^\ominus = \Delta_f H_m^\ominus(Ag_2O) + \Delta_f H_m^\ominus(CO_2) - \Delta_f H_m^\ominus(Ag_2CO_3)$$
$$= (-393.15 - 30.57 + 506.14)\ kJ \cdot mol^{-1}$$
$$= 82.42\ kJ \cdot mol^{-1}$$

(2) 由 298 K 下热力学数据得

$$\Delta_r S_m^\ominus = S_m^\ominus(Ag_2O) + S_m^\ominus(CO_2) - S_m^\ominus(Ag_2CO_3)$$
$$= (121.71 + 213.64 - 167.36)\ J \cdot K^{-1} \cdot mol^{-1}$$
$$= 167.99\ J \cdot K^{-1} \cdot mol^{-1}$$

因为 $\Delta_r G_m^\ominus = \Delta_r H_m^\ominus - T\Delta_r S_m^\ominus = -RT\ln K^\ominus$，所以

$$K^\ominus = \exp\left(\frac{-\Delta_r G_m^\ominus}{RT}\right) = \exp\left(-\frac{82.42 \times 1000 - 298 \times 167.99}{8.314 \times 298}\right) = 2.129 \times 10^{-6}$$

又 $K^\ominus = \dfrac{p_{CO_2}}{p^\ominus}$，解得

$$p_{CO_2} = 0.2128\ Pa$$

4.3.3　标准平衡常数的应用——平衡组成的计算

在计算平衡组成时常用到的是标准平衡常数和转化率。在化学平衡中转化率是指反应达到平衡时，某反应物反应掉的物质的量占该反应物起始物质的量的百分数。由于实际情况常常不能达到平衡，所以实际转化率低于平衡转化率，而转化率的极限就是平衡转化率 α，即

$$\alpha_A = \frac{n_{A,0} - n_A}{n_{A,0}} \times 100\% \qquad (4.28)$$

式中，$n_{A,0}$、n_A 分别为反应物 A 的起始的物质的量和达到平衡时的物质的量。

【例 4-3】　1000 K 下，生成水煤气的反应为 $C(s) + H_2O(g) \rightleftharpoons CO(g) + H_2(g)$，在 100 kPa 时，$H_2O(g)$平衡转化率 $\alpha_1 = 84.4\%$。

求：(1) $K^\ominus$；(2) 111458 Pa 下的平衡转化率 α_2。

解　(1)

	$C(s)+H_2O(g)$	$CO(g)$	$+H_2(g)$	
始态时物质的量/mol	1	0	0	
平衡时物质的量/mol	$1-\alpha_1$	α_1	α_1	$\sum n_B = 1+\alpha_1$
平衡时分压/kPa	$\dfrac{1-\alpha_1}{1+\alpha_1}p$	$\dfrac{\alpha_1}{1+\alpha_1}p$	$\dfrac{\alpha_1}{1+\alpha_1}p$	

$$K^\ominus = \frac{p_{CO}p_{H_2}}{p_{H_2O}}(p^\ominus)^{-1} = \frac{\dfrac{\alpha_1}{1+\alpha_1}p \cdot \dfrac{\alpha_1}{1+\alpha_1}p}{\dfrac{1-\alpha_1}{1+\alpha_1}p}(p^\ominus)^{-1} = \frac{\alpha_1^2}{1-\alpha_1^2} \cdot \frac{p}{p^\ominus}$$

$$= \frac{0.844^2}{1-0.844^2} \times \frac{100}{100} = 2.48$$

(2) 温度不变,压力 $p'=111458$ Pa 时,$K^{\ominus}$不变,即

$$K^{\ominus}=\frac{\alpha_1^2}{1-\alpha_1^2}\cdot\frac{p'}{p^{\ominus}}=2.48$$

$$\frac{\alpha_2^2}{1-\alpha_2^2}\times\frac{111458}{100\times10^3}=2.48$$

$$\alpha_2=83.1\%$$

【例 4-4】 723 K 时,反应$\frac{1}{2}N_2(g)+\frac{3}{2}H_2(g)=\!=\!=NH_3(g)$的 $K^{\ominus}=6.1\times10^{-3}$,若原料组成中反应物 $N_2(g)$和 $H_2(g)$的物质的量之比为 1∶3,反应系统的总压保持在 100 kPa。

求:(1) 反应达平衡时各物质的分压;(2) 平衡转化率。

解 (1) 设平衡时 $N_2(g)$的分压为 p,则

$$\frac{1}{2}N_2(g)+\frac{3}{2}H_2(g)=\!=\!=NH_3(g)$$

各物质的平衡分压 p $3p$ $100\ \text{kPa}-4p$

$$K^{\ominus}=\frac{p_{NH_3}}{(p_{N_2})^{0.5}(p_{H_2})^{1.5}}(p^{\ominus})=\frac{100\ \text{kPa}-4p}{p^{0.5}\cdot(3p)^{1.5}}(p^{\ominus})=6.1\times10^{-3}$$

解得

$$p=24.95\ \text{kPa}$$

所以

$$p_{N_2}=p=24.95\ \text{kPa}$$

$$p_{H_2}=3p=74.85\ \text{kPa}$$

$$p_{NH_3}=100\ \text{kPa}-4p=0.20\ \text{kPa}$$

(2) 设反应的平衡转化率为 α,则

$$\frac{1}{2}N_2(g)+\frac{3}{2}H_2(g)=\!=\!=NH_3(g)$$

始态时物质的量/mol	1	3	0
平衡时物质的量/mol	$1-\alpha$	$3(1-\alpha)$	2α
平衡时分压/kPa	$\frac{1-\alpha}{4-2\alpha}p$	$\frac{3(1-\alpha)}{4-2\alpha}p$	$\frac{2\alpha}{4-2\alpha}p$

$$K^{\ominus}=\frac{p_{NH_3}}{(p_{N_2})^{0.5}(p_{H_2})^{1.5}}(p^{\ominus})=\frac{2\alpha(4-2\alpha)}{3^{1.5}(1-\alpha)^2}\cdot\frac{p^{\ominus}}{p}=6.1\times10^{-3}$$

解得 $\alpha=0.39\%$

【例 4-5】 甲醇的催化合成反应可表示为

$$CO(g)+2H_2(g)=\!=\!=CH_3OH(g)$$

已知,在 523 K 时该反应的 $\Delta_rG_m^{\ominus}=26.263\ \text{kJ}\cdot\text{mol}^{-1}$。若原料气中 $CO(g)$和 $H_2(g)$的物质的量之比为 1∶2,在 523 K 和 100 kPa 压力下反应达到平衡。

求:(1) 该反应的平衡常数;(2) 反应的平衡转化率;(3) 平衡时各物质的物质的量分数。

解 (1) 因为 $\Delta_rG_m^{\ominus}=-RT\ln K^{\ominus}$,所以

$$K^{\ominus}=\exp\left(\frac{-\Delta_rG_m^{\ominus}}{RT}\right)=\exp\left(\frac{-26263}{8.314\times523}\right)=2.38\times10^{-3}$$

(2) 设 $CO(g)$的平衡转化率为 α,则

$$CO(g)+2H_2(g) \rightleftharpoons CH_3OH(g)$$

	CO(g)	$2H_2(g)$	$CH_3OH(g)$
始态时物质的量/mol	1	2	0
平衡时物质的量/mol	$1-\alpha$	$2-2\alpha$	α

$$\sum n_B = 3-2\alpha$$

所以
$$p_{CH_3OH}=\frac{\alpha}{3-2\alpha}p,\quad p_{CO}=\frac{1-\alpha}{3-2\alpha}p,\quad p_{H_2}=\frac{2-2\alpha}{3-2\alpha}p$$

$$K^{\ominus}=\frac{p_{CH_3OH}}{p_{CO}(p_{H_2})^2}(p^{\ominus})^2=\frac{\alpha(3-2\alpha)^2}{4(1-\alpha)^3}\left(\frac{p^{\ominus}}{p}\right)^2=2.38\times10^{-3}$$

又 $p^{\ominus}=p$，解得平衡转化率 $\alpha=0.104\%$

(3) 平衡时的组成

$$x(CO,g)=\frac{1-\alpha}{3-2\alpha}=0.3332$$

$$x(H_2,g)=\frac{2-2\alpha}{3-2\alpha}=0.6664$$

$$x(CH_3OH,g)=\frac{\alpha}{3-2\alpha}=0.0004$$

§4.4　温度对化学平衡的影响

通过之前几节的学习，我们知道化学反应标准平衡常数是温度的函数，可以由 $\Delta_r G_m^{\ominus}=-RT\ln K^{\ominus}$ 计算得到，其中 $\Delta_r G_m^{\ominus}$ 可以由标准热力学函数表（如标准摩尔生成焓 $\Delta_f H_m^{\ominus}$、标准摩尔燃烧焓 $\Delta_c H_m^{\ominus}$、标准摩尔熵 $S_m^{\ominus}$ 和标准摩尔生成 Gibbs 自由能 $\Delta_f G_m^{\ominus}$）计算得到。然而，标准热力学函数表只有 298 K 下的值，所以只能计算 298 K 下的标准平衡常数。因此，想要计算其他温度下的标准平衡常数，就要研究温度对标准平衡常数的影响，找到标准平衡常数和温度的关系，从理论上计算不同温度下的标准平衡常数。

根据 Gibbs-Helmholtz 方程，若参加反应的物质均处于标准状态，则应有

$$\frac{d(\Delta_r G_m^{\ominus}/T)}{dT}=-\frac{\Delta_r H_m^{\ominus}}{T^2}$$

把 $\Delta_r G_m^{\ominus}=-RT\ln K^{\ominus}$ 代入上式，整理得

$$\frac{d\ln K^{\ominus}}{dT}=\frac{\Delta_r H_m^{\ominus}}{RT^2} \tag{4.29}$$

此式称为范特霍夫（van't Hoff）方程，它反映了标准平衡常数随反应温度的变化关系。

由 van't Hoff 方程可以看出，任一化学反应的标准平衡常数随反应温度的变化趋势与其标准摩尔反应焓 $\Delta_r H_m^{\ominus}$ 有关：如果正反应为吸热反应，$\Delta_r H_m^{\ominus}>0$，$\frac{d\ln K^{\ominus}}{dT}>0$，即 $K^{\ominus}$ 随温度的上升而增大，升高温度对正向反应有利，化学平衡将向生成产物的反应方向移动；如果正反应为放热反应，$\Delta_r H_m^{\ominus}<0$，$\frac{d\ln K^{\ominus}}{dT}<0$，即 $K^{\ominus}$ 随温度的上升而减小，升高温度对正向反应不利，化学平衡将向生成反应物的反应方向移动。换句话说，升温时化学平衡向吸热反应方向移动，降

温时化学平衡向放热反应方向移动。

将式(4.29)积分,可以分以下两种情况讨论:

(1) 若温度变化较小,$\Delta_r H_m^\ominus$ 可以看作与温度无关的常数,可将式(4.29)积分为

$$\ln\frac{K^\ominus(T_2)}{K^\ominus(T_1)}=\frac{\Delta_r H_m^\ominus}{R}\left(\frac{1}{T_1}-\frac{1}{T_2}\right) \tag{4.30}$$

此公式常用来从已知一个温度下的平衡常数求出另一温度下的平衡常数,或者用来从已知两个温度下的平衡常数求出反应的标准摩尔焓变。

若作不定积分,得

$$\ln K^\ominus=-\frac{\Delta_r H_m^\ominus}{RT}+I \tag{4.31}$$

式中,I 是积分常数,如果有多组温度 T 下的 $K^\ominus$数据,作 $\ln K^\ominus$-$1/T$ 图可得直线,根据直线的斜率和截距确定反应的 $\Delta_r H_m^\ominus$ 及积分常数 I。

(2) 若温度区间较大,则必须考虑 $\Delta_r H_m^\ominus$ 与温度的关系。若参加化学反应的任一种物质均有

$$C_{p,m}^\ominus=a+bT+cT^2$$

则

$$\Delta_r C_{p,m}^\ominus=\Delta a+\Delta bT+\Delta cT^2$$

已知

$$\begin{aligned}\Delta_r H_m^\ominus(T)&=\Delta H_0+\int\Delta_r C_{p,m}^\ominus \mathrm{d}T\\&=\Delta H_0+\Delta aT+\frac{1}{2}\Delta bT^2+\frac{1}{3}\Delta cT^3+\cdots\end{aligned}$$

ΔH_0 是积分常数,代入式(4.29)得

$$\frac{\mathrm{d}\ln K^\ominus}{\mathrm{d}T}=\frac{\Delta H_0}{RT^2}+\frac{\Delta a}{RT}+\frac{\Delta b}{2R}+\frac{\Delta c}{3R}T+\cdots$$

积分得

$$\ln K^\ominus=\left(\frac{-\Delta H_0}{R}\right)\frac{1}{T}+\frac{\Delta a}{R}\ln T+\frac{\Delta b}{2R}T+\frac{\Delta c}{6R}T^2+\cdots+I \tag{4.32}$$

此式即为 $K^\ominus$与 T 的函数关系式,式中 ΔH_0 和 I 是积分常数,可从已知条件或表值求得。

把 $\Delta_r G_m^\ominus=-RT\ln K^\ominus$代入上式,可求得 $\Delta_r G_m^\ominus$ 与温度的关系式:

$$\Delta_r G_m^\ominus(T)=\Delta H_0-\Delta aT\ln T-\frac{\Delta b}{2}T^2-\frac{\Delta c}{6}T^3-\cdots-IRT \tag{4.33}$$

若已知 ΔH_0 和 I,可通过式(4.32)和(4.33)求得一定温度范围内任何温度时的 $K^\ominus$ 或者 $\Delta_r G_m^\ominus$。

【例 4-6】 由下列数据估算 101325 Pa 下 $CaCO_3$(s)分解制取 CaO(s)的分解温度,设 $\Delta_r H_m^\ominus$ 不随 T 而改变。已知 298 K 下各物质数据如下:

物质	$\Delta_f H_m^\ominus/(\mathrm{kJ\cdot mol^{-1}})$	$\Delta_f G_m^\ominus/(\mathrm{kJ\cdot mol^{-1}})$
$CaCO_3$(s)	−1206.8	−1128.8
CaO(s)	−635.09	−604.2
CO_2(g)	−393.51	−394.3

解

$$CaCO_3(s) = CaO(s) + CO_2(g)$$

$$K^\ominus = \frac{p_{CO_2}}{p^\ominus}$$

由题意

$$p_{CO_2} = p = 101325\ \text{Pa}$$

所以

$$K^\ominus(T_1) = \frac{p_{CO_2}}{p^\ominus} = \frac{101325}{100000} = 1.01$$

由表中 298 K 下的数据计算得

$$\Delta_r G_m^\ominus = \sum_B \nu_B \Delta_f G_m^\ominus(B) = 130.2\ \text{kJ} \cdot \text{mol}^{-1}$$

$$\Delta_r H_m^\ominus = \sum_B \nu_B \Delta_f H_m^\ominus(B) = 178.2\ \text{kJ} \cdot \text{mol}^{-1}$$

$$K^\ominus(298\ \text{K}) = \exp\left(\frac{-\Delta_r G_m^\ominus}{RT}\right) = 1.50 \times 10^{-23}$$

由 $\ln \dfrac{K^\ominus(T_2)}{K^\ominus(T_1)} = \dfrac{\Delta_r H_m^\ominus}{R}\left(\dfrac{1}{T_1} - \dfrac{1}{T_2}\right)$ 得

$$\ln \frac{K^\ominus(298\ \text{K})}{K^\ominus(T_1)} = \frac{\Delta_r H_m^\ominus}{R}\left(\frac{1}{T_1} - \frac{1}{298}\right)$$

解得 $T_1 = 1106\ \text{K}$

【例 4-7】 利用下列 298 K 时的数据将甲烷转化反应

$$CH_4(g) + H_2O(g) = CO(g) + 3H_2(g)$$

的 $\ln K^\ominus$ 表示成温度的函数关系式，并计算在 1000 K 时的 $K^\ominus$ 值。

物质	$\Delta_f H_m^\ominus/(\text{kJ} \cdot \text{mol}^{-1})$	$\Delta_f G_m^\ominus/(\text{kJ} \cdot \text{mol}^{-1})$	$S_m^\ominus/(\text{J} \cdot \text{mol}^{-1} \cdot \text{K}^{-1})$
$CH_4(g)$	−74.81	−50.72	186.264
$H_2O(g)$	−241.818	−228.572	188.825
$CO(g)$	−110.525	−137.168	197.674
$H_2(g)$	0	0	130.684
物质	$a/(\text{J} \cdot \text{mol}^{-1} \cdot \text{K}^{-1})$	$b/(10^{-3}\text{J} \cdot \text{mol}^{-1} \cdot \text{K}^{-2})$	$c/(10^{-6}\text{J} \cdot \text{mol}^{-1} \cdot \text{K}^{-3})$
$CH_4(g)$	14.15	75.496	−17.99
$H_2O(g)$	24.16	14.49	−2.022
$CO(g)$	26.537	7.6831	−1.172
$H_2(g)$	26.88	4.347	−0.3265

解　由 298 K 的标准热力学数据求得

$$\Delta_r G_m^\ominus = \sum_B \nu_B \Delta_f G_m^\ominus(B) = 142.124\ \text{kJ} \cdot \text{mol}^{-1}$$

$$\Delta_r H_m^\ominus = \sum_B \nu_B \Delta_f H_B^\ominus(B) = 206.103\ \text{kJ} \cdot \text{mol}^{-1}$$

又 $\nu_{CH_4} = -1$，$\nu_{H_2O} = -1$，$\nu_{CO} = 1$，$\nu_{H_2} = 3$，则

$$\Delta a=\sum_{B}\nu_{B}a_{B}=(-14.15-24.16+26.537+3\times 26.88)\ J\cdot mol^{-1}\cdot K^{-1}$$
$$=63.867\ J\cdot mol^{-1}\cdot K^{-1}$$
$$\Delta b=\sum_{B}\nu_{B}b_{B}=(-75.496-14.49+7.6831+3\times 4.347)\times 10^{-3}\ J\cdot mol^{-1}\cdot K^{-2}$$
$$=-69.2618\times 10^{-3}\ J\cdot mol^{-1}\cdot K^{-2}$$
$$\Delta c=\sum_{B}\nu_{B}c_{B}=[-(-17.99)-(-2.022)+(-1.172)+3\times(-0.3265)]\times 10^{-6}\ J\cdot mol^{-1}\cdot K^{-3}$$
$$=17.8605\times 10^{-6}\ J\cdot mol^{-1}\cdot K^{-3}$$

将 $T=298$ K 及 $\Delta_r H_m^{\ominus}$、Δa、Δb、Δc 的值代入下式

$$\Delta_r H_m^{\ominus}(T)=\Delta H_0+\Delta aT+\frac{1}{2}\Delta bT^2+\frac{1}{3}\Delta cT^3$$

得
$$\Delta H_0=\Delta_r H_m^{\ominus}(T)-\Delta aT-\frac{1}{2}\Delta bT^2-\frac{1}{3}\Delta cT^3=189982\ J\cdot mol^{-1}$$

再将 $T=298$ K 及 $\Delta_r G_m^{\ominus}$、ΔH_0、Δa、Δb、Δc 的值代入下式

$$\Delta_r G_m^{\ominus}(T)=\Delta H_0-\Delta aT\ln T-\frac{\Delta b}{2}T^2-\frac{\Delta c}{6}T^3-IRT$$

得
$$I=\left[-\Delta_r G_m^{\ominus}(T)+\Delta H_0-\Delta aT\ln T-\frac{\Delta b}{2}T^2-\frac{\Delta c}{6}T^3\right]/RT=-23.2485$$

则

$$\ln K^{\ominus}=\left(\frac{-\Delta H_0}{R}\right)\frac{1}{T}+\frac{\Delta a}{R}\ln T+\frac{\Delta b}{2R}T+\frac{\Delta c}{6R}T^2+I$$
$$=-\frac{22848.1}{T}+7.6809\ln T-4.16488\times 10^{-3}T+0.358\times 10^{-6}T^2-23.2485$$

将 $T=1000$ K 代入得

$$\ln K^{\ominus}(1000\ K)=-\frac{22848.1}{1000}+7.6809\times\ln 1000-4.16488\times 10^{-3}\times 1000+0.358\times 10^{-6}\times 1000^2-23.2485$$
$$=3.1543$$

所以 $K^{\ominus}(1000\ K)=23.44$

§4.5 其他因素对化学平衡的影响

当反应温度不变时，标准平衡常数不会发生改变，此时还有一些因素，如压力、惰性气体等都会影响化学反应的平衡。与温度不同，这些因素虽然不影响标准平衡常数的大小，但是会影响各组分的浓度或者分压，从而使化学平衡发生移动。

本节将从一定温度下改变气体总压、恒压下通入惰性气体以及改变反应物投料比，讨论对理想气体化学反应的平衡影响。

4.5.1　压力对化学平衡的影响

对理想气体化学反应，温度 T 一定，若总压力为 p，任一组分 B 的平衡分压 $p_B = px_B$，则标准平衡常数表达式为

$$K^{\ominus} = \prod_B \left(\frac{p_B}{p^{\ominus}}\right)^{\nu_B} = \frac{p_G^g p_H^h}{p_A^a p_B^b}(p^{\ominus})^{-\sum\nu_B} = \frac{(px_G)^g (px_H)^h}{(px_A)^a (px_B)^b}(p^{\ominus})^{-\sum\nu_B}$$

$$= \frac{(x_G)^g (x_H)^h}{(x_A)^a (x_B)^b} p^{\sum\nu_B} (p^{\ominus})^{-\sum\nu_B} = K_x \left(\frac{p}{p^{\ominus}}\right)^{\sum\nu_B}$$

当 $\sum\nu_B \neq 0$ 时，改变总压力 p 将影响平衡系统的 K_x，从而使平衡发生移动。

若为 $\sum\nu_B > 0$ 的反应，增大总压力时，为保持 $K^{\ominus}$ 不变，则 K_x 必须随压力增大而减小，表明产物的物质的量分数减少而反应物的物质的量分数增加，平衡会向生成反应物的方向进行，即向体积缩小的方向进行；反之，减小总压力时，平衡会向生成产物的方向进行，即向体积增大的方向进行。

相反，若为 $\sum\nu_B < 0$ 的反应，增大总压力时，K_x 必须随压力增大而增大，表明产物的物质的量分数增加而反应物的物质的量分数减小，平衡会向生成产物的方向进行，即向体积缩小的方向进行；反之，减小总压力时，平衡会向生成反应物的方向进行，即向体积增大的方向进行。

若为 $\sum\nu_B = 0$ 的反应，无论增大总压力还是减小总压力，K_x 都不会发生变化，所以对平衡没有影响。

总之，压力对化学平衡的影响为：增大压力，平衡向气体物质的量（或气体体积）减小的方向移动；减小压力，平衡向气体物质的量（或气体体积）增大的方向移动；而对于反应两侧气体分子数相同的反应，改变压力，平衡不会发生移动。

【例 4-8】　在温度 T 和标准压力 $p^{\ominus}$ 下，有 50.2% $N_2O_4(g)$ 分解为 $NO_2(g)$。$N_2O_4(g)$ 和 $NO_2(g)$ 均可视为理想气体。若将压力提高至原来的 10 倍，试计算 $N_2O_4(g)$ 的分解分数。

解　设 $N_2O_4(g)$ 的初始物质的量为 1 mol，$N_2O_4(g)$ 的平衡分解分数为 α。

	$N_2O_4(g) \Longrightarrow$	$2NO_2(g)$
始态时物质的量/mol	1	0
平衡时物质的量/mol	$1-\alpha$	2α
平衡时分压/kPa	$\frac{1-\alpha}{1+\alpha}p$	$\frac{2\alpha}{1+\alpha}p$

$$K^{\ominus} = \frac{(p_{NO_2})^2}{p_{N_2O_4}}(p^{\ominus})^{-1} = \frac{\left(\frac{2\alpha}{1+\alpha}p\right)^2}{\frac{1-\alpha}{1+\alpha}p}(p^{\ominus})^{-1} = \frac{4\alpha^2}{1-\alpha^2} \cdot \frac{p}{p^{\ominus}}$$

在 $p^{\ominus}$ 下，有 50.2% $N_2O_4(g)$ 分解为 $NO_2(g)$，所以

$$K^{\ominus} = \frac{4\alpha^2}{1-\alpha^2} \cdot \frac{p^{\ominus}}{p^{\ominus}} = 1.35$$

当压力提高至 $10p^{\ominus}$ 时

$$K^{\ominus}=\frac{4\alpha^2}{1-\alpha^2}\cdot\frac{10p^{\ominus}}{p^{\ominus}}=1.35$$

解得 $\alpha=18\%$

4.5.2　惰性气体对化学平衡的影响

惰性气体是指系统内不参加化学反应的气体。惰性气体的存在本身并不会对标准平衡常数产生影响，对凝聚态物质间的化学反应平衡也没有影响。但是，惰性气体能够影响参加化学反应的气相组分 B(g)的分压，并最终影响反应的化学平衡。

在 T、p 一定的情况下，向反应的平衡系统中加入惰性气体，任一组分 B 的平衡分压 $p_B=y_Bp=\frac{n_B}{\sum n_B}p$，标准平衡常数表达式为

$$K^{\ominus}=\frac{p_G^g p_H^h}{p_A^a p_B^b}(p^{\ominus})^{-\sum\nu_B}=\frac{\left(\frac{n_G}{\sum n_B}p\right)^g\left(\frac{n_H}{\sum n_B}p\right)^h}{\left(\frac{n_A}{\sum n_B}p\right)^a\left(\frac{n_B}{\sum n_B}p\right)^b}(p^{\ominus})^{-\sum\nu_B}=K_n\left(\frac{p}{p^{\ominus}\sum n_B}\right)^{\sum\nu_B}$$

对于 $\sum\nu_B>0$ 的反应，恒压下充入惰性气体，$\sum n_B$ 增大，而 $\left(\frac{p}{p^{\ominus}\sum n_B}\right)^{\sum\nu_B}$ 项减小，为保持 $K^{\ominus}$ 不变，则 K_n 必须随压力增大而增大，平衡会向生成产物的方向移动，即向体积增大的方向进行；反之，对于 $\sum\nu_B<0$ 的反应，恒压充入惰性气体，$\left(\frac{p}{p^{\ominus}\sum n_B}\right)^{\sum\nu_B}$ 项增大，K_n 必须随压力增大而减小，平衡会向生成反应物的方向进行，即向体积增大的方向进行；而对于 $\sum\nu_B=0$ 的反应，$\left(\frac{p}{p^{\ominus}\sum n_B}\right)^{\sum\nu_B}=1$，恒压充入惰性气体不会改变平衡转化率，对化学反应的平衡没有影响。

总之，恒温恒压条件下充入惰性气体对化学平衡的影响为：增加惰性组分相当于反应系统总压减小，有利于平衡向气体物质的量增大的反应方向移动。在实际生产过程中，原料气中往往混有不反应的惰性气体，如 N_2(g)、H_2O(g)等，需要根据实际情况来增加或减少惰性组分的含量。例如，在乙苯脱氢制苯乙烯的反应中，为提高反应的转化率，要向反应系统中通入大量惰性气体 H_2O(g)；而对于合成氨的反应，随着反应进行，惰性气体组分增大，对正反应不利，因此需要及时减少惰性组分的含量。

而在恒温恒容条件下充入惰性气体，增大了总压强，但是参加反应的各组分的分压并没有改变，所以平衡不会发生移动。

【例 4-9】　在 873 K 和标准压力 $p^{\ominus}$ 下，乙苯脱氢制苯乙烯的反应标准平衡常数 $K^{\ominus}=0.178$。

求：(1) 纯乙苯原料(无水)时乙苯的最大转化率；(2) 原料中乙苯和水蒸气的比例为 1∶9 时乙苯的最大转化率。

解　(1) 设乙苯的初始物质的量为 1 mol，平衡转化率为 α。

纯乙苯原料(无水)时

	$C_6H_5C_2H_5(g)$ ══	$C_6H_5CH=CH_2(g)$ +	$H_2(g)$
始态时物质的量/mol	1	0	0
平衡时物质的量/mol	$1-\alpha$	α	α
平衡时分压/kPa	$\frac{1-\alpha}{1+\alpha}p$	$\frac{\alpha}{1+\alpha}p$	$\frac{\alpha}{1+\alpha}p$

$$K^{\ominus}=\frac{\left(\frac{\alpha}{1+\alpha}p\right)^2}{\frac{1-\alpha}{1+\alpha}p}(p^{\ominus})^{-1}=\frac{\alpha^2}{1-\alpha^2}\cdot\frac{p^{\ominus}}{p^{\ominus}}=0.178$$

解得 $\alpha=38.9\%$

(2) 原料中乙苯和水蒸气的比例为 1∶9 时，水蒸气的物质的量为 9 mol，则

$$K^{\ominus}=\frac{\left(\frac{\alpha}{10+\alpha}p\right)^2}{\frac{1-\alpha}{10+\alpha}p}(p^{\ominus})^{-1}=\frac{\alpha^2}{(10+\alpha)(1-\alpha)}\cdot\frac{p^{\ominus}}{p^{\ominus}}=0.178$$

解得 $\alpha=72.8\%$

4.5.3　反应物投料比对化学平衡的影响

对于气相化学反应

$$aA(g)+bB(g) = gG(g)+hH(g)$$

若原料气中只有反应物而没有产物，令反应物的物质的量之比 $n_B : n_A = r$，其变化范围为 $0<r<\infty$。在维持总压力不变的情况下，随着 r 的增加，气体 A 的转化率会增加，而气体 B 的转化率会减小。但产物在混合气体中的平衡含量随着 r 的增加，存在一个极大值。可以证明，当 $r=b/a$，即原料气中两种气体的物质的量之比等于化学计量比时，产物 G、H 在混合气体中的含量最大。

例如在合成氨的反应中，总是使原料气氢气与氮气的体积比为 3∶1，以使产物中氨的含量最高。表 4-1 列出了在 500 ℃、30.4 MPa 时平衡混合物中氨的体积分数与原料气的物质的量之比 r 的关系。

表 4-1　500 ℃、30.4 MPa 下，不同氢氮比时混合气中氨的平衡含量

$r=\frac{n_{H_2}}{n_{N_2}}$	1	2	3	4	5	6
φ_{NH_3}	18.8	25.0	26.4	25.8	24.2	22.2

如果两种原料气中，B 气体相对于 A 气体较便宜，而 B 气体又容易从混合气体中分离，那么根据化学平衡移动原理，为了充分利用 A 气体，可以投入过量的 B 气体，来尽量提高 A 气体

的转化率。虽然这样做会使混合气体中产物的含量降低，但是经过分离后会得到更多的产物，在经济上还是合算的。例如在合成氨的反应中，氮气便宜且容易分离，所以在不明显降低混合气体中氨气含量的前提下，适当提高氮气在原料气中的比例，会提高氢气的转化率，提高效益、节约成本。

§4.6 同时化学平衡

4.6.1 同时反应

到目前为止，我们所讨论的对象都是单个反应，而实际反应系统中进行的化学反应不一定只有一个，可能有两个或者两个以上。在反应系统中反应组分同时参加两个或两个以上的化学反应，称为同时反应。即除了主反应以外还伴有副反应，几个反应同时发生，同时达到化学平衡。例如甲烷的转化可同时进行如下四个反应：

$$CH_4(g) + H_2O(g) = CO(g) + 3H_2(g) \tag{1}$$

$$CH_4(g) + 2H_2O(g) = CO_2(g) + 4H_2(g) \tag{2}$$

$$CO(g) + H_2O(g) = CO_2(g) + H_2(g) \tag{3}$$

$$CH_4(g) + CO_2(g) = 2CO(g) + 2H_2(g) \tag{4}$$

处理同时反应的化学平衡问题，首先要确定哪些反应相互之间没有线性组合关系，即相互独立的反应。通过比较上面四个反应，存在以下线性关系：

反应(2)＝反应(1)＋反应(3)

反应(4)＝反应(1)－反应(3)

因此，相互独立的反应为(1)和(3)。每一个独立反应均有独立的反应进度，均可列出一个独立的平衡常数表达式；同时，反应的存在并不会影响每个反应的标准平衡常数。若原始组成已知，则能计算达到平衡时各个独立反应的反应进度，从而计算出平衡组成。但是需要注意的是，在同一反应系统中的任一组分，不论参加几个化学反应，其浓度或者分压只能有一个。

【例 4-10】 600 K 时，$CH_3Cl(g)$与 $H_2O(g)$发生反应生成 $CH_3OH(g)$后，继而又分解为$(CH_3)_2O(g)$，同时存在如下两个平衡：

$$(1)\ CH_3Cl(g) + H_2O(g) \rightleftharpoons CH_3OH(g) + HCl(g)$$

$$(2)\ 2CH_3OH(g) \rightleftharpoons (CH_3)_2O(g) + H_2O(g)$$

已知在该温度下，$K_1^\ominus=0.00154$，$K_2^\ominus=10.6$。现以计量系数比的 $CH_3Cl(g)$与 $H_2O(g)$开始反应，求 $CH_3Cl(g)$的平衡转化率。

解 设 $CH_3Cl(g)$与 $H_2O(g)$的起始物质的量均为 1 mol，到达平衡时，HCl(g)的物质的量为 x，$(CH_3)_2O(g)$的物质的量为 y，则平衡时各组分的物质的量为

$$CH_3Cl(g) + H_2O(g) \rightleftharpoons CH_3OH(g) + HCl(g)$$

平衡时物质的量/mol　　$1-x$　　$1-x+y$　　$x-2y$　　x

$$2CH_3OH(g) \rightleftharpoons (CH_3)_2O(g) + H_2O(g)$$

平衡时物质的量/mol　　$x-2y$　　y　　$1-x+y$

因为两个反应的 $\sum\nu_B=0$，所以 $K^\ominus=K_n$

$$K_1^\ominus = K_{n,1} = \frac{(x-2y)x}{(1-x)(1-x+y)} = 0.00154$$

$$K_2^\ominus = K_{n,2} = \frac{y(1-x+y)}{(x-2y)^2} = 10.6$$

联立解得 $x=0.048, y=0.009$

所以 $CH_3Cl(g)$ 的平衡转化率为 $\frac{x}{1}\times 100\% = 4.8\%$

4.6.2 偶合反应

系统中同时发生的两个化学反应,若存在一个反应的产物是另一反应的反应物之一,则我们说这两个反应是偶合反应(coupling reaction)。在偶合反应中,某一个反应可以影响另一个反应的平衡位置,甚至使原先不能单独进行的反应得以通过其他的途径进行。

例如,乙苯脱氢制苯乙烯的反应

$$C_8H_{10}(g) = C_8H_8(g) + H_2(g) \tag{1}$$

在 298 K 时标准平衡常数 $K_1^\ominus = 2.70\times 10^{-15}$,$\Delta_r G_{m,1}^\ominus > 0$。根据 Gibbs 自由能判据,该反应是不能在 298 K 下进行的。而另外一个反应

$$2H_2(g) + O_2(g) = 2H_2O(g) \tag{2}$$

在 298 K 时标准平衡常数 $K_2^\ominus = 1.59\times 10^{80}$,$\Delta_r G_{m,2}^\ominus \ll 0$。根据 Gibbs 自由能判据,该反应是能在 298 K 下进行的,而且几乎能将所有的 $H_2(g)$ 转化成 $H_2O(g)$。

若在反应(1)中加入 $O_2(g)$,产物中 $H_2(g)$ 会与 $O_2(g)$ 反应生成 $H_2O(g)$。这里 $H_2(g)$ 既是反应(1)的产物又是反应(2)的反应物,两个反应构成了偶合反应:

$$C_8H_{10}(g) + \frac{1}{2}O_2(g) = C_8H_8(g) + H_2O(g) \tag{3}$$

298 K 时,标准平衡常数 $K_3^\ominus = K_1^\ominus (K_2^\ominus)^{0.5} = 3.4\times 10^{25}$,$\Delta_r G_{m,3}^\ominus = \Delta_r G_{m,1}^\ominus + 0.5\Delta_r G_{m,2}^\ominus < 0$。正是因为 $O_2(g)$ 的加入使反应(1)和反应(2)偶合,反应(1)的平衡得以不断向右移动,最终乙苯几乎完全转化成产物苯乙烯。

因此,偶合反应在实际化工生产工艺和合成路线设计当中有着非常广泛的应用。

本章小结

本章主要介绍热力学在化学平衡中的重要应用,即用热力学的方法来解决化学平衡问题。

根据 Gibbs 提出的化学势的概念,将化学势代入化学反应 Gibbs 自由能的计算式,推导出化学反应等温方程 $\Delta_r G_m = \Delta_r G_m^\ominus + RT\ln Q_p$,并定义了标准平衡常数 $K^\ominus$。在等温等压条件下,我们可以根据 Q_p 和 $K^\ominus$ 的大小关系或者 $\Delta_r G_m$ 的正负来判断化学反应是否达到化学平衡状态或者化学反应将要进行的方向;我们也可以根据平衡时的化学反应等温方程 $\Delta_r G_m^\ominus = -RT\ln K^\ominus$ 来计算化学反应的标准平衡常数和平衡组成。由此,我们得以把化学平衡的经验结论都转化成了可以通过数学计算解决的理论问题。

标准平衡常数 $K^\ominus$ 仅是温度的函数,因此改变温度会改变 $K^\ominus$,从而改变化学平衡,甚至可

能会使化学反应的方向发生改变。对于 $\sum\nu_B \neq 0$ 的反应,其他一些因素,例如压力、惰性气体、反应物投料比等,也会影响平衡组成。与温度不同,这些因素虽然不影响标准平衡常数的大小,但是会影响各组分的浓度或者分压,同样会使化学平衡发生移动,进而影响转化率。对于实际生产中,通过合理调节温度、压力、反应投料比等条件,可以更合理地利用资源,给化工生产工艺和合成路线设计提供了更多的思路。

拓展阅读及相关链接

1. 道尔顿及道尔顿分压定律。道尔顿分压定律(也称道尔顿定律)描述的是理想气体的特性。这一经验定律是在1801年由约翰·道尔顿(John Dalton)所观察得到的。在任何容器内的气体混合物中,如果各组分之间不发生化学反应,则每一种气体都均匀地分布在整个容器内,它所产生的压强和它单独占有整个容器时所产生的压强相同。也就是说,一定量的气体在一定容积的容器中的压强仅与温度有关。例如,0 ℃时,1 mol氧气在22.4 dm^3 体积内的压强是101.3 kPa。如果向容器内加入1 mol氮气并保持容器体积不变,则氧气的压强还是101.3 kPa,但容器内的总压强增大一倍。可见,1 mol氮气在这种状态下产生的压强也是101.3 kPa。

道尔顿总结了这些实验事实,得出下列结论:某一气体在气体混合物中产生的分压等于在相同温度下它单独占有整个容器时所产生的压力;而气体混合物的总压强等于其中各气体分压之和,这就是道尔顿分压定律(law of partial pressure)。即理想气体混合物中某一组分B的分压等于该组分单独存在于混合气体的温度 T 及总体积 V 的条件下所具有的压力;而混合气体的总压即等于各组分单独存在于混合气体温度、体积条件下产生压力的总和。

道尔顿定律只适用于理想气体混合物,实际气体并不严格遵从道尔顿定律,在高压情况下尤其如此。不过,对于低压下真实气体混合物也可以近似适用。

道尔顿生于坎伯兰郡伊格斯非尔德一个贫困的贵格会职工家庭。1776年曾接受数学的启蒙。幼年家贫,只能参加贵格会的学校,富裕的教师鲁宾逊很喜欢道尔顿,允许他阅读自己的书和期刊。1778年鲁宾逊退休,12岁的道尔顿接替他在学校里任教,工资微薄,后来他重新务农。1800年道尔顿开始担任曼彻斯特文学和哲学学会秘书,随后进行气体的压强研究。他加热相同体积的不同气体,发现温度升高所引起的气体压强变化值与气体种类无关;并且当温度变化相同时,气体压强变化也是相同的。他实际上得到了与后来查理和盖·吕萨克同样的结论,但是他没有继续深究这个问题。1801年道尔顿将水蒸气加入干燥空气中,发现混合气体中某组分的压强与其他组分压强无关,且总压强等于两者压强之和,即道尔顿分压定律。同年,道尔顿最亲密的朋友威廉·亨利发现了难溶于水的气体在水中的溶解数量与压强成正比,即亨利定律。

1804年道尔顿就已系统地提出了他的原子学说,并且编制了一张原子量表。但是他的主要著作《化学哲学新体系》直到1808年才问世,那是他的成功之作。原子论建立以后,道尔顿名震英国乃至整个欧洲,各种荣誉纷至沓来。道尔顿一生正如恩格斯所指出的:化学新时代是从原子论开始的,所以道尔顿应是近代化学之父。在科学理论上,道尔顿的原子论是继拉瓦锡的氧化学说之后理论化学的又一次重大进步,他揭示出了一切化学现象的本质都是原子运动,明确了化学的研究对象,对化学真正成为一门学科具有重要意义。此后,化学及其相关学科得到了蓬勃发展。在哲学思想上,原子论揭示了化学反应现象与本质的关系,继天体演化学说诞生以后,又一次冲击了当时僵化的自然观,对科学方法论的发展、辩证自然观的形成及整个哲学认识论的发展具有重要意义。

2. 约西亚·威拉德·吉布斯(Josiah Willard Gibbs,1839.02.11—1903.04.28),美国物理化学家、数学物理学家。他奠定了化学热力学的基础,提出了吉布斯自由能与吉布斯相律,创立了向量分析并将其引入数学物理之中。在化学统计力学方面,他的主要贡献是将玻尔兹曼和麦克斯韦所创立的统计理论发展为系综理论并提出了涨落现象的一般理论。

1854 年吉布斯入耶鲁学院学习，于 1858 年以很优秀的成绩毕业，并在数学和拉丁文方面获奖。1863 年吉布斯凭借使用几何方法进行齿轮设计的论文在耶鲁学院获得工程学博士学位，这也使他成为美国的第一个工程学博士。随后留校任拉丁文助教两年、自然哲学助教一年。1866 年吉布斯前往欧洲留学，分别在巴黎、柏林、海德堡各学习一年，卡尔·魏尔施特拉斯、基尔霍夫、克劳修斯和亥姆霍兹等大师开设的课程让他受益匪浅。

1871 年吉布斯成为耶鲁学院数学物理学教授，也是全美第一个这一学科的教授。1876 年吉布斯在康涅狄格科学院学报上发表了奠定化学热力学基础的经典之作《论非均相物体的平衡》的第一部分，1878 年他完成了第二部分。这一长达三百余页的论文被认为是化学史上最重要的论文之一，其中提出了吉布斯自由能、化学势等概念，阐明了化学平衡、相平衡、表面吸附等现象的本质。但由于吉布斯本人的纯数学推导式的写作风格和刊物发行量太小，以及美国对于纯理论研究的轻视等原因，这篇文章在美国大陆没有引起回应。随着时间的推移，这篇论文开始受到欧洲大陆同行的重视。1889 年之后吉布斯撰写了一部关于统计力学的经典教科书《统计力学的基本原理》，他使用刘维尔的成果，对玻尔兹曼提出的系统这一概念进行扩展，从而将热力学建立在了统计力学的基础之上。1901 年吉布斯获得当时的科学界最高奖赏柯普利奖章。

不论是吉布斯还是门捷列夫，都对现代化学产生了深远影响。19 世纪 70 年代，吉布斯在热力学方面的研究就已经让他声名显赫，但在 1901 年，第一届诺贝尔奖却颁发给了荷兰科学家范特霍夫(他的研究是建立在吉布斯的基础之上)。1903 年，吉布斯去世，从此再也没有机会进入让世人敬仰的诺贝尔奖得主名单。

3. 赫尔曼·冯·亥姆霍兹(Hermann von Helmholtz，1821—1894)，德国物理学家、数学家、生理学家、心理学家。

亥姆霍兹的研究领域十分广泛，除物理学外，在生理光学和声学、数学、哲学诸方面都作出了重大贡献。他测定了神经脉冲的速度，重新提出托马斯·杨的三原色视觉说，研究了音色、听觉和共鸣理论，发明了验目镜、角膜计、立体望远镜。1868 年亥姆霍兹将研究方向转向物理学，于 1871 年任柏林大学物理学教授。在电磁理论方面，他测出电磁感应的传播速率为 314000 $km \cdot s^{-1}$，由法拉第电解定律推导出电可能是粒子。由于他的一系列讲演，麦克斯韦的电磁理论才真正引起欧洲大陆物理学家的注意，并且导致他的学生赫兹于 1887 年用实验证实了电磁波的存在以及取得一系列重大成果。在热力学研究方面，于 1882 年发表论文“化学过程的热力学”，他把化学反应中的“束缚能”和“自由能”区别开来，指出前者只能转化为热，后者却可以转化为其他形式的能量。他从克劳修斯的方程，导出了后人命名的吉布斯-亥姆霍兹方程。他还研究了流体力学中的涡流、海浪形成机理和若干气象问题。在数学中，他研究了黎曼空间的几何、黎曼度量和数学物理中的退化波动方程等课题。他提出的后经李改进了的有关黎曼度量的论断以及李-亥姆霍兹空间问题的重要性在许多自然科学领域中都得到了证实。

亥姆霍兹不仅对医学、生理学和物理学有重大贡献，而且一直致力于哲学认识论。他确信：世界是物质的，而物质必定守恒。1847 年他在德国物理学会发表了关于力的守恒讲演，在科学界赢得很大声望，亥姆霍兹在这次讲演中，第一次以数学方式提出能量守恒定律。

4. 雅克布斯·范特霍夫(Jacobus van't Hoff，1852.08.30—1911.03.11)，荷兰化学家，物理化学先驱。范特霍夫从小生活在荷兰农村，由他的祖父母抚养。小学毕业以后，15 岁进入一所中等技校学习，由于受化学老师的影响，开始对化学产生兴趣。19 岁时考入了莱顿大学数学系，第二年他又转到波恩大学专攻化学，幸运地成为著名的有机化学家凯库勒(F. A. Kekulè)的学生，到这时他才算真正进入了中学时代就向往的化学研究领域。范特霍夫的成名始于有机化合物空间构型的研究。1874 年范特霍夫用荷兰文发表了他的第一篇具有历史意义的论文“空间化学”，他首次提出了碳原子四面体结构的立体化学及不对称碳原子概念，解释了有机物的光学异构现象，但这篇论文并未引起化学界的注意。1875 年范特霍夫在补充了一些内容后又以新论文用法文刊出，第二年被翻译成德文出版，这才引起化学界的重视。范特霍夫因对化学平衡和温度关系的研究及溶液渗透压的发现，1884 年出版了《化学动力学研究》一书。1885 年范特霍夫又发表了另一项研究成果“气体体系或稀溶液中的化学平衡”。1885 年被选为荷兰皇家科学院成员。1886 年 van't Hoff 根据实验数据提出范特霍夫定律——渗透压与溶液的浓度和温度成正比，它的比例常数就是气体状态方程中的常数

R。1887 年 8 月，与德国科学家威廉·奥斯特瓦尔德共同创办《物理化学杂志》。此外，他对史塔斯佛特盐矿所发现的盐类三氯化钾和氯化镁的水化物进行了研究，利用该盐矿形成的沉积物来探索海洋沉积物的起源。

1901 年 12 月 10 日，对于范特霍夫来说是一个值得纪念的日子，对于人类也是一个值得纪念的日子，这一天，诺贝尔奖首次颁发，而范特霍夫是第一位诺贝尔化学奖的获奖者。这一年瑞典皇家科学院收到的 20 份诺贝尔化学奖候选人提案中，有 11 份提名范特霍夫。这一年的诺贝尔化学奖颁发给范特霍夫，他当之无愧。非常有趣的是，范特霍夫创立的碳的四面体结构学说并不是获奖原因，而是他的另外两篇化学动力学和化学热力学的著名论文使他获得首届诺贝尔化学奖。1911 年 3 月 1 日，范特霍夫在柏林附近的斯特利茨逝世，终年 59 岁。

参考文献

[1] 傅献彩，沈文霞，姚天扬，等. 物理化学. 第五版. 北京：高等教育出版社，2005.

[2] 张庆轩，杨国华，张志庆. 物理化学. 北京：化学工业出版社，2011.

[3] 邵谦. 物理化学简明教程. 北京：化学工业出版社，2011.

[4] 张丽丹，马丽景，贾建光，等. 物理化学简明教程. 北京：高等教育出版社，2011.

习　　题

1. 判断下列说法是否正确，为什么？

(1) 某一反应的平衡常数是一个不变的常数。

(2) 因为 $\Delta_r G_m^\ominus = -RT\ln K^\ominus$，所以说 $\Delta_r G_m^\ominus$ 是平衡状态时 Gibbs 自由能的变化值。

(3) 某反应的 $\Delta_r G_m^\ominus < 0$，所以该反应一定能正向进行。

(4) 平衡常数值改变了，平衡一定会移动；反之，平衡移动了，平衡常数值也一定改变。

(5) 对于反应 $CO(g) + H_2O(g) \rightleftharpoons H_2(g) + CO_2(g)$，因为反应前后气体分子数相等，所以无论压力如何变化，对平衡均无影响。

2. 影响 $K^\ominus$ 和化学平衡状态的因素有哪些？改变某一因素是如何影响化学平衡状态的？

3. 工业上制水煤气的反应为 $C(s) + H_2O(g) \rightleftharpoons H_2(g) + CO(g)$，反应的标准摩尔焓变为 133.5 kJ·mol^{-1}，设反应在 673 K 时达到平衡。试讨论如下各种因素对平衡的影响：

(1) 增加 C(s) 的含量；

(2) 提高反应温度；

(3) 增加反应系统的压力；

(4) 增加 $H_2O(g)$ 的分压；

(5) 增加 $N_2(g)$ 的分压。

4. 设某分解反应为 $A(s) \rightleftharpoons B(g) + 2C(g)$，若其平衡常数和分解压力分别为 $K^\ominus$ 和 p，试写出平衡常数与分解压力的关系式。

5. 合成氨反应 $N_2(g) + 3H_2(g) \rightleftharpoons 2NH_3(g)$ 达到平衡后，保持温度和压力不变的情况下，加入水蒸气作为惰性气体，设气体近似作为理想气体处理，问：氨的含量会不会发生变化？$K^\ominus$ 值会不会改变，为什么？

6. 对于同一化学反应，若反应方程式中计量系数写法不同，则其标准平衡常数 $K^\ominus$ 和标准摩尔反应 Gibbs 自由能 $\Delta_r G_m^\ominus$ 是否相同？（　）

A. $K^\ominus$ 相同，$\Delta_r G_m^\ominus$ 不同　　B. $K^\ominus$ 不同，$\Delta_r G_m^\ominus$ 相同

C. $K^\ominus$ 和 $\Delta_r G_m^\ominus$ 都不同　　D. $K^\ominus$ 和 $\Delta_r G_m^\ominus$ 都相同

7. 反应 $C(s) + O_2(g) \rightleftharpoons CO_2(g)$、$CO(g) + O_2(g) \rightleftharpoons 2CO_2(g)$、$C(s) + \frac{1}{2}O_2(g) \rightleftharpoons CO(g)$ 的平

衡常数分别为 $K_1^\ominus$、$K_2^\ominus$、$K_3^\ominus$，三个平衡常数之间的关系为(　)。

A. $K_3^\ominus=K_1^\ominus K_2^\ominus$　　B. $K_3^\ominus=K_1^\ominus/K_2^\ominus$

C. $K_3^\ominus=K_1^\ominus/\sqrt{K_2^\ominus}$　　D. $K_3^\ominus=\sqrt{K_1^\ominus/K_2^\ominus}$

8. 某温度下，$NH_4Cl(s)$的分解压力为 $p^\ominus$，则分解反应的平衡常数 $K^\ominus$ 为(　)。

A. 1　　B. 0.5　　C. 0.25　　D. 0.125

9. 在温度 T 时，某化学反应的 $\Delta_r H_m^\ominus<0$，$\Delta_r S_m^\ominus>0$，此时该反应的平衡常数 $K^\ominus$ 应是(　)。

A. $K^\ominus>1$，且随温度的升高而增大　　B. $K^\ominus>1$，且随温度的升高而减小

C. $K^\ominus<1$，且随温度的升高而增大　　D. $K^\ominus<1$，且随温度的升高而减小

10. 五氯化磷的分解反应 $PCl_5(g) \longrightarrow PCl_3(g)+Cl_2(g)$，在 473 K 达到平衡时，$PCl_5(g)$ 有 48.5%分解，在 573 K 达到平衡时有 97%分解，则此反应为(　)。

A. 吸热反应　　B. 放热反应

C. 既不吸热也不放热　　D. 这两个温度下的平衡常数相等

11. 已知气相反应 $2NO(g)+O_2(g) \longrightarrow 2NO_2(g)$是放热反应，在反应达到平衡时，可采取下列哪些措施使平衡向右移动？(　)

A. 降温和减压　　B. 升温和增压

C. 升温和减压　　D. 降温和增压

12. 已知反应 $PCl_5(g) \longrightarrow PCl_3(g)+Cl_2(g)$，在一定温度下 $PCl_5(g)$的解离度为 α，下列哪一个条件可以使 α 增大？(　)

A. 增加压力，使体积减小一半　　B. 恒容充入惰性气体，使压力增大一倍

C. 恒压充入惰性气体，使体积增大一倍　　D. 恒容充入氯气，使压力增大一倍

13. 下列叙述不正确的是(　)。

A. 标准平衡常数仅是温度的常数

B. 催化剂不能改变平衡常数的大小

C. 平衡常数发生改变，化学平衡必定发生移动，达到新的平衡

D. 化学平衡发生新的移动，平衡常数必定发生改变

14. 真实气体的平衡常数 $K^\ominus$ 的数值与下列哪一个因素无关？(　)

A. 标准态　　B. 温度　　C. 压力　　D. 系统的平衡组成

15. 环己烷与甲基环戊烷有以下异构化作用：$C_6H_{12}(l) \longrightarrow C_5H_9CH_3(l)$，其平衡常数 $K^\ominus$ 与温度 T 的关系如下：$\lg K^\ominus=4.184-17120/(RT)$，那么 298 K 时，$\Delta_r S_m^\ominus(J\cdot K^{-1}\cdot mol^{-1})$为(　)。

A. −40.02　　B. 40.02　　C. 92.17　　D. −92.17

16. 已知四氧化二氮的分解反应

$$N_2O_4(g) \longrightarrow 2NO_2(g)$$

在 298 K 时，$\Delta_r G_m^\ominus=4.75\ kJ\cdot mol^{-1}$。试判断在此温度及下列条件下，反应进行的方向。

(1) N_2O_4(100 kPa)，NO_2(1000 kPa)；

(2) N_2O_4(1000 kPa)，NO_2(100 kPa)；

(3) N_2O_4(300 kPa)，NO_2(200 kPa)。

17. 已知反应 $CO(g)+H_2O(g) \longrightarrow H_2(g)+CO_2(g)$的标准平衡常数与温度的关系为

$$\lg K^\ominus = 2150K/T - 2.216$$

当 CO，H_2O，H_2，CO_2 的起始组成的质量分数分别为 0.30，0.30，0.20 和 0.20，总压为 101.3 kPa 时，问在什么温度以下(或者以上)反应才能向生成产物的方向进行？

18. 反应 $C(s)+2H_2(g) \longrightarrow CH_4(g)$的 $\Delta_r G_m^\ominus(1000\ K)=19.397\ kJ\cdot mol^{-1}$。若参加反应气体的摩尔分数分别为 $x(CH_4)=0.10$，$x(H_2)=0.80$，$x(N_2)=0.10$，试问在 1000 K 和 100 kPa 压力下，能否有 $CH_4(g)$生成？若不能，压力需满足什么条件，反应才能进行？

19. 反应 $N_2O_4(g)$ ═══ $2NO_2(g)$，在 298 K 下 $NO_2(g)$ 和 $N_2O_4(g)$ 的标准摩尔生成 Gibbs 自由能分别为 51.258 $kJ\cdot mol^{-1}$ 和 97.787 $kJ\cdot mol^{-1}$。气体为理想气体。

(1) 计算 298 K 下，反应的 $\Delta_r G_m^{\ominus}$；

(2) 计算 298 K 下，反应的 $K^{\ominus}$；

(3) 若开始在真空容器中放入 1 mol $N_2O_4(g)$，使其在 298 K 时的体积为 24.46 dm^3，计算平衡时 $N_2O_4(g)$ 的压力；

(4) 若 298 K 时，容器中 $N_2O_4(g)$ 的分压为 0.5 MPa，$NO_2(g)$ 分压为 0.25 MPa，试判断反应的方向。

20. 在一个抽空的恒容容器中引入氯气和二氧化硫，若它们之间没有发生反应，则 375.3 K 时的分压分别为 47.836 kPa 和 44.786 kPa。将容器保持在 375.3 K，经一段时间后，总压减少至 86.096 kPa，且保持不变。求下列反应的 $K^{\ominus}$。

$$SO_2Cl_2(g) \xlongequal{\quad} SO_2(g) + Cl_2(g)$$

21. 五氯化磷的分解反应

$$PCl_5(g) \xlongequal{\quad} PCl_3(g) + Cl_2(g)$$

在 473 K 时的 $K^{\ominus}=0.312$，计算：

(1) 473 K、200 kPa 下 $PCl_5(g)$ 的解离度；

(2) 物质的量之比为 1∶5 的 $PCl_5(g)$ 和 $Cl_2(g)$ 的混合物，在 473 K、101.325 kPa 下，求达到化学平衡时 $PCl_5(g)$ 的解离度。

22. 298 K 时有 0.01 kg 的 $N_2O_4(g)$，压力为 202.6 kPa，若把它全部分解为 $NO_2(g)$，压力为 30.4 kPa。试求该过程的 Gibbs 自由能变化值 $\Delta_r G$。

23. 有人尝试用甲烷和苯为原料来制备甲苯：

$$CH_4(g) + C_6H_6(g) \xlongequal{\quad} C_6H_5CH_3(g) + H_2(g)$$

通过选择不同的催化剂和不同的温度，但都以失败告终。而在石化工业上，是利用该反应的逆反应使甲苯加氢来获得苯。试通过如下两种情况，从理论上计算平衡转化率。

(1) 在 500 K 和 100 kPa 的条件下，使用适当的催化剂，若原料甲烷和苯的物质的量之比为 1∶1，用热力学数据估算一下可能获得的甲苯所占的摩尔分数；

(2) 若反应条件同上，使甲苯和氢气的物质的量之比为 1∶1，请计算甲苯的平衡转化率。

已知 500 K 时，$\Delta_f G_m^{\ominus}(CH_4, g) = -33.08\ kJ\cdot mol^{-1}$，$\Delta_f G_m^{\ominus}(C_6H_6, g) = 162.0\ kJ\cdot mol^{-1}$，$\Delta_f G_m^{\ominus}(C_6H_5CH_3, g) = 172.4\ kJ\cdot mol^{-1}$，$\Delta_f G_m^{\ominus}(H_2, g) = 0$。

24. 已知，$CaCO_3(s)$ 在 1073 K 下的分解压为 22 kPa，通过计算回答：

(1) 在 1073 K 下将 $CaCO_3(s)$ 置于 $CO_2(g)$ 体积分数为 0.03% 的空气中，能否分解？空气压力为 101.3 kPa。

(2) 若置于 101.3 kPa 的纯 $CO_2(g)$ 气体中，能否分解？

25. 将氨基甲酸铵放在一个抽空的容器中，298 K 分解生成氨气和二氧化碳达到平衡，容器内压力为 8.825 kPa；另一次实验中除加入氨基甲酸铵以外，还通入氨气，且氨的原始压力为 12.443 kPa，若平衡时尚有过量的固体存在，求各气体的分压及总压力。

26. 酯化反应

$$C_2H_5OH(l) + CH_3COOH(l) \xlongequal{\quad} CH_3COOC_2H_5(l) + H_2O(g)$$

298 K 的标准平衡常数为 4.0，各组分的活度因子均等于 1。试求：298 K 下，反应物配比 $n_{C_2H_5OH} : n_{CH_3COOH} = 2$ 时的乙醇的平衡转化率和乙酸乙酯的最大产率。

27. 已知乙烷裂解是生成乙烯的重要反应，乙烷在 1000 K 和 150 kPa 条件下按下式裂解：

$$CH_3CH_3(g) \xlongequal{\quad} CH_2CH_2(g) + H_2(g)$$

该反应在 1000 K 下的标准平衡常数为 0.898，将各组分视为理想气体，试计算乙烷的平衡转化率。

28. 甲烷的转化反应

$$CH_4(g) + H_2O(g) \rightleftharpoons CO(g) + 3H_2(g)$$

在 900 K 下的标准平衡常数为 1.280。若取等物质的量的 $CH_4(g)$和 $H_2O(g)$反应，求在该温度及 101.325 kPa 下达到平衡时系统的组成。

29. 在合成氨生产中，为了将水煤气中的 CO(g)转化成 $H_2(g)$，须加入 $H_2O(g)$进行转化反应：

$$CO(g) + H_2O(g) \rightleftharpoons H_2(g) + CO_2(g)$$

原料气的组分为体积分数 $\varphi_{CO}=0.360$，$\varphi_{H_2}=0.355$，$\varphi_{CO_2}=0.055$，$\varphi_{N_2}=0.230$。转化反应在 823 K 下进行，反应的标准平衡常数为 3.56。若要求转化后除去水蒸气的干燥气体中 CO(g)的体积分数不超过 0.02，问 1 dm^3 原料气须与多少体积的 $H_2O(g)$发生反应？

30. $H_2S(g)$的解离反应 $2H_2S(g) \rightleftharpoons 2S(g)+2H_2(g)$，在 1065 ℃时的 $K_1^\ominus=0.0118$，假定解离热为 $\Delta_r H_m^\ominus=177\ kJ\cdot mol^{-1}$，不随温度变化而变化。求该反应在 1200 ℃时的 $K_2^\ominus$ 与 $\Delta_r G_m^\ominus$、$\Delta_r S_m^\ominus$。

31. 反应 $NH_4Cl(g) \rightleftharpoons NH_3(g)+HCl(g)$的标准平衡常数在 250～400 K 温度范围内存在以下关系：$\lg K^\ominus=37.32-\dfrac{21020}{T/K}$，计算 300 K 时反应的 $\Delta_r G_m^\ominus$、$\Delta_r H_m^\ominus$、$\Delta_r S_m^\ominus$。

32. 已知 $Br_2(g)$的标准摩尔生成焓 $\Delta_f H_m^\ominus=30.9\ kJ\cdot mol^{-1}$，标准摩尔生成 Gibbs 自由能 $\Delta_f G_m^\ominus=3.11\ kJ\cdot mol^{-1}$。设 $\Delta_r H_m^\ominus$ 不随温度而改变，由 $Br_2(l) \rightleftharpoons Br_2(g)$计算：

(1) $Br_2(l)$在 298 K 时的饱和蒸气压；

(2) $Br_2(l)$在 323 K 时的饱和蒸气压；

(3) $Br_2(l)$在 100 kPa 时的沸点。

33. 在一定温度 T 下，一定量的气体 AB(g)按 $AB(g) \rightleftharpoons A(g)+B(g)$分解。当系统压力为 100 kPa、体积为 1 dm^3 时，解离度为 50%。试求在下列各种情况下的解离度：

(1) 降低系统总压，直至体积增加至 2 dm^3；

(2) 恒压下通入惰性气体，使体积增加至 2 dm^3；

(3) 恒容下充入惰性气体，使压力增加至 200 kPa；

(4) 通入 B(g)，使压力增加至 200 kPa，而体积维持在 1 dm^3。

第5章 相 平 衡

本章学习目标：

- 了解相平衡涉及的重要概念。
- 理解相平衡原理、意义及主要应用。
- 掌握相律及基本的相图绘制和各量间的关系。

相平衡(phase equilibrium)是化学化工生产的理论基础之一，比如化工热力学中的传质分离过程和热质传递过程，研究相平衡可为选择合适的分离方法提供依据。利用热力学原理研究相平衡，无论在科学研究还是工业生产方面都有重要意义。在冶金工业方面，利用相图可以监测冶炼过程，研究金属组成、结构和性能之间的关系；在无机化工方面，利用相平衡原理，用溶解、重结晶等方法将天然盐类混合物进行分离、提纯；在有机化工和石油化工方面，用蒸馏、精馏和萃取等方法进行提取和纯化，提高产品价值；在地质学方面，研究天然或人工合成的熔盐系统，了解组成与结构之间的关系。

本章主要结合相、相律、自由度等介绍相平衡的原理，以及一些基本的相图和相图的解析。

§5.1 相　　律

相律(phase rule)，全称为 Gibbs 相律，是 Gibbs 在 1875 年根据热力学基本原理推导出的，它用于确定相平衡系统中能够独立改变的变量个数。相律中主要涉及的几个重要概念介绍如下。

5.1.1 基本概念

1. 相(phase)

相是指系统内部物理和化学性质完全均匀的部分。相与相之间在指定条件下有明显的物理界面，在界面上宏观性质(密度、黏度等)的改变是飞跃式的。例如，冰水混合物中，冰内部的物理和化学性质是均一的，为固相；而水内部的物理和化学性质也是均一的，为液相。而冰水之间有明显的界面，在界面上密度、黏度等宏观性质会发生突变。

系统中只有一相的称为均相系统，系统中多相平衡共存的称为多相系统。在多相系统中，若发生相变或者某物质在相间的迁移，必然由化学势高的相向化学势低的相发生变化或迁移。

系统中相的总数称为相数，用 P 表示。对于气体混合物，不论有多少种气体混合，都只有一相，$P=1$。对于液体，按其互溶程度可以组成一相、两相、三相共存系统。例如，水与乙醇可以完全互溶形成单相系统，$P=1$；水与苯可以形成两相平衡系统，$P=2$；水、正己烷和硝基苯能形成三相平衡系统，$P=3$。对于固相，通常是有一种固体便有一个相。两种固体粉末无论混合得多么均匀，仍是两个相(固体溶液除外，它是单相)；而同一种固体大块与粉末混合则是单相，因为它们的物理化学性质是一样的。同一个单质，如果固体有不同的晶体结构，就有不同的相，如碳可分为：石墨、金刚石、碳-60等。

2. 相图(phase diagram)

表达多相系统的状态如何随温度、压力、组成等强度性质变化而变化，并用图形来表示这种状态的变化，这类图形称为相图。相图的形状取决于变量的数目。例如，有两个变量，相图用平面图表示；有三个变量，相图用立体图表示。根据需要还有三角形相图和直角相图等。图5-1、5-2分别为水的相图和水-苯胺的溶解度图，它们是单相系统和双液相系统的典型相图。

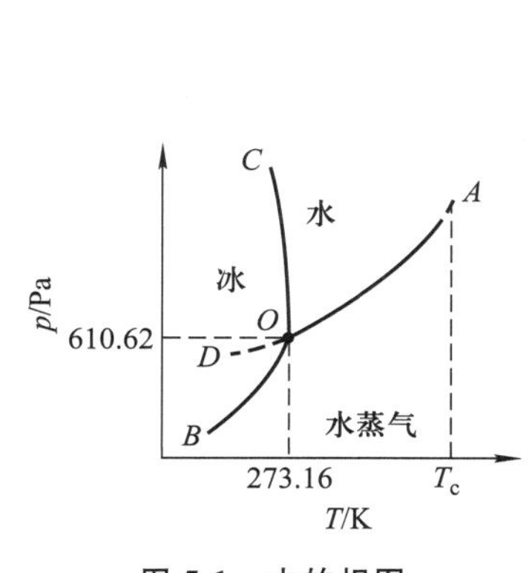

图5-1 水的相图

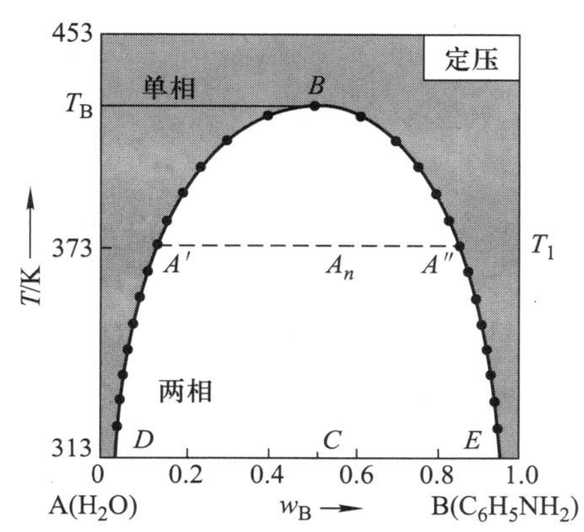

图5-2 水-苯胺的溶解度图

3. 自由度(degrees of freedom)

在某平衡系统中，当系统的某些强度性质，如压力、温度和组成等，发生变化时，可能会引起系统相态的变化。能够维持现有系统的相数不变，而可以独立改变的强度变量的数目称为自由度，这些强度变量通常就是压力、温度和组成等。

自由度用符号 f 表示。例如，对于纯水而言，在冰点以上、沸点以下的温度区间内，要使水维持液相不变，温度、压力都可以适当地改变，此时自由度有两个，$f=2$。若纯水在气、液两相平衡时，改变温度同时维持气液两相共存，则系统的压力必须等于该温度下的饱和蒸气压而不能随意改变，此时自由度有一个，$f=1$。同样，若变量为压力，温度就不能随意改变，因为某个温度下有固定的饱和蒸气压，两者中只要改变一个，另一个就是对应固定的。

又如任意盐水溶液与水蒸气的两相平衡系统，自由度最多可取三个，分别为：温度、水蒸气压力、盐水溶液的组成，但水蒸气的压力是温度和溶液组成的函数，所以实际自由度 $f=2$。但当盐水溶液饱和时，温度一定，盐的溶解度是一定的，因而水蒸气压力也一定，能够独立改变的变量只有一个，自由度 $f=1$。

简单系统的自由度可直接判断，但对于复杂系统(如多组分多相系统)，自由度的确定需要借助于相律。在介绍相律之前先说明与相律有关的组分数的概念。

4. 组分数(number of component)

在平衡系统所处的条件下，能够确保各相组成所需的最少独立物种数，称为独立组分数，简称组分数，用字母 C 表示。系统的组分数等于系统中所有物种数 S 减去系统中独立的化学平衡数 R，再减去各物种间的独立限制条件(通常是浓度限制)数 R'。用公式表示为

$$C = S - R - R' \tag{5.1}$$

例如，$NH_4HCO_3(s)$在真空中分解达成平衡

$$NH_4HCO_3(s) \rightleftharpoons NH_3(g) + CO_2(g) + H_2O(g)$$

其物种数 $S=4$；有一个独立的化学平衡，$R=1$；因为在真空中分解，产物在同一气相中，两气体的物质的量(或摩尔分数)必然相等，$R'=2$，所以这个系统的组分数 $C=4-1-2=1$。

又如，$CaCO_3(s)$在真空中分解达平衡

$$CaCO_3(s) \rightleftharpoons CaO(s) + CO_2(g)$$

其物种数 $S=3$；有一个独立的化学平衡，$R=1$；但两种产物处于不同的相，彼此之间无相互限制条件，$R'=0$，所以系统组分数 $C=3-1=2$。

再如，碳在氧气中燃烧，方程式如下：

$$C(s) + O_2(g) \longrightarrow CO_2(g) \tag{1}$$

$$C(s) + 1/2O_2(g) \longrightarrow CO(g) \tag{2}$$

$$CO(s) + 1/2O_2(g) \longrightarrow CO_2(g) \tag{3}$$

在这个体系中物种数 $S=4$；这三个方程其中两个是独立的，即(3)=(1)-(2)，$R=2$，所以体系的 $C=4-2=2$。

5.1.2 相律概述

1. 定义及应用

相律(phase rule)是相平衡系统中揭示相数 P、组分数 C 和自由度 f 之间关系的规律，是Gibbs在1875年根据热力学基本原理推导出的，目的是在不考虑其他力场的情况下，确定只受温度和压力影响的多相平衡系统的自由度。自由度等于组分数减去相数再加上2，用公式表示为

$$f = C - P + 2 \tag{5.2a}$$

式中“2”代表温度和压力，如果指定了其中一个，则自由度减少1，相律表示为

$$f^* = C - P + 1 \tag{5.2b}$$

如果温度和压力都指定了，则自由度减少2，相律表示为

$$f^{**} = C - P + 0 \tag{5.2c}$$

式中，f^* 和 f^{**} 称为条件自由度。

相律在相平衡研究中十分重要。例如：

(1) 解释相图

如图5-1水的相图中：单相区 $f=2$，温度、压力可变；两相平衡线 $f=1$，温度和压力只有一个可变；三相点 $f=0$，温度、压力都确定不可变，即由系统本身所决定。

(2) 判断系统中最多有几相平衡共存

对于确定的系统，$f=0$ 时相数最多。

【例5-1】 $Ag_2O(s)$分解的反应方程为

$$Ag_2O(s) \longrightarrow 2Ag(s) + 1/2O_2(g)$$

当用$Ag_2O(s)$进行分解达平衡时，系统的组分数、自由度和可能平衡共存的最大相数各为多少？

解　总的物种数 $S=3$；有一个独立的化学平衡，$R=1$；生成物处于不同的相，彼此之间无相互限制条件，所以 $R'=0$，则组分数

$$C=S-R-R'=3-1-0=2$$

$$\because P=3(\text{两个固相，一个气相})$$

$$\therefore f=C-P+2=2-3+2=1$$

$$f_{\min}=0,\quad P_{\max}=C+2=4$$

2. 相律的推导

相律的主要目的是确定系统的自由度，即独立变量个数，即

自由度 = 总变量数 − 非独立变量数

任何一个非独立变量，总可以通过一个与独立变量关联的方程式来表示，且有多少非独立变量，一定对应多少关联变量的方程式，所以

自由度 = 总变量数 − 方程式数

(1) 总变量数(包括温度、压力及组成等)

设一平衡系统中，S 种物质分布于 P 个相的每一相中(分子状态相同)。要确定某一相的状态，须知道 T、p、$(S-1)$种物质的相对含量，但对于每一相，T、p 都相同，因而总变量数为 $P(S-1)+2$。

(2) 方程式数

在每一相中，S 个组成变量间的关系为 $\sum x_{\mathrm{B}}=1$，所以系统中有几个相，就有几个关联方程式。根据平衡条件，平衡时每一物质在各相中的化学势相等，即

$$\mu_1(\mathrm{I})=\mu_1(\mathrm{II})=\cdots=\mu_1(P)\quad P-1\text{个方程}$$

$$\mu_2(\mathrm{I})=\mu_2(\mathrm{II})=\cdots=\mu_2(P)\quad P-1\text{个方程}$$

$$\cdots\qquad\qquad\cdots$$

$$\mu_S(\mathrm{I})=\mu_S(\mathrm{II})=\cdots=\mu_S(P)\quad P-1\text{个方程}$$

括号中的Ⅰ，Ⅱ，…，P 表示系统中的相，共有 $S(P-1)$个方程，每个方程都是 T、p 和组成的函数(即函数的具体形式)。

此外，还要考虑系统中的化学平衡反应，对于每个独立的化学平衡反应，有

$$\sum_{\mathrm{B}}\nu_{\mathrm{B}}\mu_{\mathrm{B}}=0\quad(\text{即 }\Delta_{\mathrm{r}}G_{\mathrm{m}}=0)$$

同样，每个方程都是 T、p 和组成的函数(具体形式)。

若根据实际情况还有 R'个独立的限制条件，也应对应 R'个方程。

综上，系统中关联变量的总方程式数为

$$S(P-1)+R+R'$$

所以自由度为

$$\begin{aligned}f&=[P(S-1)+2]-[S(P-1)+R+R']\\&=S-R-R'-P+2\end{aligned}$$

因为
$$C=S-R-R'$$

所以
$$f=C-P+2$$

这里我们只考虑 T、p 的影响。如果还有其他影响因素如电场、磁场等共 n 个变量，则相

律为

$$f = C - P + n$$

§5.2 单组分系统的相平衡

对于单组分系统，变量只有两个：温度、压力，因此相律表示为

$$f = C - P + 2$$

其中 $C=1$，所以 $f=1-P+2=3-P$。

当 $P=1$ 时，$f=2$，系统为双变量系统，温度和压力是两个独立变量，可以在一定范围内任意选定。系统状态可用 p-T 平面图表示，单相区为图上某一区域。

当 $P=2$ 时，两相平衡，$f=1$，系统为单变量系统，T 和 p 有一定依赖关系，只有一个独立可变。在 p-T 平面图上，两相平衡为某一条线。

当 $P=3$ 时，则 $f=0$，单组分系统三相共存，系统为无变量系统，T 和 p 均由系统自身决定，无法改变。在 p-T 平面图上，三相共存为某一点，称三相点。

系统至少有一相($P=1$)，因此单组分系统的自由度最多为 2；$f=0$ 时系统相数最多，因此单组分系统最多有三相。双变量系统的相图可用平面图表示。

下面结合水的相图和二氧化碳的相图来认识相图、理解相律。

5.2.1 水的相图

水的相图是根据实验绘制的，参见图 5-1。

在通常状态下，水可以 $H_2O(s)$、$H_2O(l)$、$H_2O(g)$ 三种相态存在。在水的相图中，有三个单相区，分别表示冰、水和水蒸气三相，单相区的自由度为 2；有三条两相平衡线，在两相平衡线上自由度为 1；有一个三相共存点，这时自由度为 0。

如图，OA 是气-液两相平衡线，即水的蒸气压曲线，它不能任意延长，终止于临界点 A，这时，$T=647$ K，$p=2.2\times10^7$ Pa，临界点时，气-液界面消失。高于临界温度，不能用加压的方法使气体液化。

一定温度下加压，会发生

$$H_2O(g) \rightleftharpoons H_2O(l)$$

一定压力下升温，会发生

$$H_2O(l) \rightleftharpoons H_2O(g)$$

OD 沿气-液平衡线降低，温度至 O 点应有冰析出，但会出现过冷水。OD 在冰的相区，说明过冷水是不稳定的。这可以通过两者的化学势看出(过冷水的 p 远高于冰的 p)。

OB 是气-固两相平衡线，即冰的升华曲线，理论上可延长至 0 K 附近。

OC 是液-固两相平衡线，当 C 点延至压力大于 2×10^8 Pa 时，相图变得复杂，有不同结构的冰生成。

$H_2O(l)$ 的单相区在 OA 与 OC 线之间，$H_2O(g)$ 的单相区在 OA 与 OB 线以下，$H_2O(s)$ 的单相区在 OC 与 OB 线以左。两相平衡线可以看作相应两个单相区的交界线，在单相区，系统为双变量系统，温度和压力都可以在适当范围内变动而仍能维持该相态不发生改变。

O 点是三相点，气-液-固三相共存，$P=3$，$f=0$，三相点的温度和压力皆由系统自定。

H_2O 的三相点温度、压力分别为 273.16 K 和 610.62 Pa。三相点与冰点的区别为：冰点是在大气压力下，水与冰平衡共存的温度。当大气压力为标准大气压 10^5 Pa 时，冰点温度为 273.15 K，改变外压，冰点也随之改变。冰点温度比三相点温度低 0.01 K，这是由两种因素造成的：

(1) 因外压增加，使凝固点下降 0.00748 K；

(2) 因水中溶有空气，使凝固点下降 0.00241 K。

5.2.2 二氧化碳的相图

二氧化碳的相图如图 5-3 所示。

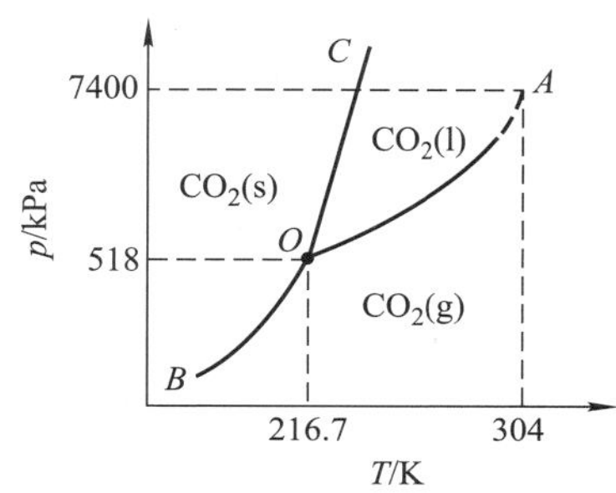

图 5-3 二氧化碳的相图

二氧化碳的相图和水的相图相似，也有三个单相区，分别为 $CO_2(s)$、$CO_2(l)$、$CO_2(g)$，单相区自由度为 2。有三条两相平衡线：*OA* 是气-液两相平衡线，终止于临界点 *A*，$T_c=304$ K，$p_c=7400$ kPa；*OB* 是气-固两相平衡线，*OA*、*OB* 这两条线的斜率和水的相图一致，都大于零；*OC* 是液-固两相平衡线，此线斜率也大于零，这是与水的相图不同的地方，因为 $CO_2(s)$的密度大于 $CO_2(l)$的密度。一般物质的固-液平衡线斜率都为正值，水为特例。

O 点是二氧化碳的三相点，三相点的温度和压力皆由系统自定。CO_2 的三相点温度、压力分别为 216.7 K 和 518 kPa。

由于 CO_2的三相点温度低于常温，而压力高于大气压力，所以平时看不到其液态，只看到其固态和气态[即：常压下升温，$CO_2(s)$不会经过液态，而在一定温度时直接变为气态]，故称之为干冰。

A 点是临界点，在临界点之上的物态称为超临界流体，它既不是液体，但具有液体的密度，有很强的溶解力；它也不是气体，但具有气体的扩散速度，黏度小。所以，二氧化碳超临界流体可用于萃取。

超临界流体萃取(supercritical fluid extraction，简称 SFE)是一种发展快、运用广的新型分离技术，具有操作简单、能耗少、污染低、分散能力好、产品纯、无有机溶剂残留等优点，故又称“绿色分离技术”。其中 CO_2 超临界流体萃取技术应用最为广泛，技术最为成熟，广泛应用于医药、食品和化工工业，对于传统方法难以提取及分离的物质，更有其无可比拟的优越性。

二氧化碳超临界流体萃取的优点：① 流体密度大，溶解能力强。② 流体黏度小，扩散快，可进入各种微孔。③ 萃取速率快，生产周期短。④ 毒性低，易分离。⑤ 无残留，不改变萃取物的香味和口味；操作条件温和，可重复使用，无三废。主要应用有：从软体动物鳃下腺中提取活性物质——提尔紫；在中草药有效成分（挥发油、生物碱、萜类、苷类及天然色素）提取中的应用，等等。

5.2.3 单组分系统的两相平衡——Clapeyron 方程

根据热力学公式，法国工程师克拉珀龙（Clapeyron）导出了一个方程，揭示了压力随温度的变化率与相变焓和相变体积变化的关系，可以适用于纯物质的任意两相平衡，用公式表示为

$$\frac{\mathrm{d}p}{\mathrm{d}T}=\frac{\Delta H}{T\Delta V} \tag{5.3}$$

式中，ΔH 为相变时焓的变化值，ΔV 为相变时相应的体积变化值，$\frac{\mathrm{d}p}{\mathrm{d}T}$为单组分相图上两相平衡线的斜率。这个公式就是 Clapeyron 方程，利用它可以求出单组分系统的相图上任意两相平衡的曲线的斜率。

例如，应用于水的相图，OA 线的斜率为

$$\frac{\mathrm{d}p}{\mathrm{d}T}=\frac{\Delta_{\mathrm{vap}}H}{T\Delta_{\mathrm{vap}}V}$$

$\Delta_{\mathrm{vap}}H>0$，液体气化时吸热；$\Delta_{\mathrm{vap}}V>0$，液体气化时体积增大，所以$\frac{\mathrm{d}p}{\mathrm{d}T}>0$，$OA$ 线的斜率为正，即水的蒸气压随温度的上升而增加。OB 线的斜率与 OA 线一样，也是正值。所以

$$\frac{\mathrm{d}p}{\mathrm{d}T}=\frac{\Delta_{\mathrm{sub}}H}{T\Delta_{\mathrm{sub}}V}>0$$

而 OC 线的斜率比较特殊，

$$\frac{\mathrm{d}p}{\mathrm{d}T}=\frac{\Delta_{\mathrm{fus}}H}{T\Delta_{\mathrm{fus}}V}$$

$\Delta_{\mathrm{fus}}H>0$，冰融化时吸热；$\Delta_{\mathrm{fus}}V<0$，冰融化时体积减小，所以$\frac{\mathrm{d}p}{\mathrm{d}T}<0$，$OC$ 线的斜率为负，即水的凝固点随压力的升高而下降。这是水的一种特殊情况。

5.2.4 Clausius-Clapeyron 方程

对于有气相参与的两相平衡，固体和液体的体积与气体体积相比可忽略不计，并且把气体近似看作理想气体，使 Clapeyron 方程进一步简化，得到 Clausius-Clapeyron 方程

$$\frac{\mathrm{d}p}{\mathrm{d}T}=\frac{\Delta_{\mathrm{vap}}H}{T\Delta_{\mathrm{vap}}V}\approx\frac{\Delta_{\mathrm{vap}}H}{TV(\mathrm{g})}\approx\frac{\Delta_{\mathrm{vap}}H}{T\left(\frac{nRT}{p}\right)}$$

当 $n=1$ mol 时，得

$$\frac{\mathrm{d}\ln p}{\mathrm{d}T}=\frac{\Delta_{\mathrm{vap}}H_{\mathrm{m}}}{RT^2} \tag{5.4}$$

设 $\Delta_{\mathrm{vap}}H_{\mathrm{m}}$ 为与温度无关的常数，积分上式得

$$\ln\frac{p(T_2)}{p(T_1)}=\frac{\Delta_{\mathrm{vap}}H_{\mathrm{m}}}{R}\left(\frac{1}{T_1}-\frac{1}{T_2}\right) \tag{5.5}$$

这两个公式分别为 Clausius-Clapeyron 方程的微分式和积分式。利用 Clausius-Clapeyron 方程的积分式，可从两个温度下的蒸气压求摩尔蒸发焓；或从一个温度下的蒸气压

和摩尔蒸发焓，求另一温度下的蒸气压。

【例 5-2】 冬季某日早晨气温为 −5 ℃，冷而干燥，当大气压中水蒸气分压降至 266.6 Pa 时，霜能否升华变成水汽？欲使霜稳定存在，大气压中水的分压要有多大？已知水的三相点为 273.16 K、611 Pa，水的 $\Delta_{vap}H_m(273.16\ K)=45.05\ kJ\cdot mol^{-1}$，$\Delta_{fus}H_m(273.16\ K)=6.01\ kJ\cdot mol^{-1}$。

解
$$H_2O(s) \xrightleftharpoons{\Delta_{fus}H_m} H_2O(l) \xrightleftharpoons{\Delta_{vap}H_m} H_2O(g)$$

在 273.16 K 时，冰的升华焓为

$$\Delta_{sub}H_m=\Delta_{vap}H_m+\Delta_{fus}H_m=(45.05+6.01)\ kJ\cdot mol^{-1}=51.06\ kJ\cdot mol^{-1}$$

已知 273.16 K 时冰的蒸气压为 611 Pa，−5 ℃(268.15 K)时冰的蒸气压为 p_2，则根据 Clausius-Clapeyron 方程有

$$\ln\frac{p(T_2)}{p(T_1)}=\frac{\Delta_{sub}H_m}{R}\left(\frac{1}{T_1}-\frac{1}{T_2}\right)$$

$$\ln\frac{p_2}{611\ Pa}=\frac{51060\ J\cdot mol^{-1}}{8.314\ J\cdot mol^{-1}\cdot K^{-1}}\left(\frac{1}{273.16\ K}-\frac{1}{268.15\ K}\right)$$

$$p_2=401.7\ Pa$$

−5 ℃(268.15 K)时，冰的蒸气压为 401.7 Pa，大于大气中实际存在的水汽压力 266.6 Pa。从水的相图可知，压力为 266.6 Pa 时为水汽稳定区，此时霜已经升华为水汽了。欲使霜稳定存在，大气中水的分压需大于 401.7 Pa。

§5.3 双组分系统的气-液相平衡

二组分系统 $C=2$，$f=4-P$，由此可知自由度最多取 3，即系统最多可由三个独立变量决定，除温度 T、压力 p 变量外，另一变量为组成 x，所以二组分系统的相图须用立体图表示。若要在二维相图上表示出来，需保持一个变量不变，从立体图上得到平面截面图，例如 T 恒定下的 p-x 相图和 p 恒定下的 T-x 相图。本节主要讨论这两种相图，无论是 p-x 图还是 T-x 图，图中的自由度都是条件自由度 f^*。

二组分系统的相图类型很多，双液系统主要有完全互溶双液系统、部分互溶双液系统、不互溶双液系统，固-液系统主要有简单的低共熔混合物系统、有化合物生成的双组分系统、固态互溶的双组分系统等。

5.3.1 完全互溶双液系统

1. 双组分理想液态混合物

(1) *p*-*x* 图

图 5-4 是理想液态混合物的 p-x 图，A 和 B 是结构相似的同系物。A 点，$x_A=1$，$x_B=0$，p_A^* 是纯 A 的饱和蒸气压，BC 是 A 的蒸气压曲线；B 点，$x_A=0$，$x_B=1$，p_B^* 是纯 B 的饱和蒸气压，AD 是 B 的蒸气压曲线。在 AB 线上的任一点，$x_A+x_B=1$。CD 是系统的总的蒸气压曲线，$p=p_A+p_B$。

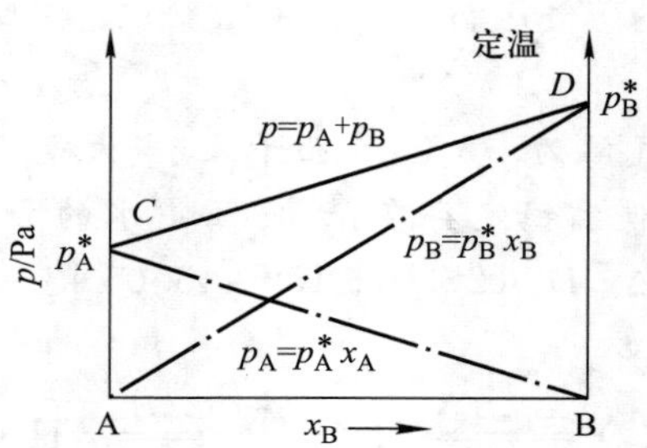

图 5-4 理想液态混合物的 *p-x* 图

设理想液态混合物的蒸气是理想气体混合物，它们都服从 Raoult 定律，由此可得它们各自的蒸气分压及液面上方总压：

A 组分分压：

$$p_A = p_A^* x_A$$

B 组分分压：

$$p_B = p_B^* x_B = p_B^* (1 - x_A)$$

液面上方总压：

$$\begin{aligned} p &= p_A + p_B \\ &= p_A^* x_A + p_B^* (1 - x_A) \\ &= p_B^* + (p_A^* - p_B^*) x_A \end{aligned}$$

设理想液态混合物的蒸气是理想气体混合物，用 y_A、y_B 分别表示气相中 A、B 的摩尔分数，其符合 Dalton 分压定律，可得

$$\begin{aligned} y_A &= \frac{p_A}{p} = \frac{p_A^* x_A}{p_A^* x_A + p_B^* x_B} \\ &= \frac{p_A^* x_A}{p_A^* x_A + p_B^* (1 - x_A)} \\ &= \frac{p_A^* x_A}{p_B^* + (p_A^* - p_B^*) x_A} \end{aligned} \tag{5.6}$$

$$y_B = 1 - y_A$$

由式(5.6)可知，想要得知气相的组成，需已知 p_A^*、p_B^*、x_A、x_B，将气相组成标在相图上即可得图 5-5，称为 p-x-y 图。

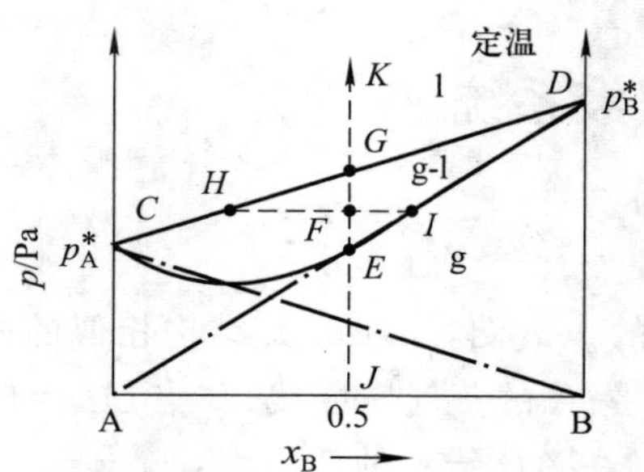

图 5-5 理想液态混合物的 *p-x-y* 图

CD 线是液相组成曲线，CD 线之上的区域是液相区；CED 线是气相组成曲线，CED 线之下的区域是气相区；两条曲线之间是气-液两相区。对组成为 J 的气相系统加压，物系点将沿着 JK 线上升，到达 E 点有液相出现；到达 F 点达气-液两相平衡，液相组成由 H 点表示，含 A 多，气相组成由 I 点表示，含 B 多；到达 G 点，气相开始消失，接着全部变成液相。

【例 5-3】 在 360 K 时，水(A)与异丁醇(B)部分互溶，异丁醇在水相中的摩尔分数 $x_B = 0.021$。已知在水相中的异丁醇符合 Henry 定律，Henry 常数 $k_{x,B} = 1.58 \times 10^6$ Pa。试计算在与之平衡的气相中，水与异丁醇的分压。已知水的摩尔蒸发焓为 40.66 kJ·mol^{-1}，且不随温度而变化。设气体为理想气体。

解 部分互溶溶液上方 A 和 B 的分压可用任意一层液相的浓度进行计算。在水相中溶质异丁醇符合 Henry 定律，溶剂水符合 Raoult 定律。现利用水相进行运算如下：

(1) 异丁醇的分压

$$p_B = k_{x,B} x_B = (1.58 \times 10^6 \times 0.021)\ \text{Pa} = 33180\ \text{Pa}$$

(2) 水的分压

$$p_A = p_A^* x_A$$

查表得，298 K 时水的饱和蒸气压为 3167.4 Pa。在 360 K 时水的饱和蒸气压可用式(5.5)获得：

$$\ln \frac{p_2}{p_1} = \frac{\Delta_{vap} H_m}{R}\left(\frac{1}{T_1} - \frac{1}{T_2}\right)$$

$$\ln \frac{p_2}{3167.4\ \text{Pa}} = \frac{40.66 \times 10^3\ \text{J}\cdot\text{mol}^{-1}}{8.314\ \text{J}\cdot\text{mol}^{-1}\cdot\text{K}^{-1}}\left(\frac{1}{298\ \text{K}} - \frac{1}{360\ \text{K}}\right)$$

$$p_2 = 53.48\ \text{kPa}$$

$$p_A = p_A^* x_A = 53.48\ \text{kPa} \times (1 - 0.021) = 52.36\ \text{kPa}$$

(2) *T-x* 图

理想液态混合物的 T-x 图可由实验数据直接绘制，如图 5-6 所示。仍用上例中的同系物 A 和 B，T_A^*、T_B^* 为标准大气压(100 kPa)下测定的 A 和 B 的沸点，如图，把组成为 a 点的混合物加热到 b 点时有气泡出现，把 b 点称为泡点，收集气相组分，得组成为 c 点。改变混合物组成，测得不同泡点和相应气相组成。连接图中所有泡点和气相组成点得两条曲线($T_A^* ecT_B^*$、$T_A^* bfT_B^*$)，$T_A^* ecT_B^*$ 线称为气相线，气相线之上是气相区；$T_A^* bfT_B^*$ 线称为液相线，液相线之下是液相区；两条线之间的梭形区为气-液两相区。

组成为 d 的气相混合物冷却直至到达 e 点时有液相开始出现，把 e 点称为露点；在 e 到 f 的温度区间内保持气-液两相平衡，但气、液的组成随温度的改变而改变；逐渐冷却到 f 点，气相开始消失，进入单一的液相区。

(3) 杠杆规则

杠杆规则表明，两相平衡时，两相的量(如物质的量、质量)之间的关系，只在两相平衡区适用。例如图 5-7 理想液态混合物的 T-x 图中，将组成为 a 的混合物加热至温度 T，此时物系点为两相区间的 b 点，c 点代表液相组成，d 点代表气相组成。

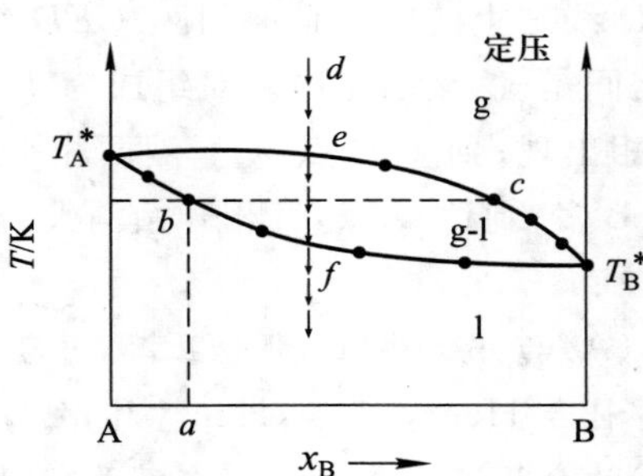

图 5-6 理想液态混合物的 *T-x* 图

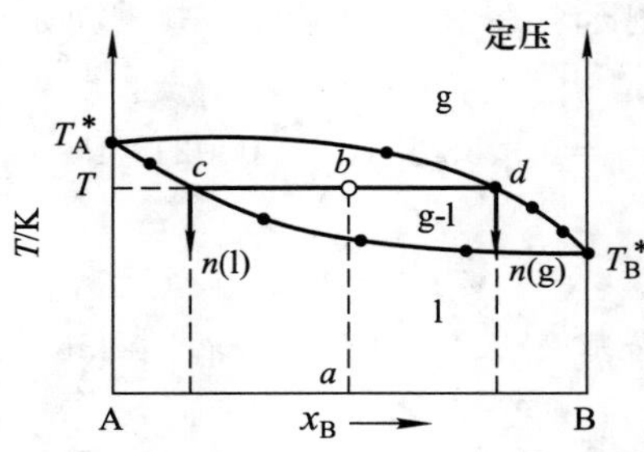

图 5-7 杠杆规则示意图

以 b 为支点，$\overline{cb}$、$\overline{bd}$ 为力矩，$n(\mathrm{l})$、$n(\mathrm{g})$ 分别代表液、气相的物质的量，由杠杆规则得

$$n(\mathrm{l}) \cdot \overline{cb} = n(\mathrm{g}) \cdot \overline{bd} \tag{5.7}$$

若已知物系的总量，则

$$n(\text{总}) = n(\mathrm{l}) + n(\mathrm{g})$$

联立两方程即可求出 $n(\mathrm{l})$ 和 $n(\mathrm{g})$。

若横坐标用质量分数表示，杠杆规则同样适用，同理可得方程组

$$\begin{cases} m(\mathrm{l}) \cdot \overline{cb} = m(\mathrm{g}) \cdot \overline{bd} \\ m(\text{总}) = m(\mathrm{l}) + m(\mathrm{g}) \end{cases}$$

以方程组可得 $m(\mathrm{l})$ 和 $m(\mathrm{g})$。

【例 5-4】 用 5 mol A 和 5 mol B 组成二组分液态混合物，在两相区的某一温度下达成平衡，测得液相线对应的 $x_\mathrm{B}(\mathrm{l}) = 0.2$，气相线对应的 $x_\mathrm{B}(\mathrm{g}) = 0.7$。试分别求气相和液相的物质的量 $n(\mathrm{g})$ 和 $n(\mathrm{l})$。

解 根据杠杆规则

$$n(\mathrm{l}) \cdot (0.5 - 0.2) = n(\mathrm{g}) \cdot (0.7 - 0.5)$$

$$\frac{n(\mathrm{g})}{n(\mathrm{l})} = \frac{0.3}{0.2}$$

又知
$$n(\text{总}) = n(\mathrm{l}) + n(\mathrm{g})$$

所以
$$n(\mathrm{l}) = 4\ \mathrm{mol}, \quad n(\mathrm{g}) = 6\ \mathrm{mol}$$

(4) 蒸馏(或精馏)的原理

p-x 相图和 T-x 相图在化学化工生产中具有重要作用,根据相图可以预先分析如何改变外界条件来进行蒸发、分离、提纯、萃取等。比如蒸馏(或精馏)的原理就是利用恒压下的 T-x 相图。图 5-8 是简单蒸馏的 T-x-y 示意图。

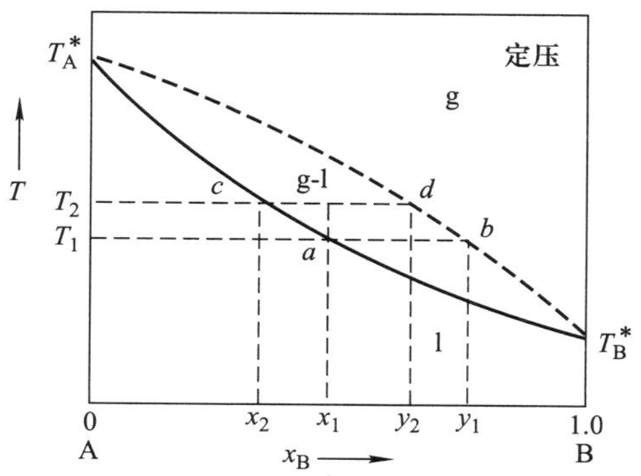

图 5-8 简单蒸馏的 T-x-y 示意图

假设混合物起始组成为 x_1,加热到温度为 T_1,对应气相组成为 y_1,气相中沸点低的 B 组分含量较高,收集气相并冷凝,能得到组分 B 含量高的溶液;加热到温度为 T_2 时,对应气相组成为 y_2。温度从 T_1 到 T_2,馏出物组成从 y_1 到 y_2,低沸点的 B 在馏出物中含量提高。A 和 B 的沸点差越大,简单分馏的效果越好,但一次简单分馏无法将混合物完全分离得到纯净物。

精馏能大大提高混合物分离的效率,其实质是多次蒸馏,如图 5-9 是精馏的示意图。精馏一般在精馏塔中进行,包括精馏塔、再沸器、冷凝器等。精馏塔供气液两相接触进行相际传质,位于塔顶的冷凝器使蒸气得到部分冷凝,部分冷凝液作为回流液返回塔顶,其余馏出液是塔顶产品。位于塔底的再沸器使液体部分气化,蒸气沿塔上升,余下的液体作为塔底产品。这种设计可以保证:即使是最上层或者最下层的塔板上,都有气液两相平衡共存。

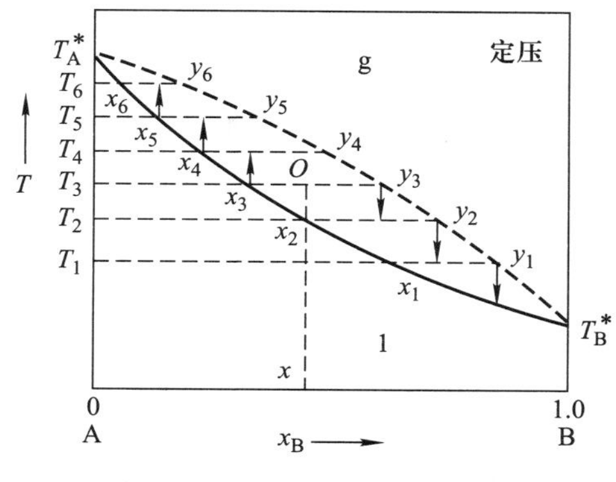

图 5-9 精馏的示意图

简单来说,就是塔板温度从塔顶到塔釜为 $T_1 < T_2 < T_3 < T_4 < T_5 < T_6$(如图 5-9 所示);液相中 B 组分的变化为 $x_1 > x_2 > x_3 > x_4 > x_5 > x_6$,含高沸点物质递增;气相中 B 组分的变化为 $y_1 > y_2 > y_3 > y_4 > y_5 > y_6$,含低沸点物质递减。塔底温度越来越高,几乎可获高沸点 A 物质;塔顶温度越来越低,几乎可获低沸点 B 物质。精馏是多次蒸馏的组合(每层上都有部分气化、冷凝和热交换),需要多少塔板,理论上可以计算,精馏塔的设计要综合考虑分离效果、能量利用效率和造价。

2. 双组分非理想液态混合物

一般来说,理想液态混合物几乎不存在,所有理想状态都是假想、近似的。经常处理的实际能完全互溶的系统都是非理想的,它们大都不能完全符合 Raoult 定律。因为混合物各组分结构有显著差异或产生相互作用,而使得与 Raoult 定律有一定的偏差,偏差无非有两种:正偏差与负偏差。正偏差是指某组分蒸气压的实验值大于 Raoult 定律的计算值;负偏差是指某组分蒸气压的实验值小于 Raoult 定律的计算值。根据正负偏差的大小又将系统分为以下三种类型。

(1) 最低恒沸混合物

两组分都产生了很大的正偏差,相图如图 5-10 所示。在 p-x 图上出现最高点,在最高点时,气相与液相组成相同。特征识别点为:在 p-x-y 图和 T-x-y 图上,液相线与气相线有一个交点,气相线分为两个分支,相应地就有两个气-液共存区。在 p-x-y 图上有一个最高点,如图 5-11 所示。此最高点对应着 T-x-y 图中的最低点,这个最低点被称为最低恒沸点,如图 5-12 所示。在最低恒沸点时所对应的混合物称为最低恒沸混合物,其沸点均低于 A 和 B 的沸点。

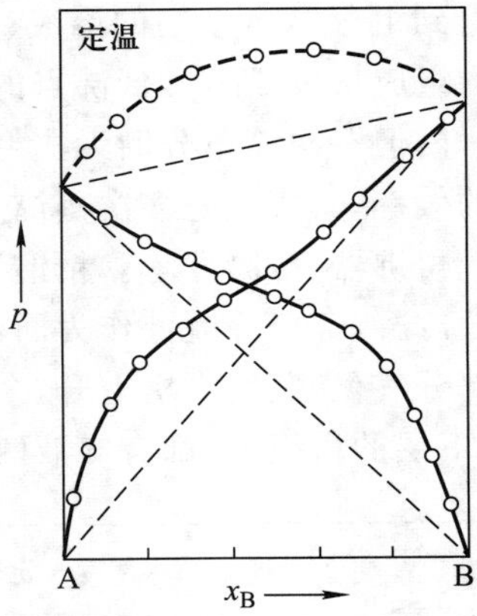

图 5-10 最低恒沸混合物的 p-x 图

虚线:Raoult 定理理论计算值;实线:实际实验测定值

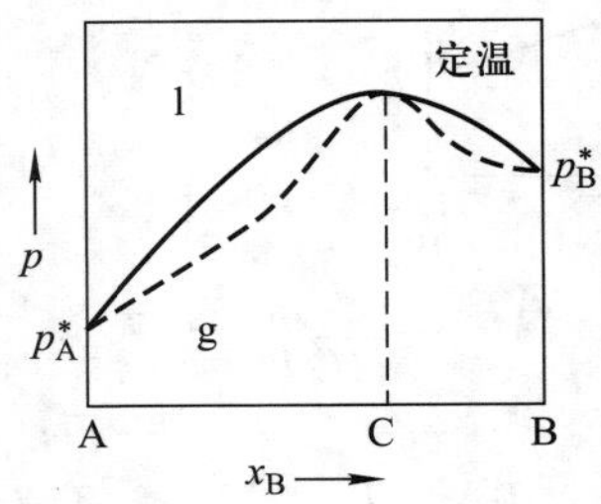

图 5-11 最低恒沸混合物的 p-x-y 图

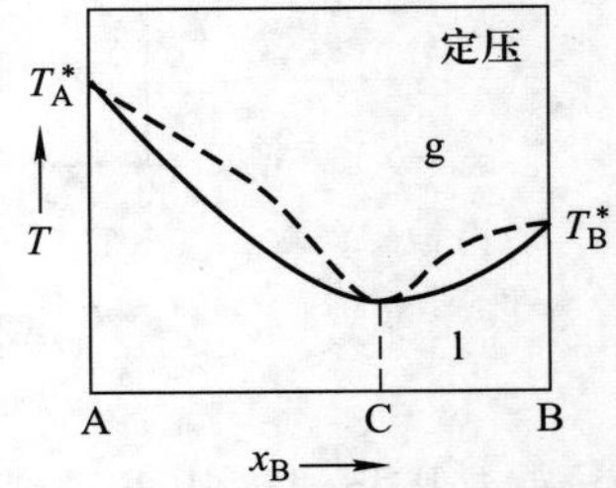

图 5-12 最低恒沸混合物的 T-x-y 图

设最低恒沸混合物的组成为 C，在 C 点气、液相组成相同，用蒸馏方法不能把 A 和 B 完全分开，组成落在 AC 之间，蒸馏只能得到纯 A 和 C，得不到纯 B；同理，组成落在 BC 之间，蒸馏只能得到纯 B 和 C，得不到纯 A。且 C 是混合物而不是化合物，其沸点和组成随外压而变。

属于此类的系统有水-乙醇、甲醇-苯、乙醇-苯等。例如在标准压力 100 kPa 下，水-乙醇的最低恒沸点为 351.3 K，此时乙醇的含量为 95.6%，所以通常情况下无水乙醇不能直接通过蒸馏得到，而是精馏乙醇含量超过 95.6% 的溶液制得无水乙醇。

(2) 最高恒沸混合物

两组分都产生很大的负偏差，相图如图 5-13 所示。在 p-x 图上出现最低点，同理在 p-x-y 图和 T-x-y 图上，液相线与气相线有一个交点，液相线分为两个分支，相应地也就有两个气-液共存区。在 p-x-y 图上有一个最低点，如图 5-14 所示。此最低点对应着 T-x-y 图中的最高点，这个最高点被称为最高恒沸点，如图 5-15 所示。在最高恒沸点时所对应的混合物称为最高恒沸混合物，此时气相和液相组成相同，不能通过分馏将两组分分开。

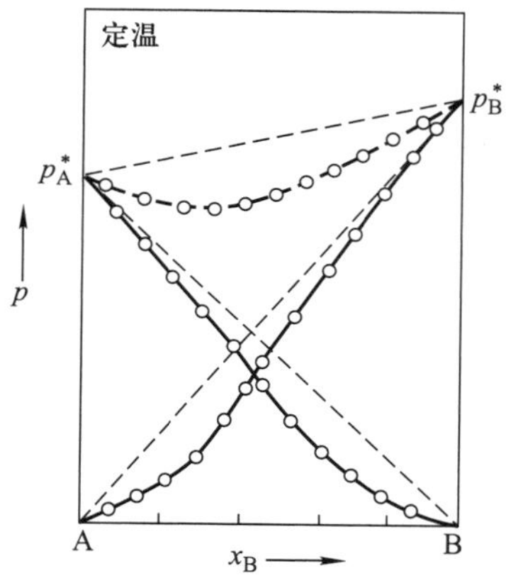

图 5-13　最高恒沸混合物的 p-x 图

虚线：Raoult 定理理论计算值；实线：实际实验测定值

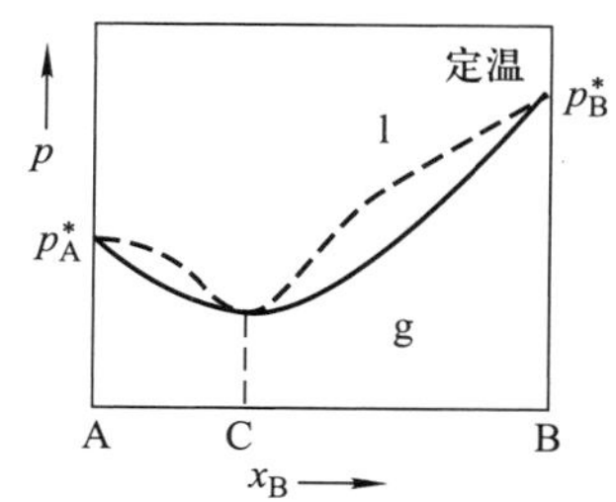

图 5-14　最高恒沸混合物的 p-x-y 图

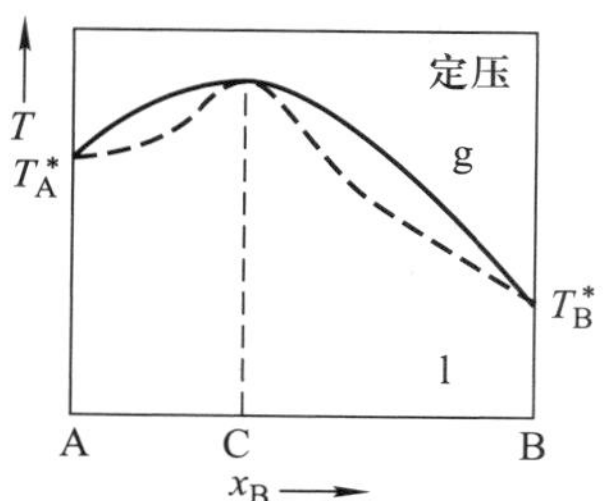

图 5-15　最高恒沸混合物的 T-x-y 图

这类系统与前面的系统相同，不能通过一次分馏得到纯 A 和纯 B，根据原始混合物的组成，只能把混合物分离成一个纯组分和一个最高恒沸混合物 C，组成为 C 时沸点均高于 A 和 B 的沸点。属于这一类的系统有水-盐酸、水-硝酸、水-乙醚等。标准压力下，水-盐酸系统的最高恒沸点为 381.6 K，恒沸混合物中 HCl 的质量分数为 20.24%，HCl 水溶液的最高恒沸混合物可作分析中的基准物。最高恒沸物也是混合物而不是化合物，其沸点和组成随外压而变。

(3) 正偏差（或负偏差）都不是很大的系统

这类系统的相图如图 5-16 所示。

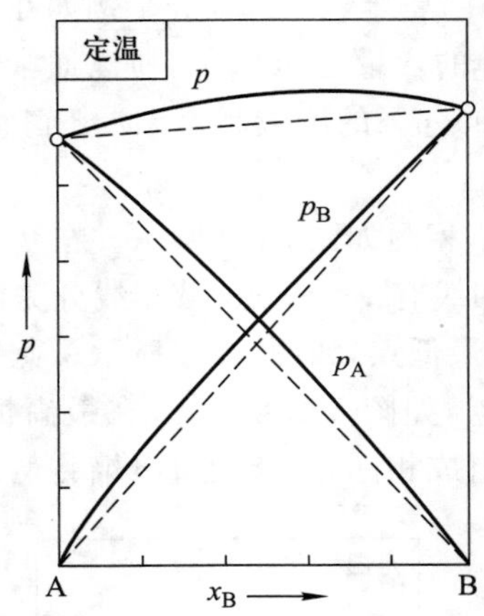

图 5-16 非理想液态混合物的 *p-x* 图

虚线：Raoult 定理理论计算值；实线：实际实验测定值

对于有负偏差的系统情况与此类似，但实际遇到的系统以正偏差居多。常见的产生正偏差的实例有水-丙酮等。

非理想系统产生偏差的原因有：① 如果两组分混合能形成化合物，导致溶液中 A 和 B 的分子数都减少，其实际蒸气压比 Raoult 定律计算的值要偏小，产生负偏差。② 若其中一组分为缔合分子，混合后发生解离或缔合度减小，因此混合物中的分子数增加，蒸气压增大，产生正偏差。③ 由于各组分的引力不同，如 B-A 之间的引力小于 A-A 或 B-B 之间的引力，则两组分混合后各组分变得更容易逸出，这时 A 和 B 分子的蒸气压都产生正偏差。

5.3.2 部分互溶双液系统

1. 部分互溶液体的相互溶解度

两液体间相互溶解多少与它们的性质有关。当两液体性质相差较大时，它们只能相互部分溶解。如常温下，将少量苯酚加到水中，苯酚可完全溶解。继续加入苯酚，可以得到苯酚在水中的饱和溶液。此后，如果再加入苯酚，系统就会出现两个液层：一层是苯酚在水中的饱和溶液（简称水层），另一层是水在苯酚中的饱和溶液（简称苯酚层）。这两个平衡共存的液层，称为共轭溶液。根据相律，在恒定压力下，液、液两相平衡时，自由度 $f=2-2+1$。可见，两个饱和溶液的组成均只是温度的函数。将测得的实验数据绘制在温度-组成图上，即得到两条溶解度曲线。如果外压足够大，使得在所讨论的温度范围内并不产生气相，则水-苯酚系统的温度-组成图如图 5-17 所示。

图 5-17 中，MC 为苯酚在水中的溶解度曲线，NC 为水在苯酚中的溶解度曲线。溶解度曲线以外为单液相区，曲线以内为液-液平衡两相区。当系统点为图中的 a 点时，两个液相（饱和水层和饱和苯酚层）平衡共存，其组成分别为 L_1 和 L_2 两个相点对应的组成，而两相的相对量可以根据杠杆规则计算。

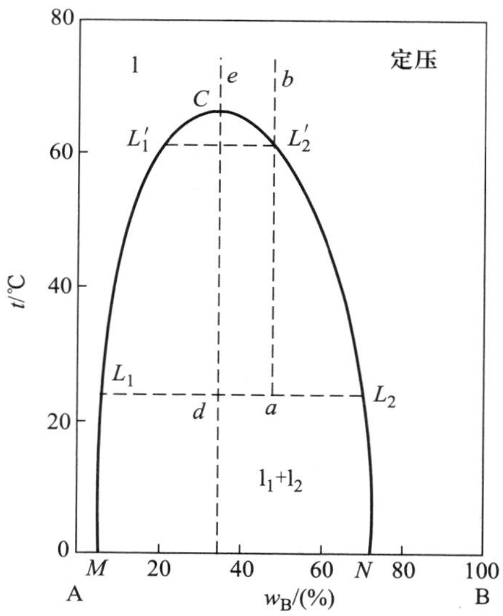

图 5-17　水(A)-苯酚(B)系统的溶解度图

当系统点由 a 点到 b 点的过程中，随着温度的升高，两液体的相互溶解度增加，共轭溶液的两个相点分别沿各自的溶解度曲线改变；同时，两个液层的相对量也在改变，苯酚层的量逐渐增多，水层的量逐渐减少。系统点为 L_2' 点时水层消失，最后消失的水层组成如 L_1' 点所示。温度再升高，直至 b 点成为均匀的一个液相。

当系统点为 d 点时，共轭溶液的两个相点为 L_1 点和 L_2 点。在加热过程中，共轭溶液的组成逐渐接近。到 C 点时，两相的组成完全相同，因此两液层间的界面消失而成均匀的一个液相。C 点是溶解度曲线 MCN 的极大点，C 点称为高临界会溶点或高会溶点。相应于 C 点的温度 t_C 称为高临界会溶温度或高会溶温度。当温度高于 t_C 时，苯酚和水可以按任意比例完全互溶，成均匀液相。

系统点在两相区内 de 线右侧（如 a 点）时，在加热过程中，水层先消失；在 de 线左侧时，在加热过程中，苯酚层先消失。

具有高会溶点的系统除水-苯酚外，常见的还有水-苯胺、正己烷-硝基苯、水-正丁醇等系统。

有时温度增加反而使两液体相互溶解度降低。例如，水-三乙基胺系统，在 18 ℃以下能以任意比例完全互溶，但在 18 ℃以上却只能部分互溶，成为两个共轭溶液。18 ℃是这两个液体的会溶温度，这样的系统具有低临界会溶点或低会溶点。

有时两液体具有两个会溶温度。例如，水-烟碱系统，在 60.8 ℃以下完全互溶，在 208 ℃以上也完全互溶，但在这两个温度之间却部分互溶，这样的系统具有封闭式的溶解度曲线，有两个会溶点：高会溶点和低会溶点。

苯-硫系统，在 163 ℃以下部分互溶，在 226 ℃以上也部分互溶，但在这两个温度之间却完全互溶。此类系统的低会溶点位于高会溶点的上方。

2. 共轭溶液的饱和蒸气压

在某恒定温度下，将适量的共轭溶液置于一真空容器中，溶液蒸发的结果使系统内成气、液、液三相平衡。根据相律，二组分三相平衡时自由度 $f=C-P+2=2-3+2=1$，表明系统的温度一定时，两液相组成、气相组成和系统的压力均为定值。系统的压力，既为这一液层的饱和蒸气压，又为另一液层的饱和蒸气压。也就是说，气相既与这一液相成平衡，又与另一液相成平衡，因为这两个液层也是平衡的。

按气、液、液三相组成的关系，可将部分互溶系统分为两类：一类是气相组成介于两液相组成之间；另一类是一个液相组成介于气相组成和另一个液相组成之间。

如果在共轭溶液的饱和蒸气压下，对气-液-液三相平衡系统加热，则将有液体蒸发。由于压力恒定时，自由度 $f=2-3+1=0$，可见这时系统的温度及三个相的组成均不改变。因此，由杠杆规则可知，蒸发过程对前一类系统是两共轭溶液按一定比例转化为气相；后一类系统是组成居中间的液相按一定比例一部分蒸发为气相，而其余部分转化为另一液相。这一区别导致存在着两类不同的温度-组成图。

3. 部分互溶系统的温度-组成图

(1) 气相组成介于两液相组成之间的系统

在适当压力下，水-正丁醇系统的相互溶解度曲线具有高会溶点。在 101.325 kPa 下将共轭溶液加热到 92 ℃时，溶液的饱和蒸气压即等于外压，于是出现气相，此气相组成介于两液相组成之间。系统的温度-组成图如图 5-18 所示。

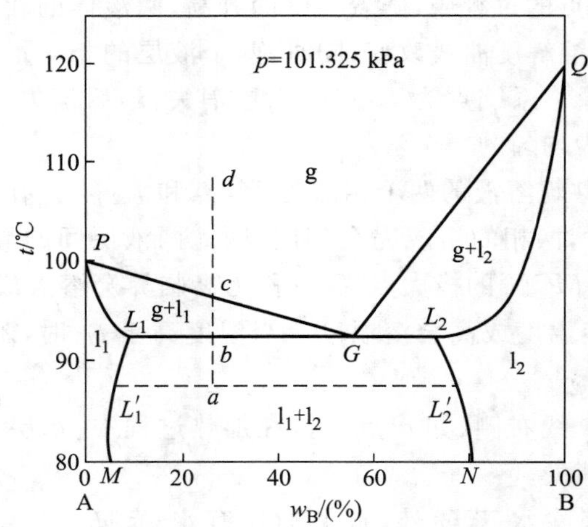

图 5-18 水(A)-正丁醇(B)系统的温度-组成图

图 5-18 中，P、Q 两点分别为水和正丁醇的沸点，L_1、L_2 和 G 点分别为三相平衡时正丁醇在水中的饱和溶液、水在正丁醇中的饱和溶液和饱和蒸气三个相点。L_1M 线和 L_2N 线为两液体的相互溶解度曲线。PL_1 线和 QL_2 均是气-液平衡的液相线。PL_1 线表示正丁醇溶于水所形成溶液的沸点与其组成的关系，PG 线为与 PL_1 线相对应的气相线；QL_2 线表示水溶于正丁醇形成溶液的沸点与其组成的关系，QG 线为与 QL_2 线相对应的气相线。

PGQ 线以上为气相区，PL_1M 以左为正丁醇在水中的溶液(l_1)单相区，QL_2N 以右为水在正丁醇中的溶液(l_2)单相区，PL_1GP 内为气-液(l_1)两相区，QL_2GQ 内为气-液(l_2)两相区，ML_1L_2N 以下为液(l_1)-液(l_2)两相区。

下面讨论系统的总组成在点 L_1 与点 L_2 所对应的组成之间、温度低于该两点所对应温度的样品在加热过程中的相变。a 点表示两个共轭溶液 L_1' 和 L_2' 平衡共存。将样品加热，系统点由 a 移向 b 时，两个共轭溶液的相点由 L_1' 点、L_2' 点分别沿 ML_1 线、NL_2 线移向 L_1 点、L_2 点。系统到达 b 点所对应的温度时，两个液相(相点分别是 L_1 及 L_2)同时沸腾产生与之成平衡的气相(相点为 G)，即发生

$$\mathrm{l_1} + \mathrm{l_2} \longrightarrow \mathrm{g}$$

的相变而成三相共存，该温度称为共沸温度。根据相律，$f=2-3+1=0$，即恒定压力下共沸温度及三个平衡相的组成均不能任意变动，故在图上是三个确定的点 L_1、G 及 L_2。连接这三个相点的直线称为三相平衡线(简称三相线)，系统点位于三相线上时，即出现三相平衡共存。加热时只要三相平衡共存，温度及三个相组成就都不会改变，但三个相的数量却在改变：状态 $\mathrm{l_1}$ 和 $\mathrm{l_2}$ 的两个液相量按线段长度 GL_2 和 L_1G 的比例蒸发成状态 g 的气相。因系统点 b 位于 G 点左侧 L_1G 线段上，故蒸发的结果是组成为 $\mathrm{l_2}$ 的液相先消失而使系统成为组成为 $\mathrm{l_1}$ 的相及气相 g。液相 $\mathrm{l_2}$ 的消失使系统成为两相共存，故再加热时，系统的温度升高而进入气-液($\mathrm{l_1}$)两相区。系统点在 b 与 c 之间时，皆为气、液两相共存。至 c 点液相全部蒸发为气相。c 点至 d 点为单一气相升温过程。

若系统的总组成在 G 点与 L_2 点所对应的组成之间，在加热至共沸温度时，因系统点位于 GL_2 线段上，故蒸发的结果是组成为 $\mathrm{l_1}$ 的液相先消失，进入气-液($\mathrm{l_2}$)两相区，最后进入气相区。

若系统的总组成恰好等于 G 点所对应的组成，在加热过程中，刚到达共沸温度尚未产生气相时，系统内两共轭液相 $\mathrm{l_1}$ 的量、$\mathrm{l_2}$ 的量之比等于线段长度 GL_2 与 L_1G 之比，共沸时，两液相也正是按这一比例转变为气相 g，因此，系统点离开三相线时是两液相同时消失而成为单一的气相。

若压力增大，两液体的沸点及共沸温度均升高，相当于图的上半部分向上适当移动。若压力足够大，则不论系统的组成如何，其泡点均高于会溶温度，这时系统相图的下半部分为液体的相互溶解度图，上半部分为具有最低恒沸点的气-液平衡相图，相当于两个图的组合，如图 5-19 所示。

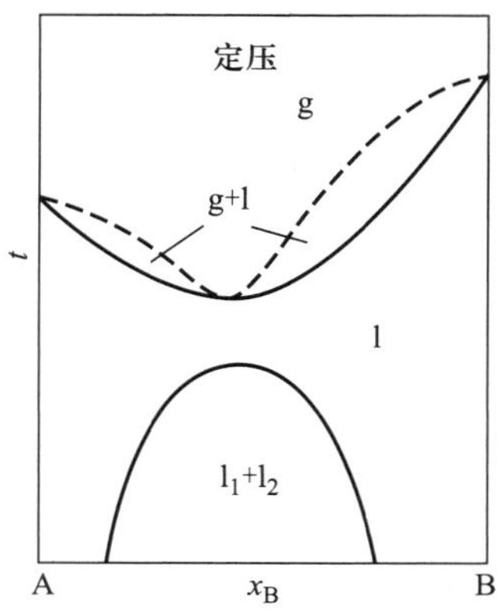

图 5-19　水(A)-正丁醇(B)类型系统的泡点高于会溶温度时的温度-组成图

由于压力对液-液平衡的影响很小，故在压力改变时，液体的相互溶解度曲线改变不大。

(2) 气相组成位于两液相组成同一侧的系统

部分互溶系统的另一类温度-组成图是气、液、液三相平衡时气相点位于三相平衡线的一端,如图 5-20 所示。

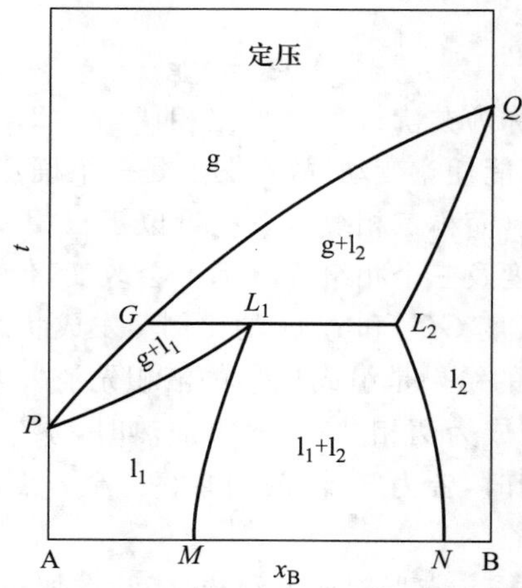

图 5-20 另一类部分互溶系统的温度-组成图

六个相区的相平衡关系已于图中注明,七条线所代表的物理意义与水-正丁醇系统的相类似。所不同的是,在三相平衡共存下加热时,是状态为 l_1 的液相按线段 L_1L_2 和线段 GL_1 的比例转变为状态为 g 的气相和状态为 l_2 的另一液相,即发生

$$l_1 \longrightarrow g + l_2$$

的相变化。

5.3.3 完全不互溶双液系统

当两种液体的性质相差极大时,它们之间的相互溶解度非常小,甚至测量不出来,此时可以说这两种液体完全不互溶。水和一些有机液体形成的系统就属于这一类。

在一定温度下纯液体 A、B 各有其确定的饱和蒸气压 p_A^*、p_B^*,两不互溶液体共存时系统的蒸气压应为这两种纯液体饱和蒸气压之和,即 $p=p_A^*+p_B^*$。若某一温度下 p 等于外压,则两液体同时沸腾,这一温度被称为共沸点。可见,在同样外压下,两液体的共沸点低于两纯液体各自的沸点。例如,在 101.325 kPa 外压下,水的沸点为 100 ℃,氯苯的沸点为 130 ℃,水和氯苯混合物的共沸点则为 91 ℃。

完全不互溶系统的温度-组成图如图 5-21 所示。四个区域的相平衡关系已于图中注明。

根据恒定压力下,液体 A、液体 B 及气相成三相平衡时 $f^*=2-3+1=0$,可知共沸点为定值。即:不论系统总组成如何,只要这三相共存,平衡时的温度及三相的组成均一定。L_1GL_2 称为三相线,L_1 点、L_2 点为平衡时两液相点(即纯 A 和纯 B),G 点为气相点,其组成等于两纯组分的饱和蒸气压之比。

在共沸点,两液相转变为气相时,

$$A(l) + B(l) \longrightarrow g$$

液体 A 和液体 B 的物质的量是按线段 GL_2 和线段 L_1G 之比转变的。如果系统中两液体的量正好是这一比例(相当于图中 G 点所对应的组成),系统受热离开三相线时是两液相同时消失而进入气相区。如果系统中两液体的量大于这一比例(系统组成相当于图中 G 点所对应的组成的左侧),在系统受热离开三相线时,由于液体A的量较多、液体B的量较少,故是液体B先行消失而成液体A与气相两相平衡。因 $f=2-2+1=1$,故两相平衡温度可以改变,气相组成是温度的函数。在 g+A(l)两相区内,气相中A的蒸气是饱和的,B的蒸气是不饱和的。

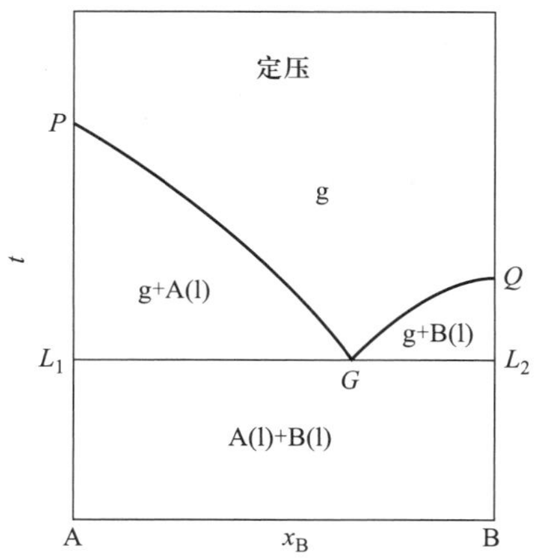

图 5-21 完全不互溶系统的温度-组成图

如果把图5-18和图5-21对比来看,对两者的理解均是有帮助的。当部分互溶液体的相互溶解度减小时,图5-18中的 L_1M 线向左靠、L_2N 线向右靠,同时 PL_1 线、QL_2 线也分别向左、右靠。当两液体完全不互溶时,图5-18即成为图5-21。

利用共沸点低于每一种纯液体的沸点这个原理,可以把不溶于水的高沸点的液体和水一起蒸馏,使两液体在略低于水的沸点下共沸,以保证高沸点液体不致因温度过高而分解,达到分离提纯的目的。馏出物经冷却成为该液体和水,由于两者不互溶,所以很容易分开。这种方法称为水蒸气蒸馏。

§5.4 双组分系统的固-液相平衡

压力对仅由液相和固相构成的凝聚系统的相平衡影响很小,通常不予考虑,因此在常压下测定的凝聚系统的温度-压力组成图均不注明压力。讨论这类相图时,相律公式为 $f=C-P+1$。

二组分凝聚系统相图与二组分气-液相图相比,除了几种最简单的类型外,一般都较为复杂,甚至非常复杂。因为二组分系统不仅在液态时可能部分互溶,固态时可能有晶型转变,而且组分还可能发生反应生成一种或多种化合物。

5.4.1 形成简单低共熔混合物的双组分系统

液态完全互溶而固态完全不互溶的二组分固-液平衡相图是二组分凝聚态系统相图中最简单的。根据实验方法的不同,绘制凝聚系统相图的方法有热分析法和溶解度法。

1. 热分析法

热分析法(thermal analysis)是绘制相图常用的基本方法,尤其适用于固态熔融系统。其基本原理是研究系统冷却过程，根据温度随时间的变化状况来判断系统是否发生了相变。具体做法是先将样品加热成液态，然后将其缓慢而均匀地冷却。如果系统无相变发生，则温度随时间均匀缓慢地降低；当系统发生相变时，系统放热但温度不改变，相变过程结束后，系统温度继续随时间均匀缓慢地降低。根据温度随时间变化的数据，以时间为横坐标、温度为纵坐标，绘制成温度-时间曲线，即得到冷却曲线(也称步冷曲线)。根据由不同组成的系统绘制的多条步冷曲线，可以绘制出某一凝聚系统的相图。

以一定压力下 Cd-Bi 二组分凝聚系统为例，该系统在高温区，Bi 和 Cd 的熔液完全互溶，形成液体混合物。在低温区，Bi 和 Cd 的固体完全不互溶，形成两个固相的机械混合物。其冷却曲线和相图如图 5-22 所示。

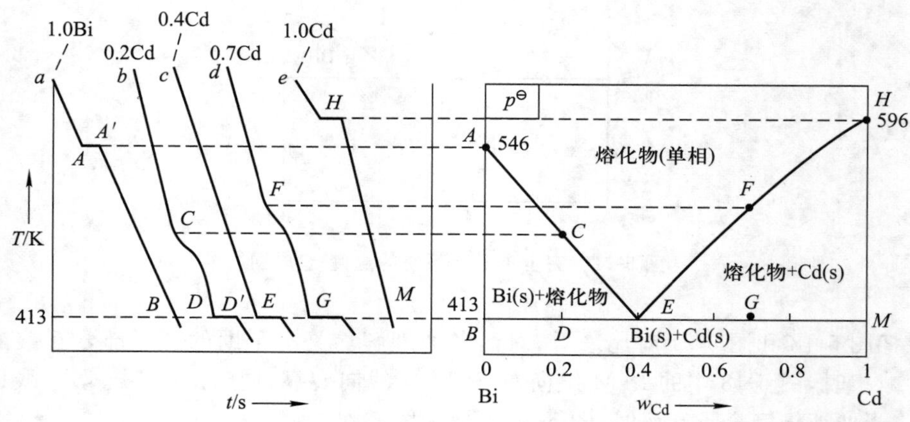

图 5-22 Bi-Cd 系统的冷却曲线及相图

a 曲线为纯 Bi 的冷却曲线，当温度降至 546 K(A 点)时，开始发生相变，有固态 Bi 析出，这时系统因冷却速度缓慢，可看作相平衡过程。单组分系统两相平衡时，根据相律有自由度 $f=1-2+1=0$，因压力一定，系统具有固定的熔点。因而，相变过程放出热量，但温度不变(如图中 AA')，相变完成后，系统变为单一固相，随着冷却，系统温度继续均匀降低。

e 曲线为纯 Cd 的冷却曲线，与 a 线变化过程相似。

b、c、d 曲线均为不同比例 Bi/Cd 的混合物的冷却曲线。b 曲线中，$w(\text{Cd})=0.2$，冷却到 C 点固体 Bi 开始析出，此时两相共存，根据相律有 $f=2-2+1=1$，随着固体 Bi 的析出，系统温度不断下降，且液相组成也不断改变。固体 Bi 析出过程中，放出凝固热，导致温度降低速率变慢，从而使得从 C 点开始冷却曲线斜率变小。冷却至 D 点固体 Bi 和 Cd 同时析出，系统达到三相平衡，根据相律有 $f=2-3+1=0$，因而只要系统中仍有液相存在，温度不发生变化。直至 D'点，系统全部变为固体，$f=2-2+1=1$，随着系统冷却，温度继续下降。d 曲线中，$w(\text{Cd})=0.7$，冷却到 F 点固体 Cd 开始析出，冷却至 G 点固体 Bi 和 Cd 同时析出，至系统全部变为固体，变化规律与 b 线相似。

c 曲线中，$w(\text{Cd})=0.4$，该混合物组成为低共熔混合物组成，因而冷却到 E 点固体 Bi 和 Cd 同时析出，只要有液相存在，则系统为三相共存，$f=0$，温度不降低，出现水平线段至系统全部变为固体。而后，系统温度又均匀下降，这是固体 Bi 和固体 Cd 的低共熔混合物的降温。

将以上五条步冷曲线中的转折点、水平段的温度以及相应系统的组成描绘在温度-组成图上，然后将固态析出的点(A,C,E,F,H)和结晶终了的点(D,E,G)分别连接起来，便得到 Bi-Cd 的相图。

图中线 AEH 以上是混合溶液的单相区；线 AE 表示纯固态 Bi 与熔液平衡时，熔液的组成与温度的关系曲线，简称液相线；线 EH 为纯固态 Cd 与熔液平衡时的液相线；E 点表示三相共存，该点比纯 Bi、纯 Cd 的熔点都低，又称为低共熔点，在该点析出的混合物称为低共熔混合物；线 BEM 以下不存在液相，为固态 Bi 和固体 Cd 共存区。

若物系点落在 ABE 或 HEM 的两相共存区，则固相与液相的相对数量可以根据杠杆规则计算得出；若物系落在三相线 BEM 上，则三个相的状态由 B、E、M 来描述。

2. 溶解度法

在温度不是很高时，通常采用溶解度法绘制相图。水-盐类系统的相图通常采用这种方法。这里以不生成水合物的 H_2O-$(NH_4)_2SO_4$ 系统为例进行说明。

若冷却一个$(NH_4)_2SO_4$ 质量分数小于 39.75%的水溶液，则将在低于 0 ℃的某温度下开始有冰析出。溶液中盐的浓度较大时，开始析出冰的温度就较低。质量分数大于 39.75%的$(NH_4)_2SO_4$ 水溶液，在冷却到达$(NH_4)_2SO_4$ 饱和的温度时，由于$(NH_4)_2SO_4$ 在水中的溶解度随温度的降低而减小，将会有$(NH_4)_2SO_4$ 固体析出。溶液中盐的浓度越大，开始析出固体$(NH_4)_2SO_4$ 的温度也越高。溶液中$(NH_4)_2SO_4$ 的质量分数若等于 39.75%，在冷却到 −18.50 ℃时，冰和固体$(NH_4)_2SO_4$ 同时析出。−18.50 ℃是 H_2O-$(NH_4)_2SO_4$ 系统中液相能够存在的最低温度。

理论上，测得不同温度下与固相成平衡的溶液的组成，即可描绘出相图。系统的有关数据如表 5-1 所示。

表 5-1 不同温度下 H_2O-$(NH_4)_2SO_4$ 系统的液-固平衡数据

t/℃	平衡时液相组成 $w((NH_4)_2SO_4)/(\%)$	平衡时的固相
−1.99	6.52	冰
−5.28	17.10	冰
−10.15	28.97	冰
−13.99	34.47	冰
−18.50	39.75	冰+$(NH_4)_2SO_4$
0	41.22	$(NH_4)_2SO_4$
10	42.11	$(NH_4)_2SO_4$
20	43.00	$(NH_4)_2SO_4$
30	43.87	$(NH_4)_2SO_4$
40	44.80	$(NH_4)_2SO_4$
50	45.75	$(NH_4)_2SO_4$
60	46.64	$(NH_4)_2SO_4$
70	47.54	$(NH_4)_2SO_4$

续表

t/℃	平衡时液相组成 $w((NH_4)_2SO_4)/(\%)$	平衡时的固相
80	48.47	$(NH_4)_2SO_4$
90	49.44	$(NH_4)_2SO_4$
100	50.42	$(NH_4)_2SO_4$
108.5	51.53	$(NH_4)_2SO_4$

根据上表中数据绘制出 H_2O-$(NH_4)_2SO_4$ 系统的相图，如图 5-23 所示。

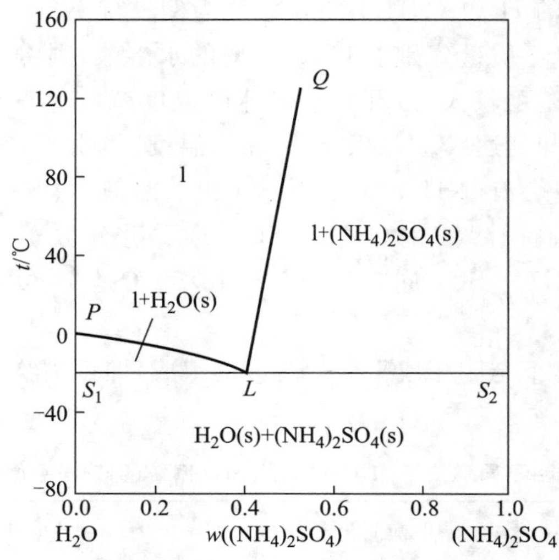

图 5-23 H_2O-$(NH_4)_2SO_4$ 系统的相图

图 5-23 中，P 点是水的凝固点，PL 线是水的凝固点降低曲线。LQ 线是 $(NH_4)_2SO_4$ 的溶解度曲线，Q 点是压力为 101.325 kPa 时 $(NH_4)_2SO_4$ 饱和溶液可能存在的最高温度，如果温度再高，液相就要消失成为水蒸气和固体 $(NH_4)_2SO_4$，但如果增大外压，LQ 线还可向上延长。状态为 L 点的溶液在冷却时析出的低共熔混合物冰和固体 $(NH_4)_2SO_4$ 又称为低共熔冰盐合晶。L 点所对应的温度即低共熔点，通过 L 点的 S_1S_2 水平线是三相线。各个相区的稳定相已在图中注明。

水-盐系统相图可应用于结晶法分离盐类。例如，欲从 $(NH_4)_2SO_4$ 的质量分数为 30% 的水溶液中获得纯的 $(NH_4)_2SO_4$ 晶体，由图 5-23 可知，单依靠冷却是不可能实现的。因为冷却过程中首先析出冰，冷却到 −18.50 ℃时，固体盐与冰同时析出。所以应先将溶液蒸发浓缩，使溶液中 $(NH_4)_2SO_4$ 的质量分数大于 39.75%（图中 L 点对应的组成），再将浓缩后的溶液冷却，并控制温度使其略高于 −18.50 ℃，则可以获得纯 $(NH_4)_2SO_4$ 晶体。

5.4.2 有化合物生成的双组分系统

在二组分凝聚系统中，如果两种物质之间能发生化学反应生成化合物（第三种物质），根据

组分数的概念 $C=S-R-R'=3-1=2$，系统仍为二组分系统。当系统中这两种物质的数量之比正好使之全部形成化合物，则除了有一化学反应外，还有一浓度限制条件，于是 $C=S-R-R'=3-1-1=1$，而成为单组分系统。

下面根据所生成化合物的稳定性，分两类情况加以讨论。

1. 形成稳定化合物的系统

稳定化合物是指熔化后液相组成与固相组成相同的固体化合物，其具有相合熔点。生成稳定化合物的系统中最简单的是两种物质之间只能生成一种化合物，且这种化合物与两种物质在固态时完全不相溶。

以苯酚(A)-苯胺(B)系统为例。苯酚的熔点为 40 ℃，苯胺的熔点为 −6 ℃，两者生成分子比 1∶1 的化合物 $C_6H_5OH \cdot C_6H_5NH_2$(C)，其熔点为 31 ℃。此系统的液-固平衡相图如图5-24 所示。

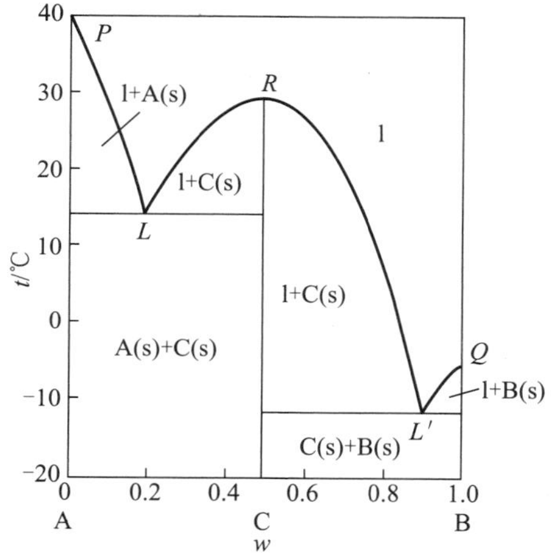

图 5-24　苯酚(A)-苯胺(B)系统相图

此相图可以看成由两个相图组合而成，一个是 A-C 系统相图，另一个是 C-B 系统相图。两个系统均具有低共熔点的固态不互溶系统相图。

Mg-Si 系统也属于这种类型。Mg 与 Si 可反应形成 Mg_2Si 的稳定化合物，且与 Mg 和 Si 在固态时完全不互溶。

二组分凝聚系统中，两物质还有可能生成两种或两种以上的稳定化合物。例如，水和硫酸可以生成三种化合物，如图 5-25 所示，此图可以看作由四个简单低共熔混合物相图组合而成。

2. 生成不稳定化合物的系统

当两组分系统中，物质 A 与 B 反应生成化合物 C，而化合物 C 只能在固态时存在，不能在液态时存在。将该化合物加热到某一温度时，它将分解成一种固体与一液体，这种化合物称为不稳定化合物。显然，生成的液体不同于不稳定化合物组成。不稳定化合物具有不相合熔点。

生成不稳定化合物的系统中，最简单的是两种物质 A 与 B 只生成一种不稳定化合物 C，且 C 与 A，C 与 B 均在固态时完全不互溶，其相图及步冷曲线如图 5-26 所示。

将固体化合物 C 加热，系统由点 C 垂直向上移动，达到相应于 S_1' 点所对应的温度时，化合物分解成固体 B 和溶液，即

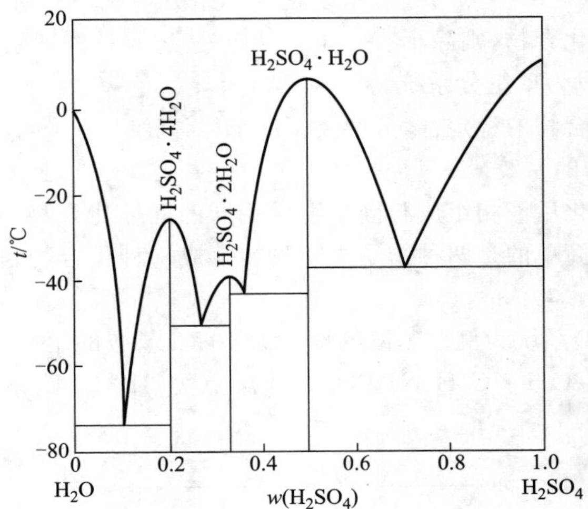

图 5-25 H_2O-H_2SO_4 系统相图

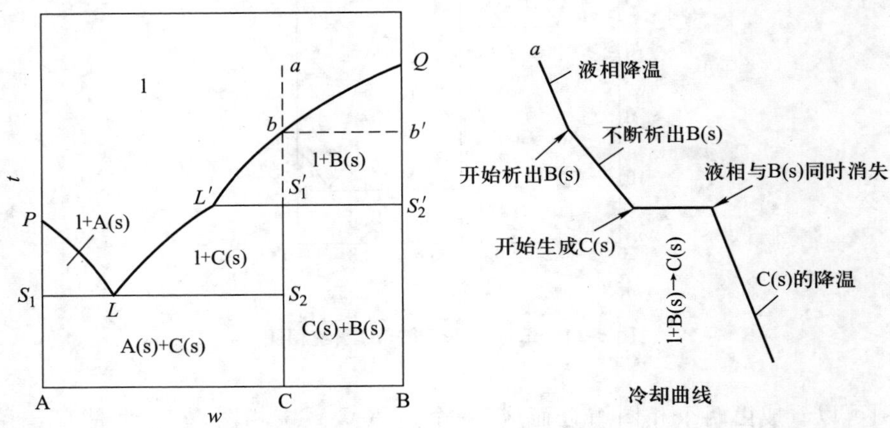

图 5-26 生成不稳定化合物系统的相图及冷却曲线

$$C(s) \longrightarrow l + B(s)$$

固相点为 S_2'，液相点为 L'。化合物 C 分解生成的固相 B 的量与液相量之比符合杠杆规则，即等于 $L'S_1'$线段长度与 $S_1'S_2'$线段长度之比。分解所对应的温度称为不相合熔点或转熔温度。在此温度下，三相平衡，自由度为零，系统的温度和各个相的组成都不改变。加热到固体化合物全部分解后，温度才开始上升。再继续加热，不断有固体 B 熔化进入溶液，使溶液中 B 的含量增加，液相点沿 $L'b$ 线移动，固相点相应地沿 $S_2'b'$线移动。系统点到达 b 点时，固相 B 全部熔化而消失，b 点也即是液相点，此液相的组成与原来化合物 C 的组成相同。以后是液相的升温过程。

图中系统点为 a 的样品的冷却曲线见图 5-26 右图。此样品在冷却过程中的相变与前面分析的化合物 C 在加热过程中的相变正好相反。

这一类系统的实例有：$CuCl_2$-KCl（生成不稳定化合物 $CuCl_2 \cdot 2KCl$），SiO_2-Al_2O_3（生成

不稳定化合物 $2Al_2O_3 \cdot 2SiO_2$)，$AgNO_3$-AgCl(生成不稳定化合物 $AgNO_3 \cdot AgCl$)，等等。

水-盐系统中的 H_2O-NaCl 也属于这一类。不稳定化合物二水合氯化钠 $NaCl \cdot 2H_2O$(C)在熔化时分解，系统相图如图 5-27 所示。相图是在加压下绘制的，由于 NaCl 的熔点很高，盐的溶解度曲线不可能与右侧纵坐标轴相交。

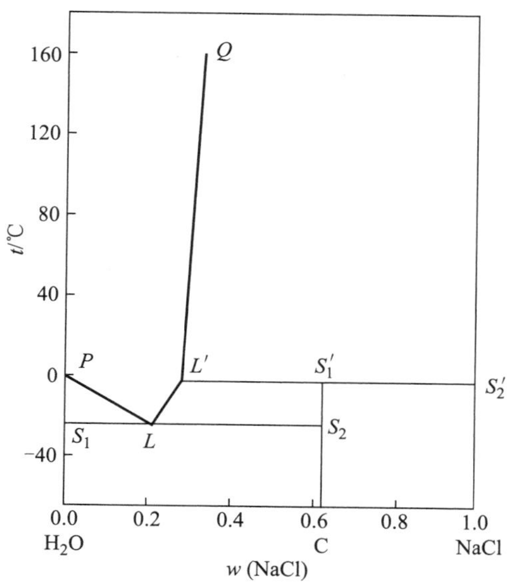

图 5-27 H_2O-NaCl 系统相图

此外，有些盐与水可以生成多种不同的水和晶体，这些水-盐系统相图中则有多种不稳定化合物。

5.4.3 固态互溶的双组分系统

两种物质形成的液态混合物冷却凝固后，若两物质形成以分子、原子或离子大小相互均匀混合的一种固相，则称此固相为固态混合物(固溶体)或固态溶液。

当两种物质具有同种晶型，分子、原子或离子大小相近，一种物质晶体中的这些粒子可以被另一种物质的相应粒子以任何比例取代时，即能形成固态完全互溶系统。

若两种物质 A 和 B 在液态时完全互溶，固态时 A 在 B 中溶解形成一种固态溶液，在一定温度下有一定的溶解度；B 在 A 中溶解形成另一种固态溶液，在同一温度下另有一定的溶解度。两固态饱和溶液即共轭溶液平衡共存时为两种固相，这样的系统属于固态部分互溶系统。固态溶液中溶质的粒子若是填入溶剂晶体结构的空隙中，形成填隙型固态溶液；若是代替了溶剂晶体的相应粒子，则形成取代型固态溶液。

1. 固态完全互溶系统

以 Au-Ag 系统为例。Au 和 Ag 两个组分在液态和固态都能完全互溶，此系统的液-固平衡相图如图 5-28 所示。此图与二组分液态混合物在恒压下的气-液平衡相图具有相似的形状。

图 5-28 中上面的一条线表示液态混合物的凝固点与其组成的关系曲线，称为液相线或凝固点曲线；下面的一条线表示固态混合物的熔点与其组成的关系曲线，称为固相线或熔点曲线。液相线以上的区域为液相区，固相线以下的区域为固相区，液相线和固相线之间的区域为液相和固相两相平衡共存区。

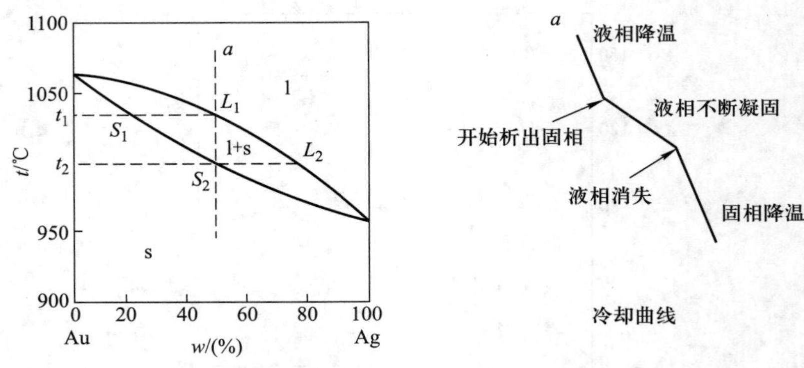

图 5-28 Au-Ag 系统相图及冷却曲线

将状态点为 a 的液相混合物冷却降温到温度 t_1 时，系统点到达液相线上的 L_1 点，便有固相析出，此固相不是纯物质，而是固态混合物（固溶体），其相点为 S_1。继续冷却，温度从 t_1 降到 t_2 的过程，不断有固相析出，液相点沿液相线从 L_1 点变至 L_2 点，固相点相应地沿固相线从 S_1 点变为 S_2 点。在温度 t_2 时，系统点与固相点重合为 S_2 点，液相消失，系统完全凝固，最后消失的一滴液相组成为 L_2 点。此样品的冷却曲线绘于相图右侧。

上述过程要求冷却速度很慢，以保证在凝固过程中整个固相在任何时候都能和液相尽量达到平衡。如果冷却过快，则仅固相表面和液相平衡，固相内部来不及变化，在液相点从 L_1 点变至 L_2 点的过程中，将析出一系列不同组成的固相层，而出现固相变化滞后的现象，可以在温度 t_2 以下的某温度范围内仍存在液相不完全凝固的现象。

属于此类型的系统还有 Co-Ni，Sb-Bi，Au-Pt，AgCl-NaCl 等。

此类相图的特点是固态混合物的熔点介于两纯组分的熔点之间。

此外，固态完全互溶的二组分系统的液-固平衡相图还包括具有最低熔点和具有最高熔点的相图。这两类相图分别与具有最低恒沸点和具有最高恒沸点的二组分系统气-液平衡的温度-组成相图相类似。具有最低熔点的系统较多，如 Cu-Mn，Cs-K 等；具有最高熔点的系统很少。

2. 固态部分互溶系统

二组分液态完全互溶、固态部分互溶的系统的相图可分为两类。

(1) 系统有一低共熔点

这类相图如图 5-29 所示。它与二组分液态部分互溶系统的气-液平衡相图相似。六个相区的平衡相已在图中标明，其中 α 代表 B 溶于 A 的固态溶液，β 代表 A 溶于 B 中的固态溶液。S_1S_2 为三相线，即液、固(α)、固(β)三相共存，三个相点分别为 L、S_1 和 S_2，其所对应的温度为低共熔点。

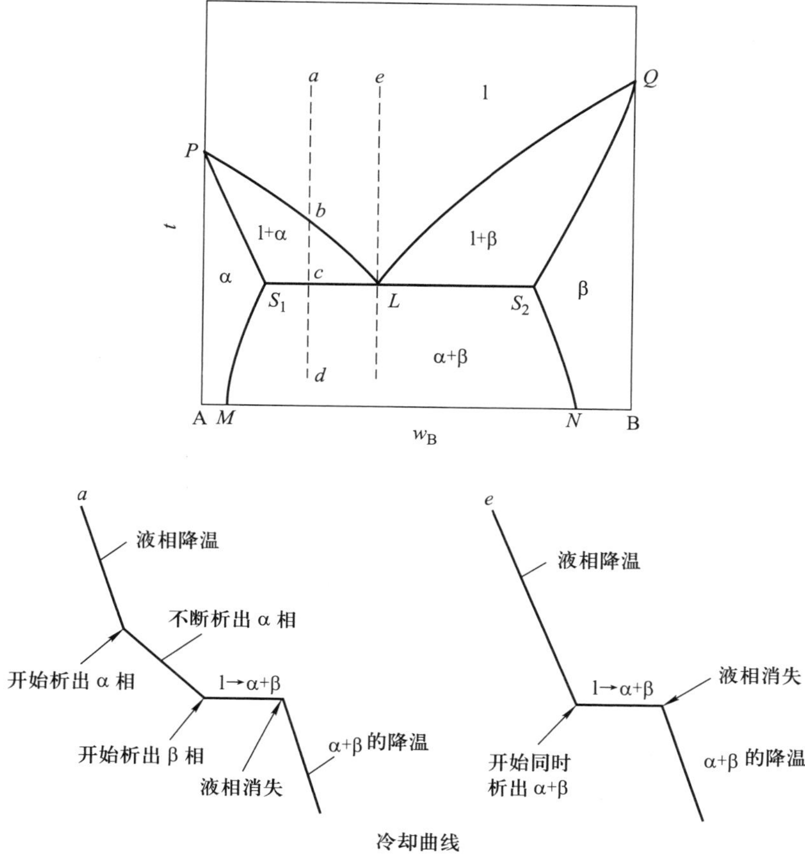

图 5-29 具有低共熔点的二组分固态部分互溶系统的相图及冷却曲线

系统总组成介于 S_1 和 S_2 点所对应的组成之间，样品冷却时通过三相线。状态点为 a 的样品冷却到 b 点时，开始析出固态溶液 α，bc 段不断析出 α 相。刚刚冷却到低共熔点时，固相点为 S_1，液相点为 L，再冷却，温度不变，液相 l 即按比例同时析出 α 相及 β 相而成三相平衡：

$$\mathrm{l} \longrightarrow \alpha + \beta$$

两个固相点分别为 S_1 及 S_2，系统点为 c。待液相完全凝固成 α 及 β 后，系统点离开 c 点。cd 段是两共轭固态溶液的降温过程，由于固体 A 和 B 的相互的溶解度与温度有关，在降温过程中两固态溶液的浓度及两相的量均要发生相应的变化。状态点为 e 的样品冷却到低共熔点时，系统由一个液相变成液、固 α、固 β 三相共存，液相消失后，也是两共轭固态溶液的降温。这两个样品的冷却曲线如图 5-29 下图所示。

属于这类系统的实例有 Sn-Pb，Ag-Cu，KNO_3-NaCl 等。

（2）系统有一转变温度

这类相图如图 5-30 所示。以系统点 a 的冷却过程为例。ab 段为液态混合物的降温过程。到达 b 点开始析出固态溶液 β。bc 段不断析出 β 相，温度不断降低，液相组成及 β 相组成随温度降低相应地改变。到 c 点，液相点为 L，β 相点为 S_2。再冷却，即发生相变：

$$\mathrm{l} + \beta \longrightarrow \alpha$$

状态点为 L 的液相与状态点为 S_2 的 β 相的量按 S_1S_2 与 LS_1 线段长度的比例转变为状态点为 S_1 的固态溶液 α。这时系统呈三相平衡，$f=0$，温度不再改变，此温度为转变温度。液相消失后，剩余的 β 相与转变成的 α 相成两相平衡。cd 段为两共轭状态溶液的降温过程，两相的组成随温度变化。冷却曲线见图 5-30 右图。

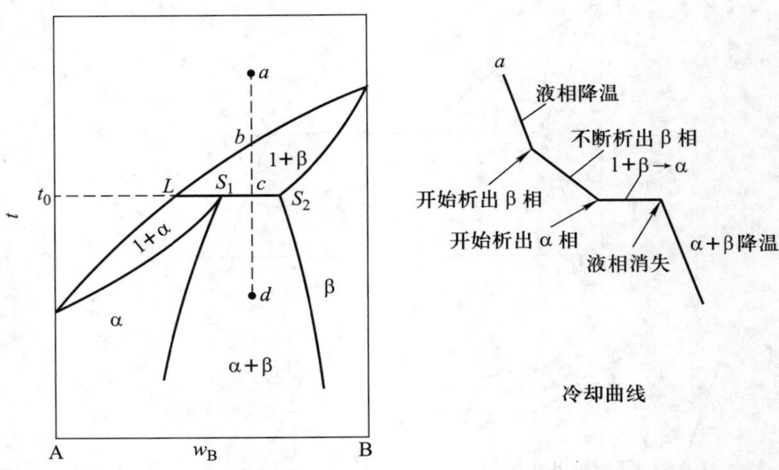

图 5-30 具有转变温度的二组分固态部分互溶系统的相图及冷却曲线

若样品的组成介于 L 与 S_1 点所对应的组成之间，在转变温度时也成三相平衡，但温度低于转变温度时，将是状态点为 S_2 的 β 相消失，而系统进入液相与 α 相两相区。

这类相图中，$w_B < w_B(S_1)$ 的 α 相的熔点低于转变温度，$w_B > w_B(S_2)$ 的 β 相的熔点高于转变温度。

属于这类系统的实例有 AgCl-LiCl，$AgNO_3$-$NaNO_3$，Pt-W 等。

本 章 小 结

相平衡是化工生产中精馏、结晶、萃取等单元操作的理论基础。本章主要内容是介绍相律、单组分系统及二组分系统（气-液、液-固）的相图。

单组分系统中，主要介绍了水、二氧化碳单组分系统的 p-T 相图，用 Clapeyron 方程分析了两相平衡线的变化规律，分析了水的三相点与冰点的差别及其原因。

二组分系统相图是本章重点，主要介绍了气-液平衡相图和液-固平衡相图。气-液平衡相图依据液态互溶情况，分成了液态完全互溶（理想液态混合物、真实液态混合物）、液态部分互溶及液态完全不互溶系统三种情况，分别给出了其典型的 p-x 图、T-x 图。液-固平衡系统相图只讨论了 T-x 相图，其形状与气-液平衡的 T-x 相图类似。此外，还介绍了液-固相图的绘制方法：热分析法（适用于金属相图）及溶解度法（适用于水-盐系统）。利用相图可分析不同 T、p、x 下的相变情况。在分析两相区内的相变情况时，可用杠杆规则确定两相的量。

拓展阅读及相关链接

伯诺瓦·保罗·埃米尔·克拉佩龙(法语:Benoît Paul émile Clapeyron,1799.02.26—1864.01.28),法国物理学家,工程师,在热力学研究方面有很大贡献。

克拉佩龙生于巴黎,1818 年从巴黎综合理工学院毕业,之后和朋友加布里埃尔·拉梅一起进入国立巴黎高等矿业学校接受工程师训练。俄国沙皇亚历山大一世当时正在招募技术人才到俄国组织工程项目和普及工程教育,1820 年克拉佩龙和拉梅一起前往圣彼得堡执教,指导工程项目,并一起发表了多篇论文。1830 年法国七月革命之后,俄法关系紧张,两人被迫回到法国。

1834 年他发表了一篇以"热的推动力"为题目的报告,其中他扩展了两年前去世的物理学家尼古拉·莱昂纳尔·萨迪·卡诺的工作。虽然卡诺已经发展了一种更为清晰的分析热机的方法,他仍然使用了繁冗落后的热质说来解释。克拉佩龙则使用了更为简单易懂的图解法,表达出了卡诺循环在 p-V 图上是一条封闭的曲线,曲线所围的面积等于热机所做的功。

1843 年克拉佩龙进一步发展了可逆过程的概念,给出了卡诺定理的微分表达式,这是热力学第二定律的雏形。他用这一发现扩展了克劳修斯的工作,建立了计算蒸气压随温度变化系数的克劳修斯-克拉佩龙方程。他还进一步考虑了相变过程中的连续问题,后来被称为斯蒂潘问题。

克拉佩龙还曾对理想气体进行过研究,他将波义耳定律和查理-盖吕萨克定律结合起来,把描述气体状态的三个参数:压强(p)、体积(V)和温度(T)归于一个方程,即对于一定量气体,其体积和压力的乘积与热力学温度成正比,这被称为克拉佩龙方程。

1844 年起克拉佩龙任巴黎桥梁道路学校教授。1858 年被选为法国科学院院士。

参 考 文 献

[1] 张学红. 超临界流体萃取技术. 化学教学,2006,6:33~34.

[2] 张印俊,杨培全. 超临界二氧化碳流体萃取技术提取中草药成分的进展. 华西药学杂志,1998,4:242~244.

[3] 刘俊吉,周亚平,李松林. 物理化学. 第五版. 北京:高等教育出版社,2009.

[4] 宋世谟,庄公惠,王正烈. 物理化学. 第三版. 北京:高等教育出版社,1993.

[5] 傅献彩,沈文霞,姚天扬,等. 物理化学. 第五版. 北京:高等教育出版社,2005.

习　　题

1. 指出下列平衡系统中的组分数 C、相数 P 及自由度 f。

(1) $CaSO_4$ 与其饱和水溶液达平衡;

(2) 5 g 氨气通入 1 L 水中,与蒸气平衡共存;

(3) I_2 在液态水和 CCl_4 中分配达平衡(无固体存在);

(4) 含有 KNO_3 和 NaCl 的水溶液与纯水达渗透平衡;

(5) $MgCO_3(s)$与其分解产物 MgO(s)和 $CO_2(g)$成平衡;

(6) $NH_4Cl(s)$放入一抽空的容器中,与其分解产物 $NH_3(g)$和 HCl(g)成平衡;

(7) 过量的 $NH_4HCO_3(s)$与其分解产物 $NH_3(g)$、$H_2O(g)$和 $CO_2(g)$成平衡;

(8) C(s)与 CO(g)、$CO_2(g)$、$O_2(g)$在 973 K 时达到平衡。

2. 判断下列结论是否正确:

(1) 1 mol NaCl溶于1 L水中，在298 K时只有一个平衡蒸气压；

(2) 1 L水中含1 mol NaCl和少量KNO_3，在一定外压下，当气液平衡时，温度必有定值；

(3) 纯水在临界点呈雾状，气液共存，呈两相平衡，根据相律：

$$f = C + 2 - P = 1 + 2 - 2 = 1$$

3. 已知$Na_2CO_3(s)$和$H_2O(l)$可以生成如下三种水合盐：$Na_2CO_3 \cdot H_2O(s)$、$Na_2CO_3 \cdot 7H_2O(s)$和$Na_2CO_3 \cdot 10H_2O(s)$。试求：

(1) 在标准大气压力下，与Na_2CO_3水溶液和冰平衡共存的水合盐最多可以有几种？

(2) 在298 K时，与水蒸气平衡共存的水合盐最多可以有几种？

4. 合成氨反应是在高温、高压下，以1∶3的氮氢混合气通过催化床进行的，然后将平衡气体在反应压力下导入冷凝器使NH_3部分液化，剩余气体重复循环。当反应压力为2.53×10^7 Pa，冷凝器温度为303.2 K时，平衡气体中NH_3的摩尔分数为0.12。试问有百分之几的NH_3被冷凝成液体？已知$NH_3(l)$的密度为$0.595\ kg\cdot dm^{-3}$，303.2 K时的蒸气压为1.165×10^6 Pa。

5. 在不同温度下，测得$Ag_2O(s)$分解时$O_2(g)$的分压如下：

T/K	401	417	443	463	486
p_{O_2} / kPa	10	20	51	101	203

试问：

(1) 分别于413 K和423 K时，在空气中加热银粉，是否有$Ag_2O(s)$生成？

(2) 如何才能使$Ag_2O(s)$加热到443 K时而不分解？

6. 已知液体甲苯(A)和液体苯(B)在90 ℃时的饱和蒸气压分别为$p_A^* = 54.22$ kPa和$p_B^* = 136.12$ kPa，两者可形成理想液态混合物。今有系统组成为$x_{B,0} = 0.3$的甲苯-苯混合物5 mol，在90 ℃下成气-液两相平衡，若气相组成为$y_B = 0.4556$，求：

(1) 平衡时液相组成x_B及系统的压力p；

(2) 平衡时气、液两相的物质的量$n(g)$、$n(l)$。

7. 通常在大气压为100 kPa时，水的沸点为373 K，而在海拔很高的高原上，当大气压力降为66.9 kPa时，这时水的沸点为多少？已知水的标准摩尔气化焓为$40.67\ kJ\cdot mol^{-1}$，并设其与温度无关。

8. 已知液态砷As(l)的蒸气压与温度的关系为

$$\ln\frac{p}{\text{Pa}} = -\frac{5665\ \text{K}}{T} + 20.30$$

固态砷As(s)的蒸气压与温度的关系为

$$\ln\frac{p}{\text{Pa}} = -\frac{15999\ \text{K}}{T} + 29.76$$

试求砷的三相点的温度及压力。

9. 101.325 kPa下水(A)-醋酸(B)系统的气-液平衡数据如下：

t/℃	100	102.1	104.4	107.5	113.8	118.1
x_B	0	0.300	0.500	0.700	0.900	1.000
y_B	0	0.185	0.374	0.575	0.833	1.000

(1) 画出气-液平衡时的温度-组成图；

(2) 从图上找出组成为$x_B = 0.800$的液相的泡点；

(3) 从图上找出组成为 $y_B=0.800$ 的气相的露点；

(4) 105.0 ℃时气-液平衡两相的组成是多少？

(5) 9 kg 水与 30 kg 醋酸组成的系统在 105.0 ℃达到平衡时，气、液两相的质量各为多少？

10. 已知水-苯酚系统在 30 ℃液-液平衡时共轭溶液的组成 w(苯酚)为：L_1(苯酚溶于水)，8.75%；L_2(水溶于苯酚)，69.9%。试求：

(1) 在 30 ℃，100 g 苯酚和 200 g 水形成的系统达到液-液平衡时，两液相的质量各为多少？

(2) 在上述系统中若再加入 100 g 苯酚，又达到相平衡时，两液相的质量各变到多少？

11. 水-异丁醇系统液相部分互溶。在 101.325 kPa 下，系统的共沸点为 89.7 ℃。气(G)、液(L_1)、液(L_2)三相平衡时的组成 w(异丁醇)依次为：70.0%，8.7%，85.0%。今由 350 g 水和 150 g 异丁醇形成的系统在 101.325 kPa 压力下从室温加热，问：

(1) 温度刚要达到共沸点时，系统处于相平衡时存在哪些相？其质量各为多少？

(2) 当温度由共沸点刚有上升趋势时，系统处于相平衡时存在哪些相？其质量各为多少？

12. 为了将含非挥发性杂质的甲苯提纯，在 86.0 kPa 压力下用水蒸气蒸馏。已知：在此压力下该系统的共沸点为 80 ℃，80 ℃时水的饱和蒸气压为 47.3 kPa。试求：

(1) 气相的组成(含甲苯的摩尔分数)；

(2) 欲蒸出 100 kg 纯甲苯，需要消耗水蒸气多少千克？

13. A-B 二组分液态部分互溶系统的液-固平衡相图如下图所示，试指出各个相区的相平衡关系、各条线所代表的意义，以及三相线所代表的相平衡关系。

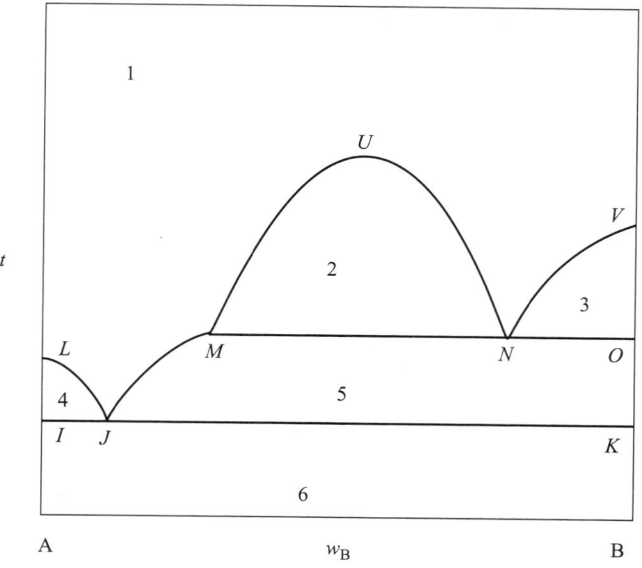

14. 利用下列数据，粗略地绘制出 Mg-Cu 二组分凝聚系统的相图，并标出各区的稳定相。

Mg 和 Cu 的熔点分别为 648 ℃、1085 ℃，两者可形成两种稳定化合物 Mg_2Cu、$MgCu_2$，其熔点依次为 580 ℃、800 ℃。两种金属与两种化合物之间形成三种低共熔混合物，低共熔混合物的组成 w(Cu)及低共熔点对应为：35%，380 ℃；66%，560 ℃；90.6%，680 ℃。

15. 某生成不稳定化合物系统的液-固系统相图如下图所示，绘出图中状态点为 a，b，c，d，e 的样品的冷却曲线。

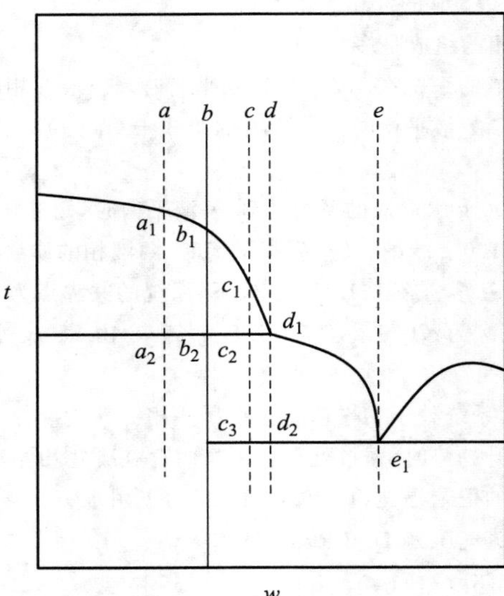

16. A,B 两组分凝聚系统相图如下图所示：

(1) 标出各相区的稳定相,并指出各三相平衡线的平衡关系；

(2) 指出图中的化合物 C、D 是稳定化合物还是不稳定化合物?

(3) 绘出图中状态点为 a、b 的样品的冷却曲线,并指明冷却过程相变化情况。

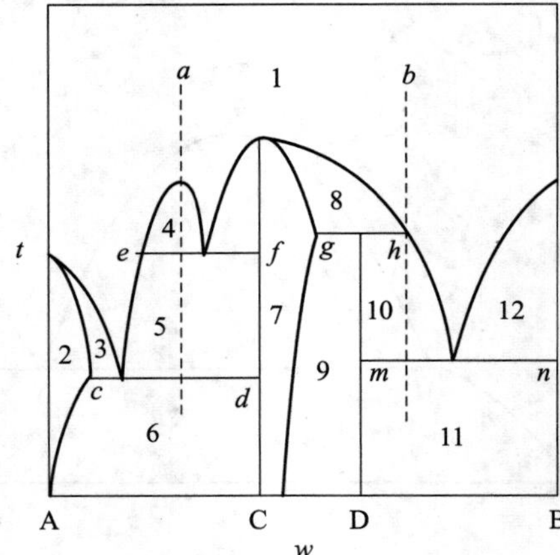

第 6 章　化学反应动力学

本章学习目标：

- 理解并掌握动力学曲线、反应速率、反应速率方程等动力学基本概念。
- 理解并掌握简单级数的反应（主要是零级反应、一级反应、二级反应）概念及其特征。
- 理解并掌握速率方程确定过程中，确定反应级数和速率系数的常用方法。
- 了解温度对反应速率影响的几种不同类型；掌握 Arrhenius 经验公式的不同表达形式、活化能 E_a 的概念和意义。
- 理解并掌握对峙反应、平行反应、连续反应等典型复杂反应及其近似处理方法。
- 了解简单碰撞理论、过渡态理论、单分子反应理论等反应速率理论的基本内容。
- 了解链反应、溶液中的反应、光化学反应、催化反应等特殊反应及其动力学处理方法。

§6.1　动力学概述和一些基本概念

6.1.1　动力学的任务及研究对象

经典化学热力学从静态的角度去研究化学反应，解决了化学反应过程中能量转换、进行方向、限度以及各种平衡量的计算问题。而将化学反应应用于生产实践，除了要了解在给定条件下反应发生的可能性以外，还要掌握反应需要的时间、反应经历的过程以及实际的产率等。由于化学热力学只研究过程的起始状态和终结状态，不考虑过程的瞬间状态、时间因素和变化细节，所以上述问题的解决均有赖于化学动力学(chemical kinetics)的研究。例如，合成氨的反应在 3×10^7 Pa 和 773 K 左右进行，按照热力学的分析，其可能的最大转化率是 26%左右，但是如果不加催化剂，这个反应的速率却非常慢，根本不能应用于工业生产。因此，必须对这个反应进行化学动力学方面的研究，寻找合适的催化剂，从而加快反应速率，使反应能用于大规模工业生产。

化学动力学是从动态的角度去研究化学反应的全过程，其基本任务之一是了解反应的速率，了解各种因素（如温度、压力、浓度、催化剂等）对反应速率的影响，从而选择合适的反应条件，控制反应的进行。化学动力学的另一基本任务是研究反应历程(mechanism)，也就是反应物究竟是按照什么途径、经过哪些步骤才转化为最终产物的。了解了这些历程，不仅可以更好地控制温度和浓度，使反应处于安全区，还可以找出决定反应速率的关键所在，使主反应按照我们希望的方向进行，并将副反应速率降到最小，从而达到生产上“多快好省”的目的。

在生产中，既要考虑热力学问题，也要考虑动力学问题，动力学研究与热力学研究是不可分割的。如果热力学研究认为反应可行，再用动力学研究如何变为现实并有工业价值，才具有实际意义；如果一个反应在热力学上判断为不可能，也就不需要考虑反应速率的问题了。

6.1.2 动力学基本概念

1. 动力学曲线

动力学曲线是描述反应物和产物的浓度随时间变化的曲线。反应开始后，反应物的浓度不断减小，生成物的浓度不断增大，以时间为横坐标、浓度为纵坐标，画出浓度随时间的变化曲线，称为动力学曲线，如图 6-1 所示。

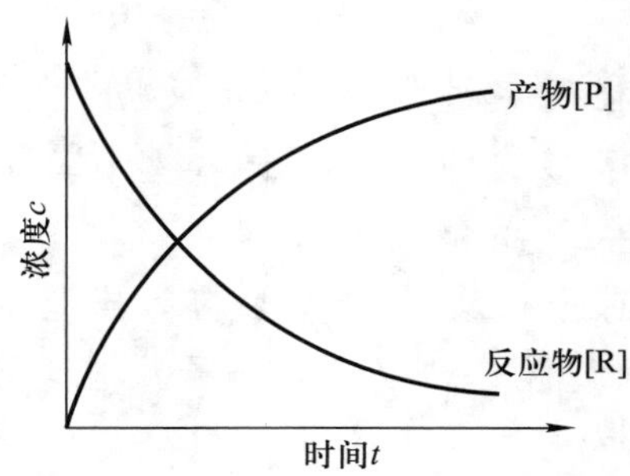

图 6-1 反应物和产物的浓度随时间的变化——动力学曲线

在大多数反应系统中，反应物(或产物)的浓度随时间的变化往往不是线性关系。开始时反应物的浓度较大，反应速率较快，单位时间内得到的产物也较多；而在反应后期，反应物的浓度变小，反应变慢，单位时间内得到的生成物的数量也较少。但是也有一些反应，反应开始时需要有一定的诱导时间(induction time，如链反应)，反应速率极低，然后速率不断加快，达到最大之后由于反应物的消耗而逐渐降低，一些自催化反应(autocatalytic reaction)也有类似的情况。因此，动力学曲线可以提供反应类型的信息。

为了得到动力学曲线，需要测定反应一定时间后反应物或产物的浓度。分析某时刻的反应物或产物浓度一般采用化学法或物理方法。

化学法的关键是在分析物质浓度时使反应终止或将反应速率降至最小。为此，在不同时间从等温体系取出物质进行分析时，可先采用骤冷、冲稀、加阻化剂、除去催化剂等方法使反应立即停止，然后进行化学分析。化学法可以直接得到不同时刻某物质的浓度，但操作过程一般较为繁琐，速度较慢。

物理方法是通过测量与物质浓度变化有定量关系的一些物理性质的变化，间接计算得到反应速率。通常采用的物理量有压力、体积、旋光度、折射率、电导率、电动势、介电常数、黏度等，对不同的反应可用谱仪(如 IR，UV-Vis，ESR，NMR 等)进行原位监测。其优点是，可以不中止反应而进行原位的连续测定，速度较快，可自动记录并获取大量数据。但由于该方法中浓度是通过间接计算得到的，当体系中有副反应或微量杂质对某物理量的影响较灵敏时，容易引入较大误差。

对于快速反应，如溶液中的酸碱中和反应等，由于反应几乎在物质混合的同时就已经进行完全，无法测定 c-t 的关系，所以需要用特殊的方法和设备进行测定，例如快速流动法等。

2. 反应速率

在反应系统中，反应物的量随时间的增加而减少，产物的量随时间的增加而增加。所谓的反应速率，就是指该化学反应进行的快慢程度。化学反应的进展，可以用反应物浓度随时间的不断降低或者是生成物浓度随时间的不断升高来表示。由于反应式中反应物和生成物的化学计量数不一定保持一致，所以用反应物或生成物的浓度变化率来表示反应速率时，其数值也未必一致。但若采用反应进度随时间的变化率来表示反应速率，则可以避免这种矛盾。

根据反应进度 ξ 的定义，设反应为

$$\begin{array}{lll} & \alpha \mathrm{R} \longrightarrow & \beta \mathrm{P} \\ t=0 & n_{\mathrm{R}}(0) & n_{\mathrm{P}}(0) \\ t=t & n_{\mathrm{R}}(t) & n_{\mathrm{P}}(t) \end{array}$$

反应开始时($t=0$)，反应物 R 和生成物 P 的物质的量分别为 $n_{\mathrm{R}}(0)$ 和 $n_{\mathrm{P}}(0)$；当反应时间为 t 时，物质的量分别为 $n_{\mathrm{R}}(t)$ 和 $n_{\mathrm{P}}(t)$，则反应进度为

$$\Delta\xi=\frac{n_{\mathrm{R}}(t)-n_{\mathrm{R}}(0)}{\alpha}=\frac{n_{\mathrm{P}}(t)-n_{\mathrm{P}}(0)}{\beta}$$

其中，对反应物的计量系数(α)取负值，生成物的计量系数(β)取正值。将上式对 t 进行微分，得到在某个时刻 t 时反应进度的变化率，即称为反应的转化速率(conversion rate of reaction)：

$$\dot{\xi}=\frac{\mathrm{d}\xi}{\mathrm{d}t}=\frac{1}{\alpha}\frac{\mathrm{d}n_{\mathrm{R}}(t)}{\mathrm{d}t}=\frac{1}{\beta}\frac{\mathrm{d}n_{\mathrm{P}}(t)}{\mathrm{d}t}$$

将上式推广到一般化学反应的计量方程有

$$0=\sum_{\mathrm{B}}\nu_{\mathrm{B}}\mathrm{B}$$

$$\dot{\xi}=\frac{\mathrm{d}\xi}{\mathrm{d}t}=\frac{1}{\nu_{\mathrm{B}}}\frac{\mathrm{d}n_{\mathrm{B}}(t)}{\mathrm{d}t} \tag{6.1}$$

其中 $\dot{\xi}$ 称为转化速率，其单位是 $\mathrm{mol\cdot s^{-1}}$(图 6-2)。应注意的是，如果参加反应的各物质的化学计量系数不同，则各物质的浓度变化也不同。

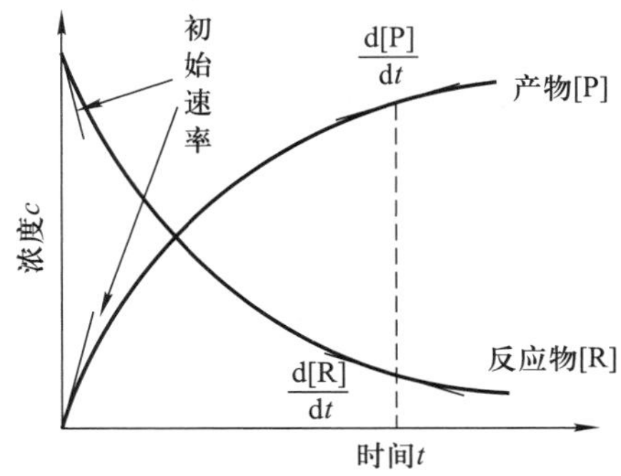

图 6-2　反应物和产物浓度与反应时间的关系

根据转化速率，化学反应速率可定义为

$$r=\frac{1}{V}\dot{\xi}=\frac{1}{V}\frac{\mathrm{d}\xi}{\mathrm{d}t} \tag{6.2}$$

此时，反应速率 r 与参加反应的具体物质无关，但与反应方程式的写法有关。

将 $\mathrm{d}\xi=\dfrac{\mathrm{d}n_{\mathrm{B}}}{\nu_{\mathrm{B}}}$ 代入式(6.2)得

$$r=\frac{1}{V\mathrm{d}t}\left(\frac{\mathrm{d}n_{\mathrm{B}}}{\nu_{\mathrm{B}}}\right) \tag{6.3}$$

则对于恒容反应有

$$r=\frac{1}{\nu_{\mathrm{B}}}\left(\frac{\mathrm{d}c_{\mathrm{B}}}{\mathrm{d}t}\right) \tag{6.4}$$

根据式(6.4),只要得到了$\frac{\mathrm{d}c_{\mathrm{B}}}{\mathrm{d}t}$,就能求得反应速度 r。而$\frac{\mathrm{d}c_{\mathrm{B}}}{\mathrm{d}t}$就是 c_{B}-t 曲线(即动力学曲线)在时间为 t 时的切线斜率。因此,关于化学反应速率的测定,实际上就是测定动力学曲线,此处不再进行赘述。

3. 基元反应和非基元反应

一般写化学反应方程式,只根据始态和终态写出反应的总结果,这种方程式只表示反应前后的物料平衡关系,称为计量方程式,并不能代表反应的实际机理。例如氢与氯化合生成氯化氢的气相反应,其计量方程式写为

$$H_2(g)+Cl_2(g) = 2HCl(g)$$

它只表示反应物和产物的数量关系,并不表示一个 H_2 分子和一个 Cl_2 分子一步直接碰撞生成两个 HCl 分子。

由反应物微粒直接碰撞生成产物微粒的反应称为基元反应;由两个或两个以上基元反应所构成的反应称为总包反应或复杂反应,又称非基元反应;而一个化学反应所包含的基元反应按序排列的集合就称为该反应的反应机理。例如,上述的氯化氢气相合成是一个非基元反应,它是通过以下几步反应逐步实现的:

(1) $Cl_2+M^* = 2Cl+M$

(2) $Cl+H_2 = HCl+H$

(3) $H+Cl_2 = HCl+Cl$

(4) $Cl+Cl+M = Cl_2+M^*$

这 4 步都是基元反应,总反应是非基元反应,即总包反应。该反应所经历的过程,即所有基元反应,构成了该总包反应的反应机理。

4. 反应速率方程

影响化学反应速率的外在因素有很多(如浓度、压力、温度、辐射、介质、催化剂等),对于一般的单相(气相、液相)反应,通常考虑得较多的因素是浓度和温度对反应速率的影响。恒温条件下,以微分形式表达的反应速率 r 与各反应组分浓度的函数关系式为

$$r=f(c) \tag{6.5}$$

该式称为反应的微分速率方程或速率方程,又称为动力学方程。它表明了反应速率与浓度等参数之间的关系或浓度等参数与时间的关系,相应地,速率方程用微分式或积分式来表示。

以目前的研究水平来说,反应速率方程的具体形式只能通过动力学实验来确定,其形式随反应的不同而不同。

(1) 基元反应的速率方程——质量作用定律:恒温下,基元反应的速率正比于各反应物浓度的幂乘积,各浓度幂中的指数等于基元反应方程中各相应反应物的系数,这就是质量作用定律。例如,对于基元反应 $a\mathrm{A}+d\mathrm{D} = e\mathrm{E}+f\mathrm{F}$,由质量作用定律可写出其速率方程:

$$r=kc_{\mathrm{A}}^{a}c_{\mathrm{D}}^{d} \tag{6.6}$$

式中,比例系数 k 称为反应速率系数。

(2) 对于总包反应,速率方程应由实验确定,其形式各不相同。有的速率方程具有反应组分浓度幂乘积的形式,即反应速率正比于各反应组分浓度幂的乘积,但各浓度幂中的指数不一定等于计量方程式中相应物质的系数;有的速率方程则全然没有这种幂乘积的形式。

5. 反应速率系数

反应速率系数(rate coefficient)k 简称速率系数,是各反应物都为单位浓度时的反应速率,其数值与反应条件(如温度、溶剂、催化剂等)有关。在一定温度下,对于给定的反应,k 是一个常数,k 值与反应物浓度无关,故有的称为速率常数。

速率系数的单位随速率方程中浓度项的指数和(即反应级数)的不同而存在差异。

6. 反应级数与反应分子数

(1) 反应级数

在化学反应的速率方程中,各物浓度项的指数之代数和就称为该反应的级数(order of reaction),用 n 表示。例如,根据实验结果归纳得出的某反应的速率方程可用下式表示:

$$r = k[\mathrm{A}][\mathrm{B}]$$

则根据速率方程中各浓度项的相应指数,该反应对反应物 A 而言是一级,对反应物 B 也是一级,故总反应级数为二级。我们通常所说的该反应的级数都是指的总级数,它的大小可以用来表明浓度对反应速率影响的大小。对于许多反应,反应速率只与反应物的浓度有关,而与产物的浓度无关;但对于一些复杂的反应,产物的浓度也可以出现在速率方程中。

应该注意的是,因为总包反应的速率方程与反应方程式的写法并无直接联系,所以反应级数与反应组分的系数也没有直接的联系。

反应级数可以是正数、负数、整数、分数或零,还有的反应无法用简单的数字来表示级数。反应级数通常通过实验测定,得到速率方程,但基元反应也可通过反应方程式直接判断,非基元反应可通过反应机理来进行推导。

如果在某一反应系统中,某一物质的浓度远远大于其他反应物的浓度,在反应过程中可以认为其浓度没有变化,可并入速率系数项,这时反应总级数可相应下降,下降后的级数称为准级数反应。例如,蔗糖的水解反应,已测得反应速率方程为 $r=kc_{蔗糖}c_{水}$,这是一个二级反应;但是在水大大过量的情况下,该反应表现为一级,称为准一级反应。

(2) 反应分子数

在基元反应中,反应物种的分子数目之和称为反应分子数(molecularity)。而对于非基元反应而言,由于各步骤的反应分子数可能不同,所以非基元反应是不存在反应分子数的概念的。

参加基元反应的反应分子数是正整数,目前已知的只可能是 1,2 或 3,相对应的反应分别称为单分子反应、双分子反应和三分子反应。由于三个粒子同时碰撞的概率非常微小,所以三分子反应很少。无论是气相反应还是液相反应,最常见的都是双分子反应。

§6.2　具有简单级数的反应及其特点

具有简单级数的反应指反应速率只与反应物浓度有关,且反应级数为零或者正整数的反应。基元反应具有简单级数,如一级、二级、三级,以下分别讨论这类反应的特点。具有简单级数的反应不一定就是基元反应,但只要该反应具有简单级数,它就具有该级数反应的所有特征。

6.2.1 零级反应

反应速率方程中,反应物浓度项不出现,即反应速率与反应物浓度无关(无论浓度多少,速率恒定),这种反应称为零级反应。常见的零级反应有表面催化和酶催化反应,其反应速率取决于固体催化剂的有效表面活性位或酶的浓度,相对来说反应物总是过量的。

零级反应的动力学处理方法:若零级反应

$$\begin{array}{lcc} & A \xlongequal{\quad} & P \\ t=0 & a & 0 \\ t=t & a-x & x \end{array}$$

速率方程微分式为
$$r=\frac{dx}{dt}=k_0[A]^0=k_0$$

速率方程积分式为
$$\int_0^x dx=\int_0^t k_0 dt$$

得
$$x=k_0 t \tag{6.7}$$

设 y 为反应物转化分数,即转化率 $y=\frac{x}{a}$,当 $y=\frac{1}{2}$、$x=\frac{a}{2}$ 时半衰期 $t_{1/2}=\frac{a}{2k_0}$。

零级反应的特点:

(1) 速率系数 k 的单位为[浓度][时间]$^{-1}$(和速率的单位相同)。

(2) 半衰期与反应物起始浓度成正比,即 $t_{1/2}=\frac{a}{2k_0}$。

(3) x 与 t 呈线性关系,即 $x=k_0 t$。

实际上,零级反应并不多见。至目前为止,已知的零级反应大多数是在表面上发生的。这些反应之所以是零级,是由于它们都是在金属催化剂表面发生的,真正的反应物是吸附在固体表面上的原反应物分子,因此反应速率取决于表面上反应物的浓度。如果金属表面对分子的吸附已达饱和,再增加分子的浓度也不能明显改变表面上的浓度,即表现为零级反应。

6.2.2 一级反应

反应速率与反应物浓度的一次方成正比的反应称为一级反应。常见的一级反应有放射性元素的衰变、分子重排、五氧化二氮的分解等。

$$^{226}_{88}Ra \longrightarrow ^{222}_{86}Rn + ^{4}_{2}He \qquad r=k[^{226}_{88}Ra]$$

$$N_2O_5 \longrightarrow N_2O_4+\frac{1}{2}O_2 \qquad r=k[N_2O_5]$$

一级反应的动力学处理方法:若一级反应

$$\begin{array}{lcc} & A \xlongequal{\quad} & P \\ t=0 & a & 0 \\ t=t & a-x & x \end{array}$$

速率方程微分式为
$$r=\frac{dx}{dt}=k_1[A]=k_1(a-x)$$

速率方程的不定积分式为
$$\int\frac{dx}{a-x}=\int k_1 dt$$

得 $\ln(a-x)=-k_1t+$常数，$\ln(a-x)$与 t 成线性关系。
速率方程的定积分式为

$$\int_0^x \frac{\mathrm{d}x}{a-x}=\int_0^t k_1\mathrm{d}t, \quad \text{得} \quad \ln\frac{a}{a-x}=k_1t \tag{6.8}$$

设 y 为反应物转化分数，$y=\frac{x}{a}$，即 $x=ya$，代入式 $\ln\frac{a}{a-x}=k_1t$ 得 $\ln\frac{1}{1-y}=k_1t$。当 $y=\frac{1}{2}$时，半衰期 $t_{1/2}=\frac{\ln2}{k_1}$，由该式可知，对于一个给定的一级反应，由于 k_1 有定值，所以 $t_{1/2}$也有定值，据此可以判断一个反应是否属于一级反应。

一级反应的特点：

(1) 速率系数 k 的单位为[时间]$^{-1}$，时间 t 的单位可以是秒(s)、分(min)、小时(h)、天(d)或年(a)等。

(2) 半衰期与反应物起始浓度无关。

(3) 线性关系为 $\ln(a-x)$-t，即 $\ln c$-t。

(4) $t_{1/2}:t_{3/4}:t_{7/8}=1:2:3$。

(5) $\frac{c}{c_0}=\exp(-k_1t)$，即反应时间间隔 t 相同时，c/c_0 有定值。

其中后两个特点(4)和(5)是引申出来的特征。

6.2.3　二级反应

反应速率方程中，浓度项的指数和等于 2 的反应称为二级反应。二级反应最为常见，例如乙烯、丙烯的二聚作用，乙酸乙酯的皂化，碘化氢的热分解反应等都是二级反应。二级反应的通式可以写作：

(1) $A+B = P \qquad r=k_2[A][B]$

(2) $2A = P \qquad r=k_2[A]^2$

二级反应的动力学处理方法：

对于反应(1)，若以 a、b 代表 A 和 B 的初始浓度，经过 t 时间后有浓度为 x 的 A 和等量 B 起了作用，则在 t 时 A 和 B 的浓度分别为$(a-x)$和$(b-x)$。

	A	+	B ══ P
$t=0$	a	b	0
$t=t$	$a-x$	$b-x$	x

速率方程微分式为
$$r=\frac{\mathrm{d}x}{\mathrm{d}t}=k_2(a-x)(b-x)$$

(1)若 $a=b$，则
$$r=\frac{\mathrm{d}x}{\mathrm{d}t}=k_2(a-x)^2$$

速率方程的不定积分式为

$$\int\frac{\mathrm{d}x}{(a-x)^2}=\int k_2\mathrm{d}t$$

得
$$\frac{1}{a-x}=k_2t+\text{常数} \tag{6.9}$$

据此可知浓度与时间线性关系为$\frac{1}{a-x}$-t或$\frac{1}{c}$-t,速率方程的定积分式为

$$\int_0^x \frac{\mathrm{d}x}{(a-x)^2}=\int_0^t k_2\mathrm{d}t$$

得

$$\frac{1}{a-x}-\frac{1}{a}=k_2t \quad 或 \quad \frac{x}{a(a-x)}=k_2t \tag{6.10}$$

如令y代表时间t后原始反应物已分解的分数,即以$y=\frac{x}{a}$代入上式,可得

$$\frac{y}{1-y}=k_2ta$$

当原始反应物消耗一半时,$y=\frac{1}{2}$,则

$$t_{1/2}=\frac{1}{k_2a} \tag{6.11}$$

(2) 若A与B起始浓度不相同,即$a\neq b$,则速率方程的不定积分式为

$$\frac{1}{a-b}\ln\frac{a-x}{b-x}=k_2t+常数$$

速率方程的定积分式为

$$\frac{1}{a-b}\ln\frac{b(a-x)}{a(b-x)}=k_2t \tag{6.12}$$

由于A和B的初始浓度不同,而二者的消耗速率相同,使得在整个反应过程中它们的消耗百分数总是不同,所以对整个反应不存在半衰期。实际上,对于由多种反应物开始的任意化学反应,只有当反应物按照计量比投料时,才有半衰期。

二级反应($a=b$)的特点:

(1) 速率系数k的单位为[浓度]$^{-1}$[时间]$^{-1}$。

(2) 半衰期与起始物浓度成反比。

(3) 线性关系为$\frac{1}{a-x}$-t或$\frac{1}{c}$-t。

(4) $t_{1/2}:t_{3/4}:t_{7/8}=1:3:7$。

其中特点(4)是引申出来的特征。

6.2.4 三级反应

反应速率方程中,浓度项的指数和等于3的反应称为三级反应。三级反应数量较少,可能的基元反应的类型有

$$\mathrm{A+B+C} = \mathrm{P} \qquad r_3=k_3[\mathrm{A}][\mathrm{B}][\mathrm{C}]$$

$$\mathrm{2A+B} = \mathrm{P} \qquad r_3=k_3[\mathrm{A}]^2[\mathrm{B}]$$

$$\mathrm{3A} = \mathrm{P} \qquad r_3=k_3[\mathrm{A}]^3$$

对于三级反应,我们不再详述其动力学处理方法,仅归纳一下三级反应($a=b=c$)的特点:

(1) 速率系数k的单位为[浓度]$^{-2}$[时间]$^{-1}$。

(2) 半衰期$t_{1/2}=\frac{3}{2k_3a^2}$。

(3) 线性关系为$\frac{1}{(a-x)^2}$ -t。

(4) $t_{1/2}:t_{3/4}:t_{7/8}=1:5:21$。

6.2.5　n 级反应

反应速率方程中,浓度项的指数和等于 n 的反应称为 n 级反应。n 级反应的动力学处理方法:若 n 级反应

$$
\begin{array}{lcc}
 & \alpha A & = & P \\
t=0 & a & & 0 \\
t=t & a-x & & x
\end{array}
$$

速率方程的微分式为

$$r=\frac{dx}{dt}=k[A]^n=k(a-x)^n \tag{6.13}$$

速率方程的定积分式为

$$\int_0^x \frac{dx}{(a-x)^n}=\int_0^t k\,dt$$

得

$$\frac{1}{n-1}\left[\frac{1}{(a-x)^{n-1}}-\frac{1}{a^{n-1}}\right]=kt \qquad (n=0,2,3\cdots) \tag{6.14}$$

(n 等于 1 时数学上不合理)

n 级反应的特点:

(1) 速率系数 k 的单位为[浓度]$^{1-n}$[时间]$^{-1}$。

(2) $\frac{1}{(a-x)^{n-1}}$-t 呈线性关系。

(3) 半衰期的表示式为:$t_{1/2}=A\,\frac{1}{a^{n-1}}$。

其中 A 为与速率系数 k 有关的常数。当 $n=0,2,3$ 时,可以获得对应的反应级数的积分式。但 $n\neq1$,因一级反应有其自身的特点;当 $n=1$ 时,积分式在数学上不成立。

为了便于查阅,将上述几种具有简单级数反应的速率方程和基本特征列于表 6-1,人们常用这些特征来判别反应的级数。

表 6-1　几种简单级数反应的速率方程和特征

级数	速率方程		基本特征		
	微分式	积分式	$t_{1/2}$	直线关系	k 的单位
1	$-\frac{dc_A}{dt}=kc_A$	$\ln\frac{c_{A,0}}{c_A}=kt$	$\frac{\ln2}{k}$	$\ln c_A$-t	[时间]$^{-1}$
2	$-\frac{dc_A}{dt}=k(c_A)^2$	$\frac{1}{c_A}-\frac{1}{c_{A,0}}=kt$	$\frac{1}{kc_{A,0}}$	$\frac{1}{c_A}$-t	[浓度]$^{-1}$·[时间]$^{-1}$
n	$-\frac{dc_A}{dt}=k(c_A)^n$	$\frac{1}{n-1}\left(\frac{1}{c_A^{n-1}}-\frac{1}{c_{A,0}^{n-1}}\right)=kt$	$\frac{2^{n-1}-1}{(n-1)kc_{A,0}^{n-1}}$	$\frac{1}{c_A^{n-1}}$-t	[浓度]$^{1-n}$·[时间]$^{-1}$
0	$-\frac{dc_A}{dt}=k(c_A)^0$	$c_{A,0}-c_A=kt$	$\frac{c_{A,0}}{2k}$	c_A-t	[浓度]·[时间]$^{-1}$

§6.3 速率方程的确定

动力学方程都是根据大量的实验数据用拟合法来确定的。设化学反应的速率方程可写为如下形式：

$$r=c_A^{\alpha}c_B^{\beta}\cdots$$

有些复杂反应有时也可简化为这样的形式。在化工生产中，在不知其准确的反应历程的情况下，也常常采用这样的形式作为经验公式用于化工设计中。确定动力学方程的关键是首先要确定 $\alpha,\beta,\cdots$ 的数值，这些数值不同（即反应级数不同），其速率方程的积分形式也不同。确定级数和反应速率系数的常用方法如下。

1. 积分法

例如一个反应的速率方程可表示为

$$r=-\frac{1}{a}\frac{d[A]}{dt}=k[A]^{\alpha}[B]^{\beta}$$

$$\frac{d[A]}{[A]^{\alpha}[B]^{\beta}}=-ak\,dt \tag{6.15}$$

通常可先假定一个 α 和 β 值，求出这个积分项，然后对 t 作图。例如，如果设 $\beta=0,\alpha=1$，即反应为一级。根据一级反应的特征，以 $\ln\frac{1}{a-x}$ 对 t 作图，如果得到的是直线，则该反应就是一级反应。

如果设 $\beta=1,\alpha=1$ 且 $a\neq b$，则根据二级反应的特点，以 $\ln\frac{b(a-x)}{a(b-x)}$ 对 t 作图，若得一直线，则该反应就是二级反应。

这种方法实际上是一个尝试的过程（所以也叫尝试法）。如果尝试成功，则所设的 α,β 值就是正确的。如果不是直线，则须重新假设 α,β 值，重新进行尝试，直到得到直线为止。当然也可以不用作图法，而是直接进行计算，即将实验数据（各不同的时间 t 和相应的浓度 x）代入表中速率方程的积分形式，分别按一、二、三级反应的公式计算速率系数 k。如果各组实验数据代入一级反应的方程式，得到的 k 是一个常数，则该反应就是一级反应；如果代到二级反应的公式中得到的 k 是一个常数，则该反应就是二级反应；以此类推。如果代入表 6-1 中的积分公式，所算出的 k 都不是一个常数，或者作图时得不到直线，则该反应就不是具有简单整数级数的反应。尝试法的缺点是不够灵敏，而且如果实验的浓度范围不够大，则很难明显区别出究竟是几级（这种方法的计算工作量较大，但在有了计算机程序之后，也是轻而易举的事）。积分法一般对反应级数是简单的整数时，其结果较好；当级数是分数时，很难尝试成功，最好用微分法。

2. 微分法

此方法以速率方程的微分式为基础，具体过程分两步进行：第一步，将实验数据 c_A 直接对 t 作图，由 c_A-t 曲线上各点处的斜率求得一系列的反应速率，如 r_1,r_2,r_3,r_4 等；第二步，由于 $r=kc_A^n$，所以

$$\lg r=n\lg c_A+\lg k \tag{6.16}$$

于是将第一步中求得的一系列速率及相应的浓度分别取对数，作图 $\lg r$-$\lg c_A$，可得一直线，则

该直线的斜率等于反应级数。可见，用微分法处理数据，需要作两张图，一般来说比积分法的处理工作量大一些。

3. 半衰期法

从半衰期与浓度的关系可知，若反应物的起始浓度都相同，则

$$t_{1/2} = A\ \frac{1}{a^{n-1}}$$

式中 $n(n \neq 1)$为反应级数，两端取对数得

$$\lg t_{1/2} = (1-n)\lg a + \lg A \tag{6.17}$$

此式表明，对于任意级数反应，$\lg t_{1/2}$-$\lg a$ 一定成直线关系，由直线的斜率即可求出级数：

$$斜率 = 1-n$$

$$n = 1-斜率$$

若配制多个初始浓度不同的反应物进行反应，分别测定其半衰期，即可由直线 $\lg t_{1/2}$-$\lg a$ 求得级数，但这样需要测定许多试验样品，工作量很大。实际上，对一个样品，若有较多而且较为密集的实验数据，同样可以发现 $t_{1/2}$与 a 的关系，而且这种方法往往可以减少工作量。

4. 改变物质数量比例的方法

设速率方程式为

$$r = kc_A^{\alpha}c_B^{\beta}c_C^{\gamma} \tag{6.18}$$

若设法保持 A 和 C 的浓度不变，而将 B 的浓度加大一倍，若反应速率也比原来加大一倍，则可确定 c_B 的方次 $\beta=1$。同理，保持 B 和 C 的浓度不变，而把 A 的浓度加大一倍，若速率增加为原来的 4 倍，则可确定 c_A 的方次 $\alpha=2$。这种方法可应用于较复杂的反应。

§6.4　温度对反应速率的影响和活化能

反应速率除了受到浓度影响外，还与温度有关，并且通常情况下，温度相较于浓度对反应速率的影响更为显著。这种影响主要体现在对反应速率系数的影响上，因此，应用调节温度的方式来改变化学反应速率是化学化工科研以及生产中常见的手段。温度对反应速率的影响主要有五种类型，如图 6-3 所示。

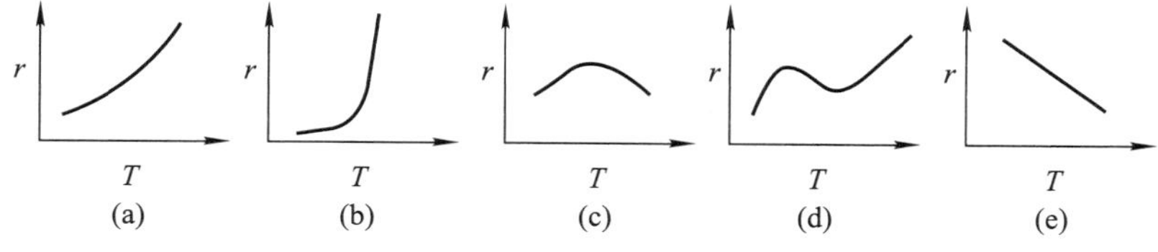

图 6-3　五种反应速率与温度的关系

反应速率与温度的关系最常见的类型如图 6-3(a)所示，反应速率随着温度呈指数上升；图(b)型又被称为爆炸型，当反应在低温下发生，温度对反应速率的影响是不明显的，但当温度升高到一定程度时，反应速率会急速增大，以爆炸式快速上升。此类型常见于一些可燃物的气相燃烧反应。而图(c)所描述的变化过程多见于酶催化反应。低温与高温会抑制多数酶的活性，造成反应速率的降低。除此之外，一些多相催化中也会出现这种情况，由于反应速率受到

固体表面吸附量的控制，吸附过程是一个放热的过程，随着温度的升高，吸附易于达到平衡，但过高的温度会使得平衡吸附量相应减少。图(d)被称为复杂型，常见于碳的氧化过程。图(e)所表述的变化趋势可以在反应 $2NO+O_2 \longrightarrow 2NO_2$ 中观察到，在 183～773 K 内，反应速率随温度的升高而降低，而当 $T>773$ K 时，反应速率几乎不变。

6.4.1 van't Hoff 近似规律

温度通过改变速率系数影响反应速率，van't Hoff 首先提出了二者之间的半定量关系。从大量实验数据中，van't Hoff 得出，在其他条件恒定不变的前提下，温度每升高 10 K，反应速率随之增大 2～4 倍，用公式表示为

$$\frac{k(T+10\mathrm{K})}{k(T)}=2\sim 4 \tag{6.19}$$

虽然 van't Hoff 近似规律比较粗糙，不能用来进行定量处理，只能通过定性的方式认识到温度对反应速率的显著影响，但在缺乏数据，而又需要对温度的影响作估算时，仍具有极高的可用价值。

6.4.2 Arrhenius 经验公式

Arrhenius 公式于 1889 年，由 Arrhenius 提出，他通过大量的实验与理论论证，证明了反应速率对温度的依赖关系，公式如下：

$$k=A\exp\left(-\frac{E_a}{RT}\right) \tag{6.20}$$

此式又称为 Arrhenius 指数定律。式中，R 为摩尔气体常量；A 为指前因子，其单位与速率系数 k 单位相同；E_a 称为反应的活化能(activation energy)，又叫作 Arrhenius 活化能，活化能大于或等于零，单位为 $\mathrm{J\cdot mol^{-1}}$。

Arrhenius 认为，A 和 E_a 是只与化学反应有关，而与温度、压力和浓度等无关的常数。此式最开始是作为经验式，同时还具有其他不同的表达形式。

1. 微分式

$$\frac{\mathrm{d}\ln k}{\mathrm{d}T}=\frac{E_a}{RT^2}$$

从上式不难看出，速率系数 k 的对数随温度 T 的变化率，取决于(经验)活化能 E_a 的大小，(经验)活化能越高，速率系数对温度变化越敏感。而后人们根据该公式，把(经验)活化能 E_a 定义为

$$E_a=RT^2\,\frac{\mathrm{d}\ln k}{\mathrm{d}T} \tag{6.21}$$

任何反应发生时，其活化能不会小于零，并且大多数反应的活化能皆大于零，因此通常情况下，温度升高会使得 k 升高。通过大量实验研究证明，许多反应的活化能介于 40～400 $\mathrm{kJ\cdot mol^{-1}}$。

2. 对数式

$$\ln k=-\frac{E_a}{RT}+\ln A \tag{6.22}$$

此式描述了速率系数 k 的对数与 $1/T$ 之间的线性关系。通过此式可从截距求得指前因子 A，根据不同温度下测定的 k 值，以 $\ln k$ 对 $1/T$ 作图，则可由直线斜率计算得到速率系数 k。

3. 定积分式

$$\ln\frac{k(T_2)}{k(T_1)}=\frac{E_a}{R}\left(\frac{1}{T_1}-\frac{1}{T_2}\right) \tag{6.23}$$

此式根据两个不同温度下的 k 值来计算活化能。当温度区间不大时，计算结果与实验数据相符；而温度区间太大时，计算结果与实验数据差距较大。这表明，活化能是与温度有关的。

当发生反应的温度区间很大时，$\ln k$-$1/T$ 发生弯折，表明 E_a 与温度有关，因此人们把 Arrhenius 指数式修正为

$$k=AT^m\exp\left(-\frac{E_a}{RT}\right) \tag{6.24}$$

任何物质都具有稳定性。若存在反应 $\mathrm{A+B\text{-}C \underset{k_{-1}}{\overset{k_1}{\rightleftharpoons}} A\text{-}B+C}$，在反应发生时，随着 A 靠近 BC，A 与 BC 的结构会逐渐发生转变，因为转变的发生使得反应物偏离其稳定的平衡状态，从而导致能量升高。在该过程中，会达到一种 A 与 B 趋于成键，而 B 与 C 趋于断键的中间状态 A…B…C，其状态活性最大，被称为活化状态或活化分子组，也称过渡态。活化分子组的平均能量一般都大于反应物分子组或产物分子组的平均能量。并且，活化分子组的平均能量与反应物分子组的平均能量之差越大，反应物到产物所需越过的能垒就越大，反应就越难以进行，反应速率随之变慢；若活化分子组的平均能量与反应物分子组的平均能量之差越小，反应物到产物所需越过的能垒就越小，反应就越容易进行，反应速率随之变快。Arrhenius 方程中的活化能正是代表了活化分子组的平均能量与反应物分子组的平均能量之差。

6.4.3　活化能

Arrhenius 认为，由非活化分子转变为活化分子所需要的能量就是活化能。上面已给出

$$E_a=RT^2\frac{\mathrm{d}\ln k}{\mathrm{d}T}$$

事实上，只有在基元反应中，活化能才具有较为明确的物理意义；在非基元反应中，活化能只是组成总包反应的各基元反应活化能的特定组合，此时的活化能被称为表观活化能，即实验活化能。托尔曼(Tolman)在 Arrhenius 关于活化分子概念的基础上提出：基元反应的活化能是活化分子的平均能量与反应物分子平均能量的差值。依照其解释，若某基元反应可逆，即

$$\mathrm{A}\underset{k_b}{\overset{k_f}{\rightleftharpoons}}\mathrm{P}$$

则其反应能量变化如图 6-4 所示。当反应发生时，从反应物 A 到生成物 P，必然会经过一个活化状态，即 A^*。A^* 与 A 的能量之差称为正向活化能 E_a；同样，活化状态 A^* 与生成物 P 的能量之差称为逆向活化能 E'_a，而

$$\Delta E_a=E_a-E'_a \tag{6.25}$$

活化能通常根据动力学实验或键能估算法等来测定。当根据实验数据计算实验活化能时，需要通过实验测定不同温度下的化学反应速率系数 k，依靠 Arrhenius 公式的不同表达式或作图来得到。

(1) 利用 Arrhenius 定积分经验式

$$\ln\frac{k(T_2)}{k(T_1)}=\frac{E_a}{R}\left(\frac{1}{T_1}-\frac{1}{T_2}\right)$$

即通过上式，根据两个温度下的速率系数值来计算得到活化能。

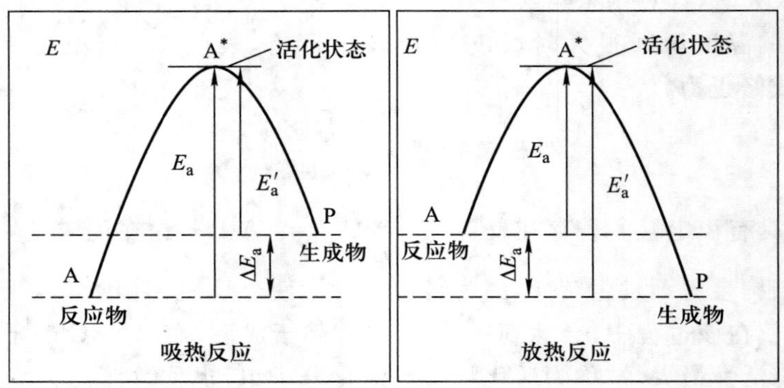

图 6-4　反应系统能量变化

(2) 用 Arrhenius 不定积分经验式

$$\ln k=-\frac{E_a}{RT}+\ln A$$

依照上式，根据不同温度下测定的化学反应速率系数 k 值，以 $\ln k$ 对 $1/T$ 作图，从而求出活化能。

6.4.4　温度对速率影响的热力学分析

从热力学角度探讨温度对速率的影响，我们需要用到 van't Hoff 公式。假设存在反应：

$$\mathrm{R}\underset{k_b}{\overset{k_f}{\rightleftharpoons}}\mathrm{P}$$

根据 van't Hoff 公式

$$\frac{\mathrm{d}\ln K^{\ominus}}{\mathrm{d}T}=\frac{\Delta_r H_m^{\ominus}}{RT^2}$$

当等容情况下

$$\frac{\mathrm{d}\ln K_c}{\mathrm{d}T}=\frac{\Delta_r U_m}{RT^2}$$

根据 Arrhenius 公式，

$$\frac{\mathrm{d}\ln k_f}{\mathrm{d}T}=\frac{E_{a,f}}{RT^2},\quad \frac{\mathrm{d}\ln k_b}{\mathrm{d}T}=\frac{E_{a,b}}{RT^2}$$

因此可得

$$\frac{\mathrm{d}\ln(k_f/k_b)}{\mathrm{d}T}=\frac{(E_{a,f}-E_{a,b})}{RT^2}\tag{6.26}$$

将式(6.26)与等容条件下的 van't Hoff 公式相比较，可知

$$K_c=\frac{k_f}{k_b},\quad \Delta_r U_m=E_{a,f}-E_{a,b}$$

如果反应为吸热反应，$\Delta_r U_m > 0$，则 K_c 的值随温度的升高而增大，此时升温对正向（吸热）反应有利，这是从热力学角度来看；从动力学角度来看，则是$\frac{k_f}{k_b}$之比随之增大，$E_{a,f} > E_{a,b}$。如果反应为放热反应，$\Delta_r U_m < 0$，则 K_c 的值随温度的升高而下降，此时升温对正向（放热反应）不利；而从动力学角度来看，则是$\frac{k_f}{k_b}$之比随之减小，$E_{a,f} < E_{a,b}$。

我们以合成氨反应为例：

$$N_2(g) + 3H_2(g) \longrightarrow 2NH_3(g) \quad \Delta_r U_m < 0$$

当温度升高时对正反应不利，会降低平衡转化率；但在常温下，反应速率较小，会降低单位时间内的产量，使生产成本增加。综合考虑，工业上采用一定的温度和压力，但在未达平衡时，反应混合物就离开反应室，以此来降低成本、提高产率。

§6.5　典型的复杂反应及其近似处理方法

如果一个化学反应是由两个以上的基元反应以各种方式相互联系起来的，则这种反应就是复杂反应，或称总包反应。一个总包反应是许多基元反应组合起来的。原则上任一基元反应的速率系数仅取决于该反应的本性与温度，不受其他组分的影响，它所遵从的动力学规律也不因其他基元反应的存在而有所不同，速率系数不变。但由于其他组分的同时存在，影响了组分的浓度，所以反应的速率会受到影响。

以下只讨论几种典型的复杂反应，即对峙反应、平行反应和连续反应，这些都是基元反应的最简单的组合。复杂反应至少有两个速率系数，所以用一个积分式无法求出两个速率系数，必须抓住复杂反应的特点，适当进行近似计算。

6.5.1　对峙反应

在正、逆两个方向同时进行的反应称为对峙反应或对行反应。原则上所有的反应都是对峙反应，只是有的逆反应速率远小于正反应速率，近似认为反应是单向的。例如正逆向都是一级的两个反应组成的对峙反应：

$$\mathrm{A} \underset{k_{1,b}}{\overset{k_{1,f}}{\rightleftharpoons}} \mathrm{B}$$

$$\begin{array}{lll} t=0 & a & 0 \\ t=t & a-x & x \\ t=t_e & a-x_e & x_e \end{array}$$

下标“e”表示平衡。

对峙反应的净速率等于正向速率减去逆向速率，即

$$r = \frac{dx}{dt} = r_f - r_b = k_{1,f}(a-x) - k_{1,b}x$$

达到平衡时净速率为零，$r = \frac{dx}{dt} = 0$，即

$$k_{1,f}(a-x_e) - k_{1,b}x_e = 0$$

$$k_{1,b}=\frac{k_{1,f}(a-x_e)}{x_e} \tag{6.27}$$

$$\frac{dx}{dt}=k_{1,f}(a-x)-k_{1,f}\frac{(a-x_e)x}{x_e}=k_{1,f}\frac{a(x_e-x)}{x_e} \tag{6.28}$$

对上式作定积分，得

$$\int_0^x \frac{x_e dx}{(x_e-x)}=k_{1,f}a\int_0^t dt$$

$$x_e \ln\frac{x_e}{x_e-x}=k_{1,f}at$$

改写为

$$k_{1,f}=\frac{x_e}{ta}\ln\frac{x_e}{x_e-x} \tag{6.29}$$

代入逆反应速率系数表示式

$$k_{1,b}=\frac{a-x_e}{ta}\ln\frac{x_e}{x_e-x} \tag{6.30}$$

可测定的物理量有 t,x,a,x_e，则可计算出 $k_{1,f}$ 和 $k_{1,b}$ 的值。

对峙反应有如下特点：

(1) 净速率等于正、逆反应速率之差。

(2) 达到平衡时净速率为零。

(3) 正、逆速率系数之比等于经验平衡常数，即 $K_c=k_f/k_b$。

(4) 在 c-t 图上，达到平衡后，反应物和产物的浓度不再随时间而改变。

对于对峙反应，实际工业生产中为增加产物的得率，采取两方面的措施：① 增加原料浓度或减低产物浓度(提高正向反应速率或降低逆向反应速率——动力学考虑)；② 不达到平衡即离开反应系统(热力学考虑)。对于放热对峙反应，升温有两种不同的效果：一方面提高反应速率，另一方面不利于化学平衡。这两个不同效应的结果是：存在一个最佳反应温度，此时净反应速率最大。

6.5.2 平行反应

相同反应物同时进行若干个不同的反应称为平行反应。这种情况在有机反应中较多，通常将生成期望产物的一个反应称为主反应，其余为副反应。总的反应速率等于所有平行反应速率之和。平行反应的级数可以相同，也可以不同，前者数学处理较为简单。设两个都是一级的平行反应：

$$A \longrightarrow B \quad (k_1)$$
$$A \longrightarrow C \quad (k_2)$$

	[A]	[B]	[C]
$t=0$	a	0	0
$t=t$	$a-x_1-x_2$	x_1	x_2

令 $x=x_1+x_2$，平行反应的总速率等于各反应速率之和，所以

$$r=r_1+r_2=\frac{dx}{dt}=\frac{dx_1}{dt}+\frac{dx_2}{dt}=k_1(a-x)+k_2(a-x)=(k_1+k_2)(a-x)$$

对总速率微分式进行定积分

$$\int_0^x \frac{dx}{a-x} = (k_1 + k_2)\int_0^t dt$$

得

$$\ln \frac{a}{a-x} = (k_1 + k_2)t \tag{6.31}$$

平行反应有如下特点：

(1) 平行反应的总速率等于各平行反应速率之和。

(2) 速率方程的微分式和积分式与同级的简单反应的速率方程相似，只是速率系数为各个反应速率系数的和。

(3) 当各产物的起始浓度为零时，在任一瞬间，各产物浓度之比等于速率系数之比，即$\frac{k_1}{k_2}=\frac{x_1}{x_2}$。若各平行反应的级数不同，则无此特点。

(4) 用合适的催化剂可以改变某一反应的速率，提高选择性，从而提高主产物的产量。

(5) 用改变温度的办法，可以改变产物的相对含量。

$$\frac{d(\ln k)}{dT} = \frac{E_a}{RT^2}$$

由此可见，活化能高的反应，速率系数随温度的变化率也大。升高温度，对活化能高的反应有利；降低温度，对活化能低的反应有利。

6.5.3 连续反应

有很多化学反应是经过连续几步才完成的，前一步生成物中的一部分或全部作为下一步反应的部分或全部反应物，依次连续进行，这种反应称为连续反应或连串反应、串行反应。连续反应的数学处理极为复杂，我们只考虑最简单的由两个单向一级反应组成的连续反应。

设连续反应：

$$\mathrm{A} \xrightarrow{k_1} \mathrm{B} \xrightarrow{k_2} \mathrm{C}$$

$$\begin{array}{llll} t=0 & a & 0 & 0 \\ t=t & [\mathrm{A}] & [\mathrm{B}] & [\mathrm{C}] \\ t=t & x & y & z \end{array}$$

对于第一个反应

$$-\frac{d[\mathrm{A}]}{dt} = k_1[\mathrm{A}]$$

作定积分得

$$\int_a^x -\frac{d[\mathrm{A}]}{[\mathrm{A}]} = \int_0^t k_1 dt$$

$$\ln \frac{a}{x} = k_1 t$$

$$[\mathrm{A}] = x = a e^{-k_1 t} \tag{6.32}$$

中间产物 B 的浓度计算较复杂，计算过程如下：

$$\frac{d[B]}{dt}=k_1[A]-k_2[B]=k_1ae^{-k_1t}-k_2[B]$$

$$\frac{d[B]}{dt}+k_2[B]=k_1ae^{-k_1t}$$

这需要解$\frac{dy}{dx}+Py=Q$(其中 P 和 Q 均为 x 的函数)形式的微分方程,其数学解析解为

$$ye^{\int P dx}=\int Qe^{\int P dx}dx+C \tag{6.33}$$

式中 C 为积分常数。上式过于复杂,不求解析解,仅由图 6-5 看其定性的变化。

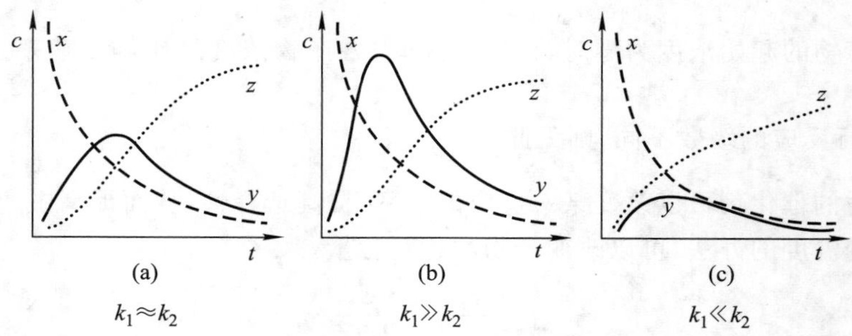

图 6-5 连续反应的反应曲线图

(a) $k_1 \approx k_2$:求极值的方法,为求[B]极大值和达到的时间;

(b) $k_1 \gg k_2$:[B]开始很快升高,当 A 消耗完了再下降;

(c) $k_1 \ll k_2$:A 一旦生成 B,立即变成 C,[B]一直很小

总之,对复杂的连续反应,要从数学上严格求许多联立微分方程的解,从而求出反应过程中出现的各物质浓度与时间 t 的关系是十分困难的。所以,在动力学中也常采用一些近似方法,如速控步近似法、稳态近似法、平衡假设法等。

6.5.4 复杂反应速率的近似处理法

1. 速控步近似法

在一系列连续反应中,若其中有一步反应的速率最慢,它控制了总反应的速率,使反应的速率基本等于该最慢一步的速率,则这最慢的一步反应称为速控步或决速步。例如反应:

$$A \xrightarrow{k_1} B \xrightarrow{k_2} C$$

当 $k_1 \gg k_2$ 时,则第二步就是速控步,第二步的速率就可以代表整个反应速率。

当 $k_1 \ll k_2$ 时,则第一步就是速控步,第一步的速率就可以代表整个反应速率。即

$$r=\frac{d[C]}{dt}\approx-\frac{d[A]}{dt}=k_1[A]=k_1ae^{-k_1t} \tag{6.34}$$

当 $k_1 \approx k_2$ 时,则必须要用数学方法进行较复杂的计算,这里不赘述。

2. 稳态近似法

活泼的中间产物如自由基、自由原子等,一旦生成,立即转化为产物。假定反应达到稳态时,各中间产物的浓度可认为保持不变,这种近似处理的方法称为稳态近似法。利用稳态近似法,设法用可以测定的反应物浓度来代替不可测定的各中间产物的浓度,使速率表示式有实际

意义。例如反应：

$$\mathrm{A} \xrightarrow{k_1} \mathrm{B} \xrightarrow{k_2} \mathrm{C}$$

若用中间产物 B 表示反应速率，则反应速率可表示为

$$r=\frac{\mathrm{d}[\mathrm{C}]}{\mathrm{d}t}=k_2[\mathrm{B}]$$

但是 B 的浓度无法测定，这种表示方法也没有意义。中间产物 B 很活泼，则可以采用稳态近似法处理，设反应平衡时 B 的浓度保持不变，即

$$\frac{\mathrm{d}[\mathrm{B}]}{\mathrm{d}t}=k_1[\mathrm{A}]-k_2[\mathrm{B}]=0$$

得

$$[\mathrm{B}]=\frac{k_1[\mathrm{A}]}{k_2} \tag{6.35}$$

则

$$r=\frac{\mathrm{d}[\mathrm{C}]}{\mathrm{d}t}=k_2[\mathrm{B}]=\frac{k_1k_2[\mathrm{A}]}{k_2}=k_1[\mathrm{A}] \tag{6.36}$$

因 A 的浓度可测量，该速率方程就有意义。

3. 平衡假设法

速控步的意义是：最慢的一步是决定总反应速率的关键。除此之外，速控步在动力学中还有两个引申的含义：速控步之后的步骤不影响总反应速率；速控步之前的对峙步骤保持平衡。如果某复杂反应由如下三个基元反应组成：

$$\mathrm{A}+\mathrm{B} \underset{k_b}{\overset{k_f}{\rightleftharpoons}} \mathrm{C} \qquad \text{快平衡}$$

$$\mathrm{C} \xrightarrow{k_2} \mathrm{D} \qquad \text{慢反应，速控步}$$

则反应速率可以表示为

$$r=\frac{\mathrm{d}[\mathrm{D}]}{\mathrm{d}t}=k_2[\mathrm{C}]$$

但是这个速率方程无意义，因为中间产物 C 的浓度无法测定。假设对峙反应能维持平衡状态，则可得

$$k_f[\mathrm{A}][\mathrm{B}]=k_b[\mathrm{C}] \tag{6.37}$$

$$[\mathrm{C}]=\frac{k_f[\mathrm{A}][\mathrm{B}]}{k_b}=K[\mathrm{A}][\mathrm{B}], \quad K=\frac{k_f}{k_b}$$

$$r=k_2[\mathrm{C}]=\frac{k_2k_f[\mathrm{A}][\mathrm{B}]}{k_b}=k[\mathrm{A}][\mathrm{B}], \quad k=\frac{k_2k_f}{k_b}=k_2\cdot K \tag{6.38}$$

上式由 A、B 的浓度表示，因此上式有意义。k 就被称为反应 $\mathrm{A}+\mathrm{B}\xrightarrow{k}\mathrm{D}$ 的表观速率系数。将速率系数分别用 Arrhenius 指数式作如下表示：

$$k=A\exp\left(-\frac{E_a}{RT}\right), \quad k_f=A_f\exp\left(-\frac{E_{a,f}}{RT}\right)$$

$$k_2=A_2\exp\left(-\frac{E_{a,2}}{RT}\right), \quad k_b=A_b\exp\left(-\frac{E_{a,b}}{RT}\right)$$

整理得

$$A=\frac{A_2A_f}{A_b} \quad (A\ \text{称为表观指前因子}) \tag{6.39}$$

$$E_a = E_{a,2} + E_{a,f} - E_{a,b} \quad (E_a \text{ 称为表观活化能}) \tag{6.40}$$

表观指前因子的乘除关系与表观速率系数一致。表观活化能没有明确的物理意义，它仅取决于表观速率系数的组合。表观速率系数为乘除关系，表观活化能则为加减关系。

§6.6 反应速率理论简介

6.6.1 简单碰撞理论

在化学反应速率的规律不断发现与完善的过程中，人们开始渴求从理论上对这些规律加以解释与预言。Arrhenius 方程较为完善地说明了温度与反应速率的关系，并同时提出了两个重要的动力学参数：活化能 E_a 和指前因子 A。因此，在反应速率理论研究的初期，人们开始尝试从解释与完善 Arrhenius 方程来进行探索。1918 年，Lewis 等人在 Arrhenius 所提出的活化能 E_a 的概念的基础上，通过结合气体分子运动论，建立起了简单碰撞理论（simple collision theory，SCT）。

1. 简单碰撞理论基本概念

简单碰撞理论在推导及应用时需要遵循以下基本假设：

(1) 两个反应物分子 A 和 B 必须经过碰撞才能发生反应，并且不是每次碰撞都能发生反应。

(2) 只有当相互碰撞的一对分子在质心连线上的相对平动能足够高，超过某一临界值 E_c（反应阈能）时，才能发生反应。符合以上条件发生碰撞的分子称为活化分子，活化分子的碰撞称为有效碰撞。

在计算化学反应速率的过程中，需要算出分子在单位时间、单位体积内发生的有效碰撞总次数 Z，又称为碰撞频率。反应速率为

$$r = -\frac{\mathrm{d}c}{\mathrm{d}t} = -\frac{1}{L} \cdot \frac{\mathrm{d}N}{\mathrm{d}t} = \frac{Z \cdot q}{L} \tag{6.41}$$

式中，N 为单位体积中的反应物分子数；L 为阿伏加德罗常数；q 为有效碰撞的分数。

$$q = \frac{E \geqslant E_c \text{ 的碰撞数}}{\text{总的碰撞数}}$$

碰撞理论通过气体分子运动论计算出碰撞频率 Z 和有效碰撞分数 q，进而求出反应速率和速率系数。

在实际碰撞过程中，碰撞频率 Z 和有效碰撞分数 q 都与分子的形状及分子间的相互作用有关。因此，为了简化计算，在简单碰撞理论中作了以下假设：

(1) 分子是无内部结构的硬球。

(2) 分子之间除了在碰撞的瞬间外，没有其他相互作用。

(3) 在碰撞的瞬间，两个分子的中心距离等于它们的半径之和。

这样的分子模型称为硬球分子模型。

现假设有一个双原子基元反应 A+B ═══ P，A 和 B 的分子直径分别为 d_A，d_B，那么，凡是质心落在以 d_{AB} 为直径的截面内的 A 与 B 分子，才有可能发生碰撞。d_{AB} 称为碰撞直径。

$$d_{AB} = \frac{1}{2}d_A + \frac{1}{2}d_B = r_A + r_B \tag{6.42}$$

分子间碰撞的有效直径计算如下：

$$\sigma = \pi d_{AB}^2$$

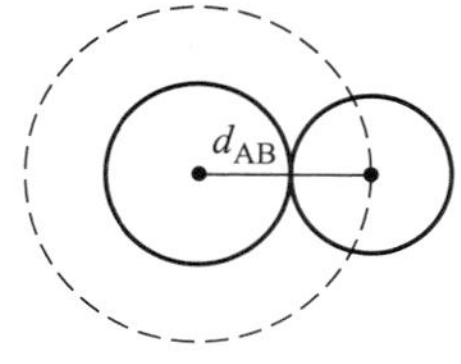

图 6-6　硬球碰撞模型图

式中，σ 为碰撞截面面积。只有当质心落在碰撞截面的 A 和 B 分子，才有可能发生碰撞，如图 6-6 所示。

运动着的 A、B 分子的碰撞频率一定正比于碰撞截面、单位体积中的分子数，以及相对运动速率。因此，设单位体积中 A、B 的分子数分别为$\frac{N_A}{V}$、$\frac{N_B}{V}$，两分子的相对运动速率为 u_r，则碰撞频率用公式表示为

$$Z_{AB} = \pi d_{AB}^2 \frac{N_A}{V} \cdot \frac{N_B}{V} u_r \tag{6.43}$$

根据气体分子运动论，平均相对速率 u_r 的表达式为

$$u_r = \left(\frac{8RT}{\pi\mu}\right)^{\frac{1}{2}}$$

式中，R 为摩尔气体常量；μ 是 A 与 B 的摩尔折合质量，其计算式如下：

$$\mu = \frac{M_A M_B}{M_A + M_B}$$

2. 统计平均得到宏观反应速率

将前面提到的单位体积中的分子数换算成浓度，则

$$[A] = \frac{N_A}{V} \cdot \frac{1}{L}, \quad [B] = \frac{N_B}{V} \cdot \frac{1}{L}$$

因此，碰撞频率的计算式为

$$Z_{AB} = \pi d_{AB}^2 L^2 \left(\frac{8RT}{\pi\mu}\right)^{\frac{1}{2}} [A][B] \tag{6.44}$$

Z_{AB}即为双分子硬球碰撞频率。常温下，碰撞频率约为 $10^{35}\ m^{-3} \cdot s^{-1}$。若每次碰撞都能发生反应，则可认为(微观) 速率等于碰撞频率，即

$$r' = Z_{AB} = -\frac{d\left(\frac{N_A}{V}\right)}{dt} = -\frac{d[A]}{dt} \cdot L$$

$$-\frac{d[A]}{dt} = \frac{r'}{L}$$

$$= \frac{Z_{AB}}{L} = \pi d_{AB}^2 L \left(\frac{8RT}{\pi\mu}\right)^{\frac{1}{2}} [A][B] = r = k[A][B] \tag{6.45}$$

式中，k 称为(宏观)速率系数，

$$k = \pi d_{AB}^2 L \left(\frac{8RT}{\pi\mu}\right)^{\frac{1}{2}}$$

但实验发现，使用此公式计算得到的速率系数结果远大于实验值。这是因为并不是每次碰撞都能发生反应，所以我们需要进一步对其进行校正。

3. 硬球碰撞模型概述

设 A 和 B 分子发生碰撞，A 与 B 皆为无内部结构的硬球分子，如图 6-7 所示，相对运动速率 u_r 与碰撞直径 d_{AB}之间的夹角为 θ。碰撞是否有效，取决于相对平动能在连心线上分量的

大小。在此,我们用碰撞参数 b(impact parameter)来衡量碰撞激烈的程度,该值与碰撞直径及夹角 θ 有关。

$$b = d_{AB} \cdot \sin\theta$$

由公式可知,b 值越小,发生的碰撞越剧烈。当 $\theta = 0°$时,$b = 0$,A 与 B 两分子迎头相撞,碰撞程度最为剧烈;当 $\theta = 90°$时,$b = d_{AB}$,A 与 B 两分子擦肩而过,碰撞程度不激烈;当 $\theta > 90°$时,$b > d_{AB}$,碰撞不会发生。因此,碰撞参数可以用来衡量碰撞的激烈程度。

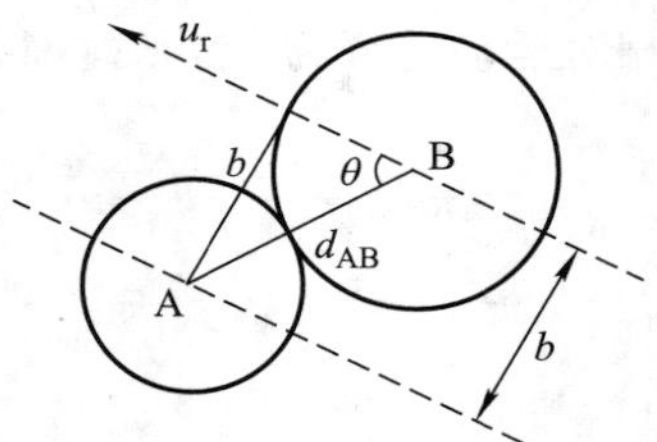

图 6-7 硬球碰撞模型示意图

在真实环境中,发生碰撞的两分子存在质心整体运动的动能和分子相对运动的动能等其他能量。两分子在空间中的整体运动的动能对我们所讨论的内容没有贡献,但分子相对运动的动能 E_r(又称为相对平动能)却是决定碰撞是否有效的重要参数,它可以用来衡量两分子相互趋近时能量的大小。

$$E_r = \frac{1}{2}\mu u_r^2 \tag{6.46}$$

微观能量分析和实验结果都表明,只有相对平动能 E_r 在 A 和 B 两分子的连心线 d_{AB}上的分量超过某一临界能 E_c 时,所发生的碰撞才是有效的,人们将该临界值称为阈能或反应临界能。

根据 Boltzmann 能量分布定律可以得出,运动分子能量在阈能 E_c 之上的分子数占总分子数的比例可由以下公式得出:

$$q = \exp\left(-\frac{E_c}{RT}\right) \tag{6.47}$$

因此,若使用硬球碰撞理论来计算宏观速率系数,其公式为

$$k = \pi d_{AB}^2 L \left(\frac{8RT}{\pi\mu}\right)^{\frac{1}{2}} \exp\left(-\frac{E_c}{RT}\right)$$

4. 与 Arrhenius 方程比较

阈能的具体数值就目前而言无法直接计算,因此要借助于 Arrhenius 的实验活化能 E_a。

$$E_c = E_a - \frac{1}{2}RT$$

E_c 与 E_a 通常情况下都远大于$\frac{1}{2}RT$;当处于较低温度时,两者在数值上近似相等。需要指出的是,碰撞理论中阈能的概念不同于 Arrhenius 方程中活化能的概念。在碰撞理论中,反应的阈能是指反应物分子碰撞时质心连线上相对平动能所应具有的最低值,该值是一个微观水平的物理量;而 Arrhenius 方程中的活化能则是指活化分子的平均能量与反应物分子的平均能

量的差值，这个值是一个统计平均的数值。

比较碰撞理论的双分子反应的速率系数计算公式与 Arrhenius 方程，可以看出它们在形式上极为相似。

$$k=\pi d_{AB}^2 L\left(\frac{8RT}{\pi\mu}\right)^{\frac{1}{2}}\exp\left(-\frac{E_c}{RT}\right)$$

$$k=A\exp\left(-\frac{E_a}{RT}\right)$$

$$k=\pi d_{AB}^2 L\left(\frac{8RT}{\pi\mu}\right)^{\frac{1}{2}}\exp\left[-\frac{E_a-\frac{1}{2}RT}{RT}\right]$$

$$=\pi d_{AB}^2 L\left(\frac{8RT\mathrm{e}}{\pi\mu}\right)^{\frac{1}{2}}\exp\left(-\frac{E_a}{RT}\right)$$

$$A=\pi d_{AB}^2 L\left(\frac{8RT\mathrm{e}}{\pi\mu}\right)^{\frac{1}{2}}$$

可以看出，碰撞理论解释了 Arrhenius 指数式中指前因子 A 的物理意义。指前因子与碰撞频率有关，故又称为频率因子。

对大多数反应而言，比较通过实验得到的速率系数 k 与通过碰撞理论计算得到的计算值可以看出，实验得到的实验值较小，甚至有时相差甚大，这种差别常出现在复杂分子或有溶剂存在的反应中。为了修正能量已足够而仍未发生反应所引入的误差，我们引入了校正因子 P。

$$P=\frac{A(\text{实验值})}{A(\text{理论值})}$$

则碰撞理论公式变为

$$k=PA\exp\left(-\frac{E_c}{RT}\right)\tag{6.48}$$

校正因子 P 又称为方位因子、空间因子、概率因子，该值为一实验常数，其大小在数值上一般约为 $1\sim10^{-6}$。校正因子的提出，使得碰撞理论公式包含了减少分子有效碰撞的各种因素，其中包括：

(1) 应用于复杂分子时，理论计算认为，已经活化的分子可能由于没有在某特定方位上相碰，从而降低了反应速率。

(2) 当两个分子发生碰撞时，能量从高能分子传递到低能分子，这一传递过程需要一定的碰撞延续时间。当碰撞时间不能满足两分子完成能量传递，则碰撞成为无效碰撞。低能分子通过碰撞获得的能量在其内部也需要一定时间进行传递，并以此来进行断键，如果在这一时间内，该分子继续与其他分子碰撞而失去能量，该碰撞同样为无效碰撞。

(3) 有的分子引发化学键断裂的位置附近有较大的原子团，由于空间位阻效应，减少了该键与其他分子相碰的机会，反应速率将会降低。

碰撞理论在现在看来虽然有许多不足之处，但是为我们展示了十分明确的反应图像，也借此反应速率理论得到了巨大的发展；碰撞理论的提出赋予了 Arrhenius 方程中指数项、指前因子和活化能较明确的物理意义。认为指数项相当于有效碰撞分数，指前因子 A 相当于碰撞频率；它解释了一部分实验事实，理论所计算的速率系数 k 值与较简单的反应的实验值相符。

碰撞理论的模型过于简单，所以速率系数的计算值与复杂分子反应的实验值存在一定的差异；该理论所引入的方位因子变化范围很大，其数值又难以具体计算；阈能无法直接计算求得，而必须依靠实验活化能，因此碰撞理论仍旧是半经验的理论模型，无法从理论上预示速率系数 k。

6.6.2 过渡态理论

爱林(Eyring)和波兰尼(Polany)等人于 1935 年后基于统计力学与量子力学提出了反应速率的过渡态理论(transition state theory，TST)。该理论认为，在反应物分子转变为生成物分子这一过程中，必定需要经过一能级较高的过渡态，也称活化配合物。基本依据是：原子间存在的势能是原子核间距的函数，稳定分子的势能最低。从反应分子的稳定状态到达生成物分子的稳定状态，需要越过一个能垒，即需要一定的活化能。因此，过渡态理论又被称为活化配合物理论。通过得到分子振动频率、质量、转动惯量、核间距等基本参数，计算即可得到反应的速率系数，因此这一采用理论计算方法的理论又被称为绝对反应速率理论。

过渡态理论的基本假设：① 反应系统中，势能是原子间相对位置的函数。② 在反应过程中，反应物会转变成生成物，而这一过程需要经历价键重排的过渡阶段，该阶段的分子称为活化物。③ 活化物的势能高于反应物或产物。该势能较其他任何可能的中间态势能都低，但是反应进行时必须要跨过这一能垒。④ 活化物与反应物处于某种平衡状态，总反应速率由活化物的分解速率来决定。

1. 势能面和过渡态活化理论

设有如下基元反应：

$$A + BC \xlongequal{} AB + C$$

过渡态理论认为，当 A 原子与双原子分子 BC(图 6-8)反应时首先形成三原子的活化配合物，该配合物与反应物建立平衡的同时也可进一步反应生成产物。

$$A + B\text{-}C \rightleftharpoons [A\cdots B\cdots C]^{\neq} \longrightarrow A\text{-}B + C$$

该活化配合物的势能 E_p 是三个内坐标的函数 $E_p = E_p(r_{AB}, r_{BC}, \angle ABC)$。为便于讲解，这里假定$\angle ABC = 180°$，即活化配合物是线形分子，而 $E_p = E_p(r_{AB}, r_{BC})$，势能仅是核间距的函数。随着核间距 r_{AB} 和 r_{BC} 的变化，势能也随之改变。当反应开始时，BC 分子处于稳定状态，势能很低；随着反应的进行，A 原子接近 BC 分子，BC 分子的键长增大，势能逐渐升高；到形成活化配合物时，AB 分子的键长与 BC 分子的键长相等，势能最高，处于介稳状态；随着 C 原子的离去，AB 分子的键长变小，势能逐渐下降，直到 AB 分子的稳定状态，势能又再次变得很低。这些不同势能的点在空间构成高低不平的曲面，称为势能面，使用三维图描述，如图 6-9 所示，纵坐标为势能，而两个横坐标则分别代表 AB 与 BC 分子的分子核间距。

图 6-9 中，线条代表等势能线，R 点为反应物 BC 分子的稳定状态，也是反应的起点；反应于 T 点形成活化配合物；P 点为生成物 AB 分子的稳定状态；D 点为完全离解为 A、B、C 原子时的状态，该点势能较高；坐标原点 O 点势能最高。反应物过渡到生成物所经历的途径，是一个反应坐标连续变化的过程，每一个反应坐标都对应于反应过程中某一时刻各原子的相对位置，反应进程不同，各原子间相对位置(反应坐标)也不同，系统的能量就不同。在势能面上，反应沿着 $RT \rightarrow TP$ 的虚线进行。势能面的形状类似马鞍曲面，如图 6-10 所示，两个低谷点为反应起始态 R 和终态 P，活化配合物所处的位置 T 点称为马鞍点，为势能面反应路径的最高点，但

与 D 点和 O 点一侧相比又是最低点，也称为活化配合物的势能点。T 点是反应过程中，反应物转变为生成物所必须克服的能垒。整个反应选择的是一条势能最低路线，反应从 R 点出发，随后到达 T 点，接着从另一侧下降到 P 点。

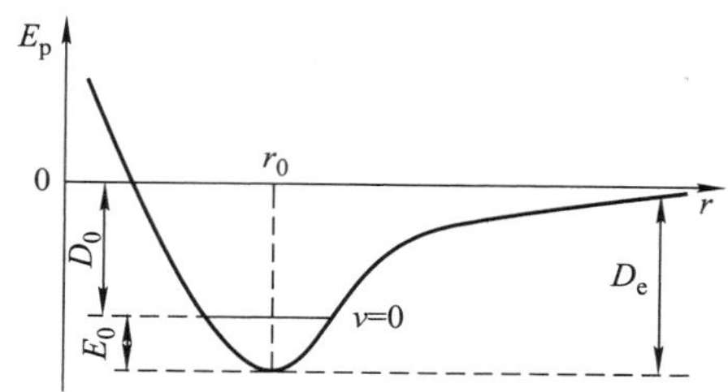

图 6-8　双原子分子的莫斯(Morse)势能曲线

注：$\nu=0$ 时的能级为振动基态能级，E_0 为零点能，D_0 为把基态分子离解为孤立原子所需的能量

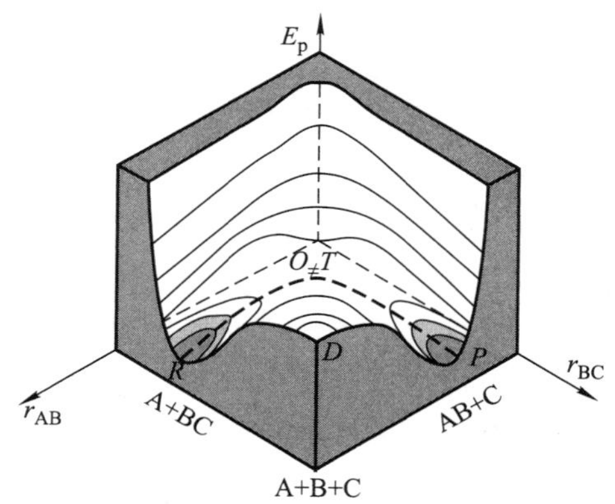

图 6-9　三原子反应系统势能面示意图

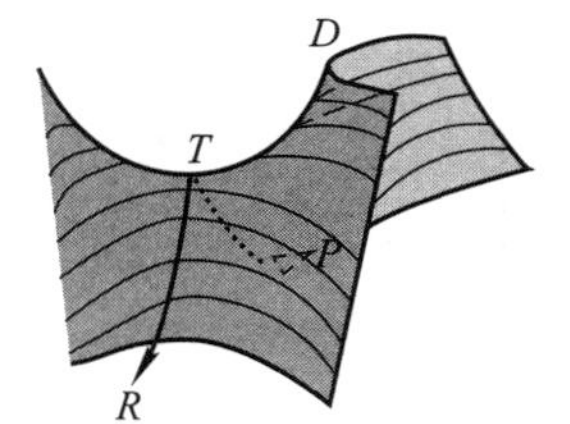

图 6-10　马鞍形势能面示意图

现以势能为纵坐标，反应坐标为横坐标，可得到反应坐标的势能面剖面图，如图 6-11 所示。图中曲线可以表示反应过程中系统势能的变化。反应经过的是一条能量最低的途径且必须取得活化能，越过能垒 E_b。

2. 过渡态速率系数的计算

用过渡态理论计算速率系数，需要引入一些假设：① 反应物与活化配合物能快速达成平衡；② 活化配合物分解为产物是速控步。

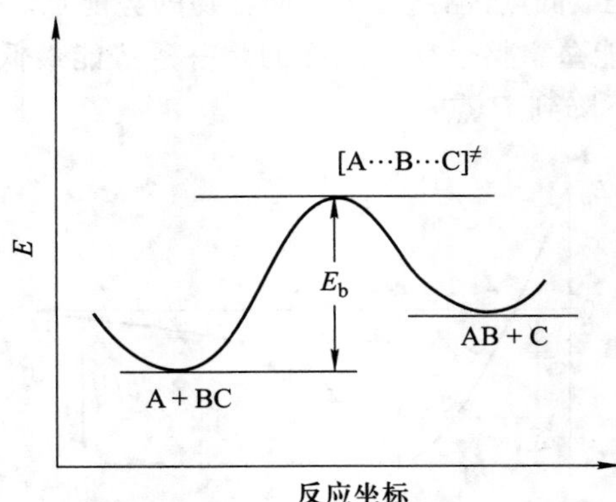

图 6-11 反应过程系统势能变化

$$\mathrm{A+B\text{-}C} \underset{\text{快}}{\overset{K_c^{\neq}}{\rightleftharpoons}} [\mathrm{A\cdots B\cdots C}]^{\neq} \xrightarrow{k_2(\text{慢})} \mathrm{A\text{-}B+C}$$

根据速控步近似法,该反应的速率为 $r=k_2[\mathrm{A\cdots B\cdots C}]^{\neq}$,因此

$$r=k_2K_c^{\neq}[\mathrm{A}][\mathrm{BC}]=k[\mathrm{A}][\mathrm{BC}],\quad k=k_2K_c^{\neq}$$

根据假设①,其平衡常数为 $K_c^{\neq}$,可得

$$[\mathrm{A\cdots B\cdots C}]^{\neq}=K_c^{\neq}[\mathrm{A}][\mathrm{BC}]$$

如前所述,已假定活化配合物$[\mathrm{A\cdots B\cdots C}]^{\neq}$是线形分子,因此平动和转动不会导致活化配合物分解,三原子活化配合物有 4 个振动自由度,2 个弯曲振动和 1 个对称伸缩振动也不会导致活化配合物分解。所以,只有一个不对称伸缩振动会导致活化配合物键断裂,每发生一次不对称伸缩振动,就会使一个活化配合物分子分解产生产物。由此可得,不对称伸缩振动的频率就等于配合物分解速率系数,即 $\nu=k_2$。由于 $\nu=\dfrac{k_BT}{h}$,则可进一步得出

$$k=\frac{k_BT}{h}K_c^{\neq} \tag{6.49}$$

式中 k_B 为 Boltzmann 常量,h 为 Planck 常量。

对于 $K_c^{\ominus}$ 的求解需要利用平衡常数与热力学函数间的关系,由于假设①第一步是快平衡:

$$\mathrm{A+B\text{-}C} \underset{\text{快}}{\overset{K_c^{\neq}}{\rightleftharpoons}} [\mathrm{A\cdots B\cdots C}]^{\neq}$$

可得

$$K_c^{\neq}=\frac{[\mathrm{A\cdots B\cdots C}]^{\neq}}{[\mathrm{A}][\mathrm{BC}]}$$

将每个浓度与浓度标准态相比,近似得 $K_c^{\ominus}$,即

$$K_c^{\ominus}=\frac{[\mathrm{A\cdots B\cdots C}]^{\neq}/c^{\ominus}}{\dfrac{[\mathrm{A}]}{c^{\ominus}}\;\dfrac{[\mathrm{BC}]}{c^{\ominus}}}=K_c^{\neq}(c^{\ominus})^{2-1}$$

当有 n 个分子参与反应时,则

$$K_c^{\ominus}=K_c^{\neq}(c^{\ominus})^{n-1}$$

已知,第一步快平衡的 $K_c^{\ominus}$ 与 $\Delta_r^{\neq}G_m^{\ominus}$ 的关系为

$$\Delta_r^{\neq} G_m^{\ominus} = -RT\ln K_c^{\ominus}$$

又因为

$$\Delta_r^{\neq} G_m^{\ominus} = \Delta_r^{\neq} H_m^{\ominus} - T\Delta_r^{\neq} S_m^{\ominus}$$

可得

$$K_c^{\ominus} = \exp\left(-\frac{\Delta_r^{\neq} G_m^{\ominus}}{RT}\right) = \exp\left(\frac{\Delta_r^{\neq} S_m^{\ominus}}{R}\right)\exp\left(-\frac{\Delta_r^{\neq} H_m^{\ominus}}{RT}\right)$$

代入速率系数的表示式，得

$$k = \frac{k_B T}{h} K_c^{\neq} = \frac{k_B T}{h}(c^{\ominus})^{1-n} K_c^{\ominus}$$

因此

$$\begin{aligned} k &= \frac{k_B T}{h}(c^{\ominus})^{1-n} K_c^{\ominus} \\ &= \frac{k_B T}{h}(c^{\ominus})^{1-n}\exp\left(-\frac{\Delta_r^{\neq} G_m^{\ominus}}{RT}\right) \\ &= \frac{k_B T}{h}(c^{\ominus})^{1-n}\exp\left(\frac{\Delta_r^{\neq} S_m^{\ominus}}{R}\right)\exp\left(-\frac{\Delta_r^{\neq} H_m^{\ominus}}{RT}\right) \end{aligned} \tag{6.50}$$

上式即为过渡态理论用热力学方法计算速率系数的公式——Eyring 方程热力学表示式。式中，$\Delta_r^{\neq} S_m^{\ominus}$ 和 $\Delta_r^{\neq} H_m^{\ominus}$ 分别为活化熵和活化焓；$\frac{k_B T}{h}$ 称为普适常数，在常温下其值约为 $10^{13}\ s^{-1}$。$(c^{\ominus})^{1-n}$ 为速率系数提供了浓度单位，$n=1$ 时为一级反应，k 的单位为 s^{-1}；$n=2$ 时为二级反应，k 的单位为 $(mol \cdot dm^{-3})^{-1} \cdot s^{-1}$；$n=3$ 时为三级反应，k 的单位为 $(mol \cdot dm^{-3})^{-2} \cdot s^{-1}$。参照上述公式，只要求得生成过渡态的 $\Delta_r^{\neq} S_m^{\ominus}$、$\Delta_r^{\neq} H_m^{\ominus}$、$\Delta_r^{\neq} G_m^{\ominus}$，即可计算基元反应的速率系数。

比较过渡态理论的计算式与 Arrhenius 的指数式：

$$k = A\exp\left(-\frac{E_a}{RT}\right)$$

$$k = \frac{k_B T}{h}(c^{\ominus})^{1-n}\exp\left(\frac{\Delta_r^{\neq} S_m^{\ominus}}{R}\right)\exp\left(-\frac{\Delta_r^{\neq} H_m^{\ominus}}{RT}\right)$$

若 $E_a = \Delta_r^{\neq} H_m^{\ominus}$，则

$$A = \frac{k_B T}{h}(c^{\ominus})^{1-n}\exp\left(\frac{\Delta_r^{\neq} S_m^{\ominus}}{R}\right)$$

上式从理论上解释了 Arrhenius 的指前因子 A 与活化熵有关，也说明了对于不同级数的反应，指前因子应有不同的单位。$\Delta_r^{\neq} H_m^{\ominus}$ 与 E_a 物理意义不同，一个是生成活化配合物的标准摩尔焓变，另一个是实验活化能，二者在数值上也有少许的差异，约相差 $(1\sim3)RT$。

上文已经得到

$$k = \frac{k_B T}{h}(c^{\ominus})^{1-n} K_c^{\ominus}$$

对上式取对数可得

$$\ln k = \ln K_c^{\ominus} + \ln T + \ln B$$

对温度 T 求导得

$$\frac{d(\ln k)}{dT} = \frac{d(\ln K_c^{\ominus})}{dT} + \frac{1}{T}$$

结合平衡常数与温度关系式，得

$$\frac{d(\ln K_c^{\ominus})}{dT}=\frac{\Delta_r^{\neq}U_m^{\ominus}}{RT^2}=\frac{\Delta_r^{\neq}H_m^{\ominus}-\Delta(pV)_m}{RT^2}$$

因为$\frac{d(\ln k)}{dT}=\frac{E_a}{RT^2}$，则

$$\frac{E_a}{RT^2}=\frac{\Delta_r^{\neq}H_m^{\ominus}-\Delta(pV)_m}{RT^2}+\frac{RT}{RT^2}$$

$$E_a=\Delta_r^{\neq}H_m^{\ominus}-\Delta(pV)_m+RT \tag{6.51}$$

式中，$\Delta(pV)_m$ 为反应进度为 1 mol 时系统 pV 的变化值，对凝聚相反应，可忽略，因此

$$E_a=\Delta_r^{\neq}H_m^{\ominus}+RT$$

对于理想气体反应，$\Delta(pV)_m=\Delta nRT=(1-n)RT$，则

$$E_a=\Delta_r^{\neq}H_m^{\ominus}-(1-n)RT+RT=\Delta_r^{\neq}H_m^{\ominus}+nRT \tag{6.52}$$

式中，n 为气相反应物物质的量，对于基元反应，n 值为 1,2 或 3，所以在温度不太高时，可近似认为

$$E_a\approx\Delta_r^{\neq}H_m^{\ominus}$$

过渡态理论形象地描绘了基元反应进展的过程，说明了反应坐标的含义；原则上可从原子结构的光谱数据和势能面计算宏观反应的速率系数，表明该原理具有一定的预见性，故又称绝对速率理论；过渡态理论也对 Arrhenius 的指前因子 A 作了理论说明，认为它与反应的活化熵有关；最后，过渡态理论形象地说明了反应为什么需要活化能，以及反应遵循的能量最低原理。

但过渡态理论同样存在一定的缺陷：该理论引进的平衡假设和速控步假设并不能符合所有的实验事实；对复杂的多原子反应，绘制势能面有困难，活化配合物的构型还无法得到确定，使理论的应用受到一定的限制。

6.6.3 单分子反应理论

单分子反应理论于 1922 年由林德曼(Lindeman)等人提出。单分子反应(unimolecular reaction)是指只有一个反应物分子参与的基元反应，即已经被活化了的反应物分子 A^* 进行 $A \longrightarrow P$ 的反应。单分子反应理论的提出，基于一定的基本假设：

(1) 反应物分子 A 通过碰撞激发转变为活化分子 A^*，随后活化分子 A^* 经过分解或转化后转变为产物 P，在这一反应过程中存在时间滞后。

(2) 在时间滞后，即时滞(time lag)期间，能量通过传递进而集中到断键的化学键位置。在时滞过后活化分子 A^* 将发生以下转变：① 由于发生碰撞，活化分子 A^* 失去能量，重新变为反应分子 A，此过程称为消活化。活化分子 A^* 在该过程中将振动能转化为碰撞分子的动能。② 活化分子 A^* 由于过量振动能而断键，分子发生分解或异构化转变为生成物 P。

理论具体反应历程如下：设某单分子反应的化学方程为

$$A \longrightarrow P$$

则其反应机理为

$$(1)\ A+A \underset{k_{-1}}{\overset{k_1}{\rightleftharpoons}} A^*+A$$

$$(2)\ A^* \xrightarrow{k_2} P$$

第一步，分子通过碰撞产生了活化分子，正如上述假设论及，活化分子有可能再经碰撞而失活，也有可能分解为产物。根据 Lindeman 等人的观点，稳定分子的解离和异构化等上述反应过程 A ⟶ P 不能被看作真正的单分子反应，而应称为准单分子反应。

为了获得速率方程式，采用稳态近似方法对 Lindeman 单分子机理进行处理。处理过程我们以生成物 P 的生成速率来表示反应的总速率，可以得到

$$r=\frac{d[P]}{dt}=k_2[A^*]$$

$$\frac{d[A^*]}{dt}=k_1[A]^2-k_{-1}[A][A^*]-k_2[A^*]=0$$

通过适当变换可得

$$[A^*]=\frac{k_1[A]^2}{k_{-1}[A]+k_2}$$

因此

$$\frac{d[P]}{dt}=\frac{k_1k_2[A]^2}{k_{-1}[A]+k_2} \tag{6.53}$$

上式即为通过 Lindeman 单分子反应理论推导得到的速率方程。由于反应发生时条件的改变，会使得该方程呈现不同的反应级数。

当反应压力较高，且反应物浓度较大时

$$k_{-1}[A]\gg k_2,\qquad \frac{d[P]}{dt}=\frac{k_1k_2[A]}{k_{-1}}$$

此时反应呈现为一级。

当反应压力较低，且反应物浓度很小时

$$k_{-1}[A]\ll k_2,\qquad \frac{d[P]}{dt}=k_1[A]^2$$

此时反应呈现为二级。

单分子理论的提出，通过利用碰撞理论加上时滞假设，很好地解释了反应中出现的时滞现象；同时也解释了为什么单分子反应在不同压力下会出现不同的反应级数等实验事实。

§6.7　几类特殊反应及其动力学处理方法

6.7.1　链反应

链反应又称连锁反应，是一种具有特殊规律的、常见的复合反应。只要用光、热、辐射或其他方法引发，反应就能通过活性组分（自由基或自由原子）的生成和消失发生一系列连续反应，像链条一样自动进行下去。它主要是由大量反复循环的连串反应所组成，在化工生产中具有重要的意义。例如高聚物的合成，石油的裂解，碳氢化合物的氧化和卤化，一些有机物的热分解以至燃烧、爆炸反应等等都与链反应有关。

1. 链反应的基本步骤

链反应的整个反应过程一般可分为三个步骤：

(1) 链引发(chain initiation)

在这一过程中,处于稳定态的分子吸收了外界的能量,如加热、光照或加引发剂,使它分解成自由原子或自由基等活性传递物。例如

$$Cl_2 + M^* \longrightarrow 2Cl\cdot + M$$

$$E_a = \varepsilon_{Cl-Cl} = 243\ kJ \cdot mol^{-1}$$

其活化能相当于所断键的键能。

(2) 链传递(chain propagation)

链引发所产生的活性传递物与另一稳定分子作用,在形成产物的同时又生成新的活性传递物,使反应如链条一样不断发展下去。它具有两个特点:一是由于高活性的自由基参加反应,反应很容易进行,所需活化能较小,反应速率很快;二是有一个自由基参加反应,必然会产生另一个新的自由基(称为直链反应)或多个新的自由基(称为支链反应)。链传递过程的这两个特点是链反应普遍存在的原因,因为它一方面使得链反应本身能够得以持续发展,另一方面使反应按链式历程进行比按一般分子反应历程有了较大的优势。例如

$$Cl\cdot + H_2 \longrightarrow HCl + H\cdot \qquad E_a = 25\ kJ \cdot mol^{-1}$$

$$H\cdot + Cl_2 \longrightarrow HCl + Cl\cdot \qquad E_a = 12.6\ kJ \cdot mol^{-1}$$

$$\cdots \qquad \cdots$$

由于自由原子或自由基的能量较高,所以该阶段所需的活化能一般都小于 40 kJ · mol⁻¹,基本可以认为反应是瞬间完成的。

(3) 链终止(chain termination)

造成链终止的原因主要有以下两个:两个活性传递物相碰,形成稳定分子或发生歧化,失去传递活性;或与器壁相碰,形成稳定分子,放出的能量被器壁吸收,造成反应停止。例如

$$2Cl\cdot + M \longrightarrow Cl_2 + M^* \qquad E_a = 0\ kJ \cdot mol^{-1}$$

当链反应的终止过程发生在容器壁上时,容器壁就相当于上式中的 M 分子。链终止反应的活化能很小或为零,所以反应速率系数很大;但由于链终止反应多为三分子反应,而且自由基在系统中的浓度很小,导致反应的速率很小,使链传递过程得以继续进行。

2. 直链反应与支链反应

按照链的传递方式不同,链反应可分为直链反应和支链反应。

(1) 直链反应

在化学动力学研究中,通常用稳态近似法来处理直链反应。

对于反应 $H_2 + Cl_2 \longrightarrow 2HCl$,根据实验数据,拟订的反应机理为

		$E_a/(kJ \cdot mol^{-1})$
链引发	(1) $Cl_2 + M \xrightarrow{k_1} 2Cl\cdot + M$	243
链传递	(2) $Cl\cdot + H_2 \xrightarrow{k_2} HCl + H\cdot$	25
	(3) $H\cdot + Cl_2 \xrightarrow{k_3} HCl + Cl\cdot$	12.6
	… …	
链终止	(4) $2Cl\cdot + M \xrightarrow{k_4} Cl_2 + M$	0

该反应的速率可以用 HCl 的生成速率来表示

$$\frac{d[HCl]}{dt}=k_2[Cl\cdot][H_2]+k_3[H\cdot][Cl_2]$$

由于自由基等中间产物极为活泼，它们参加许多反应，但浓度低、寿命短，可以近似地认为在反应达到稳定状态后，它们的浓度基本不随时间而变化，即

$$\frac{d[Cl\cdot]}{dt}=0,\quad \frac{d[H\cdot]}{dt}=0$$

这种处理方法就是稳态近似法。

根据上述 H_2 和 Cl_2 的反应历程，用稳态近似法处理，得

$$\frac{d[Cl\cdot]}{dt}=2k_1[Cl_2][M]-k_2[Cl\cdot][H_2]+k_3[H\cdot][Cl_2]-2k_4[Cl\cdot]^2[M]=0$$

$$\frac{d[H\cdot]}{dt}=k_2[Cl\cdot][H_2]-k_3[H\cdot][Cl_2]=0$$

联立以上两式，得

$$2k_1[Cl_2]=2k_4[Cl\cdot]^2$$

$$[Cl\cdot]=\left(\frac{k_1}{k_4}[Cl_2]\right)^{1/2}$$

代入反应速率方程，得

$$\frac{d[HCl]}{dt}=2k_2\left(\frac{k_1}{k_4}\right)^{1/2}[Cl_2]^{1/2}[H_2]$$

所以

$$\frac{1}{2}\frac{d[HCl]}{dt}=k[Cl_2]^{1/2}[H_2]$$

其中上式中的 $k=k_2\left(\frac{k_1}{k_4}\right)^{1/2}$。根据该速率方程，$Cl_2$ 和 H_2 的反应是 1.5 级反应。根据 Arrhenius 公式：

$$k_1=A_1\exp\left(-\frac{E_{a,1}}{RT}\right)$$

$$k_2=A_2\exp\left(-\frac{E_{a,2}}{RT}\right)$$

$$k_4=A_4\exp\left(-\frac{E_{a,4}}{RT}\right)$$

则

$$k=A_2\left(\frac{A_1}{A_4}\right)^{1/2}\exp\left[-\frac{E_{a,2}+\frac{1}{2}(E_{a,1}-E_{a,4})}{RT}\right]$$

$$=A\exp\left(-\frac{E_a}{RT}\right)$$

所以 H_2 和 Cl_2 的总反应的表观指前因子和表观活化能分别为

$$A=A_2\left(\frac{A_1}{A_4}\right)^{1/2}$$

$$E_a = E_{a,2} + \frac{1}{2}(E_{a,1} - E_{a,4})$$
$$= \left[25 + \frac{1}{2}(243 - 0)\right] \text{kJ} \cdot \text{mol}^{-1} = 146.5 \text{ kJ} \cdot \text{mol}^{-1}$$

若 H_2 和 Cl_2 的反应是若干个基元反应组合而成，而不是按照链反应的方式进行，则按照30%规则估计，其活化能约为

$$E_a = 0.30(\varepsilon_{H-H} + \varepsilon_{Cl-Cl})$$
$$= 0.30 \times (435 + 243) \text{kJ} \cdot \text{mol}^{-1}$$
$$= 203.1 \text{ kJ} \cdot \text{mol}^{-1}$$

按照链反应计算所得表观活化能数值与实验测定值 (150 kJ · mol^{-1})基本一致，又符合能量最低通道的原则，所以这个反应机理是合理的。

(2) 支链反应

如果在链传递过程中，当一个自由基消失时，会有两个或两个以上的新的自由基产生，那么这样的链反应就称为支链反应(图 6-12)。

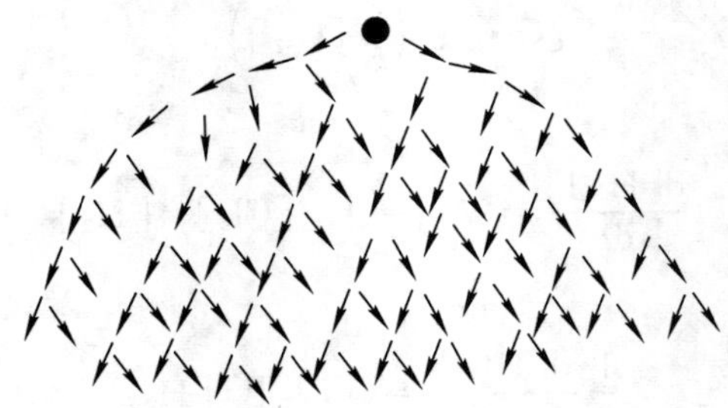

图 6-12 支链反应示意图

由图 6-12 可以看出，支链反应所产生的活性质点一部分按直链方式传递下去，还有一部分每消耗一个活性质点，同时产生两个或两个以上的新活性质点，使反应像树枝状支链的形式迅速传递下去，致使反应速率急剧加快，引起支链爆炸。

支链爆炸的一个特点是，确定温度下只在一定的压力范围内方可发生爆炸，在此压力范围之外，反应可以平稳地进行。这是因为支链反应在链传递的过程中自由基的数量会不断增加，若此时相应的自由基消耗速率较生成速率小，将导致自由基浓度迅速上升，总反应速率急剧增大，从而造成爆炸；而如果自由基可以有效地被消耗，那么反应就可以平稳地进行。

6.7.2 溶液中的反应

与气相反应相比，在溶液中进行的化学反应更为常见，但其动力学规律与气相反应相比却复杂得多，主要是由于溶剂分子的存在。对于同一个化学反应而言，在气相和溶液中进行可存在不同的反应速率，甚至有不同的反应机理，生成不同的产物，引起这些的原因就是溶剂效应。在溶液中，溶剂对反应的影响有：解离作用、传能作用和溶剂的介电性质等。在电解质溶液中，还有离子与离子、离子与溶剂分子间的相互作用等影响，这些是溶剂的物理效应。溶剂还可以对反应起催化作用，甚至溶剂本身也可以参加反应，这些则属于溶剂的化学效应。

1. 笼效应

和气相反应相比，液体中的分子排列更为紧密，处在液态溶剂中的反应物分子必然会被周围的溶剂分子密切包围，发生反应的分子必须要扩散穿过周围的溶剂分子之后才能相互接近发生反应，反应后的产物也同样要通过扩散穿过周围的溶剂分子。从微观角度看，周围的溶剂分子像是形成了一个笼(cage)，而反应物分子则处在这个笼中。所谓的笼效应(cage effect)，指的是反应物分子在溶剂分子形成的笼中进行多次反复的碰撞(或振动)，这种碰撞或振动将一直持续到反应物分子从笼中挤出，这种在笼中连续反复的碰撞称为反应物分子的一次遭遇(encounter)。

从"笼效应"可以看出，溶剂分子的存在虽然限制了反应物分子的远距离移动，减少了其与远距离分子的碰撞机会，但增加了近距离分子的重复碰撞。总的来说，反应物分子的碰撞频率并未降低。气体中分子的碰撞是连续进行的，但在溶液中，分子的碰撞却是间断式进行的，一次遭遇相当于一批碰撞，包含着多次碰撞。而单位时间内的总碰撞次数是大致相同的，不会有数量级上的差异。因此，溶剂分子的存在不会使活化分子数减少。

2. 溶剂对反应速率的影响

若溶剂与反应物分子之间没有其他的特殊作用，一个反应在气相和液相中进行的反应速率应该是接近的。但在溶液中，溶剂常常会对反应速率造成影响，这是一个极其复杂的问题，一般来说有以下几个方面：

(1) 溶剂的介电常数对于有离子参加的反应会造成影响。这是因为较大的溶剂介电常数会导致离子间的引力较弱，所以溶剂的介电常数较大时，该溶剂常常不利于离子间的化合反应。

(2) 溶剂的极性对反应速率有影响。如果生成物的极性比反应物的大，那么在极性溶液中进行该反应时会有较大的反应速率；而当生成物的极性比反应物的小时，在极性溶液中进行该反应，则会使反应速率较小。

(3) 溶剂化的影响。溶剂中的物质都会有一定程度的溶剂化作用，若这些溶剂化物与反应物分子结合生成不稳定的中间化合物而使活化能降低，则会使反应速率加快。如果溶剂分子与作用物生成的化合物比较稳定，则一般常使活化能增大，从而使反应速率减慢。

(4) 离子强度的影响(原盐效应)。在稀溶液中，如果作用物都是电解质，则反应的速率与溶液的离子强度有关。此时向溶液中加入电解质，将会改变溶液的离子强度，从而改变离子的反应速率，这种效应称为原盐效应(primary salt effect)。

在稀溶液中，如果作用物之一是非电解质，则其原盐效应为零，也就是说，非电解质之间的反应以及电解质和非电解质之间的反应速率与溶液中的离子强度无关。当溶液中反应的原盐效应大于零时，产生正的原盐效应，反应的速率随离子强度 I 的增加而增加；反之，当产生的原盐效应为负时，反应的速率随离子强度 I 的增加而减小。

6.7.3 光化学反应

只有在光的作用下才能进行的化学反应或由于化学反应产生的激发态粒子在跃迁到基态时能放出光辐射的反应都称为光化学反应(photochemical reaction)。通常，光化学反应所涉及的光的波长在 100～1000 nm 之间，即包括紫外、可见和近红外波段。

相对于光化学反应来讲，平常的那些反应可称为热反应。光化学反应与热反应有许多不同的地方。例如在恒温恒压下，热反应总是向系统的 Gibbs 自由能降低的方向进行。但有许多光化学反应(并不是所有的光化学反应)却能使系统的 Gibbs 自由能增加,如在光的作用下氧转变为臭氧、氨的分解、植物的光合作用,都是 Gibbs 自由能增加的例子。热反应的反应速率受温度影响大,而光化学反应的温度系数较小。这些都是热反应与光化学反应的主要不同之处。但初始光化学过程的速率系数也随温度而变,且也遵从 Arrhenius 方程。这和普通的化学反应是一致的。光化学反应和热化学反应之间的主要区别是,在光作用下的反应是激发态分子的反应,而在非光作用下的化学反应通常是基态分子的反应(有时也称为暗反应)。

1. 光化学定律

光化学第一定律:只有被分子吸收的光才能引发光化学反应。该定律在 1818 年由格拉特斯(Grotthus)和德拉波(Draper)提出,故又称为 Grotthus-Draper 定律。

光化学第二定律:在光化学初级过程中,一个被吸收光子只活化一个分子。该定律在 1908—1912 年由爱因斯坦(Einstein)和斯塔克(Stark)提出,故又称为 Einstein-Stark 定律。

1 mol 光子的能量因而也被称为 1 E(Einstein)。显然,不同波长(频率)的光,1 E 的能量也不相同。

2. 光化学初级过程与光化学次级过程

光化学反应是从物质(即反应物)吸收光子开始的,此过程统称为光化学反应的初级过程,它使反应物的分子或原子中的电子能态由基态跃迁到较高能量的激发态(在式中在上角打“$*$”表示激发态)。若某光化学反应的计量方程为

$$A_2 + h\nu = 2A\cdot$$

拟订其反应机理为

$$(1)\ A_2 + h\nu \xrightarrow{k_1} A_2^*$$

$$(2)\ A_2^* \xrightarrow{k_2} 2A\cdot$$

$$(3)\ A_2^* + A_2 \xrightarrow{k_3} 2A_2$$

第一步:反应物吸收光子活化,称为光化学初级过程;后续步:活化分子进一步反应,称为光化学次级过程。

3. Lambert-Beer 定律

平行的单色光通过浓度为 c、长度为 d 的均匀介质时未被吸收的透射光强度 I_t 与入射光强度 I_0 之间的关系为

$$I_t = I_0 \exp(-\varepsilon dc)$$

式中,ε 为摩尔吸光系数,与入射光的波长、温度和介质性质有关。通常用吸光度来表示光吸收的强弱:

$$A = \lg \frac{I_0}{I_t} = \varepsilon dc \tag{6.54}$$

式(6.54)称为朗伯-比尔(Lambert-Beer)定律。

4. 量子效率与量子产率

光化学反应是从物质(即反应物)吸收光子开始的,所以光的吸收过程是光化学反应的初级过程。活化分子有可能直接变为产物,也可能和低能量分子相撞而失活,或者引发其他次级反应(如引发一个链反应等等)。为了衡量光化学反应的效率,引入量子产率的概念,用 ϕ(效率)表示。

$$\phi(\text{效率})=\frac{\text{发生反应的分子数}}{\text{吸收光子数}}=\frac{\text{发生反应的物质的量}}{\text{吸收光子的物质的量}} \tag{6.55}$$

ϕ(效率)>1,说明初级过程活化了一个分子,而次级过程中又使若干反应物发生反应。如果引发一个链反应,量子效率可达 10^6。ϕ(效率)<1,说明初级过程活化的分子在传能过程中失活,称为猝灭。

也可以用 ϕ(产率)表示:

$$\phi(\text{产率})=\frac{\text{生成产物的分子数}}{\text{吸收光子数}}=\frac{\text{生成产物的物质的量}}{\text{吸收光子的物质的量}}$$

$$\phi(\text{产率})=\frac{\text{光化学反应速率}}{\text{吸收光子速率}}=\frac{r}{I_a} \tag{6.56}$$

一般情况下,量子效率与量子产率应该是统一的,但也有例外,特别是有双原子分子参与的反应。

5. 光化学反应动力学

光化学反应的速率公式较热反应复杂一些,它的初级反应与入射光的频率、强度(I_0)有关。因此,首先要了解其初级反应,然后还要知道哪几步是次级反应。要确定反应历程,仍然要依靠实验数据,测定某些物质的生成速率或某些物质的消耗速率。各种分子光谱在确定初级反应过程时常是有力的实验工具。举简单反应 $A_2 = 2A$ 为例,设其历程为

(1) $A_2 + h\nu \xrightarrow{I_a} A_2^*$　　初级过程

(2) $A_2^* \xrightarrow{k_2} 2A$　　次级过程

(3) $A_2^* + A_2 \xrightarrow{k_3} 2A_2$　　次级过程

产物 A 的生成速率为

$$\frac{d[A]}{dt}=2k_2[A_2^*]$$

光化学反应的初级反应速率一般只与入射光的强度有关,而与反应物浓度无关。因为反应物一般总是过量的,所以初级光化学反应对反应物呈零级反应。根据光化学第二定律,则初级反应的速率就等于吸收光子的速率 I_a(即单位时间、单位体积中吸收光子的数目或“Einstein”数)。若入射光 I_0 没有被全部吸收,而有一部分变成了透射(或反射)光,设吸收光占入射光的分数为 a($a=I_a/I_0$),则 $I_a=aI_0$。对于上例,根据反应(1),A_2^* 的生成速率就等于 I_a,而 A_2^* 的消失速率则由(2)(3)反应决定。对 A_2^* 作稳态近似:

$$\frac{d[A_2^*]}{dt}=I_a-k_2[A_2^*]-k_3[A_2^*][A_2]=0$$

$$[A_2^*]=\frac{I_a}{k_2+k_3[A_2]}$$

将上式代入 A 的生成速率公式中,得

$$\frac{d[A]}{dt}=\frac{2k_2I_a}{k_2+k_3[A_2]} \tag{6.57}$$

该反应的量子效率为

$$\phi=\frac{r}{I_a}=\frac{\frac{1}{2}\frac{d[A]}{dt}}{I_a}=\frac{k_2}{k_2+k_3[A_2]} \tag{6.58}$$

6. 光化学反应的特点

通过前面的介绍可以发现，光化学反应的特点可以归结为以下几点：

(1) 光化学初级反应的速率与反应物浓度无关，等于吸收光子的速率。

(2) 在等温、等压条件下，能进行 $\Delta_r G_m > 0$ 的反应。

(3) 光化学反应的平衡常数通常与吸收光强度有关，热化学中的 $\Delta_r G_m^{\ominus}$ 不能用来计算光化学反应的平衡常数。

(4) 温度对光化学反应速率的影响不大，反应温度系数很小，有时升高温度，反应速率反而下降。

7. 化学发光、光敏反应

化学反应中产生激发态分子，跃迁到基态时放出的辐射，称为化学发光，相当于光化学反应的逆过程。光化学反应是分子吸收光子变为激发态后再进行以后的反应，化学发光则是由于在化学反应过程中产生了激发态分子，在这些激发态分子回到基态的时候放出辐射。由于化学发光的温度较低，一般在 800 K 以下，所以又称为化学冷光。

朽木在细菌作用下的氧化、萤火虫的发光和鱼腐败时的发光都属于化学发光。如果放出的辐射波长落在红外区，称为红外化学发光，在微观反应动力学中可以用来研究初生态产物中的能量分配。

在光化学反应中，加入少量某物质，让它吸收光能，然后将能量传给反应物，促使光化学反应发生，而该物质在反应前后并未发生改变，则称之为光敏剂。但有些时候光敏剂吸收能量活化后，不能顺利地将能量传给反应物，反而与反应物竞争光能，起抑制作用。

例如植物的光合作用，CO_2 和 H_2O 不能直接吸收阳光，必须有作为光敏剂的叶绿素存在，才能合成有机物并放出氧气：

$$CO_2(g) + H_2O(l) \xrightarrow{\text{阳光,叶绿素}} \frac{1}{6n}(C_6H_{12}O_6)_n + O_2(g)$$

再比如水光解反应的光敏剂：

$$H_2O(l) \xrightarrow{h\nu} H_2(g) + \frac{1}{2}O_2(g)$$

由于水不能直接吸收阳光，所以水在阳光的照射下并不会发生分解；只有加了合适的光敏剂，水才能在阳光照射下分解为氢气和氧气。目前实验室规模的水光解的光敏剂已研制成功，若能进一步推广，就能充分利用太阳能，制备大量氢气，作为廉价、清洁的新能源。

6.7.4 催化反应

1. 催化反应中的基本概念

如果向一个化学反应系统中加入少量某种物质能显著增加反应速率，而物质本身的数量和化学性质在反应前后均不发生变化，那么该物质就是这一反应的催化剂。目前化工生产和石油炼制中，90%以上的反应要用到催化剂。有催化剂参加的反应称为催化反应。能使反应速率减慢的物质称为阻化剂或负催化剂，塑料和橡胶中的防老剂、金属防腐用的缓蚀剂和汽油燃烧中的防爆震剂等都是阻化剂。

催化剂与反应系统处在同一个相的称为均相催化，例如用硫酸作催化剂使乙醇和乙酸生成乙酸乙酯的反应就是液相均相反应。催化剂与反应系统处在不同相的则称为多相催化，例如用固体超强酸作催化剂使乙醇和乙酸生成乙酸乙酯的反应就是多相催化反应，石油裂解、直链烷烃芳构化等反应也是多相催化反应。此外，还有生物催化，即酶催化反应。

催化剂的优劣可以用催化剂活性和选择性进行描述。表示催化剂活性的方法有很多，通常以相同条件下，用一定量催化剂将反应物转化为产物（包括副产物）的百分数，即转化率来表示。固体催化剂也常用单位时间、单位质量催化剂（或单位表面积）上生成产物的量表示。催化剂的选择性指的就是转化为目标产物的百分数。

固体催化剂表面不均匀，对给定反应有活性的位点、基团等称为催化剂的活性中心；活性中心被杂质占领而失去活性，称为中毒；这些杂质则被称为毒物。毒物通常是具有孤对电子元素（如 S，N，P 等）的化合物，如 H_2S，HCN，PH_3 等。

对中毒后的催化剂进行加热、用气体或液体冲洗就可以使催化剂活性恢复的称为暂时性中毒。如果这些方法都不起作用，则称为催化剂永久中毒，必须重新更换催化剂。为防止催化剂中毒，反应物必须预先净化。

固体催化剂活性随时间的变化曲线通常分三个阶段。催化剂的活性随着使用时间而渐增，直到达到最佳值，这段时间称为催化剂的成熟期；催化剂维持较高的活性，并保持一段时间，这段时间称为催化剂的稳定期；当催化剂的活性随着使用时间而逐渐下降，以致不能使用，我们便说该催化剂已进入了衰老期。成熟期、稳定期、衰老期三个阶段的累加时间通常称为催化剂的单程寿命。失去活性的催化剂经重新活化后，又能使用了，如此反复，直至活性再也无法恢复。这些单程寿命的累加时间称为总寿命。对于一种好的催化剂，我们希望它既有长的单程寿命，又有长的总寿命，如此便可提高产量，降低成本。

2. 催化作用的基本特征

设某基元反应为

$$\mathrm{A} + \mathrm{B} \xrightarrow{k_0} \mathrm{AB}$$

活化能为 E_0，加入催化剂 K 之后的反应机理为

$$(1)\ \mathrm{A} + \mathrm{K} \underset{k_{-1}}{\overset{k_1}{\rightleftharpoons}} \mathrm{AK} \qquad \text{快平衡}$$

$$(2)\ \mathrm{AK} + \mathrm{B} \xrightarrow{k_2} \mathrm{AB} + \mathrm{K} \qquad \text{慢反应}$$

用平衡假设法推导速率方程

$$r = \frac{\mathrm{d}[\mathrm{AB}]}{\mathrm{d}t} = k_2[\mathrm{AK}][\mathrm{B}], \quad [\mathrm{AK}] = \frac{k_1}{k_{-1}}[\mathrm{A}][\mathrm{K}]$$

得

$$r = \frac{k_1 k_2}{k_{-1}}[\mathrm{K}][\mathrm{A}][\mathrm{B}] = k[\mathrm{A}][\mathrm{B}], \quad k = \frac{k_1 k_2}{k_{-1}}[\mathrm{K}] \tag{6.59}$$

则对于上述反应，有 $r=k[\mathrm{A}][\mathrm{B}]$，$k=\dfrac{k_1 k_2}{k_{-1}}[\mathrm{K}]$，$k$ 是表观速率系数。从表观速率系数 k 可以求得表观活化能为

$$E_{\mathrm{a}} = E_1 + E_2 - E_{-1}$$

由该活化能与反应途径关系图（图 6-13）可以发现，$E_{\mathrm{a}} \ll E_0$，所以有 $k \gg k_0$。

综上所述，催化作用具有以下几个基本特征：

(1) 催化剂只能缩短达到平衡所需要的时间，而不能改变反应的方向和限度，即不能改变

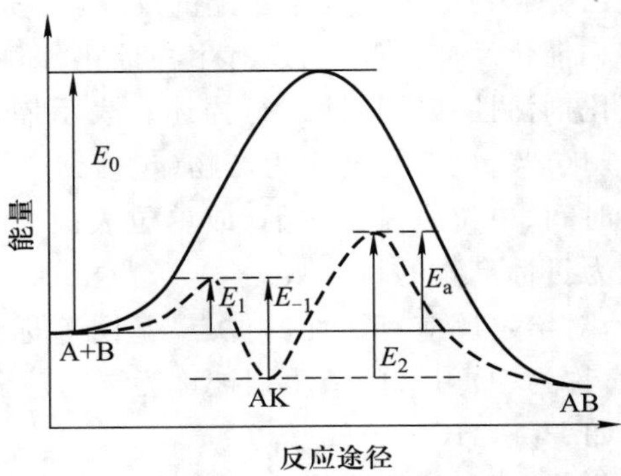

图 6-13 活化能与反应途径关系图

热力学函数的变化值。

(2) 催化剂同时加速正向和逆向反应的速率，使平衡提前到达。

(3) 催化剂有特殊的选择性，同样原料不同催化剂、同一催化剂不同条件下，有可能得到不同产品。

(4) 催化剂加速反应速率的本质是改变了反应的历程，降低了整个反应的表观活化能。因此，催化反应一定是非基元反应。

(5) 催化剂对系统中存在的某些少量杂质极其敏感，这些物质可以强烈影响催化剂的活性、结构和稳定性等，有的可以起到助催化的作用，有的则会起到毒害作用。

3. 酶催化反应

绝大部分的酶(enzyme)是由氨基酸按一定顺序聚合起来的蛋白质分子，由酶作为催化剂的反应称为酶催化反应。酶催化反应在生命现象中占有重要地位，生物体内的化学反应几乎都与酶的催化有关。

米切利斯-门顿(Michaelis-Menten)、布里格斯(Briggs)、霍尔丹(Haldane)、亨利(Henry)等人研究了酶催化反应动力学，对只有一种底物(substrate)的酶催化反应提出了如下反应历程：

$$(1)\ \mathrm{S}+\mathrm{E}\underset{k_{-1}}{\overset{k_1}{\rightleftharpoons}}\mathrm{ES},\quad (2)\ \mathrm{ES}\xrightarrow{k_2}\mathrm{E}+\mathrm{P}$$

用稳态近似推导速率方程$\dfrac{\mathrm{d}[\mathrm{P}]}{\mathrm{d}t}=k_2[\mathrm{ES}]$得

$$\frac{\mathrm{d}[\mathrm{ES}]}{\mathrm{d}t}=k_1[\mathrm{S}][\mathrm{E}]-k_{-1}[\mathrm{ES}]-k_2[\mathrm{ES}]=0$$

$$[\mathrm{ES}]=\frac{k_1[\mathrm{S}][\mathrm{E}]}{k_{-1}+k_2}=\frac{[\mathrm{S}][\mathrm{E}]}{K_\mathrm{M}},\quad K_\mathrm{M}=\frac{[\mathrm{S}][\mathrm{E}]}{[\mathrm{ES}]}$$

设 $K_\mathrm{M}=\dfrac{k_{-1}+k_2}{k_1}$($K_\mathrm{M}$ 相当于 ES 的不稳定常数，称为 Michaelis 常量)，由于

$$[\mathrm{ES}]=[\mathrm{S}][\mathrm{E}]/K_\mathrm{M}$$

则

$$r=\frac{\mathrm{d}[\mathrm{P}]}{\mathrm{d}t}=k_2[\mathrm{ES}]=\frac{k_2[\mathrm{S}][\mathrm{E}]}{K_\mathrm{M}}$$

令酶的原始浓度为$[E]_0$,反应达稳态后,一部分变为中间化合物(浓度为$[ES]$),余下的浓度为$[E]$,则

$$[E]=[E]_0-[ES]$$

$$[ES]=\frac{[E][S]}{K_M}=\frac{([E]_0-[ES])[S]}{K_M}$$

整理即得

$$[ES]=\frac{[E]_0[S]}{K_M+[S]}$$

则

$$r=k_2[ES]=\frac{k_2[E]_0[S]}{K_M+[S]} \tag{6.60}$$

当底物浓度很大时,

$$[S]\gg K_M,\quad r_m=k_2[E]_0$$

反应速率与底物浓度无关,呈零级,此时为最大速率。对于大部分酶催化反应来说,底物总是过量的。

当底物浓度很小时,

$$K_M\gg[S],\quad r=\frac{k_2}{K_M}[E]_0[S]$$

反应速率与底物浓度有关,呈一级。

以 r 为纵坐标,$[S]$为横坐标作图,得到图 6-14。其中,反应速率

$$r=\frac{k_2[E]_0[S]}{K_M+[S]},\quad r_m=k_2[E]_0$$

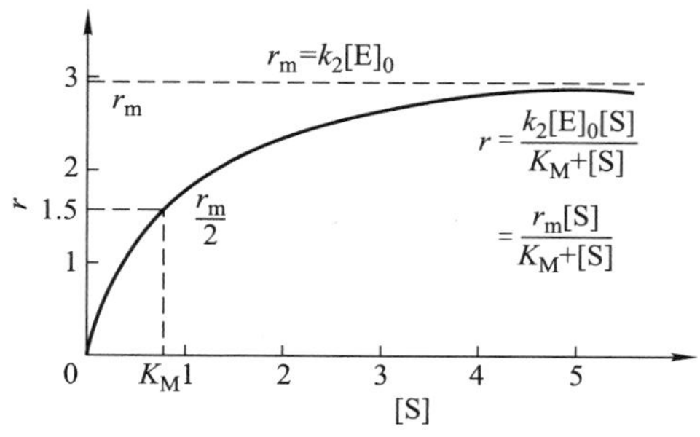

图 6-14 反应速率与底物浓度关系图

用作图法可以求得 K_M 和 r_m。将以上两个速率公式相比,得

$$\frac{r}{r_m}=\frac{[S]}{K_M+[S]}$$

即

$$\frac{1}{r}=\frac{K_M}{r_m}\cdot\frac{1}{[S]}+\frac{1}{r_m}$$

以$\frac{1}{r}$ - $\frac{1}{[S]}$作图,从直线斜率和截距即可求出 K_M 和 r_m。

4. 酶催化反应的特点

酶催化反应一般具有以下特点：① 酶催化具有很好的选择性，有的甚至只对某种特定的反应有催化作用，例如，脲酶只能将尿素迅速转化成氨和二氧化碳，而对其他反应没有任何活性；② 酶的催化效率比人造催化剂的效率高出 $10^9 \sim 10^{15}$ 倍，例如，一个过氧化氢分解酶分子，在 1 秒钟内可以分解 10 万个过氧化氢分子；③ 反应条件温和，一般在常温常压下即可；④ 反应历程复杂，受 pH、温度、离子强度等影响较大。

§6.8 现代动力学研究技术简介

化学动力学是物理化学中极其重要的前沿研究领域之一，它主要经历了三大发展阶段：宏观反应动力学阶段、基元反应动力学阶段和微观反应动力学阶段。近一百年来，诺贝尔化学奖 13 次颁发给了 22 位在化学动力学研究中作出巨大贡献的科学工作者。化学动力学在化学学科发展中的重要地位由此可见一斑。

随着分子反应动力学的飞速发展，化学动力学的研究领域在不断扩大，并且发展趋势也发生了转变：从基态转向激发态，由小分子反应转向大分子，由气相发展到界面和凝聚相反应。此外，作为化学动力学的另一前沿领域，催化科学在工业生产中发挥着举足轻重的作用。表面分析和快速跟踪手段的快速发展进一步推动了化学动力学(尤其是微观反应动力学)的发展。

化学动力学主要探究化学反应的动态过程以及机理，其研究分为气相动力学、凝聚相动力学以及界面化学反应动力学。气相动力学宏观上主要研究化学反应的速率以及机理，微观上则是原子分子水平上的动态过程以及反应机理研究。凝聚相动力学则主要以凝聚相中的化学反应机理及速率作为研究对象。随着大分子过程的不断发展，化学动力学的研究又衍生出新的增长点，即与生物和生命现象相关的分子动力学研究。

下面我们仅对两种微观气相反应动力学研究中的现代技术作一简单介绍。

6.8.1 交叉分子束技术

基元化学反应动力学实验和理论研究的不断发展，与分子束和激光技术引入化学反应研究密切相关。对“态-态”反应实验技术的研究及发展，使得与基元反应动力学过程相关的详细信息的获取及其与理论的比较成为可能。

交叉分子束技术于 1953 年最先由美国橡树岭国家实验室的泰勒(Taylor)与达茨(Datz)提出。随后由李远哲及达德利 · 赫施巴赫(Dudley R. Herschbach)进行了改良设计，并将其应用于气相化学反应机理的研究，两人也因此在 1986 年共同获得了诺贝尔化学奖。

该技术的基本原理是：两个不同喷嘴喷发出两股不同的分子(或原子)束，在一高真空的反应腔中形成交叉，使分子或原子产生碰撞；碰撞后生成物散射的方向、速度可以马上被侦测到，如果外接气态质谱仪测定生成物的质量，一次便可直接得到生成物的角动量、动量及振动态的能量分布。可以借此探讨化学反应中的分子动力机制，以及侦测出化学反应中的分子碰撞现象。

交叉分子束早期主要用于碱金属的实验研究。当散射的碱金属离子与热金属丝发生碰撞时，会因迅速游离而产生一个小电流。但该方法只能对碱金属离子的化学反应起到侦测作用，因而应用范围受限。新型交叉分子束方法解决了这一局限性，可用于研究非碱金属，因此被称为“universal crossbeam”，该方法的设计者是李远哲。

热金属丝可以用来侦测散射粒子的角度分布，但对粒子的动能无法进行侦测。为了解决这一弊端，早期主要利用将多个狭缝圆盘布设于碰撞反应中心及侦测器之间，其原理主要基于粒子速度与圆盘转速密切相关，控制圆盘的转速可以让特定散射速度的粒子通过狭缝，直达侦测器。通过这种方法，可得到散射粒子的速度和角度分布；借助质谱仪可以侦测散射粒子的质量以确定其种类，从而建立起微观“态-态”反应动力学研究的技术基础。

此后，科学家在侦测方法及增加可侦测粒子的种类等方面作了进一步的改良，如合并使用四极杆滤质器筛选感兴趣的粒子，或是用飞行时间质谱简化动能的测量。

目前较为常见的交叉分子束装置由三大部分组成：真空系统、分子束源以及光激发与探测系统。

主真空室、真空泵以及测量规等组成了真空系统。交叉分子束装置主体实为一个圆柱形的真空室，周围均布有 8 个窗口，并且圆心位于同一水平面。其中一个装有水平分子(原子)束；两个为布鲁斯特(Brewster)窗，用于探测光束的出入；两个用于安装荧光接收透镜系统；一个为真空泵的接口；一个为观察兼作摄取化学发光照片的窗口；另一个用于交叉束位置的调整。

分子(原子)束源置于圆柱体上盖的中央，反应中心即为分子(原子)束与 8 个窗口的圆心组成的水平面垂直正交的交点。

激光光源、荧光接收、光电信号处理与存储组成了光激发与探测系统。激光光源是一连续氩离子激光器，激光束经透镜聚焦后由一 Brewster 窗进入真空室，与两交叉分子束垂直正交于反应中心。为减少室内的激光杂散光，在真空室激光出入窗口处均采用了障板系统，并将真空室内表面涂黑。反应中心荧光信号的接收由两路光电系统完成：一路由集光系统和光电倍增管不经分光直接收集总荧光信号，送入双通道脉冲高度分析器的通道一；另一路集光系统收集的荧光则由一单色仪分光后，由另一光电倍增管接收并送入脉高分析器的通道二。由多道分析仪-计算机系统将数据进行显示存储和处理，经模数转换运算后完成输出。

该装置可应用于原子、分子间的交叉束反应碰撞动力学研究；进行光谱测定时，低真空条件有利于样品密度的增加；而为了扩展真空室压力变化的范围，常利用中真空兼顾光谱测量与动力学研究两方面的要求。

6.8.2 飞秒激光技术

碰撞锁模染料激光器是 20 世纪 80 年代超快激光的代表，其脉冲宽度已进入飞秒(10^{-15} s)阶段。从基本锁模的原理出发，碰撞锁模染料激光器仍属于被动锁模范畴，在锁模方法和机理上并不具有根本意义上的突破。但是，该种激光器依然对超快激光领域有着前所未有的冲击，成为超快激光极其重要和十分活跃的新的研究领域。飞秒光脉冲的群速度色散(GVD)和自相位调制(SPM)效应，以及其共同作用所致啁啾效应不再被忽略，这些效应的结果导致了理论上早已预言的孤子(soliton)首先在光学领域得以实现，这就是震惊物理学界的光孤子(optical soliton) 事件。

光孤子的出现进一步促进了光通信，为通信技术提供了广阔的发展前景并衍生出许多新的光学技术。其中较为典型的是光脉冲的展宽、压缩技术，该项技术可以利用飞秒光脉冲的色散、啁啾、自相位调制特性极方便地将脉冲压缩至飞秒或展宽至皮秒(10^{-12} s)甚至纳秒(10^{-9}

s)量级。在超短光脉冲放大领域,这一思想的应用产生了重要的突破,即啁啾脉冲放大(chirped pulse amplification):放大过程中均利用宽脉冲,其后又将宽脉冲压缩至飞秒量级。这样不仅克服了超短光脉冲在放大过程中由于非线性效应所引起的极其严重的问题,并且可以获得极高的峰值功率密度($10^{18}\sim10^{20}$ W/cm^2),其对应的场强相当并大于原子内电子所在的库仑场。获得如此高功率的激光仅在几平方米的光学平台上即可实现,不再像过去一样需要配备庞大且昂贵的装备。这些发展都是由于这项突破性技术的出现,也正是由于它的推动,越来越多的研究开始关注强激光与物质的相互作用。从 20 世纪 80 年代中期开始,飞秒激光技术成为了极其重要的研究手段,其中用于固体和半导体中飞秒量级超快弛豫过程的研究,以及化学反应动力学中超快过渡过程和微纳加工领域的应用研究尤其引人注目。由飞秒激光开拓出的光孤子无论在光孤子通信系统的模拟还是在量子阱的微观研究中,都得到了广泛的应用。

20 世纪 90 年代初,固体介质激光器开始进入飞秒激光领域,其代表为掺钛蓝宝石,并有取代飞秒染料激光器之势。固体介质能够提供更宽的波长可调谐范围和更窄的脉冲宽度,归因于其介质具有比染料更宽的谱带。掺钛蓝宝石锁模激光器诞生之后,就显示了不可阻挡的发展趋势。飞秒激光器简化到与普通激光器几乎没有区别,主要取决于以固体为介质的飞秒激光器可以利用克尔(Kerr)效应实现稳定的自锁模(克尔透镜锁模,KLML)。当然,这种结构上的简单是以更复杂的物理过程为背景的,因此需要更深入的理论分析,以及对其物理过程更准确的理解。简单、实用和性能更优越是固体飞秒激光技术的鲜明特点。从自然科学技术的发展史也可以看出,任何一种重要的科学技术的实用化都必将带来众多科学领域的新的突飞猛进的发展,20 世纪 90 年代中后期飞秒激光技术与科学的发展就是很好的写照。

飞秒激光器目前主要有四大类别。

(1) 以有机染料为介质的飞秒染料激光器。这种激光器获得飞秒光脉冲的主要技术途径是两个相反方向传播的光脉冲在可饱和吸收染料中的碰撞锁模(CPM)。不同染料可输出不同波长的飞秒光脉冲,但红光(620 nm)附近多为最有效波段。它不仅要求作为增益介质的染料在运转波长具有较大的增益,而且要求作为可饱和吸收体的另一种染料在运转波长具有适当的吸收截面。即两种染料的增益截面和吸收截面的适当配合才能使得脉冲前沿在经历可饱和吸收体时很快饱和,脉冲后沿又能具有明显的增益饱和效应,从而使得脉冲得到有效的压缩,而获得比染料弛豫时间(增益介质为 ns 量级,吸收介质为 ps 量级)短得多的飞秒锁模脉冲。随着固体、半导体和光纤飞秒激光器的飞速发展,飞秒染料激光器在红外和紫外波段已经失去竞争力,但在红光(620 nm 附近)等可见光波段仍被广泛应用,主要用于时间分辨光谱、半导体载流子快速弛豫过程和化学反应动力学的研究。

(2) 以掺钛蓝宝石、Li∶SAF、掺镁橄榄石等为介质的飞秒固体激光器。因为具有比染料更宽的调谐范围、更大的饱和增益通量和更长的激光上能级寿命,其在飞秒激光运转中的许多特性都优于染料激光器。此外,固体材料的光学性质更为稳定,结构也更加紧凑。极其稳定的自锁模(self mode-locking)运转是飞秒固体激光器最大的突破,这是由于克尔效应导致的非常有效的脉冲压缩动力学过程所致。自锁模的发展和利用,使得钛宝石激光器在不到两年的时间内就获得了 10 fs 的脉冲宽度;而 CPM 染料激光器拼搏了十余年,其脉冲宽度也只有 20～30 fs。飞秒固体激光器的波长范围为近红外,其二次谐波可以覆盖紫外,可见光波段则仍是飞秒染料激光器的天下。理论上来讲,飞秒染料激光器的优越性更大,因为它很容易饱和,易于自启动,(激光)上能级寿命短,不存在调 Q 造成的不稳定性。但从实际上讲,固体飞秒激光器更好,因为它更简单,更紧凑,重复性强,介质使用寿命长。如能采取简单的办法解决自启动和避开调 Q 带来的不稳定性,飞秒固体激光器将是非常理想的。

(3) 以多量子阱 (multiple quantum-well, MQW)材料为代表的飞秒半导体激光器。超短脉冲半导体激光器在开始研究的前 20 年始终没有跨越 ps (10^{-12} s)这一障碍,多量子阱材料的出现才使得该难题得以解决,促进了超短脉冲半导体激光器的飞速发展,并成为飞秒激光大家庭的重要成员。其优越性体现在多量子阱半导体具有高增益、低色散、宽谱带、强的非线性增益饱和及非常快的恢复时间等众多优点,因而无论作为增益介质或者可饱和吸收介质都非常合适,特别是其高重复率的表现尤为突出。利用先进的多量子阱半导体制作工艺,在一块十分小巧的多量子阱材料中,即可轻易实现脉冲碰撞、吸收饱和、增益饱和和色散补偿等 CPM 染料激光器研究中多年才积累起来的成熟技术。例如,脉冲宽度为 640 fs、重复率高达 350 GHz 的多量子阱飞秒半导体激光器也只有 0.25 mm 大小。飞秒半导体激光器的应用越来越广,目前常用于高比特多路通信、超长距孤子光纤通信、超快光学逻辑门、光电子取样及宽带亚毫米波的产生等领域。

(4) 以掺杂稀土元素的 SiO_2 为增益介质的飞秒光纤激光器。此类激光器的波段特别适合于孤子光通信传输的研究,其主要特点是结构紧凑、高效率、低损耗、负色散和全光学。飞秒光纤激光器的主要工作原理是利用光纤所具有的独特性质实现孤子过程,利用掺铒的单模光纤,可轻易在波长 1.53 μm 处产生 30 fs 的光脉冲。

上述四种主要的飞秒激光技术可以提供从真空紫外到中红外的广阔波段范围内任一光谱的飞秒脉冲。

飞秒激光器输出的单脉冲峰值功率在 $10^3 \sim 10^5$ W 范围,作为某些时间分辨超快激光光谱的研究这已经足够,但作为超快强激光物理和化学的研究,这一峰值功率还远远不够。飞秒激光放大技术研究应运而生,并得以蓬勃发展。一般来说,重复频率越低,其放大后的单脉冲峰值功率越高。本书不对飞秒激光放大技术作详细介绍。

飞秒激光在强场激光物理、超快化学动力学、微/纳米结构材料科学和生命科学等不同领域有着广泛应用。就化学动力学研究而言,目前主要还是使用飞秒染料激光器。

本章小结

本章首先对动力学曲线、反应速率、反应速率方程等动力学基本概念作了相关的介绍,并对具有简单级数的反应,包括零级和正整数反应的特点作了阐明。为了更好地了解化学反应动力学,本章介绍了确定级数和反应速率系数的常用方法、反应速率的影响因素等内容。在讨论温度对反应速率的影响时,引出了 Arrhenius 经验公式:

$$k = A\exp\left(-\frac{E_a}{RT}\right)$$

及其多种表达形式。并由此给出由非活化分子转变为活化分子所需要的能量,即活化能的概念,从而使得人们对化学反应动力学中温度对速率影响的分析更为直观。

本章同时对对峙反应、平行反应、连续反应等典型复杂反应及其近似处理法,反应速率理论如简单碰撞理论、过渡态理论等基本内容及推导过程,以及部分特殊反应作了介绍。这些方法、模型为人们从理论上对化学反应动力学加以解释与预言作出了重大贡献，也推动了现代动力学研究技术的不断发展。

拓展阅读及相关链接

斯凡特·奥古斯特·阿仑尼乌斯(Svante August Arrhenius，1859.02.19—1927.10.02)，瑞典化学家。提出了电解质在水溶液中电离的 Arrhenius 理论，研究了温度对化学反应速率的影响，得出 Arrhenius 方程。由于在物理化学方面的杰出贡献，被授予 1903 年诺贝尔化学奖。

Arrhenius 出生于瑞典乌普萨拉附近的威克。1885 年后 Arrhenius 开始与奥斯特瓦尔德、弗里德里希·科尔劳施、玻尔兹曼、van't Hoff 进行短期的合作研究。此时 Arrhenius 的注意力在化学反应速率问题上，通过与这些科学家的交流，他提出了活化能这一概念，对化学反应常常需要吸热才能发生这一现象给出了解释，并给出了描述温度、活化能与反应速率系数关系的 Arrhenius 方程。1891 年 Arrhenius 回到瑞典，担任斯德哥尔摩大学学院(现斯德哥尔摩大学)讲师。1895 年升为教授，1896 年任校长。

进入 20 世纪后，Arrhenius 关于电解质溶液的理论逐渐被承认，此时他的研究方向已经转向生理学，希望通过化学理论解释生理学的问题。1904 年他在美国加州发表演讲，讨论用物理化学方法研究毒素和解毒物质产生过程的可能性。1907 年以《免疫化学》为名出版。

参 考 文 献

[1] 万洪文，詹正坤．物理化学．第二版．北京：高等教育出版社，2010：272～283.

[2] 天津大学物理化学教研室．物理化学．下册．第四版．北京：高等教育出版社，2001：218～223.

[3] 陈启元，刘士军，等．物理化学．北京：科学出版社，2011：183～186，209～216.

[4] 王明德，赵翔．物理化学．北京：化学工业出版社，2008：211～217.

[5] 何杰．物理化学．北京：化学工业出版社，2011：245～256.

[6] 彭笑刚．物理化学讲义．北京：高等教育出版社，2012：565.

[7] 刘军，宋芳青，詹明生，等．采用光谱学探测方法的交叉分子束装置．化学物理学报，1992，5：412～417.

[8] 柴路，胡明列，方晓惠，等．光子晶体光纤飞秒激光技术研究进展．中国激光，2013，1：7～20.

[9] 王清月．飞秒激光技术及其新兴相关学科．量子电子学，1994，4：211～218.

[10] 朱传征，褚莹，许海涵．物理化学．北京：科学出版社，2008：322～332.

[11] 陈六平，童叶翔．物理化学．北京：科学出版社，2011：266～272.

[12] 傅献彩，沈文霞，姚天扬，等．物理化学．第五版．下册．北京：高等教育出版社，2006：201～207，255～259.

习 题

1. 298 K 时，$N_2O_5(g) \longrightarrow N_2O_4(g)+\frac{1}{2}O_2(g)$，该分解反应的半衰期 $t_{1/2}=5.7$ h，此值与 $N_2O_5(g)$的起始浓度无关。试求：

(1) 该反应的速率系数；

(2) $N_2O_5(g)$转化掉 90%所需的时间。

2. 含有相同物质的量的 A、B 溶液等体积混合，发生反应 $A+B \longrightarrow C$，在反应经过 1.0 h 后，A 已消耗了 75%；当反应时间为 2.0 h 时，在下列情况下，A 还有多少未反应？

(1) 当该反应对 A 为一级，对 B 为零级；

(2) 当对 A、B 均为一级；

(3) 当对 A、B 均为零级。

3. 碳的放射性同位素 ^{14}C 在自然界树木中的分布基本保持为总碳量的 $1.10\times10^{-13}\%$。某考古队在一山洞中发现一些古代木头燃烧的灰烬，经分析 ^{14}C 的含量为总碳量的 $9.87\times10^{-14}\%$。^{14}C 的半衰期为 5700 a，试计算这些灰烬距今约有多少年。

4. 固体的纯 β-葡萄糖溶于 20 ℃的水中，立即开始转化为 α-葡萄糖，直至到达平衡为止（旋光改变作用）。在旋光仪中，测得的旋光度如下，求该反应的速率系数和半衰期。

t/min	20	40	60	80	100	120	360	1440
α/(°)	10.81	13.27	15.10	16.42	17.47	18.20	20.32	20.39

5. 二甲醚的高温气相反应 $(CH_3)_2O \longrightarrow CH_4 + H_2 + CO$ 是一级反应。若将二甲醚引入一个 504 ℃的抽空容器内，并在不同时刻测定系统压力，得到如下数据，试求该反应的速率系数。

t/s	390	777	1587	3155	∞
p/kPa	54.396	65.061	83.193	103.858	124.123

6. 把一定量的 PH_3 迅速引入 950 K 的已抽真空的容器中，待反应到达指定温度后（此时已有部分分解），测得下列数据：

t/s	0	58	108	∞
p/kPa	34997	36344	36677	36850

已知反应为一级反应。求 PH_3 分解反应 $4PH_3(g) = P_4(g) + 6H_2(g)$ 的速率系数。

7. 对反应 $2NO(g) + 2H_2(g) = N_2(g) + 2H_2O(g)$ 进行研究，起始时 NO(g) 和 $H_2(g)$ 的物质的量相等。采用不同的起始压力 p_0，相应地有不同的半衰期。实验数据如下：

p_0/kPa	50.90	45.40	38.40	33.46	26.93
$t_{1/2}$/min	81	102	140	180	224

试求该反应的级数。

8. 298 K 时，反应 $2FeCl_3 + SnCl_2 = 2FeCl_2 + SnCl_4$ 实验测得如下数据，其中 y 是 $FeCl_3$ 的作用量：

t/min	1	3	7	11	40
y/(mol·m^{-3})	14.34	26.64	36.12	41.02	50.58

已知 $SnCl_2$ 和 $FeCl_3$ 的起始浓度分别为 31.25 mol·m^{-3}和 62.5 mol·m^{-3}，试求该反应的级数。

9. 硝基乙酸在酸性溶液中的分解反应

$$(NO_2)CH_2COOH \longrightarrow CH_3NO_2(g)+CO_2(g)$$

为一级反应。25 ℃、101.3 kPa 下，于不同时间测定放出的 $CO_2(g)$ 的体积如下：

t/min	2.28	3.92	5.92	8.42	11.92	17.47	∞
V/cm^3	4.09	8.05	12.02	16.01	20.02	24.02	28.94

反应不是从 $t=0$ 开始的。求速率系数。

10. 65 ℃时，在气相中 N_2O_5 分解的速率系数为 0.292 min^{-1}，活化能为 103.34 $kJ\cdot mol^{-1}$，求 80 ℃时的 k 和 $t_{1/2}$。

11. 甲酸在金表面上的分解反应在温度为 140 ℃和 185 ℃时的速率系数分别为 $5.5\times10^{-4}\ s^{-1}$ 及 $9.2\times10^{-2}\ s^{-1}$，试求该反应的活化能。

12. 有反应

$$2NO+2H_2 = N_2+2H_2O$$

在 273 K 时反应速率系数为 0.042 h^{-1}，在 500 K 时反应速率系数为 0.624 h^{-1}，试计算该反应在 298 K 时的速率系数。

13. 在不加催化剂时，H_2O_2 的分解反应 $H_2O_2(l) = H_2O(l)+\frac{1}{2}O_2(g)$ 的活化能为 75.00 $kJ\cdot mol^{-1}$。当以铁为催化剂时，该反应的活化能降到 54.00 $kJ\cdot mol^{-1}$。试计算在 25 ℃时，此两种条件下，该反应速率的比值。

14. 已知某反应速率方程可以表示为 $r=k[A]^{\alpha}[B]^{\beta}[C]^{\gamma}$，请根据下列实验数据，分别确定该反应对各反应物级数 α,β,γ 的值并计算速率系数 k。

$r/(10^{-5}\,mol\cdot dm^{-3}\cdot s^{-1})$	5.0	5.0	2.5	14.1
$[A]_0/(mol\cdot dm^{-3})$	0.010	0.010	0.010	0.020
$[B]_0/(mol\cdot dm^{-3})$	0.005	0.005	0.010	0.005
$[C]_0/(mol\cdot dm^{-3})$	0.010	0.015	0.010	0.010

15. 有正逆反应均为一级的对峙反应 $A \underset{k_{-1}}{\overset{k_1}{\rightleftharpoons}} B$，已知其速率系数和平衡常数的关系式分别为

$$\lg(k_1/s^{-1}) = -\frac{2000}{T/K}+4.0$$

$$\lg K = \frac{2000}{T/K}-4.0,\quad K=k_1/k_{-1}$$

反应开始时，$[A]_0=0.5\ mol\cdot dm^{-3}$，$[B]_0=0.05\ mol\cdot dm^{-3}$，试计算：

(1) 逆反应的活化能；

(2) 400 K 时，反应 10 s 后 A 和 B 的浓度；

(3) 400 K 时，反应平衡时 A 和 B 的浓度。

16. 反应 $OCl^-+I^- = OI^-+Cl^-$ 的可能机理如下：

(1) $OCl^-+H_2O \underset{k_{-1}}{\overset{k_1}{\rightleftharpoons}} HOCl+OH^-$　　快速平衡（$K=k_1/k_{-1}$）

(2) $HOCl+I^- \xrightarrow{k_2} HOI+Cl^-$　　速控步

(3) $OH^-+HOI \xrightarrow{k_3} H_2O+OI^-$　　快速反应

试推导出反应的速率方程，并求表观活化能与各基元反应活化能之间的关系。

17. 在 673 K 时，设反应 $NO_2(g) \longrightarrow NO(g)+\frac{1}{2}O_2(g)$ 可以完全进行，并设产物对反应速率无影响，经实验证明该反应为二级反应，速率方程可表示为 $-\frac{d[NO_2]}{dt}=k[NO_2]^2$，速率系数 k 与反应温度 T 之间的关系为

$$\ln\frac{k}{(\text{mol}\cdot\text{dm}^{-3})^{-1}\cdot\text{s}^{-1}}=-\frac{12886.7}{T/\text{K}}+20.27$$

试计算：

(1) 该反应的指前因子 A 及实验活化能 E_a；

(2) 若在 673 K 时，将 $NO_2(g)$ 通入反应器，使其压力为 26.66 kPa，发生上述反应，当反应器中的压力达到 32.0 kPa 时所需的时间(设气体为理想气体)。

18. 某一气相反应 $A(g) \underset{k_{-1}}{\overset{k_1}{\rightleftharpoons}} B(g)+C(g)$，已知在 298 K 时，$k_1=0.21\ \text{s}^{-1}$，$k_{-1}=5\times10^{-9}\ \text{Pa}^{-1}\cdot\text{s}^{-1}$，当温度由 298 K 升到 310 K 时，其 k_1、k_{-1} 的值均增加 1 倍，试求：

(1) 298 K 时的经验平衡常数 K_p；

(2) 正逆反应的实验活化能 E_a；

(3) 298 K 时反应的 $\Delta_r H_m$ 和 $\Delta_r U_m$；

(4) 298 K 时，A 的起始压力为 100 kPa，若使总压力达到 152 kPa 时所需的时间。

19. 用 Arrhenius 方程的定积分式，当用 $\ln k$ 对 $1/T$ 作图时，所得直线发生弯折，可能是什么原因？

20. 为什么有的反应在温度升高时，其速率反而下降？

21. 碰撞理论和过渡态理论是否对所有反应都适用？

22. 过渡态理论中的活化焓 $\Delta_r^{\neq} H_m^{\ominus}$ 与 Arrhenius 活化能 E_a 有什么不同？

23. 乙酸乙酯皂化反应是一个二级反应。在一定温度下，当酯和 NaOH 的起始浓度都等于 8.04 mol·dm^{-3} 时，测定结果如下：在反应进行到 4 min 时，碱的浓度为 5.30 mol·dm^{-3}；进行到 6 min 时，碱的浓度为 4.58 mol·dm^{-3}。求反应的速率系数 k。

24. 某一级反应的半衰期，在 300 K 和 310 K 时分别为 5000 s 和 1000 s，求该反应的活化能。

25. 某些农药的水解反应是一级反应。已知在 293 K 时，敌敌畏在酸性介质中的水解反应也是一级反应，测得它的半衰期为 61.5 d，试求在此条件下敌敌畏的水解速率系数。若在 343 K 时的速率系数为 0.173 h^{-1}，求在 343 K 时的半衰期及该反应的活化能 E_a。

26. 某药物如果有 30% 被分解，就认为已失效。若将该药物放置在 3 ℃的冰箱中，其保质期为两年。某人购回刚出厂的这个药物，忘了放入冰箱，在室温(25 ℃)下搁置了两周。请通过计算说明，该药物是否已经失效。已知药物的分解分数与浓度无关，且分解的活化能 $E_a=130.0\ \text{kJ}\cdot\text{mol}^{-1}$。

27. 某一级反应，在 40 ℃时，反应物转化 20% 需时 15 min，已知其活化能为 77.00 kJ·mol^{-1}。若要使反应在 15 min 内，反应物转化 50%，问反应温度应控制在多少？

28. 有两个都是一级的平行反应 (1) $A \xrightarrow{k_1, E_{a,1}} B$；(2) $A \xrightarrow{k_2, E_{a,2}} D$。设反应(1)和(2)的指前因子相同，但活化能不同，$E_{a,1}=120\ \text{kJ}\cdot\text{mol}^{-1}$，$E_{a,2}=80\ \text{kJ}\cdot\text{mol}^{-1}$，则当反应在温度为 1000 K 时进行，求两个反应速率系数的比值 k_1/k_2。

29. 某溶液中反应 $A+B \longrightarrow C$，设开始时 A 与 B 的物质的量相等，没有 C，1 h 后 A 的转化率为 75%，那么 2 h 后 A 还剩多少没有参加反应？

假设：(1) 对 A 为一级，对 B 为零级；

(2) 对 A、B 均为一级；

(3) 对 A、B 均为零级。

30. 某物质 A 的分解反应为二级反应，当反应进行到 A 消耗了 1/3 时，所需时间为 2 min，若继续反应掉同样量的 A，应再需多长时间？

31. 有反应 $A \longrightarrow P$，实验测得是 1/2 级反应，试证明：

(1) $[A]_0^{1/2}-[A]^{1/2}=(1/2)kt$；

(2) $t_{1/2}=\frac{\sqrt{2}}{k}(\sqrt{2}-1)[A]_0^{1/2}$。

32. 329.9 K 时，用波长为 3.13×10^{-7} m 的单色光照射置有丙酮蒸气的容器，容器的体积为 59 cm^3，吸入光的效率为 91.5%。丙酮发生气相光分解反应：

$$(CH_3)_2CO \longrightarrow C_2H_6 + CO$$

反应的起始压力为 101.8 kPa，7 h 后压力为 104.5 kPa，若入射光强度为 48.1×10^{-4} J·s^{-1}，求反应的量子效率。

33. 有一汞蒸气灯，其波长 $\lambda=253.7$ nm 时，功率为 100 W。假设效率是 90%，当照射某反应物时，需多长时间才能使 0.01 mol 反应物分解（已知量子效率 $\phi=0.5$）？当反应物为乙烯时，$C_2H_4(g)+h\nu \longrightarrow C_2H_2(g)+H_2(g)$，试求每小时能产生乙炔的物质的量。

34. 有正逆反应均为一级的对峙反应：$\text{D-R}_1\text{R}_2\text{R}_3\text{CBr} \underset{k_{-1}}{\overset{k_1}{\rightleftharpoons}} \text{L-R}_1\text{R}_2\text{R}_3\text{CBr}$，正、逆反应的半衰期均为 $t_{1/2}=10$ min。若起始时 $\text{D-R}_1\text{R}_2\text{R}_3\text{CBr}$ 的物质的量为 1 mol，试计算在 10 min 后，生成 $\text{L-R}_1\text{R}_2\text{R}_3\text{CBr}$ 的物质的量。

35. 某连续反应 $A \xrightarrow{k_1} B \xrightarrow{k_2} C$，其中 $k_1=0.450\ \text{min}^{-1}$，$k_2=0.750\ \text{min}^{-1}$。在 $t=0$ 时，$c_B=c_C=0$，$c_A=1500\ \text{mol}\cdot\text{m}^{-3}$。

(1) 求算 B 的浓度达到最大所需要的时间 t_{max}；

(2) 在 t_{max} 时刻，A、B、C 的浓度各为多少？

36. 当有 I_2 存在作为催化剂时，氯苯（C_6H_5Cl）与 Cl_2 在 CS_2(l)溶液中发生如下平行反应（均为二级反应）：

$$C_6H_5Cl + Cl_2 \begin{cases} \xrightarrow{k_1} o\text{-}C_6H_4Cl_2 + HCl \\ \xrightarrow{k_2} p\text{-}C_6H_4Cl_2 + HCl \end{cases}$$

设在温度和 I_2 的浓度一定时，C_6H_5Cl 与 Cl_2 在 CS_2(l)溶液中的起始浓度均为 0.5 mol·dm^{-3}，30 min 后，有 15% 的 C_6H_5Cl 转化为 $o\text{-}C_6H_4Cl_2$，有 25% 的 C_6H_5Cl 转化为 $p\text{-}C_6H_4Cl_2$。试计算两个速率系数。

37. 对 $A \underset{k_2}{\overset{k_1}{\rightleftharpoons}} B$ 类型的对峙反应，测得如下数据：

t/s	180	300	420	1440	∞
c_B/(mol·dm^{-3})	0.20	0.233	0.43	1.05	1.58

若 A 的起始浓度为 1.89 mol·dm^{-3}，试计算正逆反应的速率系数 k_1 和 k_2。

38. 如使用汞灯照射溶解在 CCl_4 中的氯气和正庚烷（C_7H_{16}），由于 Cl_2 吸收了 I_a 的辐射，引起的反应如下：

链引发　$Cl_2 + h\nu \xrightarrow{k_1} 2Cl\cdot$

链传递　$Cl\cdot + C_7H_{16} \xrightarrow{k_2} HCl + C_7H_{15}\cdot$

$C_7H_{15}\cdot + Cl_2 \xrightarrow{k_2} C_7H_{15}Cl + Cl\cdot$

链终止　$C_7H_{15}\cdot \xrightarrow{k_4}$ 链中断

试写出 $-d[Cl_2]/dt$ 的计算式。

39. 气相反应合成 HBr：$H_2(g)+Br_2(g) = 2HBr(g)$，其反应历程为

$$(1)\ Br_2 + M \xrightarrow{k_1} 2Br\cdot + M$$

$$(2)\ Br\cdot + H_2 \xrightarrow{k_2} HBr + H\cdot$$

$$(3)\ H\cdot + Br_2 \xrightarrow{k_3} HBr + Br\cdot$$

$$(4)\ H\cdot + HBr \xrightarrow{k_4} H_2 + Br\cdot$$

$$(5)\ Br\cdot + Br\cdot + M \xrightarrow{k_5} Br_2 + M$$

试推导 HBr 生成反应的速率方程。

40. 光气的热分解反应 $COCl_2 \longrightarrow CO+Cl_2$ 的机理如下：

$$(1)\ Cl_2 \underset{k_{-1}}{\overset{k_1}{\rightleftharpoons}} 2Cl\cdot \quad (快)$$

$$(2)\ Cl\cdot + COCl_2 \xrightarrow{k_2} CO + Cl_3\cdot \quad (慢)$$

$$(3)\ Cl_3\cdot \underset{k_{-3}}{\overset{k_3}{\rightleftharpoons}} Cl_2 + Cl\cdot \quad (快)$$

试证明反应的速率方程为 $d[Cl_2]/dt=k[COCl_2][Cl_2]^{1/2}$。

41. 某有机物 A 在酸性溶液中水解，323 K 时，在 pH=5 的缓冲溶液中，反应的半衰期为 69.3 min；若在 pH=4 的缓冲溶液中，半衰期为 6.93 min；且在不同的 pH 时，半衰期均与 A 的起始浓度无关。已知该反应的速率公式形式为

$$-d[A]/dt = k[H^+]^{\alpha}[A]^{\beta}$$

试求：

(1) 式中 α、β 的值；

(2) 323 K 时 k 的值；

(3) 323 K 时，在 pH=3 的缓冲溶液中水解 80%所需的时间。

42. 醋酸酐的分解是一级反应，该反应的活化能 $E_a=144.3\ kJ\cdot mol^{-1}$，已知 557 K 时该反应速率系数 $k_1=3.3\times10^{-2}\,s^{-1}$，现在要控制此反应在 10 min 内转化率达到 90%，试问反应温度应该控制在多少？

43. 甲苯加氢脱烷基反应为：$C_6H_5CH_3+H_2 \longrightarrow C_6H_6+CH_4$。若按下述历程进行：

$$H_2 + M \xrightarrow{k_1} M + 2H\cdot$$

$$H\cdot + C_6H_5CH_3 \xrightarrow{k_2} C_6H_6 + CH_3\cdot$$

$$CH_3\cdot + H_2 \xrightarrow{k_3} CH_4 + H\cdot$$

$$H\cdot + H\cdot + M \xrightarrow{k_4} H_2 + M$$

试推导反应速率方程。

44. 某 1～2 级对峙反应 $A \underset{k_b}{\overset{k_f}{\rightleftharpoons}} 2B$，在 300 K 时平衡常数 $K_c=100\ mol\cdot dm^{-3}$，恒容反应热 $\Delta_r U_m = -25.0\ kJ\cdot mol^{-1}$，在反应的温度区间内可视为常数。已知正反应的速率系数为

$$k_f = \left[10^9 \exp\left(-\frac{1000\ K}{T}\right)\right] s^{-1}$$

若反应从纯物质 A 开始，在 A 转化率为 50%时物料总浓度为 $0.3\ mol\cdot dm^{-3}$。试求在这样的组成时使反应速率达到最大的适宜温度。

45. 在高温时，醋酸的分解反应按下式进行：

$$CH_3COOH \xrightarrow{k_1} CH_4 + CO_2$$

$$CH_3COOH \xrightarrow{k_2} CH_2{=}CO + H_2O$$

在 1089 K 时，$k_1=3.74\ s^{-1}$，$k_2=4.56\ s^{-1}$，求：

(1) 醋酸分解掉 99%所需的时间；

(2) 这时所能得到的 $CH_2{=}CO$ 的产量（以醋酸分解的百分数表示）。

46. 某物质 A 分解反应为二级反应，当反应进行到 A 消耗了 1/3 时，所需时间是 2 min，若继续反应掉相同量的 A，还需要多长时间？

47. 反应 A ⟶ P 为一级反应，2B ⟶ P 为二级反应，若 A、B 的初始浓度相同，当两反应均进行到时间为各自半衰期的 2 倍时，A 和 B 的浓度之间有何关系？

48. 体积为 100 cm^3 的反应容器中盛装 H_2 和 Cl_2，在波长为 400 nm 的光照射下，测得 Cl_2 吸收光能速率为 $1.1\times10^{-6}\ J\cdot s^{-1}$。当反应体系经光照 60 s 后，测得 Cl_2 的分压由 27.3 kPa 降至 20.8 kPa（已校正至 273 K），试求产物 HCl 的总量子产率。

第7章　电　化　学

本章学习目标：

- 了解电解质溶液的导电机理，理解离子迁移数。
- 理解表征电解质溶液导电能力的物理量，熟悉电导测定的应用。
- 理解电解质活度和离子平均活度系数的概念。
- 了解强电解质溶液理论的基本内容及适用范围，会计算离子强度及使用Debye-Hückel 极限公式。
- 掌握热力学与电化学之间的联系，会利用电化学的测定数据计算热力学函数的变化值。
- 掌握 Nernst 方程及其相关计算。
- 掌握各种类型电极的特征和电动势测定的主要应用。
- 了解极化作用的概念、极化的原因和后果、极化曲线、电解时电极上的反应等。
- 了解电化学的应用，主要包括金属腐蚀与防护、化学电源、燃料电池等。

§7.1　电化学概述和一些基本概念

电化学是研究化学现象与电现象之间的相互关系以及化学能与电能相互转化规律的学科。从 1799 年伏特(Volta)制成第一个化学电池开始到今天，电化学涉及的领域已经越来越广阔，如化学电源、电化学分析、电化学合成、光电化学、生物电化学、电催化、电解电镀等等都属于电化学范畴。电化学在国民经济中占有重要地位。

7.1.1　原电池和电解池

电化学过程借助电化学池来完成，电化学池可分为两类：原电池和电解池(图 7-1)。原电池是一个在两电极上能自发发生氧化反应和还原反应，从而在外电路中产生电流的装置。电解池是将电能转化为化学能的装置，电流通过电解质溶液(或熔融的电解质)导致两电极发生氧化还原反应。

无论是原电池还是电解池，比较两个电极的电势，电势高的电极为正极，电势较低的电极为负极。根据电极上发生的化学反应，在电极界面上发生氧化反应的电极为阳极，发生还原反应的电极则为阴极。因此，对电解池，阳极即正极，阴极即负极；而在原电池中，阳极是负极，阴极则是正极。

在外电路中电流的传导由金属导线中电子的定向移动完成，电子总是从电势低的负极向电势高的正极移动，通常将金属和石墨等由电子传导电流的导体称为电子导体。而在电解质

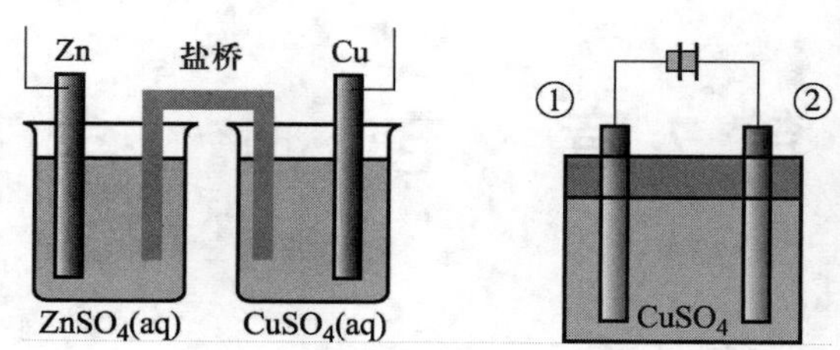

图 7-1　原电池和电解池示意图

溶液中，电流的传导依靠正、负离子向相反方向迁移来实现，故这类导体称为离子导体。离子导体在导电的同时，伴随着电极溶液界面上发生得失电子的反应。在电解池中，阳离子迁向阴极，在阴极得到电子而被还原；阴离子迁向阳极，在阳极失去电子而被氧化。只有这样，才能实现电流在溶液中的传导。

7.1.2　Faraday 电解定律

1833 年，英国化学家法拉第(Faraday)归纳了大量的实验结果，总结出对电解池和原电池适用的一条定量的基本定律。电解质溶液之所以能够导电，是由于溶液中有能够导电的正负离子。在外电场的作用下，正负离子朝相反的方向定向迁移，在电极上发生氧化还原反应。电极上发生反应的物质的质量、物质的量与通入的电量成正比。如果有多个电解池串联，则所有电解池的每个电极上发生反应的物质的量都相等。这就是 Faraday 电解定律。

对于电极反应：

$$\text{氧化态} + z\text{e}^- \longrightarrow \text{还原态}$$

或

$$\text{还原态} \longrightarrow \text{氧化态} + z\text{e}^-$$

根据电极反应式，当反应进度为 ξ 时，必须通入的电量为

$$Q = zeL\xi = zF\xi \tag{7.1}$$

式中，Q 为通过电极的电量，单位是库仑，用符号 C 表示；z 为电极反应的电子数；L 是 Avogadro 常量；F 为 Faraday 常量，其值等于 1 mol 元电荷的电量。

$$F = L \cdot e = 6.022 \times 10^{23}\,\text{mol}^{-1} \times 1.6022 \times 10^{-19}\,\text{C}$$
$$= 96484.6\ \text{C} \cdot \text{mol}^{-1} \approx 96500\ \text{C} \cdot \text{mol}^{-1}$$

在一般计算中可近似取 $F = 96500\ \text{C} \cdot \text{mol}^{-1}$。Faraday 电解定律是电化学上最早的定量的基本定律，揭示了通入的电量与析出物质之间的定量关系。该定律在任何温度、任何压力下均可以使用，没有限制条件。

§7.2　电解质溶液

7.2.1　离子的电迁移

电解质溶液的导电任务是由正、负离子的定向运动，即正、负离子共同完成的。离子在电场作用下的运动称为电迁移。离子电迁移的速率正比于两个电极之间的电势梯度，比例系数称为离子的电迁移率(或离子淌度)，与离子的本性、溶剂的性质、温度、浓度等有关。用公式表示为

$$r_+=u_+\frac{\mathrm{d}E}{\mathrm{d}l},\quad r_-=u_-\frac{\mathrm{d}E}{\mathrm{d}l} \tag{7.2}$$

式中 r_+、r_- 分别为正、负离子的迁移速率；比例系数 u_+ 和 u_- 分别为正、负离子的电迁移率，相当于单位电势梯度时正、负离子的迁移速率，单位为 $m^2 \cdot s^{-1} \cdot V^{-1}$。

在温度为 298 K 的无限稀释水溶液中，常见离子的电迁移率列于表 7-1。

表 7-1 298 K 无限稀释水溶液中离子的电迁移率

正离子	$u^\infty/(10^{-8}m^2 \cdot s^{-1} \cdot V^{-1})$	负离子	$u^\infty/(10^{-8}m^2 \cdot s^{-1} \cdot V^{-1})$
H^+	36.30	OH^-	20.52
K^+	7.62	SO_4^{2-}	8.27
Ba^{2+}	6.59	Cl^-	7.91
Na^+	5.19	NO_3^-	7.40
Li^+	4.01	HCO_3^-	4.61

由表中数据可知，H^+、OH^- 的电迁移率的数值明显高于其他离子，因为在水溶液中它们是通过氢键来导电的。如果是在有机溶剂中，它们就不一定有这种优势。

由于正、负离子的电迁移率不同，所带电荷也可能不同，因此它们在迁移电量时所分担的分数也不同。离子 B 所承担的电流(或电量)与总电流(或总电量)之比称为离子 B 的迁移数，用符号 t_B 表示，量纲为 1。用公式表示如下：

$$t_+=\frac{I_+}{I}=\frac{Q_+}{Q},\quad t_-=\frac{I_-}{I}=\frac{Q_-}{Q} \tag{7.3}$$

离子迁移的电量是与离子迁移的速率成正比的。如图 7-2 所示，有两个相距为 l、面积为 A 的平行惰性电极，左方接外电源负极，右方接正极，外加电压为 E。电极间充入强电解质溶液，溶液的正、负离子的浓度和电价分别为 c_+，z_+，c_-，z_-，正、负离子的迁移速率为 r_+，r_-。

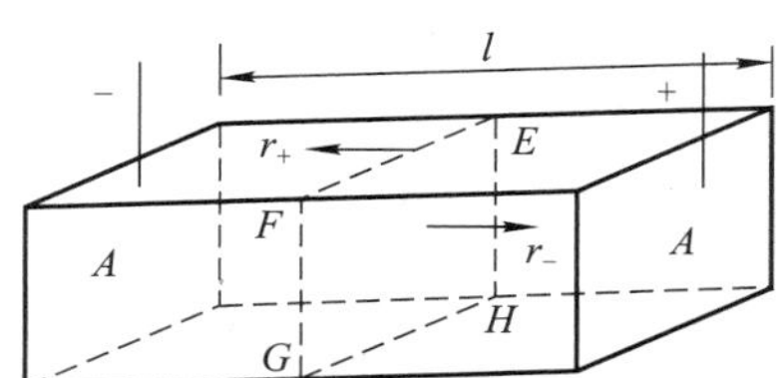

图 7-2 离子迁移速率与迁移电量的关系

设想溶液中有任一截面 $EFGH$，单位时间内正离子向阴极迁移距离为 r_+，单位时间内负离子向阳极迁移距离为 r_-。正、负离子穿过截面的物质的量和迁移的电量分别为 c_+r_+A，Q_+，c_-r_-A，Q_-。其中，

$$Q_+=z_+(c_+r_+A)F,\quad Q_-=z_-(c_-r_-A)F$$

而正、负离子运送的总电量为 $Q=Q_++Q_-$，则

$$Q=Q_++Q_-=z_+(c_+r_+A)F+z_-(c_-r_-A)F$$

任何电解质溶液总是电中性的，所以 $z_+c_+=z_-c_-$，则

$$Q = z_+ c_+ (r_+ + r_-)AF = z_- c_- (r_+ + r_-)AF$$

因此
$$\frac{Q_+}{Q} = \frac{r_+}{r_+ + r_-}, \quad \frac{Q_-}{Q} = \frac{r_-}{r_+ + r_-}$$

由于在同一个电解池中，通电时间相同，电势梯度也相同，因此又有

$$t_+ = \frac{r_+}{r_+ + r_-} = \frac{u_+}{u_+ + u_-}, \quad t_- = \frac{r_-}{r_+ + r_-} = \frac{u_-}{u_+ + u_-} \tag{7.4}$$

如果溶液中只有一种电解质，则

$$t_+ + t_- = 1 \tag{7.5}$$

如果溶液中有多种电解质，共有 i 种离子，则

$$\sum t_i = \sum t_+ + \sum t_- = 1 \tag{7.6}$$

离子的迁移数可以用希托夫(Hittorff)方法、界面移动法等多种方法测量。

7.2.2 电导及其应用

1. 电导、电导率、摩尔电导率

电导是描述导体导电能力大小的物理量，以 G 表示，其定义为电阻的倒数。电导的单位为 S(读作西门子)，$1\text{S} = 1\Omega^{-1}$。

$$G = \frac{1}{R} \tag{7.7}$$

电导与浸入电解质溶液的电极面积 A 和电极间的距离 l 之间的关系可表示为

$$G = \frac{1}{\rho} \cdot \frac{A}{l} = \kappa \frac{A}{l} \tag{7.8}$$

式中 κ 称为电导率，是电阻率 ρ 的倒数。κ 的物理意义是电极面积 A 均为 1 m^2、两电极之间的距离 l 为 1 m，亦即 1 m^3 电解质溶液所具有的电导，单位为 $\text{S} \cdot \text{m}^{-1}$；其数值与电解质种类、溶液浓度及温度等因素有关。

摩尔电导率是将含有 1 mol 电解质的溶液置于相距 1 m 的两个平行电极之间所具有的电导，称为摩尔电导率，用符号 Λ_m 表示。

$$\Lambda_\text{m} = \kappa V_\text{m} = \frac{\kappa}{c} \tag{7.9}$$

式中，κ 的单位为 $\text{S} \cdot \text{m}^{-1}$，$c$ 为电解质溶液的浓度，单位为 $\text{mol} \cdot \text{m}^{-3}$，因此 Λ_m 的单位为 $\text{S} \cdot \text{m}^2 \cdot \text{mol}^{-1}$。

电导和电导率的值都可以用实验测定，利用物理学中测定电阻的惠斯通(Wheatstone)电桥得到溶液的电阻，取其倒数即为电导。溶液电导的测定必须在电导池中进行。电导池通常由两个平行放置的铂黑电极构成。对于同一电导池，电极面积 A 和电极间距离 l 一定，即 l/A 为一常数，称为电导池常数，用 K_cell 表示：

$$K_\text{cell} = \frac{l}{A}$$

电导率的测定一般要借助已知电导率的标准溶液。常用的是 KCl 标准溶液，其电导率有表可查。将已知电导率的 KCl 标准溶液先放入电导池，测定电阻，得 R_KCl。将未知电导率的溶液放入电导池，测得电阻 R_x。则

$$G_{KCl}=\frac{1}{R_{KCl}}=\kappa_{KCl}\frac{A}{l},\quad G_x=\frac{1}{R_x}=\kappa_x\frac{A}{l}$$

两式相比，就可以得到未知溶液的电导率

$$\kappa_x=\kappa_{KCl}\frac{R_{KCl}}{R_x}$$

【例 7-1】 已知25 ℃时浓度为0.02 $mol\cdot dm^{-3}$的KCl溶液的电导率为0.2768 $S\cdot m^{-1}$。一电导池中充以此溶液，测得其电阻为453 Ω。在同一电导池中装入同样体积的质量浓度为0.555 $g\cdot dm^{-3}$的$CaCl_2$溶液，测得电阻为1050 Ω。计算：

(1) 电导池常数；(2) $CaCl_2$溶液的电导率；(3) $CaCl_2$溶液的摩尔电导率。

解 (1) $K_{cell}=\frac{l}{A}=\kappa_{KCl}\cdot R_{KCl}=(0.2768\times453)\ m^{-1}=125.4\ m^{-1}$

(2) $\kappa_{CaCl_2}=\frac{K_{cell}}{R_{CaCl_2}}=\frac{125.4\ m^{-1}}{1050\ \Omega}=0.1194\ S\cdot m^{-1}$

(3) $\Lambda_{m,CaCl_2}=\frac{\kappa_{CaCl_2}}{c_{CaCl_2}}=\frac{0.1194\ S\cdot m^{-1}}{(0.555/110.9834)\times10^3\ mol\cdot m^{-3}}=0.02388\ S\cdot m^2\cdot mol^{-1}$

2. 电导率、摩尔电导率与浓度的关系

对于强电解质溶液，溶液较稀时电导率随着浓度的增加而升高；当浓度增加到一定程度后，离子间作用力增大，离子运动速率降低，浓度增加反而会导致电导率降低。对于弱电解质溶液，在定温下电离常数有定值，当浓度增加时，其离子数目变化不大，弱电解质的电导率随浓度变化不大。

摩尔电导率由于溶液中导电物质的量已给定，都为1 mol，所以，当浓度降低时，粒子之间相互作用减弱，正、负离子的迁移速率加快，溶液的摩尔电导率必定升高。不同的电解质，摩尔电导率随浓度降低而升高的程度也大不相同。

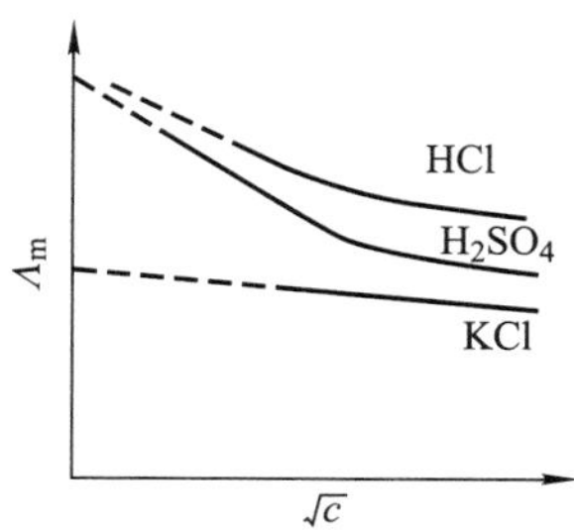

图 7-3 摩尔电导率与浓度的关系示意图

对于强电解质溶液，随着浓度下降，Λ_m升高，当浓度极稀时($c<0.001\ mol\cdot dm^{-3}$)，摩尔电导率与浓度的平方根呈线性关系。德国科学家科尔劳施(Kohlrausch)总结的经验式为

$$\Lambda_m=\Lambda_m^{\infty}(1-\beta\sqrt{c})\tag{7.10}$$

式中，在一定温度下，β对于一定的电解质和溶剂为一常数；Λ_m^{∞}为溶液在无限稀释时的摩尔电导率，可以用外推法得到。此式称为Kohlrausch经验公式。

对于弱电解质溶液，随着浓度下降，Λ_m 开始时升高不显著；浓度下降到很小时，Λ_m 随浓度变化很快，但不成线性关系。弱电解质无限稀释的摩尔电导率不能用外推法得到。

Kohlrausch 根据大量实验数据发现一个规律，即在无限稀释溶液中，所有电解质全部电离，而且离子彼此独立运动，互不影响。离子在一定电场作用下的迁移速率只取决于该种离子的本性而与共存的其他离子的性质无关，因此无限稀释电解质的摩尔电导率等于无限稀释时正、负离子的摩尔电导率之和，这就是离子独立移动定律。选取元电荷作为基本单元，离子独立移动定律可表示为

$$\Lambda_m^\infty = \lambda_{m,+}^\infty + \lambda_{m,-}^\infty \tag{7.11}$$

上式也称为摩尔电导率的加和公式。如 $CaCl_2$ 溶液有 $\Lambda_m^\infty\left(\frac{1}{2}CaCl_2\right)=\lambda_m^\infty\left(\frac{1}{2}Ca^{2+}\right)+\lambda_m^\infty(Cl^-)$。298 K 时，部分常见离子的无限稀释摩尔电导率如表 7-2 所示。

表 7-2　298 K 常见离子的无限稀释摩尔电导率

正离子	$\Lambda_m^\infty/(10^{-3}\,S\cdot m^2\cdot mol^{-1})$	负离子	$\Lambda_m^\infty/(10^{-3}\,S\cdot m^2\cdot mol^{-1})$
Ag^+	6.19	Br^-	7.81
Ba^{2+}	12.72	CH_3COO^-	4.09
Ca^{2+}	11.90	Cl^-	7.635
Cs^+	7.72	ClO_4^-	6.73
Cu^{2+}	10.72	CO_3^{2-}	13.86
H^+	34.96	F^-	5.54
K^+	7.35	$[Fe(CN)_6]^{3-}$	30.27
Li^+	3.87	$[Fe(CN)_6]^{4-}$	44.20
Mg^{2+}	10.60	I^-	7.68
Na^+	5.01	NO_3^-	7.146
NH_4^+	7.35	OH^-	19.91
Rb^+	7.78	SO_4^{2-}	16.00
Sr^{2+}	11.89		
Zn^{2+}	10.56		

3. 电导测定的应用

通过电导测定来解决各种具体问题统称为电导法。电导法是电化学的主要方法之一。电导测定可用于水质检验、弱电解质电离常数的测定、难溶盐溶解度的测定、电导滴定等。

(1) 计算弱电解质的电离度和电离常数

对于弱电解质，Λ_m 和 Λ_m^∞ 的差别可近似看作由部分电离和全部电离所产生的离子数目不同所致，即弱电解质的摩尔电导率 Λ_m 与电离度 α 有如下近似关系：

$$\frac{\Lambda_m}{\Lambda_m^\infty}=\alpha \tag{7.12}$$

测定一定浓度 c 时的摩尔电导率 Λ_m 后，即可计算出 Ⅰ-Ⅰ 型弱电解质的电离常数 $K_c^\ominus$，如

下式所示：

$$K_c^{\ominus}=\frac{(c/c^{\ominus})\cdot\Lambda_m^2}{\Lambda_m^{\infty}(\Lambda_m^{\infty}-\Lambda_m)} \tag{7.13}$$

式中 Λ_m^{∞} 可以利用离子独立移动定律计算得到。

(2) 计算难溶盐的溶解度

难溶盐饱和溶液的浓度极稀，

$$\Lambda_m\approx\Lambda_m^{\infty}$$

Λ_m^{∞} 的值可从离子无限稀释摩尔电导率表值得到：

$$\Lambda_m^{\infty}=\lambda_{m,+}^{\infty}+\lambda_{m,-}^{\infty}$$

难溶盐本身的电导率很低，这时水的电导率就不能忽略，所以

$$\kappa(\text{难溶盐})=\kappa(\text{溶液})-\kappa(H_2O)$$

运用摩尔电导率的公式就可以求得难溶盐饱和溶液的浓度：

$$\Lambda_m^{\infty}(\text{难溶盐})=\frac{\kappa(\text{难溶盐})}{c}=\frac{\kappa(\text{溶液})-\kappa(H_2O)}{c}$$

设难溶盐 AB 解离如下：

$$AB\longrightarrow A^++B^-$$

溶度积可用活度积表示：

$$K_{sp}=a(A^+)\cdot a(B^-)\approx\frac{c(A^+)}{c^{\ominus}}\cdot\frac{c(B^-)}{c^{\ominus}}$$

【例 7-2】 298 K 时测得 $SrSO_4$ 饱和水溶液的电导率为 $1.482\times10^{-2}\,S\cdot m^{-1}$，该温度时水的电导率为 $1.5\times10^{-4}\,S\cdot m^{-1}$。试计算在该条件下 $SrSO_4$ 在水中的溶解度。

解

$$\begin{aligned}\Lambda_m^{\infty}\left(\frac{1}{2}SrSO_4\right)&=\lambda_m^{\infty}\left(\frac{1}{2}Sr^{2+}\right)+\lambda_m^{\infty}\left(\frac{1}{2}SO_4^{2-}\right)\\&=(5.946+7.98)\times10^{-3}\,S\cdot m^2\cdot mol^{-1}\\&=1.393\times10^{-2}\,S\cdot m^2\cdot mol^{-1}\end{aligned}$$

$$\begin{aligned}\Lambda_m^{\infty}(SrSO_4)&=2\Lambda_m^{\infty}\left(\frac{1}{2}SrSO_4\right)\\&=2\times1.393\times10^{-2}\,S\cdot m^2\cdot mol^{-1}\\&=2.786\times10^{-2}\,S\cdot m^2\cdot mol^{-1}\end{aligned}$$

$$\begin{aligned}\kappa(SrSO_4)&=\kappa(\text{溶液})-\kappa(H_2O)\\&=(1.482\times10^{-2}-1.5\times10^{-4})\,S\cdot m^{-1}\\&=1.467\times10^{-2}\,S\cdot m^{-1}\end{aligned}$$

$$\begin{aligned}c(SrSO_4)&=\frac{\kappa(SrSO_4)}{\Lambda_m^{\infty}(SrSO_4)}=\frac{1.467\times10^{-2}\,S\cdot m^{-1}}{2.786\times10^{-2}\,S\cdot m^2\cdot mol^{-1}}\\&=0.5266\,mol\cdot m^{-3}\\&=5.266\times10^{-4}\,mol\cdot dm^{-3}\end{aligned}$$

由于溶液很稀，溶液的密度与溶剂的密度近似相等，所以 $SrSO_4$ 的溶解度为

$$S=m(SrSO_4)\cdot M(SrSO_4)$$

$$=5.266\times10^{-4}\,\text{mol}\cdot\text{kg}^{-1}\times183.7\times10^{-3}\,\text{kg}\cdot\text{mol}^{-1}$$
$$=9.67\times10^{-5}$$

(3) 电导滴定

在滴定过程中，离子浓度不断变化，电导率也不断变化，利用电导率变化的转折点，确定滴定终点。电导滴定的优点是不需使用指示剂，对有色溶液和沉淀反应都能得到较好的效果，并能自动记录。例如，用 NaOH 标准溶液分别滴定 HCl（强酸）和 HAc（弱酸），$BaCl_2$ 标准溶液滴定 Tl_2SO_4（沉淀滴定）的滴定曲线示意于图 7-4。

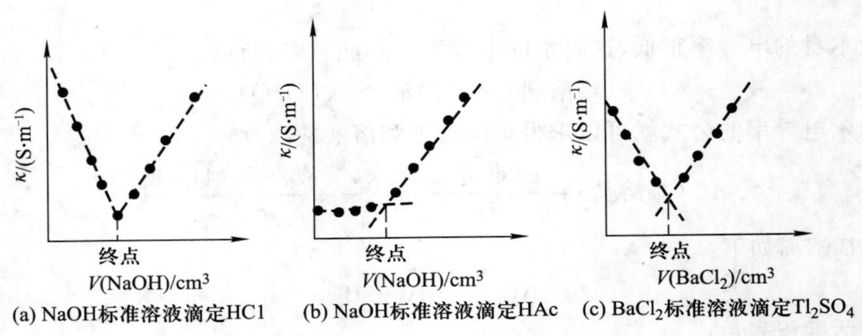

图 7-4 电导滴定曲线示意图

7.2.3 强电解质溶液理论简介

1. 电解质中离子的平均活度和平均活度系数，电解质的平均质量摩尔浓度

对任意一强电解质 $M_{\nu_+}A_{\nu_-}$（以下以 B 表示），在溶液中完全电离，其电离方程式可表示为

$$M_{\nu_+}A_{\nu_-} = \nu_+ M^{z+} + \nu_- A^{z-}$$

式中，ν_+ 和 ν_- 分别为电解质电离方程式中正、负离子的化学计量系数，令 $\nu=\nu_+ +\nu_-$。则溶液中离子的化学势分别为

$$\mu_+=\mu_+^\ominus(T)+RT\ln a_+$$
$$\mu_-=\mu_-^\ominus(T)+RT\ln a_- \tag{7.14}$$

电解质 B 的化学势为

$$\mu_B=\nu_+\mu_+ + \nu_-\mu_- \tag{7.15}$$

代入整理得

$$\begin{aligned}\mu_B&=(\nu_+\mu_+^\ominus+\nu_-\mu_-^\ominus)+RT\ln(a_+^{\nu_+}\cdot a_-^{\nu_-})\\&=\mu_B^\ominus+RT\ln(a_+^{\nu_+}\cdot a_-^{\nu_-})\\&=\mu_B^\ominus+RT\ln a_B\end{aligned} \tag{7.16}$$

电解质活度与离子活度的关系为

$$a_B=a_+^{\nu_+}\cdot a_-^{\nu_-} \tag{7.17}$$

将离子活度的表示式代入得

$$\mu_B=\mu_B^\ominus+RT\ln\left[\left(\frac{\gamma_+ m_+}{m^\ominus}\right)^{\nu_+}\left(\frac{\gamma_- m_-}{m^\ominus}\right)^{\nu_-}\right] \tag{7.18}$$

定义离子平均活度

$$a_{\pm}=(a_{+}^{\nu_{+}}\cdot a_{-}^{\nu_{-}})^{\frac{1}{\nu}} \tag{7.19}$$

定义离子平均活度系数

$$\gamma_{\pm}=(\gamma_{+}^{\nu_{+}}\gamma_{-}^{\nu_{-}})^{\frac{1}{\nu}} \tag{7.20}$$

定义离子平均质量摩尔浓度

$$m_{\pm}=(m_{+}^{\nu_{+}}m_{-}^{\nu_{-}})^{\frac{1}{\nu}} \tag{7.21}$$

于是,式(7.18)可写作

$$\mu_{B}=\mu_{B}^{\ominus}+RT\ln\left(\frac{\gamma_{\pm}m_{\pm}}{m^{\ominus}}\right)^{\nu}=\mu_{B}^{\ominus}+RT\ln a_{\pm}^{\nu} \tag{7.22}$$

式中,$a_{\pm}=\gamma_{\pm}\frac{m_{\pm}}{m^{\ominus}}$。对照式(7.16),则有

$$a_{B}=a_{\pm}^{\nu}=\left(\gamma_{\pm}\frac{m_{\pm}}{m^{\ominus}}\right)^{\nu} \tag{7.23}$$

引入离子平均活度及离子平均活度系数的概念,是因为在电解质溶液中正负离子是同时存在的。目前无法测定单个离子的活度及活度系数,而离子平均活度及离子平均活度系数是可以通过实验测得的。

2. 离子强度与 Debye-Hückel 极限公式

Lewis 根据大量实验结果发现,影响离子平均活度系数的主要因素是离子的浓度和价数,而且价数的影响更显著。1921 年,Lewis 提出了离子强度的概念。当浓度用质量摩尔浓度表示时,离子强度 I 的定义式为

$$I=\frac{1}{2}\sum_{B}m_{B}z_{B}^{2} \tag{7.24}$$

式中,B 为溶液中某种离子;m_B 是离子 B 的质量摩尔浓度,单位 $mol\cdot kg^{-1}$;z_B 是离子所带电荷值;I 值的大小反映了电解质溶液中离子的电荷所形成的静电场强度的强弱。

德拜-休克尔(Debye-Hückel)根据离子氛的概念,并引入若干假定,推导出强电解质稀溶液中离子活度系数 γ_i 的计算公式,称为 Debye-Hückel 极限公式。Debye-Hückel 极限公式可以从理论上计算离子的活度系数 γ_i 以及强电解质稀溶液中的离子平均活度系数 $\gamma_{\pm}$:

$$\lg\gamma_{i}=-Az_{i}^{2}\sqrt{I} \tag{7.25}$$

式中,z_i 是离子 B 的电荷;I 是离子强度;在 298 K 的水溶液中,浓度用质量摩尔浓度表示时,$A=0.509(mol\cdot kg^{-1})^{-\frac{1}{2}}$。由于单个离子的活度系数无法用实验测定来加以验证,这个公式用处不大。

Debye-Hückel 后来推导出在强电解质稀溶液中,离子平均活度系数 $\gamma_{\pm}$ 的计算公式为

$$\lg\gamma_{\pm}=-A\left|z_{+}z_{-}\right|\sqrt{I} \tag{7.26}$$

式中 z_{+}、z_{-} 分别为正、负离子所带电荷值。该公式适用于离子可以作为点电荷处理的强电解质稀溶液系统。从这个公式得到的离子平均活度系数为理论计算值。用电动势法可以测定 $\gamma_{\pm}$ 的实验值,用来检验理论计算值的适用范围。

§7.3 可逆电池及其热力学

7.3.1 可逆电池必须具备的条件

利用电极上的氧化还原反应实现化学能转换为电能的装置称为原电池，或简称电池。所谓可逆电池，是指将化学能以热力学意义上的可逆方式转变成电能的电池。它必须符合如下几个必要条件：

(1) 电化学反应可逆。电池充电时的反应与放电时的反应互为逆反应。如图 7-1 的电池基本符合此条件。该电池放电反应为

Zn 极氧化 (−) $Zn(s) \longrightarrow Zn^{2+} + 2e^-$

Cu 极还原 (+) $Cu^{2+} + 2e^- \longrightarrow Cu(s)$

净反应 $Zn(s) + Cu^{2+} \longrightarrow Zn^{2+} + Cu(s)$

该电池充电反应为

Zn 极还原 (−) $Zn^{2+} + 2e^- \longrightarrow Zn(s)$

Cu 极氧化 (+) $Cu(s) \longrightarrow Cu^{2+} + 2e^-$

净反应 $Zn^{2+} + Cu(s) \longrightarrow Zn(s) + Cu^{2+}$

满足了电池充放电时互为逆反应的第一个必要条件。严格讲这样的电池还是不可逆的，因为在充放电时，溶液界面上离子迁移的情况不完全相同。如果液接界面用盐桥代替，就可以认为是可逆电池。

若图 7-1 中的电解质换成 H_2SO_4，就变成不可逆电池。因为，电池放电反应为

Zn 极氧化 (−) $Zn(s) \longrightarrow Zn^{2+} + 2e^-$

Cu 极上 H^+ 还原 (+) $2H^+ + 2e^- \longrightarrow H_2(g)$

净反应 $2H^+ + Zn(s) \longrightarrow Zn^{2+} + H_2(g)$

该电池充电反应为

Zn 极上 H^+ 还原 (−) $2H^+ + 2e^- \longrightarrow H_2(g)$

Cu 极氧化 (+) $Cu(s) \longrightarrow Cu^{2+} + 2e^-$

净反应 $2H^+ + Cu(s) \longrightarrow Cu^{2+} + H_2(g)$

充放电时反应不可逆，该电池不具备可逆电池条件。

(2) 电池在充、放电时能量变化可逆。不论是充电或放电，所通过的电流必须无限小，电极反应应在无限接近电化学平衡条件下进行，电池放电时做的电功全部储存起来，再用来充电，可以使系统和环境全部复原。做到这一点十分困难，因为充、放电时难免要克服电路中的电阻，电能变成了热能，就无法使系统和环境全部复原。只有在通过的电流为无穷小，或几乎无电流通过时，电池才接近可逆状态。因而，实际使用的电池都是不可逆的。但研究可逆电池具有重要的理论和现实意义。一方面，可逆电池揭示了化学能转变成电能的最高极限，指明了改善电池性能的方向；另一方面，在等温、等压条件下，可逆电池的电动势或可逆过程中做的电功可与 Gibbs 自由能相联系，可以用可逆电池的电动势来研究热力学问题。

在等温、等压、可逆条件下，系统 Gibbs 自由能的减少等于对外做的最大非体积功，若只考

虑电功，则有

$$(\mathrm{d_r}G)_{T,p,\mathrm{R}}=\delta W_{\mathrm{f,max}}=-zEF\mathrm{d}\xi \tag{7.27}$$

式中，z 为电池反应中电荷的计量系数，E 为可逆电池电动势，F 为 Faraday 常量，ξ 为反应进度。当反应进度为 1 mol 时，有

$$(\Delta_\mathrm{r}G_\mathrm{m})_{T,p,\mathrm{R}}=-zFE \tag{7.28}$$

式(7.28)是联系热力学和电化学的重要公式，从而可以利用可逆电池的电动势计算热力学函数的变化值。

7.3.2 可逆电极及其种类

1. 第一类电极

这类电极一般是将某金属或吸附了某种气体的惰性金属置于含有该元素离子的溶液中构成，包括金属电极、氢电极、氧电极和卤素电极等。

电极	电极反应(还原)
$M^{z+}(a_+)\mid M(s)$	$M^{z+}(a_+)+ze^- \longrightarrow M(s)$
$H^+(a_+)\mid H_2(p)\mid Pt$	$2H^+(a_+)+2e^- \longrightarrow H_2(p)$
$OH^-(a_-)\mid H_2(p)\mid Pt$	$2H_2O+2e^- \longrightarrow H_2(p)+2OH^-(a_-)$
$H^+(a_+)\mid O_2(p)\mid Pt$	$O_2(p)+4H^+(a_+)+4e^- \longrightarrow 2H_2O(l)$
$OH^-(a_-)\mid O_2(p)\mid Pt$	$O_2(p)+2H_2O+4e^- \longrightarrow 4OH^-(a_-)$
$Na^+(a_+)\mid Na(Hg)(a)$	$Na^+(a_+)+nHg(l)+e^- \longrightarrow Na(Hg)(a)$
$Cl^-(a_-)\mid Cl_2(p)\mid Pt$	$Cl_2(p)+2e^- \longrightarrow 2Cl^-(a_-)$

2. 第二类电极

第二类电极包括金属-难溶盐电极和金属-难溶氧化物电极。这类电极有两个相界面。

电极	电极反应(还原)
$Cl^-(a_-)\mid AgCl(s)\mid Ag(s)$	$AgCl(s)+e^- \longrightarrow Ag(s)+Cl^-(a_-)$
$Cl^-(a_-)\mid Hg_2Cl_2(s)\mid Hg(l)$	$Hg_2Cl_2(s)+2e^- \longrightarrow 2Hg(l)+2Cl^-(a_-)$
$H^+(a_+)\mid Ag_2O(s)\mid Ag(s)$	$Ag_2O(s)+2H^+(a_+)+2e^- \longrightarrow 2Ag(s)+H_2O(l)$
$OH^-(a_-)\mid Ag_2O(s)\mid Ag(s)$	$Ag_2O(s)+H_2O+2e^- \longrightarrow 2Ag(s)+2OH^-(a_-)$

3. 第三类电极

第三类电极即氧化还原电极，这类电极专指电极极板只起输送电子的任务，参加电极反应的物质都在溶液中。

电极	电极反应(还原)
$Fe^{3+}(a_1),Fe^{2+}(a_2)\mid Pt$	$Fe^{3+}(a_1)+e^- \longrightarrow Fe^{2+}(a_2)$
$Sn^{4+}(a_1),Sn^{2+}(a_2)\mid Pt$	$Sn^{4+}(a_1)+2e^- \longrightarrow Sn^{2+}(a_2)$
$Cu^{2+}(a_1),Cu^+(a_2)\mid Pt$	$Cu^{2+}(a_1)+e^- \longrightarrow Cu^+(a_2)$

7.3.3 可逆电池的书面表示法

为了便于交流，可逆电池必须采取通用的书面表示方法。惯例如下：

(1) 左边为负极，起氧化作用，是阳极；右边为正极，起还原作用，是阴极。

(2)"|"表示相界面,各种物质排列的顺序要真实反映各物质的接触次序。"┆"表示半透膜或两个液体之间的界面,通常有电势差存在。

(3)"‖"或"┆┆"表示盐桥。用了盐桥,表示不同溶液之间或不同浓度溶液之间的液接电势可忽略不计。

(4) 要注明电池所处温度和压力;若不注明,就表示电池处在 298 K 和标准压力下。构成电池的各种物质要注明物态,溶液要注明浓度或活度,气体要注明压力和依附的惰性金属。

例如图 7-1 的原电池,若用书面表示,应该为

$$\mathrm{Zn(s)\,|\,ZnSO_4(aq)\,\|\,CuSO_4(aq)\,|\,Cu(s)}$$

该电池对应的电极反应和电池反应为

左边,负极,氧化 $\mathrm{Zn(s)} \longrightarrow \mathrm{Zn^{2+}}(a_{\mathrm{Zn^{2+}}}) + 2\mathrm{e^-}$

右边,正极,还原 $\mathrm{Cu^{2+}}(a_{\mathrm{Cu^{2+}}}) + 2\mathrm{e^-} \longrightarrow \mathrm{Cu(s)}$

净反应 $\mathrm{Cu^{2+}}(a_{\mathrm{Cu^{2+}}}) + \mathrm{Zn(s)} \longrightarrow \mathrm{Zn^{2+}}(a_{\mathrm{Zn^{2+}}}) + \mathrm{Cu(s)}$

书写电极和电池反应时,必须使两个电极上的电子得失数相同,既要使参与反应的各种物质的量达到平衡,又要使电量平衡。

7.3.4 电池可逆电动势的测定

可逆电池的电动势不能直接用伏特计来测量,因为电池与伏特计相连后,电池中有电流通过,电极上会发生化学反应,溶液的浓度将不断改变,电动势也会随之下降,而且电极上还会发生极化作用,这时电池就不再是可逆电池了。另外,电池本身也有内阻,因此伏特计上显示的只是两个电极之间的电势差,而不是电池的可逆电动势。要测定可逆电池的电动势,必须做到:在测定时电池中几乎无电流通过,两个电极之间的电势差能近似等于电池的电动势。波根多夫(Poggendorff)提出的对消法基本满足上述要求。

对消法测定电动势的示意图如图 7-5 所示。图中,E_{W} 是工作电源,$E_{\mathrm{s,c}}$ 是标准电池,E_x 是待测电池,D 是双臂电钥,G 是检流计,R 是滑线电阻,AB 是均匀滑线电阻。开始测定时,将双臂电钥 D 向上掀,使之与标准电池相连,标准电池电动势在 AB 上的位置,设为 H 点。按对消的原理(负极与工作电源的负极相接,正极与正极相连)接好线路,快速合上和开起电钥 K,观察在电钥 K 合上时检流计中是否有电流通过。若有电流通过,移动滑线电阻 R 的位置,直至 G 中无电流通过为止。这时,电位差计即已被校正好,保持 R 点的位置不动,AH 线上的电位降即为标准电池的电动势。然后将电钥 D 向下掀,使之与待测电池相连。观察在电钥 K 合上时检流计中是否有电流通过。若有电流通过,移动滑线电阻 AB 的位置,直至 G 中无电流通过为止,设这时滑点的位置为 C,则 AC 线上的电位降即为待测电池的电动势。

设 E 为待测电池的可逆电动势,U 为两电极间的电势差,即伏特计的读数,R_{o} 为导线上的电阻,R_{i} 为电池内阻,I 为电流,则根据欧姆定律有

$$E = (R_{\mathrm{o}} + R_{\mathrm{i}})I$$

若只考虑外电路,则

$$U = R_{\mathrm{o}} I$$

若 R_{o} 很大,R_{i} 值与之相比可忽略不计,则 $U \approx E$。

对消法是在原电池上加了一个方向相反、大小相等的工作电池,使线路中几乎无电流通过,相当于外电阻 R_{o} 趋于无限大,则

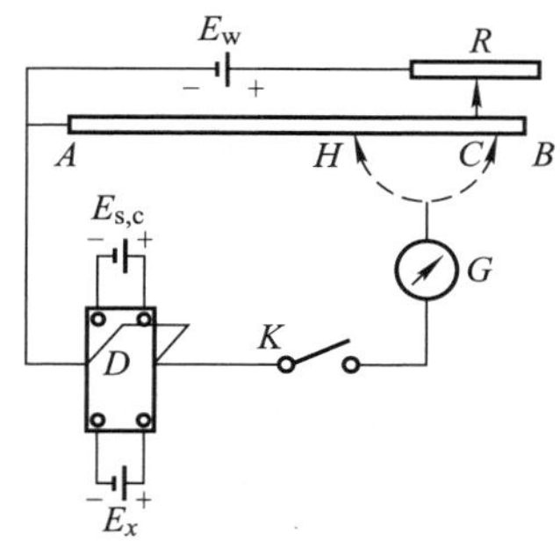

图 7-5 对消法测电动势示意图

$$E=(R_o+R_i)I\approx R_oI=U$$

两个电极之间的电势差近似等于该可逆电池的电动势。所以，用对消法测定可逆电池的电动势是可行的。

7.3.5 Nernst 方程及可逆电池热力学

1. Nernst 方程

对于任意反应的化学计量式 $0=\sum_B \nu_B B$，其对应的化学反应等温式为

$$\Delta_r G_m=\Delta_r G_m^\ominus+RT\ln\prod_B a_B^{\nu_B}$$

在等温、等压条件下，由可逆电池的电动势与 Gibbs 自由能变化值之间的关系可得

$$\Delta_r G_m=-zEF,\quad \Delta_r G_m^\ominus=-zE^\ominus F$$

式中，$E^\ominus$是组成电池的各种物质都处于标准状态时的电动势，称为可逆电池的标准电动势。将这两个关系式代入化学反应等温式，整理得

$$E=E^\ominus-\frac{RT}{zF}\ln\prod_B a_B^{\nu_B} \tag{7.29}$$

式(7.29)显示了可逆电池电动势与参加反应的各组分的性质、浓度和温度等因素之间的关系，称为 Nernst 方程。

【例 7-3】 计算如下电池的电动势：

$$Pt|H_2(p^\ominus)|HCl(0.1\ mol\cdot kg^{-1})|Cl_2(p^\ominus)|Pt$$

解

负极 $H_2(p^\ominus)\longrightarrow 2H^+(a_{H^+})+2e^-$

正极 $Cl_2(p^\ominus)+2e^-\longrightarrow 2Cl^-(a_{Cl^-})$

$$H_2(p^\ominus)+Cl_2(p^\ominus)=\!=\!=2H^+(a_{H^+})+2Cl^-(a_{Cl^-})$$

$$E=E^\ominus-\frac{RT}{zF}\ln\prod_B a_B^{\nu_B}=E^\ominus-\frac{RT}{2F}\ln\frac{a_{H^+}^2a_{Cl^-}^2}{a_{H_2}a_{Cl_2}}$$

设气体为理想气体，活度系数均等于 1

$$a_{H_2}=\frac{\gamma_{H_2}p_{H_2}}{p^\ominus}=\frac{p^\ominus}{p^\ominus}=1,\quad a_{Cl_2}=\frac{\gamma_{Cl_2}p_{Cl_2}}{p^\ominus}=1$$

$$a_{H^+}=\gamma_{H^+}\frac{m_{H^+}}{m^\ominus}=0.1,\quad a_{Cl^-}=\gamma_{Cl^-}\frac{m_{Cl^-}}{m^\ominus}=0.1$$

$$E=E^\ominus-\frac{RT}{2F}\ln(0.1)^2(0.1)^2=1.36\ \text{V}+0.12\ \text{V}=1.48\ \text{V}$$

2. 用可逆电池的实验值求热力学函数

(1) 求电池反应的 Gibbs 自由能的变化值 $\Delta_r G_m$ 和 $\Delta_r G_m^\ominus$

用对消法测定电池的电动势 E 和标准电动势 $E^\ominus$，写出电池净反应，根据电化学和热力学的“桥梁”公式，可得反应进度为 1 mol 时的相应计算式：

$$\Delta_r G_m=-zFE,\quad \Delta_r G_m^\ominus=-zFE^\ominus \tag{7.30}$$

式中，z 是电子转移计量数，其数值要与化学方程式对应。

(2) 求电池反应的熵变 $\Delta_r S_m$ 和可逆热效应 Q_R

根据热力学基本公式

$$dG=-SdT+Vdp$$

保持压力不变，可得偏微分表达式：

$$\left(\frac{\partial G}{\partial T}\right)_p=-S,\quad \left[\frac{\partial(\Delta G)}{\partial T}\right]_p=-\Delta S$$

将 $\Delta_r G_m=-zEF$ 代入上式，得

$$\left[\frac{\partial(-zEF)}{\partial T}\right]_p=-\Delta_r S_m$$

当反应进度为 1 mol 时，有

$$\Delta_r S_m=zF\left(\frac{\partial E}{\partial T}\right)_p \tag{7.31}$$

在等温条件下，且反应进度为 1 mol 时，有

$$Q_R=T\Delta_r S_m=zFT\left(\frac{\partial E}{\partial T}\right)_p \tag{7.32}$$

从 $\left(\frac{\partial E}{\partial T}\right)_p$ 的正负可以确定可逆电池工作时是吸热还是放热。

(3) 求反应的焓变 $\Delta_r H_m$

根据 Gibbs 自由能的定义式，在等温条件下

$$G=H-TS,\quad \Delta G=\Delta H-T\Delta S$$

反应进度为 1 mol 时有

$$\Delta_r H_m=\Delta_r G_m+T\Delta_r S_m$$

将式(7.30)和式(7.31)代入，得

$$\Delta_r H_m=-zEF+zFT\left(\frac{\partial E}{\partial T}\right)_p \tag{7.33}$$

(4) 求标准平衡常数 $K^\ominus$

在第 4 章中，已得到 $\Delta_r G_m^\ominus$ 与标准平衡常数 $K^\ominus$ 之间的“桥梁”公式：

$$\Delta_r G_m^\ominus=-RT\ln K^\ominus$$

在电化学中有 $\Delta_r G_m^\ominus$ 与电池的标准电动势 $E^\ominus$ 的第二个"桥梁"公式 $\Delta_r G_m^\ominus = -zFE^\ominus$。因为 Gibbs 自由能是状态函数，无论是热力学反应还是电化学反应，只要反应方程式相同，Gibbs 自由能的变化值也一定相同，因而对于同一个反应，有

$$-RT\ln K^\ominus = -zE^\ominus F$$

化简可得

$$K^\ominus = \exp\left(\frac{zE^\ominus F}{RT}\right) \tag{7.34}$$

由此，若从电化学实验得到了标准电动势，就可以计算反应的标准平衡常数。

【例 7-4】 电池 $Pt|H_2(p^\ominus)|HCl(0.1\ mol\cdot kg^{-1})|Hg_2Cl_2(s)|Hg$ 电动势与温度的关系式为

$$E/V = 0.094 + 1.881\times10^{-3}T/K - 2.9\times10^{-6}(T/K)^2$$

(1) 写出电池反应；

(2) 计算 25 ℃该反应的 $\Delta_r G_m$、$\Delta_r S_m$、$\Delta_r H_m$ 以及电池恒温可逆放电时该反应过程的 $Q_{R,m}$。

解 (1) 电池反应：

$$1/2H_2(g,p^\ominus) + 1/2Hg_2Cl_2(s) = Hg + H^+(0.1\ mol\cdot kg^{-1}) + Cl^-$$

(2) 25 ℃时，

$$E = [0.094 + 1.881\times10^{-3}\times298 - 2.9\times10^{-6}\times(298)^2]V = 0.3724\ V$$

$$\Delta_r G_m = -zFE = (-0.3724\times96500)\ J\cdot mol^{-1} = -35.93\ kJ\cdot mol^{-1}$$

$$\left(\frac{\partial E}{\partial T}\right)_p = 1.881\times10^{-3} - 2\times2.9\times10^{-6}T = 1.517\times10^{-4}\ V\cdot K^{-1}$$

$$\Delta_r S_m = zF\left(\frac{\partial E}{\partial T}\right)_p = 14.6\ J\cdot K^{-1}\cdot mol^{-1}$$

$$\Delta_r H_m = \Delta_r G_m - T\Delta_r S_m = -31.57\ kJ\cdot mol^{-1}$$

$$Q_{R,m} = T\Delta_r S_m = 4.365\ kJ\cdot mol^{-1}$$

§7.4　电极电势和电池电动势

7.4.1　电动势产生的机理

前面由对消法所测原电池电动势实际上等于构成电池的各相界面上所产生电势差的代数和，如以 Cu 作导线的丹尼尔(Daniel)电池为例：

$$Cu|Zn|ZnSO_4(aq)\ \vdots\ CuSO_4(aq)|Cu$$

有

$$E = \Delta\varphi(Cu'/Zn) + \Delta\varphi(Zn/Zn^{2+}) + \Delta\varphi(Zn^{2+}/Cu^{2+}) + \Delta\varphi(Cu^{2+}/Cu)$$

式中，$\Delta\varphi(Cu'/Zn)$——金属接触电势，即金属 Zn 与 Cu 之间的电势差；

$\Delta\varphi(Zn/Zn^{2+})$——阳极电势差，即 Zn 与 $ZnSO_4$ 溶液间的电势差；

$\Delta\varphi(Zn^{2+}/Cu^{2+})$——液接电势差，即 $ZnSO_4$ 溶液与 $CuSO_4$ 溶液间的电势差；

$\Delta\varphi(Cu^{2+}/Cu)$——阴极电势差，即 Cu 与 $CuSO_4$ 溶液间的电势差。

7.4.2 电极电势

将铜片放入水中或含有铜离子的溶液中，晶格中的铜离子将与水分子发生水合作用，以致铜离子进入液相，将电子留在固体表面。溶液中的离子也有可能再沉积到固体表面，如此达到平衡：

$$Cu \rightleftharpoons Cu^{2+} + 2e^-$$

铜片上因失去正离子，有剩余自由电子而带负电荷。溶液中的大部分铜离子由于电荷的相互作用而聚集在铜片周围，称为紧密层(contact double layer)，厚度约为数 Å(Å 已不用，1 Å=0.1 nm)。少部分铜离子因热扩散作用而离开铜表面扩散层(diffused double layer)，厚度可达 100 Å。紧密层和扩散层合起来称为双电层，如图 7-6 所示。AA'面以左为紧密层；AA'面以右，直至离子浓度均匀的本体溶液 BB'处，称为扩散层。从金属与溶液界面开始到本体溶液 BB'间的电势差即为该金属的电极电势 φ，φ 可由下式计算：

$$\varphi = \varphi_{紧密层} + \varphi_{扩散层}$$

该 φ 值关系到金属表面层的性质，既涉及电化学问题，又关系到表面化学问题。φ 的准确值是无法测定的，也就是说，单个电极的电势值是无法测量的。

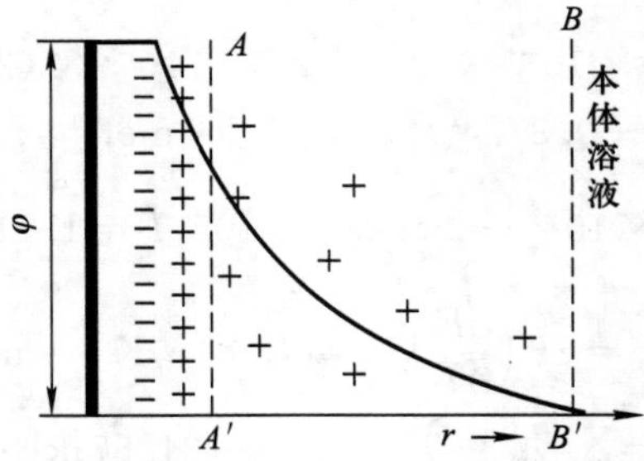

图 7-6 电极表面双电层示意图

7.4.3 标准电极电势

由于单个电极的电势无法测量，而组成电池时两个电极之间的电势差可以测量，所以只要选择一个电极作为共同的标准，设定它的电极电势值，将其他电极与之组成电池，测定电池的电动势，就可获得其他电极的相对电极电势。所选的电极就是标准氢电极，将镀有铂黑的铂片插入含有 H^+ 的溶液中，H^+ 的活度严格等于 1，并用处于标准压力下的超纯氢气不断地冲打在铂片上。氢电极如图 7-7 所示。氢电极作为阳极的电极表示式和电极反应分别是

$$Pt\,|\,H_2(p^\ominus)\,|\,H^+\,(a_{H^+}=1) \qquad H_2(p^\ominus) \longrightarrow 2H^+\,(a_{H^+}=1) + 2e^-$$

IUPAC 建议，采用标准氢电极作为标准电极，将待测电极与标准氢电极组成电池，该电池的电动势就作为待测电极的电极电势。并规定，标准氢电极在任何温度下的标准电极电势都为零。

目前国际上大多采用氢标还原电极电势，即在待测电极与标准氢电极组成电池时，将标准氢电极放在左边作负极，发生氧化反应；待测电极放在右边作正极，发生还原反应。电池的表

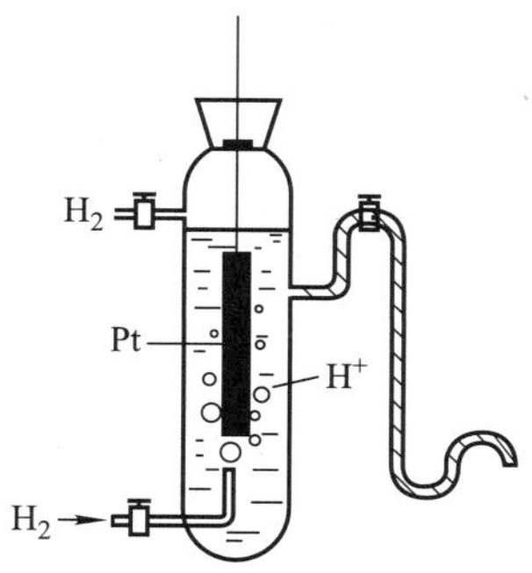

图 7-7 氢电极示意图

示式为

$$\text{标准氢电极} \| \text{待测电极}$$

因为标准氢电极电势为零,所测得该电池的电动势即为待测电极的氢标还原电极电势。如果待测电极的各组分都处于标准态,相应的电极电势即标准氢标还原电极电势,简称标准电极电势,以 $E^{\ominus}$(电极)表示。

作为正极的待测电极的电极反应可以用如下通式表示:

$$\mathrm{Ox}(\text{氧化态}) + z\mathrm{e}^- \longrightarrow \mathrm{Red}(\text{还原态})$$

计算还原电极电势的 Nernst 方程为

$$E_{\mathrm{Ox|Red}} = E^{\ominus}_{\mathrm{Ox|Red}} - \frac{RT}{zF}\ln\prod_{\mathrm{B}} a_{\mathrm{B}}^{\nu_{\mathrm{B}}} \tag{7.35}$$

式中,a_{B} 为电极发生还原反应时物质 B 的活度,ν_{B} 为其化学计量数,z 为电极反应的转移电子数。电极电势也用 E 表示,体现了它本身就是与标准氢电极组成电池时的电动势。电极电势 E 的下标 Ox|Red,一是与表示电池电动势的 E 有所区别,二是标明从氧化态到还原态用的是还原电极电势。

以锌电极为例,与标准氢电极组成如下电池:

$$\mathrm{Pt}|\mathrm{H_2}(p^{\ominus})|\mathrm{H^+}(a_{\mathrm{H^+}}=1)\|\mathrm{Zn^{2+}}(a_{\mathrm{Zn^{2+}}}=1)|\mathrm{Zn(s)}$$

测得该电池在 298 K 时的电动势 $E=-0.763$ V,则处于标准状态时的锌电极的还原电极电势就等于-0.763 V,即

$$E^{\ominus}_{\mathrm{Zn^{2+}|Zn}} = E_{\text{电池}} = -0.763\ \mathrm{V}$$

对于铜电极,则有

$$\mathrm{Pt}|\mathrm{H_2}(p^{\ominus})|\mathrm{H^+}(a_{\mathrm{H^+}}=1)\|\mathrm{Cu^{2+}}(a_{\mathrm{Cu^{2+}}}=1)|\mathrm{Cu(s)}$$

$$E^{\ominus}_{\mathrm{Cu^{2+}|Cu}} = E_{\text{电池}} = 0.337\ \mathrm{V}$$

锌电极的电极电势之所以为负值,是因为它与氢电极组成的电池是非自发电池。因为锌电极比氢活泼,实际上是 Zn(s)被氧化,所以锌电极的电极电势取的是实际测量所得电池电动势的负值。

表 7-3 列出了 25 ℃时水溶液中的一些电极的标准电极电势。从表 7-3 可以看出,凡是比氢气活泼的金属的电极电势都是负值,金属越活泼,其电极电势为负值的绝对值越大;而凡是比氢气不活泼的金属的电极电势都是正值。

表 7-3　25 ℃时水溶液中的一些电极的标准电极电势(标准压力 $p^\ominus=100$ kPa)

电极	电极反应	$E^\ominus$/V
第一类电极		
$Li^+ \mid Li$	$Li^+ + e^- \rightleftharpoons Li$	−3.045
$K^+ \mid K$	$K^+ + e^- \rightleftharpoons K$	−2.924
$Ba^{2+} \mid Ba$	$Ba^{2+} + 2e^- \rightleftharpoons Ba$	−2.90
$Ca^{2+} \mid Ca$	$Ca^{2+} + 2e^- \rightleftharpoons Ca$	−2.76
$Na^+ \mid Na$	$Na^+ + e^- \rightleftharpoons Na$	−2.7111
$Mg^{2+} \mid Mg$	$Mg^{2+} + 2e^- \rightleftharpoons Mg$	−2.375
$H_2O, OH^- \mid H_2(g) \mid Pt$	$2H_2O + 2e^- \rightleftharpoons H_2(g) + 2OH^-$	−0.8277
$Zn^{2+} \mid Zn$	$Zn^{2+} + 2e^- \rightleftharpoons Zn$	−0.7630
$Cr^{3+} \mid Cr$	$Cr^{3+} + 3e^- \rightleftharpoons Cr$	−0.74
$Cd^{2+} \mid Cd$	$Cd^{2+} + 2e^- \rightleftharpoons Cd$	−0.4028
$Co^{2+} \mid Co$	$Co^{2+} + 2e^- \rightleftharpoons Co$	−0.28
$Ni^{2+} \mid Ni$	$Ni^{2+} + 2e^- \rightleftharpoons Ni$	−0.23
$Sn^{2+} \mid Sn$	$Sn^{2+} + 2e^- \rightleftharpoons Sn$	−0.1366
$Pb^{2+} \mid Pb$	$Pb^{2+} + 2e^- \rightleftharpoons Pb$	−0.1265
$Fe^{3+} \mid Fe$	$Fe^{3+} + 3e^- \rightleftharpoons Fe$	−0.036
$H^+ \mid H_2(g) \mid Pt$	$2H^+ + 2e^- \rightleftharpoons H_2(g)$	0.000
$Cu^{2+} \mid Cu$	$Cu^{2+} + 2e^- \rightleftharpoons Cu$	+0.34000
$H_2O, OH^- \mid O_2(g) \mid Pt$	$O_2(g) + 2H_2O + 4e^- \rightleftharpoons 4OH^-$	+0.401
$Cu^+ \mid Cu$	$Cu^+ + e^- \rightleftharpoons Cu$	+0.522
$I^- \mid I_2(s) \mid Pt$	$I_2(s) + 2e^- \rightleftharpoons 2I^-$	+0.535
$Hg_2^{2+} \mid Hg$	$Hg_2^{2+} + 2e^- \rightleftharpoons 2Hg$	+0.7959
$Ag^+ \mid Ag$	$Ag^+ + e^- \rightleftharpoons Ag$	+0.7994
$Hg^{2+} \mid Hg$	$Hg^{2+} + 2e^- \rightleftharpoons Hg$	+0.851
$Br^- \mid Br_2(l) \mid Pt$	$Br_2(l) + 2e^- \rightleftharpoons 2Br^-$	+1.065
$H_2O, H^+ \mid O_2(g) \mid Pt$	$O_2(g) + 4H^+ + 4e^- \rightleftharpoons 2H_2O$	+1.229
$Cl^- \mid Cl_2(g) \mid Pt$	$Cl_2(g) + 2e^- \rightleftharpoons 2Cl^-$	+1.3850
$Au^+ \mid Au$	$Au^+ + e^- \rightleftharpoons Au$	+1.68
$F^- \mid F_2(g) \mid Pt$	$F_2(g) + 2e^- \rightleftharpoons 2F^-$	+2.87
第二类电极		
$SO_4^{2-} \mid PbSO_4(s) \mid Pb$	$PbSO_4(s) + 2e^- \rightleftharpoons Pb + SO_4^{2-}$	−0.356

续表

电极	电极反应	$E^{\ominus}/V$
I^- | AgI(s) | Ag	$AgI(s) + e^- \rightleftharpoons Ag + I^-$	−0.1521
Br^- | AgBr (s) | Ag	$AgBr(s) + e^- \rightleftharpoons Ag + Br^-$	+0.0711
Cl^- | AgCl (s) | Ag	$AgCl(s) + e^- \rightleftharpoons Ag + Cl^-$	+0.2221
第三类电极(氧化还原电极)		
Cr^{3+}, Cr^{2+} | Pt	$Cr^{3+} + e^- \rightleftharpoons Cr^{2+}$	−0.41
Sn^{4+}, Sn^{2+} | Pt	$Sn^{4+} + 2e^- \rightleftharpoons Sn^{2+}$	+0.15
Cu^{2+}, Cu^+ | Pt	$Cu^{2+} + e^- \rightleftharpoons Cu^+$	+0.158
H^+,醌,氢醌 | Pt	$C_6H_4O_2 + 2H^+ + 2e^- \rightleftharpoons C_6H_4(OH)_2$	+0.6993
Fe^{3+}, Fe^{2+} | Pt	$Fe^{3+} + e^- \rightleftharpoons Fe^{2+}$	+0.770
Tl^{3+}, Tl^{2+} | Pt	$Tl^{3+} + e^- \rightleftharpoons Tl^{2+}$	+1.247
Ce^{4+}, Ce^{3+} | Pt	$Ce^{4+} + e^- \rightleftharpoons Ce^{3+}$	+1.61
Co^{3+}, Co^{2+} | Pt	$Co^{3+} + e^- \rightleftharpoons Co^{2+}$	+1.808

有了标准电极电势表,我们就可以根据式(7.35)计算电极在不同浓度时的还原电极电势。

【例 7-5】 分别计算:

(1) 锌电极的离子活度 $a_{Zn^{2+}}=0.1$ 时的电极电势。

(2) 氢电极的离子活度 $a_{H^+}=0.01$ 时的电极电势。

解 (1) 锌电极的电极反应为

$$Zn^{2+}(a_{Zn^{2+}}=0.01) + 2e^- \longrightarrow Zn(s)$$

$$E_{Zn^{2+}|Zn}=E^{\ominus}_{Zn^{2+}|Zn}-\frac{RT}{zF}\ln\frac{a_{Zn}}{a_{Zn^{2+}}}=-0.763\ V-\frac{RT}{2F}\ln\frac{1}{0.1}=-0.793\ V$$

(2) 氢电极的电极反应为

$$2H^+(a_{H^+}=0.1) + 2e^- \longrightarrow H_2(p^{\ominus})$$

$$E_{H^+|H_2}=E^{\ominus}_{H^+|H_2}-\frac{RT}{zF}\ln\frac{a_{H_2}}{a^2_{H^+}}=0\ V-\frac{RT}{2F}\ln\frac{1}{(0.01)^2}=-0.118\ V$$

7.4.4 电池的电动势

电池的电动势等于组成电池的两个电极之间的电势差,即电池的电动势等于正极的还原电极电势减去负极的还原电极电势。对应于电池的书面表示式,也就是将右边电极的还原电极电势减去左边电极的还原电极电势,即

$$E_{电池}=E_{Ox|Red}(正,或右)-E_{Ox|Red}(负,或左) \tag{7.36}$$

在计算电池电动势时,首先要根据电池的书面表示式,正确写出电极反应和电池反应,方程式要保持物料和电量平衡,对于参与反应的各种物质要标明其物态和活度(或压力),注明电

池所处温度;然后用如下两种方法中的任一种,计算电池的电动势。

方法 1 正确写出两个电极的电极反应,使电子的得失数相同。分别写出两个电极的还原电极电势的 Nernst 方程,利用式(7.36)就可计算电池的电动势。

$$\begin{aligned} E_{\text{电池}} &= E_{\text{Ox|Red}}(\text{正}) - E_{\text{Ox|Red}}(\text{负}) \\ &= \left(E^{\ominus}_{\text{Ox|Red}} - \frac{RT}{zF}\ln\prod_{\text{B}} a_{\text{B}}^{\nu_{\text{B}}}\right)_{\text{正极}} - \left(E^{\ominus}_{\text{Ox|Red}} - \frac{RT}{zF}\ln\prod_{\text{B}} a_{\text{B}}^{\nu_{\text{B}}}\right)_{\text{负极}} \end{aligned}$$

计算式中都是还原电极电势,不考虑电极实际发生的反应。

方法 2 正确写出电池的净反应,满足物料和电量平衡,使 $0=\sum_{\text{B}}\nu_{\text{B}}\text{B}$。将各物质的活度直接代入计算电池电动势的 Nernst 方程,即可计算

$$E = E^{\ominus} - \frac{RT}{zF}\ln\prod_{\text{B}} a_{\text{B}}^{\nu_{\text{B}}}$$

$E^{\ominus}$的值可以直接从标准电极电势表获得,将正极的标准电极电势减去负极的标准电极电势。在 $\prod_{\text{B}} a_{\text{B}}^{\nu_{\text{B}}}$ 一项中,分子是产物一边的活度积,分母是反应物一边的活度积。如果计算所得电动势为正值,说明该电池是自发电池;否则为非自发电池。

【例 7-6】 分别用两种方法计算 298 K 时下列电池的电动势。设氢气为理想气体。

$$\text{Pt}\,|\,\text{H}_2(\text{g},90\ \text{kPa})\,|\,\text{H}^+\ (a_{\text{H}^+}=0.01)\,||\,\text{Zn}^{2+}(a_{\text{Zn}^{2+}}=0.10)\,|\,\text{Zn(s)}$$

解 负极 $H_2(90\ \text{kPa}) \longrightarrow 2H^+(a_{H^+}=0.01)+2e^-$

正极 $Zn^{2+}(a_{Zn^{2+}}=0.10)+2e^- \longrightarrow Zn(s)$

净反应 $H_2(90\ \text{kPa})+Zn^{2+}(a_{Zn^{2+}}=0.10) \longrightarrow Zn(s)+2H^+(a_{H^+}=0.01)$

因为氢气为理想气体,所以 $a_{H_2}=p_{H_2}/p^{\ominus}=0.9$。已知,298 K 时 $E^{\ominus}_{H^+|H_2}=0\ \text{V}$,$E^{\ominus}_{Zn^{2+}|Zn}=-0.763\ \text{V}$。

方法 1

$$\begin{aligned} E &= E_{(\text{Ox|Red})(+)} - E_{(\text{Ox|Red})(-)} = E_{Zn^{2+}|Zn} - E_{H^+|H_2} \\ &= \left(E^{\ominus}_{Zn^{2+}|Zn} - \frac{RT}{zF}\ln\frac{a_{Zn}}{a_{Zn^{2+}}}\right) - \left(E^{\ominus}_{H^+|H_2} - \frac{RT}{zF}\ln\frac{a_{H_2}}{a^2_{H^+}}\right) \\ &= \left(-0.763\ \text{V} - \frac{RT}{2F}\ln\frac{1}{0.10}\right) - \left[-\frac{RT}{2F}\ln\frac{0.9}{(0.01)^2}\right] \\ &= -0.793\ \text{V} - (-0.117\ \text{V}) = -0.676\ \text{V} \end{aligned}$$

方法 2

$$\begin{aligned} E &= E^{\ominus} - \frac{RT}{zF}\ln\prod_{\text{B}} a_{\text{B}}^{\nu_{\text{B}}} \\ &= (E^{\ominus}_{Zn^{2+}|Zn} - E^{\ominus}_{H^+|H_2}) - \frac{RT}{zF}\ln\frac{a^2_{H^+}a_{Zn}}{a_{H_2}a_{Zn^{2+}}} \\ &= (-0.763-0)\text{V} - \frac{RT}{2F}\ln\frac{(0.01)^2}{0.9\times 0.10} = -0.676\ \text{V} \end{aligned}$$

显然,这两种方法的结果是相同的,采取何种方法根据需要和计算方便确定。

§7.5 原电池的设计和电动势测定的应用

7.5.1 原电池的设计

电动势测定具有很多实际的应用：可用于判断氧化还原反应的方向；求水的离子积、难溶盐的活度积等平衡常数；求离子的平均活度系数；测定溶液的 pH 等。要实现这些应用，首先都必须将化学反应设计成相应的电池。一般由以下三个步骤着手将化学反应设计成电池：

(1) 根据元素氧化数的变化，确定氧化-还原对(必要时可在方程式两边加同一物质)。

(2) 由氧化-还原对确定可逆电极，确定电解质溶液，设计成可逆电池(双液电池必须加盐桥)。

(3) 检查所设计电池反应是否与原反应吻合。

例如，由以上三个步骤将反应

$$Zn(s) + H_2SO_4(aq) \longrightarrow H_2(p) + ZnSO_4(aq)$$

设计成电池。

(1) 确定氧化-还原对。

负极发生氧化反应： (－) $Zn(s) \longrightarrow Zn^{2+} + 2e^-$

正极发生还原反应： (＋) $2H^+ + 2e^- \longrightarrow H_2(p)$

(2) 确定可逆电极，确定电解质溶液，设计成可逆电池。

负极为 $Zn(s)\mid Zn^{2+}(a_1)$，电解质为 $ZnSO_4$；

正极为 $H_2(p)\mid Pt\mid H^+(a_2)$，电解质为 H_2SO_4。

按连接顺序，电池表示式为

$$Zn(s)\mid ZnSO_4 \parallel H_2SO_4\mid H_2(p)\mid Pt$$

(3) 复核此电池表示式对应的电化学反应，与所给反应完全相同。

又如，将反应

$$AgCl(s) \longrightarrow Ag^+ + Cl^-$$

设计成电池。

(1) 所给反应不是氧化还原反应，必须在方程式的两边加入同样的物质构成氧化-还原对，可以在两边同时加入 Ag(s)[当然也可加入 $Cl_2(p)$]。

负极发生氧化反应： (－) $Ag(s) \longrightarrow Ag^+(a_1) + e^-$

正极发生还原反应： (＋) $AgCl(s) + e^- \longrightarrow Ag(s) + Cl^-(a_2)$

(2) 负极为 $Ag(s)\mid Ag^+(a_1)$，电解质为 $AgNO_3$；正极为 $AgCl(s)\mid Ag(s)\mid Cl^-(a_2)$，电解质为 HCl。

按连接顺序，电池表示式为

$$Ag(s)\mid Ag^+(a_1)\parallel HCl(a_2)\mid AgCl(s)\mid Ag(s)$$

(3) 复核此电池表示式对应的电化学反应，与所给反应相同。

7.5.2 判断氧化还原反应的方向

用电化学方法判断氧化还原反应的方向，首先要将该反应设计成相应的电池，使电池反应与之完全相同，然后计算（或测定）该电池的电动势。如果所设计电池的电动势 $E>0$，则该反应的 $\Delta_r G_m<0$，说明该氧化还原反应是自发的；反之，则其逆向反应是自发的。

【例 7-7】 用电动势方法判断下述反应在 298 K 时自发进行的方向。

$$2Fe^{2+}(a_{Fe^{2+}}=1)+I_2(s)\longrightarrow 2I^-(a_{I^-}=1)+2Fe^{3+}(a_{Fe^{3+}}=1)$$

已知 $E^{\ominus}_{Fe^{3+}|Fe^{2+}}=0.77\ V$，$E^{\ominus}_{I_2|I^-}=0.54\ V$。

解 将反应设计成如下电池，使电池反应就是所需的反应

$$Pt|Fe^{2+},Fe^{3+}\|I^-|I_2(s)|Pt$$

因为各物质都处于标准态，所以用标准电动势就能判断。

$$E=E^{\ominus}=E^{\ominus}_{I_2|I^-}-E^{\ominus}_{Fe^{3+}|Fe^{2+}}=(0.54-0.77)\ V=-0.23\ V$$

$E<0$，说明该电池为非自发电池，反应不能正向自发进行，即 Fe^{2+} 不能使 $I_2(s)$ 还原成 I^-。

7.5.3 求化学反应平衡常数

只要能设计成电池的化学反应，其平衡常数都可以用测定电动势的方法求算。这些反应包括难溶盐的解离平衡、$H_2O(l)$ 的解离平衡和配合物的解离平衡等。

1. 计算难溶盐的活度积

例如，298 K 时，求 AgCl(s) 的活度积 K_{sp}。AgCl(s) 的溶解平衡为

$$AgCl(s)\rightleftharpoons Ag^+(a_{Ag^+})+Cl^-(a_{Cl^-})$$

$$K^{\ominus}_{sp}=a_{Ag^+}a_{Cl^-}$$

先设计电池，使电池反应就是所需的反应。电池为

$$Ag(s)|Ag^+(a_{Ag^+})\|Cl^-(a_{Cl^-})|AgCl(s)|Ag(s)$$

负极发生氧化反应： (－) $Ag(s)\longrightarrow Ag^+(a_{Ag^+})+e^-$

正极发生还原反应： (＋) $AgCl(s)+e^-\longrightarrow Ag(s)+Cl^-(a_{Cl^-})$

查表得 $E^{\ominus}_{Cl^-|AgCl|Ag}=0.22\ V$，$E^{\ominus}_{Ag^+|Ag}=0.80\ V$，所以该电池的标准电动势为

$$E^{\ominus}=E^{\ominus}_{Cl^-|AgCl|Ag}-E^{\ominus}_{Ag^+|Ag}=(0.22-0.80)\ V=-0.58\ V$$

根据式(7.34)，298 K 时

$$K_{sp}=K^{\ominus}=\exp\left(\frac{zE^{\ominus}F}{RT}\right)$$

$$=\exp\left[\frac{1\times(-0.58\ V)\times 96500\ C\cdot mol^{-1}}{8.314\ J\cdot mol^{-1}\cdot K^{-1}\times 298\ K}\right]=1.55\times 10^{-10}$$

所涉及电池的电动势为负值，说明是一个非自发电池。

2. 计算 $H_2O(l)$ 的解离平衡常数 $K^{\ominus}_w$

通常将 $K^{\ominus}_w$（$K^{\ominus}_w=a_{H^+}a_{OH^-}$）称为 $H_2O(l)$ 的离子积常数。

$H_2O(l)$ 的解离反应为

$$H_2O(l)\rightleftharpoons H^+(a_{H^+})+OH^-(a_{OH^-})$$

将反应设计成对应的电池

$$Pt|H_2(p)|H^+(a_{H^+})\|OH^-(a_{OH^-})|H_2(p)|Pt$$

负极发生氧化反应： (－) $\frac{1}{2}H_2(p) \longrightarrow H^+(a_{H^+})+e^-$ $E^{\ominus}_{H^+|H_2}=0\ V$

正极发生还原反应： (＋) $H_2O(l)+e^- \longrightarrow \frac{1}{2}H_2(p)+OH^-(a_{OH^-})$

$$E^{\ominus}_{H_2O,OH^-|H_2}=-0.828\ V$$

净反应 $H_2O(l) \longrightarrow H^+(a_{H^+})+OH^-(a_{OH^-})$

说明所设计的电池是正确的。电池的标准电动势为

$$E^{\ominus}=E^{\ominus}_{H_2O,OH^-|H_2}-E^{\ominus}_{H^+|H_2}=-0.828\ V$$

$$K^{\ominus}_w=K^{\ominus}=\exp\left(\frac{zE^{\ominus}F}{RT}\right)$$

$$=\exp\left[\frac{1\times(-0.828)V\times 96500\ C\cdot mol^{-1}}{8.314\ J\cdot mol^{-1}\cdot K^{-1}\times 298\ K}\right]=9.9\times 10^{-15}$$

能用来计算 $K^{\ominus}_w$ 的电池不是唯一的。读者可以试着设计其他电池来计算 $K^{\ominus}_w$，例如如下电池：

$$Pt|O_2(p_{O_2})|H^+(a_{H^+})\|OH^-(a_{OH^-})|O_2(p_{O_2})|Pt$$

7.5.4 求离子的平均活度系数

要求某电解质的离子平均活度系数 $\gamma_{\pm}$，首先要有对应的电池，使该电解质出现在电池的反应式中；再用实验测定对应电池的电动势，由数据表查得对应的标准电极电势，这样就可以获得 $\gamma_{\pm}$ 值；与用 Debye-Hückel 极限公式的理论值对照，可检验理论计算的适用范围。

例如，求 HCl(0.1 mol·kg^{-1})的平均活度系数 $\gamma_{\pm}$ 的值，需设计电池如下：

$$Pt|H_2(p^{\ominus})|HCl(0.1\ mol\cdot kg^{-1})|AgCl(s)|Ag(s)$$

负极，氧化 (－) $\frac{1}{2}H_2(p^{\ominus}) \longrightarrow H^+(a_{H^+})+e^-$ $E^{\ominus}_{H^+|H_2}=0\ V$

正极，还原 (＋) $AgCl(s)+e^- \longrightarrow Ag(s)+Cl^-(a_{Cl^-})$ $E^{\ominus}_{Cl^-|AgCl|Ag}=0.22\ V$

净反应 $\frac{1}{2}H_2(p^{\ominus})+AgCl(s) \longrightarrow Ag(s)+Cl^-(a_{Cl^-})+H^+(a_{H^+})$

在 298 K 时，实验测得该电池的电动势为 0.35 V。利用计算电池电动势的 Nernst 方程

$$E=(E^{\ominus}_{Cl^-|AgCl|Ag}-E^{\ominus}_{H^+|H_2})-\frac{RT}{F}\ln\frac{a_{H^+}a_{Cl^-}}{a^{1/2}_{H_2}}$$

因为 H_2(g)处于标准态，所以 $a^{1/2}_{H_2}=1$。又 $a_{H^+}a_{Cl^-}=a^2_{\pm}=\left(\gamma_{\pm}\frac{m_{\pm}}{m^{\ominus}}\right)^2$，所以

$$0.35\ V=0.22\ V-\frac{RT}{F}\ln(\gamma_{\pm}\times 0.1)^2$$

计算得

$$\gamma_{\pm}=0.795$$

这样，也就得到了电解质的离子平均活度

$$a_{\pm}=\gamma_{\pm}\frac{m_{\pm}}{m^{\ominus}}=0.795\times 0.1=0.0795$$

7.5.5 测定溶液 pH

目前，pH 的定义仍采用如下表达式：

$$\mathrm{pH}=-\lg a_{\mathrm{H^+}}$$

这样定义的 pH 只是一个近似值，因为单个离子的活度因子及单个离子的活度均无法用实验来验证。原则上，要测定溶液的 pH，只需要设计如下的电池：

$$\mathrm{Pt}\,|\,\mathrm{H_2}(p^{\ominus})\,|\,\text{待测溶液}(\mathrm{pH}=x)\,\|\,\mathrm{Cl^-}\ (a_{\mathrm{Cl^-}})\,|\,\mathrm{Hg_2Cl_2(s)}\,|\,\mathrm{Hg(l)}$$

在一定温度下，甘汞电极的电极电势是稳定的、已知的，只要测得该电池的电动势，就能计算待测溶液的 pH。在 298 K 时，电动势的计算式为

$$E=E_{\text{甘汞}}-E_{\mathrm{H^+|H_2}}=E_{\text{甘汞}}-\frac{RT}{F}\ln a_{\mathrm{H^+}}=E_{\text{甘汞}}+0.05916\ \mathrm{V}\times\mathrm{pH}$$

该电池实际操作比较困难，因为使用氢电极很麻烦。实际上，溶液的 pH 多数采用玻璃电极来测量，用甘汞电极作为参比电极，组成如下电池：

$$\underbrace{\mathrm{Ag}\,|\,\mathrm{AgCl(s)}\,|\,\mathrm{HCl}(0.1\mathrm{mol\cdot kg^{-1}})}_{\text{玻璃电极}}\ \underset{\text{玻璃膜}}{\vdots}\ \text{溶液}(\mathrm{pH}=x)\,\|\,\text{甘汞电极}$$

测定电池的电动势，电动势的计算式为

$$E=E_{\text{甘汞}}-E_{\text{玻璃}}$$

甘汞电极的电极电势 $E_{\text{甘汞}}$ 是已知的，则玻璃电极的电极电势的计算式为

$$\begin{aligned}E_{\text{玻璃}}&=E^{\ominus}_{\text{玻璃}}-\frac{RT}{F}\ln\frac{1}{(a_{\mathrm{H^+}})_x}\\&=E^{\ominus}_{\text{玻璃}}-0.05916\ \mathrm{V}\times\mathrm{pH}\end{aligned}$$

则电动势的计算式为

$$E=E_{\text{甘汞}}-(E^{\ominus}_{\text{玻璃}}-0.05916\ \mathrm{V}\times\mathrm{pH})$$

测定了电池的电动势 E，查出玻璃电极的标准电极电势，就能得到未知溶液的 pH。

$E^{\ominus}_{\text{玻璃}}$ 的数值与多种因素有关，很难正确测定。另外，由于玻璃膜的内阻很大，不能直接使用普通的电位差计，而要用带有放大器的专门仪器即 pH 计测定。

实际使用时，先将玻璃电极插入已知 $\mathrm{pH_s}$ 的缓冲溶液中，测得 E_s。然后将玻璃电极插入未知 pH_x 的待测溶液中，测得 E_x。将两个电动势的计算公式联立：

$$E_s=E_{\text{甘汞}}-E^{\ominus}_{\text{玻璃}}+0.05916\ \mathrm{V}\times\mathrm{pH_s}$$

$$E_x=E_{\text{甘汞}}-E^{\ominus}_{\text{玻璃}}+0.05916\ \mathrm{V}\times\mathrm{pH}_x$$

这样，就可以计算未知的 pH_x 的值：

$$\mathrm{pH}_x=\mathrm{pH_s}+\frac{E_x-E_s}{0.05916\ \mathrm{V}}$$

§7.6　电解和极化

7.6.1　极化作用

理论上，使某电解质溶液能连续不断发生电解时所必须外加的最小电压，在数值上等于该电解池作为可逆电池时的可逆电动势。但是，实际上，要使电解池顺利地进行反应，除了克服作为原电池时的可逆电动势外，还要克服电极上的极化作用以及克服电池电阻所产生的电位降。这三者的加和就是电解池实际的分解电压。无论是原电池或电解池，当有电流通过时，就

有极化作用发生，极化是个不可逆过程。

当电极上无电流通过时，电极处于平衡状态，对应的电极电势是可逆(平衡)电极电势 $E_{Ox|Red,R}$。当有电流通过时，电极变得不可逆，随着电流密度的增大，电极的不可逆程度也越来越大，其电极电势偏离可逆电极电势值也越来越多，这时的电极电势为不可逆电极电势 $E_{Ox|Red,I}$。

当有电流通过时，这种电极电势偏离可逆电极电势的现象称为电极的极化。某一电流密度下的电极电势与可逆电极电势之差的绝对值称为超电势，以 η 表示。电极的极化程度可以用超电势来度量。

$$\eta = |E_{Ox|Red,I} - E_{Ox|Red,R}| \tag{7.37}$$

由于极化作用的存在，无论是电解池还是原电池，阳极的实际电势变大，阴极的实际电势变小。

$$\begin{cases} E_{a(Ox|Red,I)} = E_{a(Ox|Red,R)} + \eta_a \\ E_{c(Ox|Red,I)} = E_{c(Ox|Red,R)} - \eta_c \end{cases} \tag{7.38}$$

根据极化产生的原因不同，可以将极化分为浓差极化和电化学极化等，并将与之相对应的超电势称为浓差超电势、电化学超电势等。

浓差极化是由于扩散过程的迟缓性引起的。在电解过程中，电极附近反应物离子浓度由于电极反应而逐渐降低，如果本体溶液中该离子扩散的速度又赶不上弥补这个变化，就会导致电极附近溶液的浓度与本体溶液间有一个浓度梯度，这种浓度差别引起的电极电势的改变称为浓差极化。用搅拌和升温的方法可以减少浓差极化，但也可以利用滴汞电极上的浓差极化进行极谱分析。

电化学极化是由于电化学反应本身的迟缓性引起的。电极反应总是分若干步进行的，若其中一步反应速率较慢，需要较高的活化能，为了使电极反应顺利进行，所额外施加的电压称为电化学超电势(亦称为活化超电势)，这种极化现象称为电化学极化。

7.6.2 极化曲线

超电势或电极电势与电流密度之间的关系曲线称为极化曲线，极化曲线的形状和变化规律反映了电化学过程的动力学特征。

当两个电极组成电解池时，极化曲线如图7-8(a)所示。随着电流密度的增大，两电极上的超电势也增大，阳极析出电势变大，阴极析出电势变小，使外加的电压增加，额外消耗了电能。但也可以利用电解过程中氢气的极化，使比氢活泼的金属先析出。

当两个电极组成原电池时，极化曲线如图7-8(b)所示。原电池中，负极是阳极，正极是阴极。随着电流密度的增加，阳极析出电势变大，阴极析出电势变小。由于极化作用，使原电池的做功能力下降，电池实际的电动势为 $E_I = E_R - \eta_a - \eta_c$。当然，极化作用也有有利的一面，可以利用腐蚀原电池中的这种极化作用来降低金属的电化学腐蚀速度。

无论是电解池还是原电池，阳极和阴极极化曲线的变化趋势相同。对于阳极来说(原电池的负极，电解池的正极)，阳极的不可逆电极电势随电流密度的增加而升高；而对于阴极(原电池的正极，电解池的负极)，其不可逆电极电势则随电流密度的增加而下降。

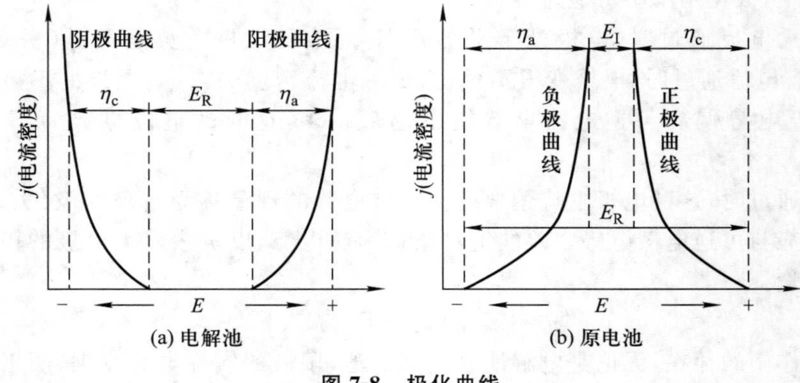

图 7-8　极化曲线

7.6.3　电解时电极上的反应

1. 阴极上的反应

判断在阴极上首先析出何种物质，应把可能发生还原的物质的电极电势计算出来，同时考虑其超电势。电极电势最大的首先在阴极析出。

电解质溶液通常用水作溶剂，在电解过程中，在阴极会与金属离子竞争还原，因此电解时阴极上发生还原反应的物质通常有：①金属离子，②氢离子。

$$E(M^{z+}|M)=E^{\ominus}(M^{z+}|M)-\frac{RT}{zF}\ln\frac{1}{a_{M^{z+}}}$$

$$E(H^+|H)=-\frac{RT}{F}\ln\frac{1}{a_{H^+}}-\eta_{H_2}$$

金属在电极上析出时超电势很小，通常可忽略不计。而气体，特别是氢气和氧气，超电势较大。氢气在石墨和汞等材料上，超电势很大，而在金属 Pt，特别是镀了铂黑的铂电极上，超电势很小，所以标准氢电极中的铂电极要镀上铂黑。影响超电势的因素很多，如电极材料、电极表面状态、电流密度、温度、电解质的性质、浓度及溶液中的杂质等。

早在 1905 年，Tafel(塔菲尔)发现，对于一些常见的电极反应，超电势与电流密度之间在一定范围内存在如下定量关系：

$$\eta=a+b\ln j \tag{7.39}$$

式中，j 是电流密度；$b=0.050\ \mathrm{V}$；a 是单位电流密度时的超电势值，与电极材料、表面状态、溶液组成和温度等有关，是超电势的决定因素。利用氢在电极上的超电势，可以使比氢活泼的金属先在阴极析出，这在电镀工业上是很重要的。例如，只有控制溶液的 pH，利用氢气的析出有超电势，才使得镀 Zn、Sn、Ni、Cr 等工艺成为现实。

【例 7-8】　298 K 时，用镀了铂黑的铂电极，电解中性的硫酸铜水溶液($CuSO_4$ 浓度为 $0.5\ \mathrm{mol\cdot kg^{-1}}$)，在阴极上首先发生什么反应？

解　先计算在阴极上的析出电势，Cu^{2+} 的析出电势如下：

$$E_{Cu^{2+}|Cu}=E^{\ominus}_{Cu^{2+}|Cu}-\frac{RT}{zF}\ln\frac{1}{a_{Cu^{2+}}}=0.34\ \mathrm{V}-\frac{RT}{2F}\ln\frac{1}{0.5}=0.33\ \mathrm{V}$$

由于氢气在镀了铂黑的电极上的超电势可以忽略，所以 H^+ 的析出电势如下：

$$E_{H^+|H_2}=E^{\ominus}_{H^+|H_2}-\frac{RT}{zF}\ln\frac{1}{a^2_{H^+}}=-\frac{RT}{2F}\ln\frac{1}{(10^{-7})^2}=-0.41\ \text{V}$$

铜的析出电势大，所以在阴极上首先发生铜离子的还原反应。

2. 阳极上的反应

判断在阳极上首先发生什么反应，应把可能发生氧化的物质的电极电势计算出来，同时要考虑它的超电势。电极电势最小的首先在阳极氧化。

在阳极发生氧化的物质通常有：① 阴离子，如 Cl^-、OH^-……；② 阳极本身发生氧化。

$$E_{A|A^{z-}}=E^{\ominus}_{A|A^{z-}}-\frac{RT}{zF}\ln a^z_{A^{z-}}+\eta(\text{阳})$$

【例 7-9】 用铜电极电解中性的硫酸铜水溶液（$CuSO_4$ 浓度为 0.5 mol·kg^{-1}），判断阳极发生何种反应。

解 有可能在阳极发生反应的有 OH^-，SO_4^{2-}，Cu(s)。SO_4^{2-} 的析出电势太大，不考虑。OH^- 的析出电势

$$E_{O_2|OH^-}=E^{\ominus}_{O_2|OH^-}-\frac{RT}{zF}\ln a^4_{OH^-}=0.40\ \text{V}-\frac{RT}{4F}\ln(10^{-7})^4=0.81\ \text{V}$$

Cu^{2+} 的析出电势

$$E_{Cu^{2+}|Cu}=E^{\ominus}_{Cu^{2+}|Cu}-\frac{RT}{zF}\ln\frac{1}{a_{Cu^{2+}}}=0.34\ \text{V}-\frac{RT}{2F}\ln\frac{1}{0.5}=0.33\ \text{V}$$

铜电极的析出电势小，所以铜电极自身先氧化。

电解法常用于铝、钠等轻金属的冶炼，以及铜、锌等的精炼。电解还应用在铝合金的氧化和着色，氧气、双氧水、氯气的制备及有机物产物的制备等方面。常见的电解制备有氯碱工业、由丙烯腈制乙二腈、用硝基苯制苯胺等。

§7.7 电化学的应用

在物理化学的众多分支中，电化学是唯一以大工业为基础的学科。它的应用主要有：电解工业，其中的氯碱工业是仅次于合成氨和硫酸的无机物基础工业；铝、钠等轻金属的冶炼，铜、锌等的精炼也都用的是电解法；机械工业使用电镀、电抛光、电泳涂漆等来完成部件的表面精整；环境保护可用电渗析的方法除去氰离子、铬离子等污染物；化学电源；金属的防腐蚀，因大部分金属腐蚀是电化学腐蚀问题；许多生命现象如肌肉运动、神经的信息传递都涉及电化学机理。

7.7.1 金属腐蚀与防护

腐蚀是指金属与周围介质发生化学或电化学反应而引起的一种破坏性侵蚀。根据金属腐蚀原理的反应机理，一般可分为化学腐蚀、生物化学腐蚀和电化学腐蚀三种。

化学腐蚀是金属表面与化学氧化剂直接发生反应而引起的破坏，其特点是金属直接将电子传递给氧化剂，没有电流产生。生物化学腐蚀是金属被微生物寄生，被微生物的排泄物侵蚀而破坏，一定组成的污水、土壤都可以加速金属的腐蚀。电化学腐蚀则是金属表面与其环境中的其他物质形成微电池，金属作为阳极发生氧化反应而被破坏。

腐蚀作用中以电化学腐蚀情况最为严重。随着人们对保护资源、能源和环境认识的不断提高，对腐蚀的严重危害的关注也在加深。金属腐蚀破坏有多种形式：均匀腐蚀、电偶腐蚀、缝隙腐蚀、空蚀、晶间腐蚀、应力腐蚀断裂、氢损伤和疲劳腐蚀等。在此不能一一详述。

金属腐蚀控制的方法有以下几种。

1. 电化学保护

电化学保护分为阴极保护法和阳极保护法。阴极保护法是最常用的保护方法，又分为外加电流和牺牲阳极。其原理是向被保护金属提供大量的电子，使其产生阴极极化，以消除局部的阳极溶解。阴极保护法适用于能导电的、易发生阴极极化且结构不太复杂的体系，广泛用于地下管道、港湾码头设施和海上平台等金属构件的防护。阳极保护法的原理是利用外加阳极极化电流使金属处于稳定的钝态。阳极保护法只适用于具有活化-钝化转变的金属在氧化性(如硫酸、有机酸）介质中的腐蚀防护。

2. 耐腐蚀材料的更新

开发新的耐腐蚀材料如特种合金、新型陶瓷、复合材料等来取代易腐蚀的金属。其宗旨是改变金属内部结构，提高材料本身的耐蚀性。在金属冶炼过程中，加一定量的其他元素，如在铁中加 Cr、Ni、Mn 等元素，炼成不锈钢，达到防腐的目的。科学家研制成功的一种貌似玻璃的透明金属，称“金属玻璃”(非晶合金)，它具有明显的玻璃转变及很宽的过冷液态温区，还对外界酸碱的侵蚀显现出惊人的抵抗力。当然它也有不足，就是脆。所以块状金属玻璃还存在很大发展前景。另外一种，精密陶瓷，已开始在精密机械和化工领域取代金属材料和高分子材料。在宇航、核能等领域中，工程陶瓷可取代昂贵的耐蚀、耐热合金。随着科技的进步，新的耐腐蚀材料正层出不穷。

3. 缓蚀剂法

向介质中添加少量能够降低腐蚀速率的物质以保护金属。其原理是促进钝化，形成沉淀膜或者吸附膜，提高甚至改变电极过程中的极化阻力。主要分为阳极型、阴极型和混合型缓蚀剂，具有使用方便、制备成本低、效用广等特点，于石油、化工、钢铁、机械等行业，起很大作用。无机缓蚀剂有铬酸盐、钼酸盐、钨酸盐、亚硝酸盐等；有机缓蚀剂有炔醇类、羧酸盐类、杂环类、有机磷酸盐类、胺类、醛类等。例如，医院中常用解新洁尔灭和多亚硝酸钠溶液浸泡钢制器械，以达到消毒和防腐蚀的双重目的。

4. 用保护层防腐

包括非金属保护层和金属保护层。非金属保护层是在金属表面涂上油漆、搪瓷、塑料、沥青等，将金属与腐蚀介质隔开。金属保护层则是在需保护的金属表面用电镀或化学镀的方法镀上 Au、Ag、Ni、Cr、Zn、Sn 等金属，保护内层不被腐蚀。

7.7.2 化学电源

化学电源是将化学能变成电能的装置，简称电池。实用电池中有电流通过，不可避免地在电极上发生极化，另有部分电能消耗在克服电阻上，变成了热能，所以实用电池都是不可逆电池。

1. 一次电池

电池中的反应物质进行一次电化学反应放电之后，就不能再次利用。常见的有锌锰电池等。锌锰电池表示式及发生的反应如下：

$$Zn(s)\,|\,ZnCl_2, NH_4Cl\,|\,MnO_2(s)\,|\,C(\text{石墨})$$

负极反应： $Zn(s) + 2NH_4Cl \longrightarrow Zn(NH_3)_2Cl_2 + 2H^+ + 2e^-$

正极反应： $2MnO_2(s) + 2H^+ + 2e^- \longrightarrow 2MnOOH$

净反应： $Zn(s) + 2NH_4Cl + 2MnO_2(s) \longrightarrow Zn(NH_3)_2Cl_2 + 2MnOOH$

2. 可充电电池(二次电池)

又称为蓄电池。这种电池放电后可以充电，使活性物质基本复原，可以重复、多次利用。如常见的铅蓄电池等。在日常生活中最常用的二次电池为锂离子电池。

锂离子电池在充放电时，电极上的反应可以写为：

负极反应： $6C + xLi^+ + xe^- \underset{\text{放电}}{\overset{\text{充电}}{\rightleftharpoons}} Li_xC_6$

正极反应： $LiCoO_2 \underset{\text{放电}}{\overset{\text{充电}}{\rightleftharpoons}} Li_{1-x}CoO_2 + xLi^+ + xe^-$

净反应： $LiCoO_2 + 6C \underset{\text{放电}}{\overset{\text{充电}}{\rightleftharpoons}} Li_{1-x}CoO_2 + Li_xC_6$

在充、放电时，只是 Li^+ 在两个电极之间来回迁移，所以又被称为“摇椅电池”。锂离子电池的优点是：质量小，能量密度大；污染小，无噪声；循环寿命较长，可重复使用1000次以上。但是，目前锂离子电池的成本偏高，限制了其大规模应用。

3. 燃料电池

又称为连续电池，一般以天然燃料或其他可燃物质如氢气、甲醇、天然气、煤气等作为负极的反应物质，以氧气作为正极反应物质组成燃料电池。燃料电池的能量转换不受热机效率的限制，可以充分将化学能转变成电能，能量转化效率可高达80%以上。

燃料电池是现在最引人注目的能源装置之一。燃料电池的原理非常简单，它通过化学反应产生电源和热能。燃料电池首先应用于20世纪中叶兴起的宇宙开发。因燃料电池具有轻便、简洁和能量转换效率高的特点，而被用作宇宙飞船的电源。燃料电池是最高效的、低或零污染排放、安全并且操作方便的发电装置。依据燃料电池中所用的电解质类型来分类，可分为磷酸型燃料电池(PAFC)、碱性燃料电池(AFC)、熔融碳酸盐燃料电池(MCFC)、固体氧化物燃料电池(SOFC)和质子交换膜燃料电池(PEMFC)。

磷酸型燃料电池已经商品化，是实用化最早的燃料电池。但该电池为了提高低温反应速率，必须使用铂作催化剂，导致了燃料电池成本的上升。所以，在不降低燃料电池性能的前提下，少用或不用铂的技术是目前研究的热点。

碱性燃料电池是燃料电池中研究较早的一种，它的最大特点是：可在较低温度下工作，电池本体材料可选用廉价的碱性工程塑料，成型加工工艺简单；可采用各种非贵金属作为催化剂，输出效率较高。但由于必须使用不含杂质的纯氢和纯氧，为维持一定的电解液浓度，还必须设置较复杂的排水和排热等辅助系统，因此碱性燃料电池的应用受到限制。

熔融碳酸盐燃料电池是由多孔陶瓷阴极、多孔陶瓷电解质隔膜、多孔金属阳极、金属极板构成的燃料电池。其电解质是熔融态碳酸盐。其优点是：发电效率高，不需要铂贵金属催化剂;可以使用多种燃料;排水系统也比较简便;还可利用高温排热与汽轮机进行复合发电,是最有希望用于规模电力事业的燃料电池。它存在的主要问题是成本较高。

固体氧化物燃料电池属于第三代燃料电池,是一种在中高温下直接将储存在燃料和氧化剂中的化学能高效、环境友好地转化成电能的全固态化学发电装置。被普遍认为是在未来会与质子交换膜燃料电池一样得到广泛普及应用的一种燃料电池。固体氧化物燃料电池对燃料的适应性强,能在多种燃料包括碳基燃料的情况下运行;不需要使用贵金属催化剂;使用全固态组件,不存在对漏液、腐蚀的管理问题;积木性强,规模和安装地点灵活等。

质子交换膜燃料电池,其优点是能量密度高、无腐蚀性、电池堆设计简单、系统坚固耐用、工作温度较低。目前质子交换膜燃料电池是研究的热点,它作为电动汽车动力电源的研究已经取得突破性进展,被认为是最有应用潜力的高效、洁净的能源。氢氧燃料电池以氢为燃料,通过氢和氧反应产生电能供给动力系统,尾气只有水蒸气。它不会给环境带来任何污染,堪称"零污染"的理想环保能源。作为极具发展前途的新动力电源,氢氧燃料电池的应用领域是多方面的,它可以应用于大型电站发电、便携移动电源、应急电源、家庭电源、飞机、汽车、军舰等不同领域,为人类生活提供极大的便利。

本章小结

本章主要讲解了电解质溶液基本理论、可逆电池热力学、电解与极化作用。

由电解质溶液导电,引出离子的电迁移率和迁移数的概念。进而,引出描述溶液导电能力的物理量:电导、电导率和摩尔电导率。在无限稀释溶液中,每种离子独立移动,引出 Kohlrausch 离子独立移动定律。介绍电导测定的应用,主要包括在弱电解质的电离、难溶盐的溶解度、电导滴定等方面的应用。

在电解质溶液中,由于正、负离子共存且相互吸引,比非电解质溶液情况要复杂得多。为此引出了强电解质溶液理论,简单介绍了强电解质的离子平均活度和平均活度系数、离子强度、Debye-Hückel 极限公式等。

介绍了组成可逆电池的必要条件,明确只有可逆电池的电动势才能用来研究热力学问题。结合电极反应,介绍了可逆电极的类型,引出了电极反应的书写规定。简单介绍了可逆电池电动势的测定和标准电池。介绍了可逆电池电动势与各组分活度的关系,引出了 Nernst 方程。

介绍了电极与溶液界面间的电势差,引出了电极电势的本质,明确了单个电极的电势值是无法测量的,因此规定标准氢电极的电极电势为零。介绍了氢标还原电极电势,以及利用电极电势计算电池电动势的方法。重点介绍了电动势测定在判断氧化还原反应的方向、求化学反应的平衡常数、求离子的平均活度系数、测定溶液的 pH 以及电势滴定等方面的应用。

实际应用中,电池或电解池中有电流流过,由此引出了极化现象。简单介绍了极化作用、极化曲线及造成极化的原因。介绍了电极上的反应顺序。

拓展阅读及相关链接

生物电化学

生物体系发生的一些过程与电化学过程有关，生物电化学是相对比较新的学科分支，是涉及多学科的研究领域。

生物电催化，可定义为在生物催化剂酶的存在下与加速电化学反应相关的一系列现象。在电催化体系中，生物催化剂的主要应用是：研制比现有无机催化剂好的、用于电化学体系的生物催化剂；研究生物电化学体系，合成用于生物体内作为燃料的有机物；应用酶的专一性，研制高灵敏的电化学传感器。

生物电分析是分析化学中发展迅速的一个领域。利用生物组分，如酶、抗体等来检测特定的化合物，这一方面的研究导致了生物传感器的发展。

微电极传感器是将生物细胞固定在电极上，电极把微有机体的生物电化学信号转变为电势。微生物电极已经在很多方面得到应用，由于它小的几何面积，使这种电极有应用到生物体内的可能。微电极也用于电生理学。再连接板夹技术用作分子内外电势的传感器来研究分子水平的转移。人体脑电图、肌电图和心电图的分析对检测和处理相关疾病是非常重要的，所有这些技术都是基于测量人体中产生的电信号。

参 考 文 献

[1] 沈文霞．物理化学核心教程．第二版．北京：科学出版社，2004.

[2] 王正烈，等．物理化学．第四版．北京：高等教育出版社，2001.

[3] 傅献彩，沈文霞，姚天扬，等．物理化学．第五版．北京：高等教育出版社，2005.

[4] 董元彦，李保华，路福绥．物理化学．第三版．北京：科学出版社，2004.

[5] 印永嘉，奚正楷，李大珍．物理化学简明教程．第四版．北京：高等教育出版社，2007.

[6] 高颖，邬冰，主编．电化学基础．北京：化学工业出版社，2004.

[7] 王淑敏，王作辉．电化学的应用和发展．广州化工，2010，38(8)：64～69.

[8] 包月霞．金属腐蚀的分类和防护方法．广东化工，2010，37(7)：199，216.

[9] 杜华，解磊．氢氧燃料电池的研究进展．化学工程师，2002，(4)：41～42.

[10] 邓海金，陈秀云．重新架构一切新材料．北京：科学出版社，金盾出版社，1998.

[11] H. T. 库特利，雅夫采夫，等．应用电化学．上海：复旦大学出版社，1992.

[12] 顾登平，童汝婷．化学电源．北京：高等教育出版社，1993.

[13] 葛华才，袁高清，彭程．物理化学．北京：高等教育出版社，2008.

[14] 阿伦·J. 巴德，拉里·R. 福克纳．电化学方法——原理和应用．北京：化学工业出版社，2005.

[15] 张秋霞，主编．材料腐蚀与防护．北京：冶金工业出版社，2000.

[16] 贾梦秋，杨文胜，主编．材料电化学．北京：高等教育出版社，2004.

[17] 陈国华，王光信，主编．电化学方法应用．北京：化学工业出版社，2002.

[18] 衣宝廉．燃料电池．北京：化学工业出版社，2000.

习 题

1. 为什么用 Zn(s)和 Ag(s)插在 HCl 溶液中所构成的原电池是不可逆电池？

2. 在测定可逆电池电动势时，为什么要用对消法测定？

3. 标准电极电势等于电极与周围活度为 1 的电解质之间的电势差，这种说法对吗？为什么？

4. 为什么要提出标准氢电极？标准氢电极的 $E^{\ominus}$ 实际上是否为零？当 H^+ 的活度不等于 1 时，$E_{H^+|H_2}$ 是否仍为零？

5. 盐桥有何作用？为什么它不能完全消除液接电势，而只是把液接电势降低到可以忽略不计？

6. 因为电池的标准电动势 $E^{\ominus}=\frac{RT}{zF}\ln K^{\ominus}$（$K^{\ominus}$ 为标准平衡常数），所以 $E^{\ominus}$ 表示电池反应达到平衡时电池的电动势，对吗？

7. 无限稀释时，HCl、KCl 和 NaCl 三种溶液在相同温度、相同浓度、相同电势梯度下，溶液中 Cl^- 的运动速度是否相同？三种 Cl^- 的迁移数是否相同？

8. 离子电迁移率的单位可以表示成（ ）

A. $m\cdot s^{-1}$　　B. $m\cdot s^{-1}\cdot V^{-1}$　　C. $m^2\cdot s^{-1}\cdot V^{-1}$　　D. s^{-1}

9. 设某浓度时，$CuSO_4$ 的摩尔电导率为 $1.4\times10^{-2}\,\Omega^{-1}\cdot m^2\cdot mol^{-1}$，若在该溶液中加入 1 m^3 的纯水，这时 $CuSO_4$ 的摩尔电导率将（ ）

A. 降低　　B. 增高　　C. 不变　　D. 无法确定

10. 下列电池中哪个的电动势与 Cl^- 离子的活度无关？（ ）

A. $Zn|ZnCl_2(aq)|Cl_2(g)|Pt$

B. $Ag|AgCl(s)|KCl(aq)|Cl_2(g)|Pt$

C. $Hg|Hg_2Cl_2(s)|KCl(aq)\|AgNO_3(aq)|Ag$

D. $Pt|H_2(g)|HCl(aq)|Cl_2(g)|Pt$

11. 电导测定应用广泛，但下列问题中哪个是不能用电导测定来解决的？（ ）

A. 求难溶盐的溶解度　　B. 求弱电解质的电离度

C. 求平均活度系数　　D. 测电解质溶液的浓度

12. 某电池的电池反应可写成：

(1) $H_2(g)+\frac{1}{2}O_2(g)\longrightarrow H_2O(l)$

(2) $2H_2(g)+O_2(g)\longrightarrow 2H_2O(l)$

用 $E_1^{\ominus}$、$E_2^{\ominus}$ 表示相应反应的标准电动势，$K_1^{\ominus}$、$K_2^{\ominus}$ 表示相应反应的标准平衡常数，则下列各组关系正确的是（ ）

A. $E_1^{\ominus}=E_2^{\ominus},K_1^{\ominus}=K_2^{\ominus}$　　B. $E_1^{\ominus}\neq E_2^{\ominus},K_1^{\ominus}=K_2^{\ominus}$

C. $E_1^{\ominus}=E_2^{\ominus},K_1^{\ominus}\neq K_2^{\ominus}$　　D. $E_1^{\ominus}\neq E_2^{\ominus},K_1^{\ominus}\neq K_2^{\ominus}$

13. 在一定温度和较小的浓度情况下，增大强电解质溶液的浓度，则溶液的电导率 κ 与摩尔电导率 Λ_m 变化为（ ）

A. κ 增大，Λ_m 增大　　B. κ 增大，Λ_m 减少

C. κ 减少，Λ_m 增大　　D. κ 减少，Λ_m 减少

14. 下列电极中不属于氧化-还原电极的是（ ）

A. $Pt,H_2|H^+$　　B. $Pt|Tl^{3+},Tl^+$　　C. $Pt|Fe^{3+},Fe^{2+}$　　D. $Pt|Sn^{4+},Sn^{2+}$

15. 下列电解质溶液，离子平均活度系数最小的是哪一个（设浓度都为 $0.01\,mol\cdot kg^{-1}$）？（ ）

A. $ZnSO_4$　　B. $CaCl_2$　　C. KCl　　D. $LaCl_3$

16. 298 K 时测得 $SrSO_4$ 饱和水溶液的电导率为 $1.482\times10^{-2}\,S\cdot m^{-1}$，该温度时水的电导率为 $1.5\times10^{-4}\,S\cdot m^{-1}$。试计算在该条件下 $SrSO_4$ 在水中的溶解度。

17. 298 K 时，KCl 和 $NaNO_3$ 溶液的极限摩尔电导率及离子的极限迁移数如下：

	$\Lambda_m^\infty/(S \cdot m^2 \cdot mol^{-1})$	$t_{\infty,+}$
KCl	1.4985×10^{-2}	0.4906
$NaNO_3$	1.2159×10^{-2}	0.4124

计算：(1) 氯化钠溶液的极限摩尔电导率 $\Lambda_m^\infty(NaCl)$；

(2) 氯化钠溶液中的 Na^+ 极限迁移数 $t_\infty(Na^+)$ 和极限电迁移率 $u_\infty(Na^+)$。

18. 有下列不同类型的电解质(a) HCl；(b) $CdCl_2$；(c) $CaSO_4$；(d) $LaCl_3$；(e) $Al_2(SO_4)_3$。设它们都是强电解质，当它们的溶液浓度皆为 0.25 mol·kg^{-1}时，计算各溶液的(1) 离子强度；(2) 离子平均质量摩尔浓度 $m_\pm$。

19. 反应 $Zn(s)+CuSO_4(a=1) \longrightarrow Cu(s)+ZnSO_4(a=1)$在电池中进行，288 K 时，测得 $E=1.0934$ V，电池的温度系数$\left(\frac{\partial E}{\partial T}\right)_p=-4.29\times10^{-4}\,V\cdot K^{-1}$。

(1) 写出电池表示式和电极反应；

(2) 求电池反应的 $\Delta_r S_m^\ominus$、$\Delta_r G_m^\ominus$、$\Delta_r H_m^\ominus$和 Q_R。

20. 列式表示下列两组标准电极电势 $E^\ominus$之间的关系：

(1) $Fe^{3+}+3e^- \longrightarrow Fe(s)$，　$Fe^{2+}+2e^- \longrightarrow Fe(s)$，　$Fe^{3+}+e^- \longrightarrow Fe^{2+}$

(2) $Sn^{4+}+4e^- \longrightarrow Sn(s)$，　$Sn^{2+}+2e^- \longrightarrow Sn(s)$，　$Sn^{4+}+2e^- \longrightarrow Sn^{2+}$

21. 298 K 时测得电池 Ag(s)｜AgCl(s)｜HCl(aq)｜$Cl_2(p)$｜Pt 的电动势 $E=1.136$ V，在此温度下 $E^\ominus_{Cl_2|Cl^-}=1.358$ V，$E^\ominus_{Ag^+|Ag}=0.799$ V，试求 AgCl 的活度积。

22. 试设计合适的电池，用电动势法测定下列各热力学函数值(设温度均为 298 K)，要求写出电池的表示式和列出所求函数的计算式。

(1) $Ag(s)+Fe^{3+} \longrightarrow Ag^++Fe^{2+}$的平衡常数 K；

(2) HBr(0.1 mol·kg^{-1})溶液的离子平均活度系数 $\gamma_\pm$；

(3) $Hg_2Cl_2(s)$的溶度积 K_{sp}；

(4) $Ag_2O(s)$的分解温度；

(5) $H_2O(l)$的标准生成 Gibbs 自由能；

(6) 弱酸 HA 的解离常数。

23. 在锌电极上析出 H_2 的 Tafel 公式为

$$\eta = 0.72 + 0.116\lg j$$

在 298 K 时，用 Zn(s)作阴极，惰性物质作阳极，电解浓度为 0.1 mol·kg^{-1}的 $ZnSO_4$ 溶液，设溶液 pH 为 7.0，若要使 H_2 不和锌同时析出，应控制什么条件？

24. 某一溶液中含 KBr 和 KI 浓度均为 0.1 mol·kg^{-1}，今将溶液放于带有 Pt 电极的多孔磁杯内，将杯放在一个较大的器皿中，器皿内有一 Zn 电极和大量的 0.1 mol·kg^{-1} $ZnCl_2$ 溶液。设 H_2 气在 Zn 上析出的超电势是 0.70 V，O_2 气在 Pt 电极上析出的超电势是 0.45 V(不考虑液接电势，Zn、I_2 和 Br_2 的析出电势很小，可忽略)。问：

(1) 析出 99%的碘时所需的外加电压是多少？

(2) 析出 99%的溴时所需的外加电压是多少？

(3) 当开始析出 O_2 时，溶液中 Br^- 离子浓度为多少？

25. 写出下列浓差电池的电池反应，并计算在 298 K 的电动势：

(1) Pt，$H_2(2p)$｜$H^+(a_{H^+}=1)$｜$H_2(p)$，Pt

(2) Pt，$Cl_2(p)$｜$Cl^-(a_{Cl^-}=1)$｜$Cl_2(2p)$，Pt

(3) $Zn(s)\,|\,Zn^{2+}(a_{Zn^{2+}}=0.004)\,\|\,Zn^{2+}(a_{Zn^{2+}}=0.02)\,|\,Zn(s)$

26. 某溶液含有 0.01 mol·kg^{-1} $CdSO_4$、0.01 mol·kg^{-1} $ZnSO_4$ 和 0.5 mol·kg^{-1} H_2SO_4，把该溶液放在两个 Pt 电极之间，在 25 ℃、100 kPa 下用低电流密度进行电解，同时均匀搅拌，假设超电势可忽略不计，且 $\gamma_{Cd^{2+}}=\gamma_{Zn^{2+}}$。已知 25 ℃时，$E^{\ominus}_{Cd^{2+}|Cd}=-0.40$ V，$E^{\ominus}_{Zn^{2+}|Zn}=-0.76$ V。

(1) 何种金属先析出？

(2) 第二种金属开始析出时，第一种金属离子在溶液中的浓度为多少？

27. 电流密度为 0.1 A·cm^{-2}时，H_2 和 O_2 在 Ag 电极上的超电势分别为 0.90 V 和 0.98 V。今将两个 Ag 电极插入 0.01 mol·kg^{-1}的 NaOH 溶液中，通电(电流密度为 0.1 A·cm^{-2})发生电解反应。电极上首先发生什么反应？此时外加电压为多少？

已知：$E^{\ominus}_{OH^-|O_2}=0.401$ V，$E^{\ominus}_{OH^-|H_2}=-0.828$ V，$E^{\ominus}_{OH^-|Ag_2O}=0.344$ V。

第8章 界面现象

本章学习目标：

- 理解表面自由能和界面张力的概念，了解表面张力与温度的关系。
- 明确弯曲表面的附加压力产生的原因及与曲率半径的关系，学会使用 Young-Laplace 公式。
- 了解弯曲液面上的界面现象，掌握附加压力、润湿及 Kelvin 公式的应用。
- 掌握单分子层吸附理论的要点，学会 Langmuir 公式的应用。
- 掌握 Gibbs 吸附等温式的表示形式及各项的物理意义，并能运用该式进行简单计算。
- 了解表面活性剂的作用。

对于一定量的物质而言，分散度越高，其表面积就越大。通常用比表面积 S_0 表示物质的分散度。其定义为：每单位体积的物质所具有的表面积，即

$$S_0 = A_s/V \tag{8.1}$$

式中，A_s 代表体积为 V 的物质所具有的表面积。对于边长为 l 的立方体颗粒，其比表面积可用下式计算：

$$S_0 = A_s/V = 6l^2/l^3 = 6/l \tag{8.2}$$

例如，将 1 cm^3 的立方体在三维方向上各拦腰切割一次，每切割一次就增加两个新的表面，三次切割增加了 6 个新的表面，则总面积就从 6 cm^2 增加到 12 cm^2。如继续切割，其表面积的增长如表 8-1 所示（表中同时给出了总表面能，当粒子的边长从 10^{-4} cm 变为 10^{-7}cm 时，表面积的变化为 $10^4 \sim 10^7$ cm^2，表面能的变化为 $1 \sim 10^3$J，导致微小粒子物理化学性质的巨大变化）。

表 8-1　1 cm^3 的立方体在分割过程中表面性质的变化

边长/cm	立方体个数	总表面积/cm^2	比表面/m^{-1}	总表面能/J
1	1	6	6×10^2	0.44×10^{-4}
1×10^{-1}	1×10^3	6×10^1	6×10^3	0.44×10^{-3}
1×10^{-2}	1×10^6	6×10^2	6×10^4	0.44×10^{-2}
1×10^{-3}	1×10^9	6×10^3	6×10^5	0.44×10^{-1}
1×10^{-4}	1×10^{12}	6×10^4	6×10^6	0.44
1×10^{-5}	1×10^{15}	6×10^5	6×10^7	0.44×10^1
1×10^{-6}	1×10^{18}	6×10^6	6×10^8	0.44×10^2
1×10^{-7}	1×10^{21}	6×10^7	6×10^9	0.44×10^3
1×10^{-8}	1×10^{24}	6×10^8	6×10^{10}	0.44×10^4

对于松散的聚集体或多孔性物质，其分散度常用单位质量的物质所具有的表面积 S_w 来表示。例如边长为 l 的立方体颗粒：

$$S_w = 6l^2/(\rho l^3) = 6/(\rho l) \tag{8.3}$$

式中，ρ 为物体的密度，其单位为 $kg \cdot m^{-3}$。

由上述比表面的表示式可知，对于一定量的物质，颗粒分割得越小，总的表面积就越大，系统的分散度就越高。

凝聚态（液态、固态）物质与其饱和蒸气达成平衡时，两相紧密接触、约有几个分子厚度的过渡区，称为该凝聚态的表面。

通常将凝聚态物质与空气达成平衡时，两相紧密接触、约有几个分子厚度的过渡区，也称为该凝聚态的表面，但严格讲那是界面。

界面是一个相到另一个相的过渡区。一般按两体相聚集态的不同，将界面分为液-气、液-液、固-气、固-液、固-固五种，习惯上又常将液-气和固-气界面称为表面。界面不是一个没有厚度的纯粹几何面，它有一定的厚度，可以是多分子层，也可以是单分子层界面，这一层的结构和性质与它邻近的两侧大不一样。界面现象是自然界普遍存在的现象，例如在光滑玻璃上的微小汞滴会自动地呈球形；水在毛细管中会自动地上升；固体表面能自动地吸附其他物质；脱脂棉易于被水润湿；微小的液滴易于蒸发，这些在相界面上所发生的物理化学现象皆称为界面现象。在本章中将讨论有关界面现象的一些基本概念及其应用。

§8.1 表面自由能和表面张力

8.1.1 表面热力学的基本公式

在不考虑表面层的分子，只考虑系统本体情况时，热力学能 U 是（S,V,n_B）的函数（所有热力学函数除了与其特征变量有关外，还与组成 n_B 有关），则

$$dU = TdS - p dV + \sum_B \mu_B dn_B \tag{8.4}$$

这是不考虑表面层分子，只考虑系统本体情况时所得到的公式。如果考虑系统表面积的变化，则第一定律和第二定律的联合公式为

$$dU = TdS - p dV + \gamma dA_s + \sum_B \mu_B dn_B \tag{8.5}$$

同理可得

$$dH = TdS + Vdp + \gamma dA_s + \sum_B \mu_B dn_B \tag{8.6}$$

$$dA = -SdT - p dV + \gamma dA_s + \sum_B \mu_B dn_B \tag{8.7}$$

$$dG = -SdT + Vdp + \gamma dA_s + \sum_B \mu_B dn_B \tag{8.8}$$

从上述关系式得

$$\gamma = \left(\frac{\partial U}{\partial A_s}\right)_{S,V,n_B} = \left(\frac{\partial H}{\partial A_s}\right)_{S,p,n_B} = \left(\frac{\partial A}{\partial A_s}\right)_{T,V,n_B} = \left(\frac{\partial G}{\partial A_s}\right)_{T,p,n_B} \tag{8.9}$$

8.1.2　表面张力

在一定温度和压力下，在两相(特别是气-液)界面上，处处存在着一种张力，称为表面张力，符号为 γ。它垂直于界面边界线，指向液体方向并与界面相切，其单位是 $N \cdot m^{-1}$。

在表面层中的分子，处于力场不对称的环境之中。液体内部的分子对表面层中分子的吸引力远大于外部气体分子对它的吸引力，使表面层中的分子恒受到指向液体内部的拉力，因而液体表面的分子总是趋于向液体内部移动，力图缩小表面积。因此，液体表面上如同绷紧了一层富于弹性的橡皮膜。例如，微小液滴总是呈球形；肥皂泡要用力吹才能变大，否则一放松就会自动缩小。又如，在金属线框中间系一线圈，一起浸入肥皂液中，然后取出，上面形成一液膜。由于以线圈为边界的两边表面张力大小相等、方向相反，故线圈成任意形状可在液膜上移动。若刺破线圈中央的液膜(图 8-1)，则线圈内侧张力消失，外侧表面张力立即将线圈绷成一个圆形，清楚地显示出表面张力的存在。

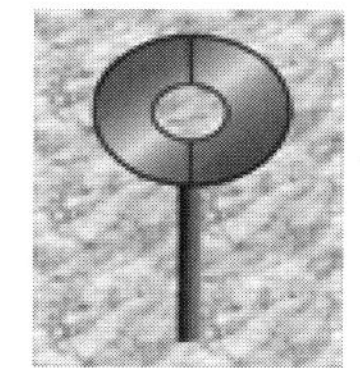

图 8-1　表面张力模型

8.1.3　影响表面张力的因素

(1) 表面张力与物质的本性有关。不同的物质，分子之间的作用力不同，而表面张力是分子之间相互作用的结果，故分子之间的作用力越大，表面张力也越大。一般说来，化学键越强，表面张力越大：γ(金属键)$>\gamma$(离子键)$>\gamma$(极性共价键)$>\gamma$(非极性共价键)。

同时，极性液体，例如水，有较大的表面张力；而非极性液体的表面张力则较小。

(2) 表面张力与接触相的性质有关。在一定条件下，同一种物质与不同性质的其他物质接触时，表面层分子所处的力场则不相同，故表面张力出现明显的差异。

(3) 表面张力与温度有关。一般情况下，表面张力随温度升高而降低。这是由于随温度升高分子动能增加，分子间相互作用力减弱，并且升高温度会使液体与气体的密度差减小，使表面层分子受液体内部分子的拉力减小，因而表面张力降低。

(4) 压力、分散度及运动情况对表面张力也有一定的影响。在温度、表面积一定的情况下，高压下液体的表面张力比常压下要大；当物质分散到曲率半径接近分子大小的尺寸时，分散度对表面张力的影响才显得重要。实验表明，高速旋转着的液体，其表面张力会增加。

固态物质也存在表面张力，构成固体的物质粒子间的作用力远大于液体的，所以固态物质一般要比液态物质具有更大的表面张力。

8.1.4　表面功与表面自由能

由于表面层分子受力不均匀，若要扩展液体的表面，把一部分分子从内部拉到表面，扩大表面积，则需要克服内部分子对表面分子不对称的作用力而做功。这种在形成新表面过程中所消耗的非体积功称为表面功，用符号 W_s(下标 s 代表表面。下同)表示，显然这种功与增加的表面积成正比。在等温、等压可逆条件下，如忽略液体内摩擦力，可逆增加表面积所做的可逆表面功为

$$\delta W_s = \gamma \mathrm{d}A_s \tag{8.10}$$

式中，γ 是比例系数，相当于在温度和压力不变的条件下，可逆地改变单位表面积所做的表面

功,单位是 $J \cdot m^{-2}$。

在等温等压条件下,环境对系统所做的可逆非体积功等于系统 Gibbs 自由能的增加,即 $\delta W_s = dG_s$,故 γ 又可表示为

$$\gamma = \left(\frac{\partial G_s}{\partial A_s}\right)_{T,p} \tag{8.11}$$

由此可知,在组成不变的封闭系统中,γ 又可表示为等温等压条件下,可逆增加系统单位表面积所引起的 Gibbs 自由能的变化值,称为表面 Gibbs 自由能或表面自由能(surface free energy),单位是 $J \cdot m^{-2}$。要扩大系统的表面积,环境对系统做功,系统总的表面自由能增加。由于等温等压条件下,系统 Gibbs 自由能减少是自发过程的方向,因此,液体的表面都有自动收缩的趋势,以降低系统的表面自由能。

表面张力、表面功和表面自由能是同一事实(表面分子存在不对称力)从不同角度的反映和度量。虽然它们的名称、表达方式和单位看似不同,但数值和单位实际上是相同的,$1\ N \cdot m^{-1} = 1\ J \cdot m^{-2}$(因为 $1\ J = 1\ N \cdot m$)。因此,都采用同一符号 γ 来表示,使用上也不严格区分。

§8.2 弯曲液面的附加压力和蒸气压

8.2.1 弯曲液面的附加压力

在一定的外压下,水平液面下的液体所承受的压力就等于外界压力 $p_外$;而弯曲液面下的液体,不仅要承受外界的压力 $p_外$,而且还要受到弯曲液面的附加压力 Δp 的影响。弯曲液面为什么会产生附加压力?

图 8-2 中,p_g 为大气压力,p_1 为弯曲液面内的液体所承受的压力。表面张力的作用点在周界线上,其方向垂直于周界线,而且与液滴的表面相切。周界线上表面张力的合力在截面垂直的方向上的分量并不为零,对截面下的液体产生压力的作用,使弯曲液面下的液体所承受的压力大于液面外大气的压力 p_g。弯曲液面内外的压力差,称为附加压力,其计算公式为

$$\Delta p = p_1 - p_g = 2\gamma / r \tag{8.12}$$

式中,γ 为液体的表面张力,r 为弯曲液面的曲率半径。此即杨-拉普拉斯(Young-Laplace)公式,是描述弯曲表面上附加压力的基本公式。

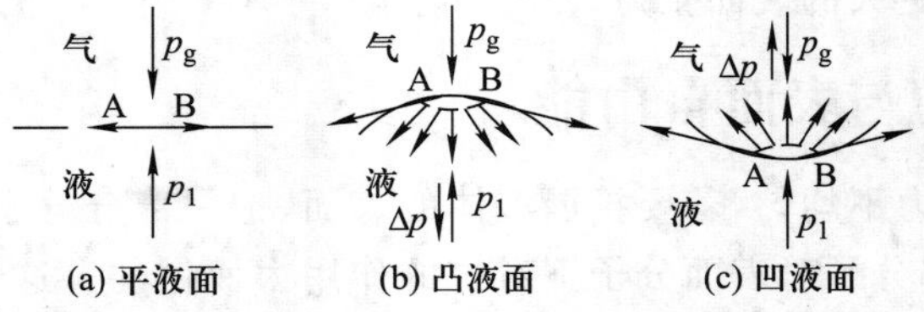

图 8-2 各液面的附加压力示意图

结论:(1) 附加压力和曲率半径的大小成反比,液滴越小,液体受到的附加压力越大。

(2) 凹液面的曲率半径为负值,因此附加压力也是负值,凹液面下的液体受到的压力比平液面下的液体受到的压力小。

(3) 附加压力的大小和表面张力有关，液体的表面张力大，产生的附加压力也较大。

8.2.2　毛细现象

把一支半径一定的毛细管垂直地插入某液体中，该液体若能润湿管壁，管中的液面将呈凹形，即润湿角 $\theta<90°$，如图 8-3 所示。由于附加压力 Δp 指向大气，而使凹液面下的液体所承受的压力小于管外水平液面下的液体所承受的压力。在这种情况下，液体将被压入管内，直至上升的液柱所产生的静压力 ρgh 与附加压力 Δp 在数值上相等时，才可达到力的平衡状态，即

$$\Delta p = 2\gamma / r = \rho gh \tag{8.13}$$

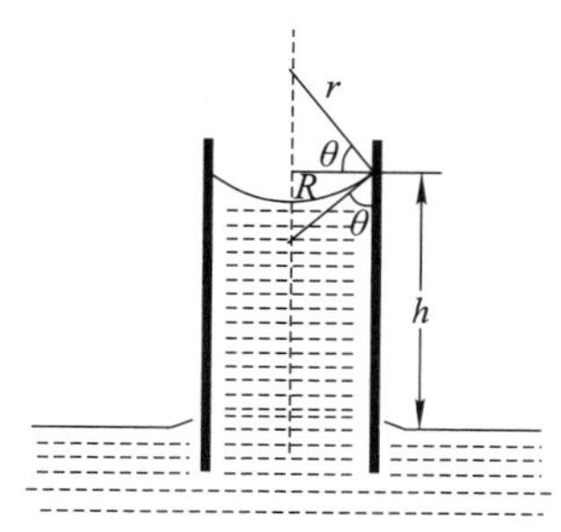

图 8-3　毛细现象图示

由图中的几何关系可以看出：润湿角 θ 与毛细管的半径 R 及弯曲液面的曲率半径 r 之间的关系为

$$\cos\theta = R/r \tag{8.14}$$

将此式代入式(8.13)，可得到液体在毛细管中上升的高度

$$h = 2\gamma\cos\theta/(R\rho g) \tag{8.15}$$

式中，γ 为液体的表面张力，ρ 为液体的密度，g 为重力加速度。由式(8.15)可知：在一定温度下，毛细管越细，液体的密度越小，液体对管壁润湿得越好，液体在毛细管中上升得越高。

当液体不能润湿管壁时，$\theta>90°$，$\cos\theta<0$，h 为负值，则表示管内凸液面下降的深度。例如毛细管插入汞中，则呈现毛细管内水银面下降的现象。

经上述讨论可知，表面张力的存在是弯曲液面产生附加压力的根本原因，而毛细管现象则是弯曲液面具有附加压力的必然结果。掌握了这些基本知识，有利于对表面效应的深入理解。例如农民锄地，不但可以铲除杂草，而且可以破坏土壤中的毛细管，防止植物根下的水分沿毛细管上升到地表面而被蒸发。

8.2.3　毛细压力

在毛细管中产生的这种附加压力称为毛细压力。当毛细管的半径很小时，这种毛细压力将是十分可观的。

当两片玻璃板之间存在很小的狭缝时，当纤维之间、土壤的团粒结构之间或洁净的沙子之间存在狭缝时，都会产生很大的毛细压力。用毛细压力可以解释如下现象：平板玻璃间有水时为何很难分开？有的织物用水洗涤后为何会缩水，而有的却不会？为何细沙在加少量水后可以做沙雕？等。

8.2.4 毛细凝聚现象

在测量固体吸附量时，采用的吸附质能润湿固体，在毛细管中会形成凹面。因为凹面上有附加压力，蒸气压比平面上小。在小于饱和蒸气压时，凹面上已达饱和而发生凝聚，这就是毛细凝聚现象。发生毛细凝聚后会使吸附结果偏高。

弯曲液面的蒸气压——Kelvin 公式及其应用

曲面施予液体的附加压力随曲率而变，所以不同曲率的曲面所包围的液体的状态并不相同。换言之，液体的状态与性质将随液面曲率(或形状)的不同而有所不同。例如，平面液体与曲面液体上的蒸气压就不同。

液体的蒸气压与曲率的关系，可用如下方法获得：

$$\begin{array}{ccc} \text{平面液体} & \overset{(1)}{\rightleftharpoons} & \text{蒸气(正常蒸气压 } p_0) \\ \downarrow(2) & & \uparrow(4) \\ \text{小液滴} & \overset{(3)}{\rightleftharpoons} & \text{蒸气(小液滴蒸气压 } p_r) \end{array}$$

过程(1)是等温等压下的气液两相平衡，$\Delta_{vap}G_1=0$。过程(2)是等温等压下的液滴分割，小液滴具有平面液体所没有的表面张力 γ，在分割过程中，系统的摩尔体积 V_m 并不随着压力而变。于是根据 Young-Laplace 公式，得

$$\Delta G_2=\int_{p_0}^{p_0+\frac{2\gamma}{r}} V_m \mathrm{d}p+\gamma(A_s-A_0)\approx\frac{2\gamma M}{r\rho}+\gamma A_s \tag{8.16}$$

式中，M 为液体的摩尔质量，ρ 为液体的密度，A_s 和 A_0 分别是小液滴和平面液体的表面积。

过程(3)中，气相和液相的化学势相同，但小液滴的表面消失，所以 $\Delta_{vap}G_3=-\gamma A_s$。

过程(4)的蒸气压力由 $p_r\rightarrow p_0$，有

$$\Delta G_4=RT\ln\frac{p_0}{p_r}=-RT\ln\frac{p_r}{p_0} \tag{8.17}$$

在循环过程中，$\Delta G_2+\Delta G_3+\Delta G_4=0$，故可得

$$RT\ln\frac{p_r}{p_0}=\frac{2\gamma M}{r\rho} \tag{8.18}$$

这就是 Kelvin 公式。

此式还可以进一步简化，由于

$$\frac{p_r}{p_0}=1+\frac{\Delta p}{p_0} \tag{8.19}$$

式中 $\Delta p=p_r-p_0$，当$\dfrac{\Delta p}{p_0}$很小时，

$$\ln\left(\frac{p_r}{p_0}\right)=\ln\left(1+\frac{\Delta p}{p_0}\right)\approx\frac{\Delta p}{p_0} \tag{8.20}$$

联式可得

$$\frac{\Delta p}{p_0}=\frac{2\gamma M}{RTr\rho} \tag{8.21}$$

这就是 Kelvin 公式的简化式。此式表明，液滴越小，蒸气压越大。

从 Kelvin 公式可以理解：为什么蒸气中若不存在任何可以作为凝结中心的粒子，则可以达到很大的过饱和度而水不会凝结出来？因为此时水蒸气的压力虽然对水平液面的水来说，已经是过饱和了，但对于将要形成的小液滴来说，则尚未饱和，因此小液滴难以形成。如果有微小的粒子（例如 AgI 微粒）存在，则使凝聚水滴的初始曲率半径加大，蒸气就可以在较低的过饱和度时开始在这些微粒的表面上凝结出来。人工降雨的基本原理就是，为云层中的过饱和水蒸气提供凝聚中心（例如 AgI 微粒），而使之成雨滴落下。

又如，对于液体中的小蒸气泡（对液体加热，沸腾时将有气泡生成），蒸气泡内壁的液面是凹面，所受压力小于平面。根据 Kelvin 公式，气泡中的液体饱和蒸气压将小于平面液体的饱和蒸气压，而且气泡愈小，蒸气压也越低。在沸点时，水平液面的饱和蒸气压等于外压，沸腾时形成的气泡需经过从无到有、从小到大的过程；而最初形成的半径极小的气泡其蒸气压远小于外压，所以，小气泡开始难以形成（广义地说，在物系中要产生一个新相总是困难的），致使液体不易沸腾而形成过热液体，过热液体是不稳定的，容易发生暴沸。如果在加热时，先在液体中加入浮石（或称沸石），由于浮石是多孔硅酸盐，内孔中储有气体，加热时这些气体成为新相（气相）的“种子”，因而绕过了产生极微小气泡的困难阶段，使液体的过热程度大大地降低了。

另外，从过饱和溶液中会生成细小晶粒，不利于过滤，生产上常在结晶器皿中投入一些小晶体，作为新结晶相的种子，以防止溶液的过饱和程度过高而使所形成的晶粒太小。还有蒸气在多孔固体表面被吸附时，在细孔道内弯曲液面上的蒸气压比平面上小，容易发生毛细凝聚现象等等，都可以用上述原理给出解释。

§8.3　亚稳态与新相的生成

由于系统的比表面增大，所引起液体的饱和蒸气压加大、晶体的溶解度增加等一系列的表面现象，只有在颗粒半径很小时，才能达到可以觉察的程度。在通常情况下，这些表面效应是完全可以忽略不计的。但在蒸气的冷凝、液体的凝固和溶液的结晶等过程中，由于最初生成新相的颗粒是极其微小的，其比表面和表面 Gibbs 自由能都很大，物系处于不稳定状态。因此，在系统中要产生一个新相是比较困难的。由于新相难以生成，而引起各种过饱和现象。例如，蒸气的过饱和、液体的过冷或过热，以及溶液的过饱和等现象。

1. 过热液体

在一定压力下，当液体的温度高于该压力时的沸点，而液体仍不沸腾的现象，叫过热现象，此时的液体称为过热液体。

如果在液体中没有可提供新相种子（气泡）的物质存在，液体在沸腾温度时将难以沸腾。这主要是因为液体在沸腾时，不仅在液体表面上进行气化，而且在液体内部要自动地生成极微小的气泡（新相）。但是，凹液面的附加压力将使气泡难以形成。若要使小气泡存在，必须继续加热，使小气泡内水蒸气的压力等于或超过它应当克服的压力时，小气泡才可能产生，液体才开始沸腾，此时液体的温度必然高于该液体的正常沸点。这种按照相平衡的条件，应当沸腾而不沸腾的液体，称为过热液体。

2. 过冷液体

在一定压力下，当液体的温度已低于该压力下液体的凝固点，而液体仍不凝固的现象，叫过冷现象，此时的液体称为过冷液体。

在一定温度下，微小晶体的饱和蒸气压恒大于普通晶体的饱和蒸气压，是液体产生过冷现象的主要原因。例如纯净的水，有时可冷却到－40 ℃，仍呈液态而不结冰。在过冷的液体中，若加入小晶体作为新相种子，则能使液体迅速凝固成晶体。

在液体冷却时，其黏度随温度的降低而增加，这就增大了分子运动的阻力，阻碍分子作整齐排列而成晶体的过程。因此，在液体的过冷程度很大时，黏度较大的液体不利于结晶中心的形成和长大，有利于过渡到非结晶状态的固体，即形成玻璃体状态。

3. 过饱和蒸气

一定温度下，当蒸气分压超过该温度下的饱和蒸气压，而蒸气仍不凝结的现象叫过饱和现象，此时的蒸气称为过饱和蒸气。

过饱和蒸气之所以可能存在，是因为新生成的极微小的液滴（新相）的蒸气压大于平液面上的蒸气压。若蒸气的过饱和程度不高，对微小液滴还未达到饱和状态时，微小液滴既不可能产生，也不可能存在。这种按照相平衡的条件，应当凝结而未凝结的蒸气，称为过饱和蒸气。例如在 0 ℃附近，水蒸气有时要达到 5 倍于平衡时的蒸气压，才开始自动凝结。其他蒸气，如甲醇、乙醇及醋酸乙酯等也有类似的情况。

当蒸气中有灰尘存在或容器的内表面粗糙时，这些物质可以成为蒸气的凝结中心，使液滴核心易于生成及长大，在蒸气的过饱和程度较小的情况下，蒸气就可开始凝结。这就是人工降雨的原理。

4. 过饱和溶液

一定温度、压力下，当溶液中溶质的浓度已超过该温度、压力下溶质的溶解度，而溶质仍不析出的现象，叫过饱和现象，此时的溶液称为过饱和溶液。

在一定条件下，晶体的颗粒愈小，其溶解度愈大。所以，将溶液进行恒温蒸发时，溶质的浓度逐渐加大，达到普通晶体溶质的饱和浓度时，对微小晶体的溶质却仍未达到饱和状态，不可能有微小晶体析出。为了使微小晶体能自动地生成，需要将溶液进一步蒸发，达到一定的过饱和程度，晶体才可能不断地析出。这种按照相平衡的条件，应当有晶体析出而未析出的溶液，称为过饱和溶液。

在结晶操作中，若溶液的过饱和程度太大，将会生成很细小的晶粒，不利于过滤或洗涤，会影响产品的质量。在生产中，常采用向结晶器中投入小晶体作为新相种子的方法，防止溶液的过饱和程度过高，可获得较大颗粒的晶体。

上述过饱和蒸气、过饱和溶液、过热液体、过冷液体等现象都是热力学不稳定状态，但是它们又能在一定条件下较长时间内稳定存在，这种状态被称为亚稳状态。亚稳状态之所以能存在，皆与新相种子难以生成有一定的关系。在科研和生产中，有时需要破坏这种状态，如上述的结晶过程；但有时则需要保持这种亚稳状态长期存在。如金属的淬火，就是将金属制品加热到一定温度，保持一段时间后，将其在水、油或其他介质中迅速冷却，保持其在高温时的某种结构，这种结构的物质在室温下虽属亚稳状态，但却不易转变。所以，经过淬火可改变金属制品的性能，从而达到制品所要求的质量。

§8.4 铺展与润湿

8.4.1 液体的铺展

液体在另外一种不互溶的液体表面自动展开成膜的过程叫液体的铺展。

在一定温度、压力下，可逆铺展单位面积时，体系表面 Gibbs 自由能的增量为

$$\Delta G_{T,p}=\gamma_{\text{A}}+\gamma_{\text{A·B}}-\gamma_{\text{B}} \tag{8.22}$$

铺展系数：

$$S=-\Delta G_{T,p} \quad \text{或} \quad S=\gamma_{\text{B}}-\gamma_{\text{A}}-\gamma_{\text{A·B}} \tag{8.23}$$

$\Delta G_{T,p}\leqslant 0$，即 $S\geqslant 0$ 时，A 可以在液体 B 表面铺展(图 8-4)。

图 8-4 铺展状态示意图

8.4.2 固体表面的润湿

1. 固体的润湿

润湿是指固体表面被另一种流体的界面所取代的过程，可分以下几类(图 8-5)：

(1) 黏湿：固体和液体接触形成固液界面的过程。

$$-\Delta G_{\text{表},\text{a}}=\gamma_{\text{s,g}}+\gamma_{\text{l,g}}-\gamma_{\text{s,l}} \tag{8.24}$$

(2) 浸湿：固体浸入液体形成固液界面的过程。

$$-\Delta G_{\text{表},\text{i}}=\gamma_{\text{s,g}}-\gamma_{\text{s,l}} \tag{8.25}$$

(3) 铺展润湿：液体铺展在固体表面而形成固液界面的过程。

$$-\Delta G_{\text{表},\text{s}}=\gamma_{\text{s,g}}-\gamma_{\text{l,g}}-\gamma_{\text{s,l}}=S \tag{8.26}$$

对于同一体系：

$$\Delta G_{\text{表},\text{s}}>\Delta G_{\text{表},\text{i}}>\Delta G_{\text{表},\text{a}}$$

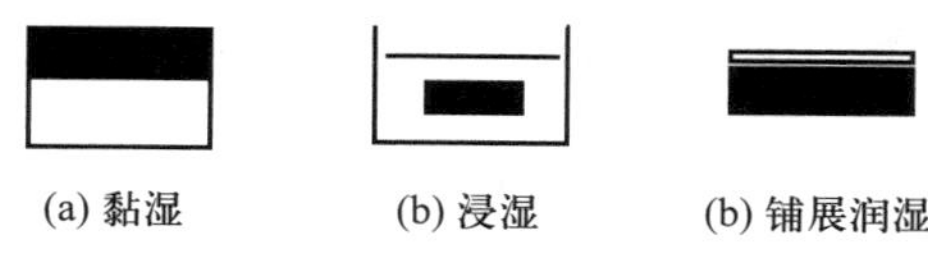

图 8-5 润湿的分类

可以看出：铺展润湿的标准是润湿的最高标准。

2. 接触角

润湿过程与界面张力有关。一滴液体落在固体表面上，当达到平衡时，有如下几种情况(参考图 8-6)。

平衡时，有

$$\gamma_{\text{s,g}}=\gamma_{\text{s,l}}+\gamma_{\text{g,l}}\cos\theta \tag{8.27}$$

上式称为杨氏(Young)公式,可以预测润湿情况。当 $\theta=0$ 或者不存在($\cos\theta>1$ 的情况)时,完全润湿;当 $\theta<90°$时,部分润湿或润湿;当 $\theta=90°$时,是润湿与否的分界线;当 $\theta>90°$时,不润湿;当 $\theta=180°$时,完全不润湿。

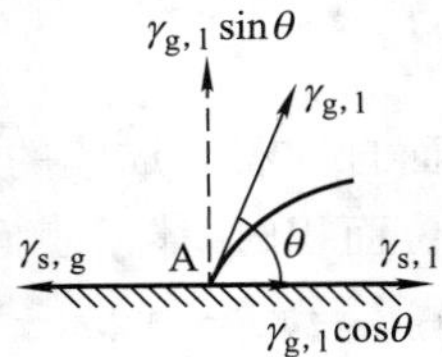

图 8-6 接触角图示

§8.5 固体表面的吸附

固体表面有吸附气体或从溶液中吸附溶质的特性。例如,在一个充满溴蒸气的玻璃瓶中加入一些活性炭,可以看到棕红色的溴蒸气渐渐消失,这表明活性炭的表面有富集溴分子的能力。这种在一定条件下,一种物质的分子、原子或离子能自动地附着在某固体表面上的现象;或者,在任意两相之间的界面层中,某物质的浓度能自动地发生变化的现象,皆称为吸附。我们把具有吸附能力的物质称为吸附剂或基质,被吸附的物质则称为吸附质。例如,用活性炭吸附溴时,活性炭为吸附剂,溴是吸附质。

固体表面一般都具有一定的吸附能力,这主要是因为固体表面层的物质粒子受到指向内部的拉力,这种不平衡力场的存在导致表面 Gibbs 自由能的产生。固体物质不能像液体那样可通过收缩表面来降低系统的表面 Gibbs 自由能,但它可以利用表面上的剩余力,从周围的介质中捕获其他的物质粒子,使其不平衡力场得到某种程度的补偿,从而导致表面 Gibbs 自由能的降低。

在一定的 T、p 下,固体表面可自动地吸附那些能使表面 Gibbs 自由能降低的物质,而被吸附物质的量将随着吸附面积的增加而加大。因此,为了提高吸附量,应尽可能地增加吸附剂的比表面。许多粉末状或多孔性物质,往往都具有良好的吸附性能。

8.5.1 物理吸附与化学吸附

吸附作用可以发生在各种不同的相界面上,如气-固、液-固、气-液、液-液等界面上均可发生吸附作用。气体分子碰撞到固体表面上后发生吸附,按吸附分子与固体表面的作用力的性质不同,根据大量实验结果可以把吸附分为物理吸附和化学吸附两类。

第一类吸附一般无选择性。这就是说,任何固体可吸附任何气体(当然,吸附量会随不同的系统而有所不同)。一般来说,越是易于液化的气体越易于被吸附。吸附可以是单分子层也可以是多分子层,同时解吸也较容易。其吸附热(分子从气相吸附到表面相上这一过程中所放出的热)的数值与气体的液化热相近,这类吸附与气体在表面上的凝聚很相似。此外,此类吸附的吸附速率和解吸速率都很快,且一般不受温度的影响,也就是说,此类吸附过程不需要活化能(即使需要,也很小)。从以上各种现象不难看出,这类吸附的实质是一种物理作用,在吸附过程中没有电子转移，没有化学键的生成与破坏，没有原子重排等等，而产生吸附的只是van der Waals引力。所以，这类吸附叫作物理吸附(physical adsorption)。

第二类吸附是有选择性的。一些吸附剂只对某些气体才会发生吸附作用。其吸附热的数值很大(>40 kJ·mol^{-1})，与化学反应热差不多是同一个数量级的。这类吸附总是单分子层的，且不易解吸。由此可见，它与化学反应相似，可以看成表面上的化学反应。它的吸附与解吸速率都较小，而且温度升高时吸附(和解吸)速率增加。像化学反应一样，这类吸附过程需要一定的活化能(当然，也有少数需要很少甚至不需要活化能的化学吸附，其吸附和解吸速率也很快)。气体分子与吸附表面的作用力和化合物中原子间的作用力相似。这种吸附实质上是一种化学反应，所以叫作化学吸附(chemical adsorption)。

物理吸附和化学吸附的区别见表8-2。

表8-2 物理吸附与化学吸附比较

	物理吸附	化学吸附
吸附力	范德华力	化学键力
吸附分子层	单分子层或多分子层	单分子层
吸附温度	低	高
吸附热	小	大
吸附速率	快	慢
吸附稳定性	不稳定	比较稳定
吸附选择性	无	有

8.5.2 吸附等温线与吸附等温式

研究指定条件下吸附剂的吸附量是人们关注的重要课题。当气体在固体表面被吸附时，吸附量 q 通常表示为单位质量的固体所吸附气体的物质的量 n 或所吸附气体的体积 V(换算为0℃，101.325 kPa条件下的体积)，即

$$q=\frac{n}{m} \tag{8.28}$$

$$q=\frac{V}{m} \tag{8.29}$$

其单位分别为mol·kg^{-1}和m^3·kg^{-1}。

实验表明，对于指定的吸附剂和吸附质，吸附量的大小与吸附温度和吸附质的压力有关，即 q 是 T，p 的函数，用公式表示为

$$q=f(T,p)$$

为了使其关系更加简明，在吸附量、温度和压力这三个变量中，常常固定一个变量，然后测定其他两个变量之间的关系。在恒温下，以 q-p 作出的 $q(T)=f(p)$关系式称为吸附等温式，对应的反映 q 和 p 之间关系的曲线称为吸附等温线。同理，在恒压下，得到 $q(p)=f(T)$吸附等压式，以及反映 q 和 T 之间关系的吸附等压线；吸附量恒定时，得到 $p(q)=f(T)$吸附等量式及反映 p 和 T 之间关系的吸附等量线。

上述三种吸附曲线中，吸附等温线是可以通过实验测定的，而吸附等压线和等量线则是在一组吸附等温线的基础上计算绘制的。

吸附等温线大致可归纳为五种类型，如图 8-7 所示，其中除第一种为单分子层吸附等温线以外，其他四种皆为多分子层吸附等温线。

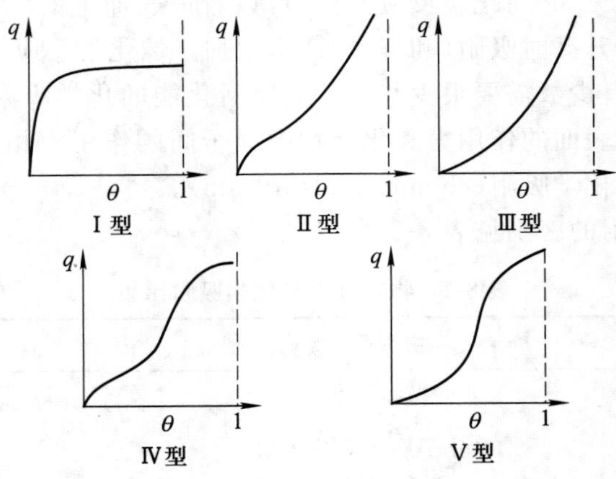

图 8-7 吸附等温线类型

根据大量的实验结果，人们曾提出过许多描述吸附的物理模型及吸附等温式（等温线方程），其中弗里德利希（Friedrich）吸附等温式、朗格缪尔（Langmuir）吸附等温式和多分子层（BET）吸附等温式较为重要且应用较广泛。本教材仅对单分子层吸附理论和相应的 Langmuir 吸附等温式作一简单介绍。

8.5.3 单分子层吸附理论与 Langmuir 吸附等温式

1916 年，Langmuir 根据大量的实验事实，从动力学的观点出发，提出了第一个描述固体对气体吸附的理论，一般称为单分子层吸附理论。该理论的基本假设如下：

(1) 吸附是单分子层的。固体表面上的原子力场同样是不饱和的，有剩余价力，故气体分子碰撞到固体表面时，其中一部分分子就会被吸附，以使其不饱和力得以部分补偿，同时放出热量。但是，只有气体分子碰撞到固体的空白表面，进入原子力场作用的范围内，才有可能被吸附。固体表面盖满一层吸附分子后，力场得到部分补偿，不再有吸附能力，因此吸附是单分子层的。

(2) 固体表面是均匀的。固体表面上各个晶格位置的吸附能力是相同的，每个位置上只能吸附一个分子。吸附热是一个常数，不随覆盖程度的大小而变化。

(3) 被吸附在固体表面上的分子之间无相互作用力。在各个晶格位置上，气体分子的吸附与解吸的难易程度，与其周围是否有被吸附分子的存在无关。

(4) 吸附平衡是吸附与解吸的动态平衡。气体分子碰撞到固体空白表面时，被固体表面吸附，若被吸附的分子有足够的能量，足以克服固体表面对它的吸引力，则被吸附的分子可以重新回到气相中，即发生解吸。开始阶段，由于固体的空白表面比较多，吸附的速率较大，随着固体表面吸附气体分子数的增加，解吸的速率增加，当吸附速率与解吸速率相等时，即达到吸附平衡；从宏观上看，气体不再被吸附或解吸，但实际上吸附与解吸仍在不断进行，只是它们的速率相等而已。

引入表面覆盖率 θ，它的定义是已被吸附质覆盖的固体表面积与固体的总表面积之比，即

$$\theta=\frac{\text{已被吸附质覆盖的固体表面积}}{\text{固体的总表面积}}$$

设某一时刻固体的表面覆盖率为 θ，则固体的空白率为 $1-\theta$。若以 N 代表固体表面上具有吸附能力的总的晶格位置数，可简称为吸附位置数，则气体的吸附速率应正比于固体表面的空位数 $(1-\theta)N$ 和气体的压力，即吸附速率为

$$v_{\text{吸附}}=k_1p(1-\theta)N$$

式中，k_1 为吸附速率系数，p 为气体的压力。

气体的解吸速率只正比于固体表面上被覆盖的吸附位置数，即解吸速率为

$$v_{\text{解吸}}=k_{-1}\theta N$$

式中，k_{-1} 为解吸速率系数。当吸附达到平衡时，吸附速率和解吸速率相等，即

$$k_1p(1-\theta)N=k_{-1}\theta N$$

整理后得

$$\theta=\frac{k_1p}{k_{-1}+k_1p}$$

令 $b=k_1/k_{-1}$，代入上式得

$$\theta=\frac{bp}{1+bp} \tag{8.30}$$

式(8.30)即为 Langmuir 吸附等温式。b 称为吸附系数，其值与吸附剂、吸附质和吸附温度有关，b 值越大，则表示吸附能力越强；从本质上看，b 等于吸附平衡的经验平衡常数。

在较低的压力下，θ 随平衡压力的上升而增加；压力足够高时，气体分子在固体表面挤满整整一层，此时 θ 趋近于 1，吸附量不再随气体压力的上升而增加，即达到吸附饱和的状态，对应的吸附量称为饱和吸附量，以 q_m 表示。由于每个具有吸附能力的位置上只能吸附一个气体分子，故

$$\theta=\frac{q}{q_m}$$

将上式代入 Langmuir 吸附等温式，整理得

$$q=q_m\frac{bp}{1+bp} \tag{8.31a}$$

或

$$\frac{1}{q}=\frac{1}{q_m}+\frac{1}{q_mb}\cdot\frac{1}{p} \tag{8.31b}$$

由式(8.31a)可以看出：

(1) 当压力很低时，$bp\ll1$，$q\approx q_mbp$，q 与 p 成直线关系。

(2) 当压力很高时，$bp\gg1$，$q\approx q_m$，q 不再随压力变化而变化，表示吸附达到饱和状态。

由式(8.31b)可知，以 $1/q$ 对 $1/p$ 作图，可以得到一条直线。该直线截距为 $1/q_m$，斜率为 $1/(q_mb)$，由此可求出 q_m 和 b。

如果每个吸附分子的横截面积为 A_m，便可计算出比表面积 A_s 与 A_m 和 q_m 的关系：

$$A_s=LA_mq_m \tag{8.32}$$

式中，L 为阿伏加德罗常量。反之，若已知 q_m 及 A_s，则可由上式求每个吸附分子的横截面积 A_m。

Langmuir 吸附等温式适用于单分子层吸附，它能较好地描述Ⅰ型吸附等温线在不同压力范围内的吸附特征，为后来的吸附理论的发展起到了重要的奠基作用。不过，应当指出的是，Langmuir 提出的单分子层吸附理论并不是很严格。例如，对于物理吸附，当表面覆盖率不是很低时，被吸附的分子之间往往存在不可忽视的作用力；另外，绝大多数情况下，固体表面并不是均匀的，吸附热随表面覆盖率而变，b 不再是常数；对于多分子层吸附，Langmuir 吸附等温式不再适用，而单分子层吸附的假设有很大局限性，实际上几乎所有物理吸附都是多分子层的。

§8.6 溶液表面的吸附和 Gibbs 吸附等温式

溶液处于平衡状态时，溶质在表面层与本体溶液中的浓度维持一个稳定的差值，这种现象称为溶液的表面吸附。溶质在表面层的浓度大于本体浓度的称正吸附；溶质在表面层的浓度小于本体浓度的称负吸附。

溶液看起来非常均匀，实际上并非如此。无论用什么方法使溶液混匀，但表面上一薄层的浓度总是与内部不同。通常把物质在表面上富集的现象称为吸附。溶液表面的吸附作用导致表面浓度与内部(即体相)浓度的差别，这种现象则称为表面过剩，通常以单位面积的表面层中所含溶质的物质的量与具有相同量的溶剂在本体溶液中溶质的物质的量的差值来表示，单位是 $mol \cdot m^{-2}$。由于极薄的表面与本体难以分割，所以表面过剩难以测定(界面区一般只有几个分子的厚度)。

可以用一个简易的实验方法，证明表面过剩的存在。向含有某种溶质的溶液中加入表面活性剂，通入大量空气使其产生泡沫，然后分析泡沫中溶质的浓度。结果发现，泡沫的浓度大大高于原溶液的浓度(这一现象后来发展为提取稀有元素的泡沫浮选法)。

Gibbs 从热力学的角度研究了表面过剩现象，并导出了 Gibbs 吸附等温式。

表面积的缩小和表面张力的降低，都可以降低系统的 Gibbs 自由能。定温下纯液体的表面张力为定值，因此对于纯液体来说，降低系统 Gibbs 自由能的唯一途径是尽可能地缩小液体表面积。对于溶液来说，溶液的表面张力和表面层的组成有着密切的关系，因此还可以由溶液自动调节不同组分在表面层中的数量，来促使系统的 Gibbs 自由能降低。当所加入的溶质能降低表面张力时，溶质力图富集在表面层上以降低系统的表面能；反之，当溶质使表面张力升高时，它在表面层中的浓度就比在内部的浓度来得低。但是，与此同时，由于浓差而引起的扩散，则趋向于使溶液中各部分的浓度均一。在这两种相反过程达到平衡之后，溶液表面层的组成与本体溶液的组成不同，这种现象通常称为在表面层发生了吸附作用。平衡后，对于表面活性物质来说，它在表面层中所占的比例要大于它在本体溶液中所占的比例，即发生正吸附作用；而非表面活性物质在表面层所占比例比本体中的小，即发生负吸附作用。

Gibbs 用热力学方法求得定温下溶液的浓度、表面张力和吸附量之间的定量关系，通常称为 Gibbs 吸附等温式：

$$\Gamma_2 = -\frac{a_2}{RT}\frac{d\gamma}{da_2} \tag{8.33}$$

式中，a_2 为溶液中溶质(用角标 2 表示)的活度，γ 为溶液的表面张力，Γ_2 为溶质的表面过剩(或称为表面超量)。

从 Gibbs 吸附等温式还可以得到如下结论：

(1) 若 $\frac{d\gamma}{da_2}<0$，即增加溶质活度能使溶液的表面张力降低者，Γ_2 为正值，是正吸附。此时，表面层中溶质所占的比例比本体溶液中大。表面活性物质就属于这种情况。

(2) 若 $\frac{d\gamma}{da_2}>0$，即增加溶质活度能使溶液的表面张力降低者，Γ_2 为负值，是负吸附。此时，表面层中溶质所占的比例比本体溶液中小。非表面活性物质就属于这种情况。(这是溶液表面吸附与气体吸附的不同之处，后者是不会出现负吸附的。)无机强电解质和高度水化的有机物(如蔗糖等)都有此行为，其原因在于离子极易水化，将这些高度水化的物质从本体移到表层，需要相当大的能量才能脱去一部分水。

由于在推导此公式时，对所考虑的组分及相界面没有附加限制条件，所以原则上对于任何两相的系统都可以适用。

§8.7　表面活性剂及其应用

8.7.1　表面活性剂的分类

表面活性剂是一类即使在很低浓度时也能使溶液表面张力显著降低的有机化合物，由极性的亲水基团和非极性的亲油基团(或称憎水基团、疏水基团)组成。结构与性能截然相反的分子基团或单元处于同一个分子的两端，以化学键相连，形成了一种不对称的、极性的结构，这类分子既具有亲水性又具有亲油性。表面活性剂在洗涤、制药、食品、化妆品、石油化工、纺织、金属加工等多领域均有广泛的用途。

表面活性剂的种类很多，其分类方法也不尽相同。例如，可依据离子类型、溶解性、应用功能、结构等分类。物理化学中通常是根据其分子的结构来分类：当表面活性剂溶于水后，凡能电离生成离子的，称为离子型表面活性剂；不电离的称为非离子型表面活性剂。离子型表面活性剂按其所带电荷种类，又可分为阴离子型表面活性剂、阳离子型表面活性剂和两性型表面活性剂。

阴离子型表面活性剂是发展历史最悠久、产量最大、种类最多、应用最广的一类表面活性剂。其分子一般由长链烃基($C_{10}\sim C_{20}$，通常以 R 代表)及亲水基羧酸基、磺酸基、硫酸基或磷酸基组成，例如肥皂 RCOONa。与其他表面活性剂相比，阳离子型表面活性剂具有杀菌作用最强、调整作用最突出的优点。虽然有去污力差、起泡性差、刺激性大、价格昂贵等缺点，其作为调整剂组分应用于高档液体洗涤剂、洗发香波中的作用是其他类型表面活性剂所不能取代的，例如铵盐 $C_{18}H_{37}NH_3^+Cl^-$。阴离子型和阳离子型表面活性剂通常不能混合使用，否则会因相互作用而聚沉，不能使表面活性剂发挥应有的作用。

两性型表面活性剂按化学结构可分为：甜菜碱型、氨基酸型、磷酸酯型、咪唑啉型以及其他如高分子、杂原子类等两性型表面活性剂，例如氨基酸类 R—NH—CH_2COOH。

非离子型表面活性剂具有良好的增溶、洗涤、抗静电、刺激性小等性能；可应用 pH 范围比一般离子型表面活性剂更宽;除去污力和起泡性外,其他性能通常优于一般阴离子型表面活性剂,例如聚乙二醇类 $HOCH_2(CH_2OCH_2)_nCH_2OH$。

8.7.2 表面活性剂的效率及有效值

使水的表面张力明显降低所需要的表面活性剂的最低浓度称为表面活性剂的效率。显然,所需最低浓度越低,其性能越好。

能够把水的表面张力降低到的最小值称为表面活性剂的有效值。能把水的表面张力降得越低,该表面活性剂的效率越高。

表面活性剂的效率和有效值在数值上通常是相反的。例如,增加憎水基团的链长,表面活性剂的效率提高而有效值降低。

8.7.3 亲水-亲油平衡值

表面活性剂的种类繁多,应用极其广泛。每一种表面活性剂都是两亲分子,亲水基代表表面活性物质溶于水的能力,憎水基的憎水性与此相反,代表活性物质溶于油的能力。这两类基团在表面活性剂发生作用时,对于一个指定的系统,很难用相同的单位来衡量,如何选用最合适的表面活性剂,目前尚缺乏理论指导。

现阶段比较常用的一种方法是由格里芬(Griffin)提出的 HLB 法。HLB 代表亲水亲油平衡(hydrophilic-lipophilic balance),从而用亲水性与疏水性之比来表达表面活性剂的性能。此法可以用数值的大小量化每一种表面活性物质的亲水亲油性。HLB 值越大,表示该表面活性物质的亲水性越强。此方法也只是一种经验的方法,还需采用一些参考标准。

实验表明:在亲水基相同的情况下,随着疏水基碳链摩尔质量的增加,疏水性也增强。非离子型表面活性剂的亲水性也有类似的规律。例如,对非离子型表面活性剂,HLB 值的计算式为

$$\text{HLB 值} = \frac{\text{亲水基质量}}{\text{亲水基质量} + \text{憎水基质量}} \times 20 \tag{8.34}$$

采用的参考标准是:石蜡没有亲水基,则其 HLB 值为零;聚乙二醇全部是亲水基,则其 HLB 值为 20;其余非离子型表面活性剂的 HLB 值均在 0~20 之间。根据具体需要,可参考图 8-8 选用适合的非离子型表面活性剂。

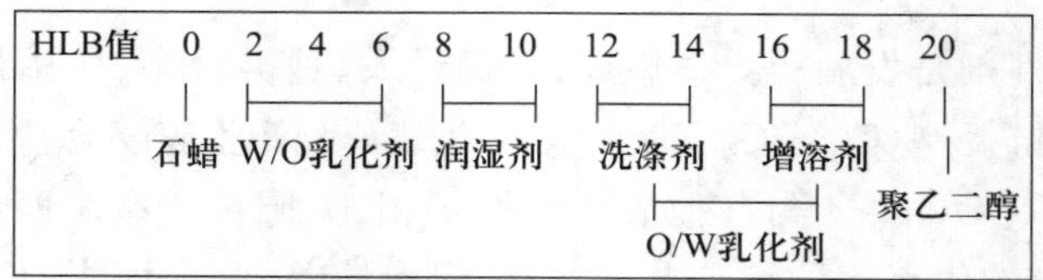

图 8-8 非离子型表面活性剂的 HLB 值与应用的对应关系

8.7.4 胶束与临界胶束浓度

前已述及,表面活性剂分子是一类同时具有极性的亲水基团和非极性的亲油基团的两亲性分子。在水溶液中,亲水基团受到极性很强的水分子吸引,而有极力钻入水中的趋势;亲油

（憎水）基团则倾向于翘出水面，或钻入非极性的有机（油）相中，使表面活性剂分子倾向于定向排列在界面层中形成定向排列的单分子层。

图8-9(a)表示当表面活性剂的浓度很稀时，其分子在溶液本体和表面层中的分布情况。由于其结构上的双亲特点，大多数表面活性剂分子定向排列在界面上，极少数散落在溶液中。

图8-9(b)表示表面活性剂的浓度足够大时，达到饱和状态，液面上刚刚挤满一层定向排列的表面活性剂分子，形成单分子膜。在溶液本体则形成具有一定形状的表面活性剂的多分子聚集体。这种表面活性剂溶解在水中达到一定的浓度之后，在溶液内部形成的具有一定形状的多分子聚集体称为胶束。由于胶束处于溶液内部，其非极性部分会自相结合，使憎水基向里、亲水基向外。随着亲水基的不同和浓度的不同，形成的胶束可呈现棒状、层状、球状或扁椭圆状等，见图8-10。胶束的存在得到了X射线衍射(XRD)以及光散射等实验的支持。形成一定形状的胶束所需表面活性剂的最低浓度，称为临界胶束浓度(critical micelle concentration)，用CMC表示。

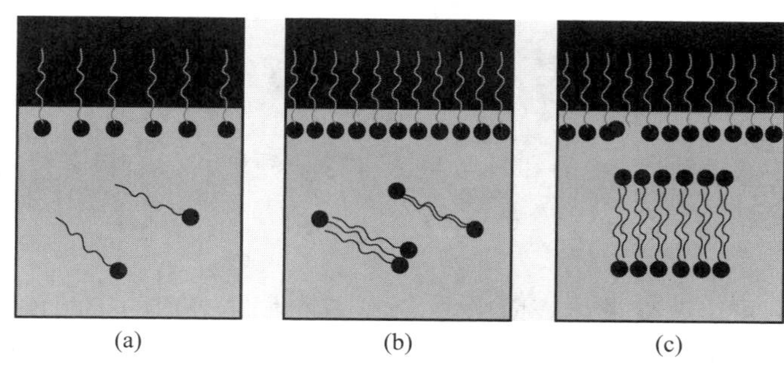

图8-9　胶束与临界胶束浓度

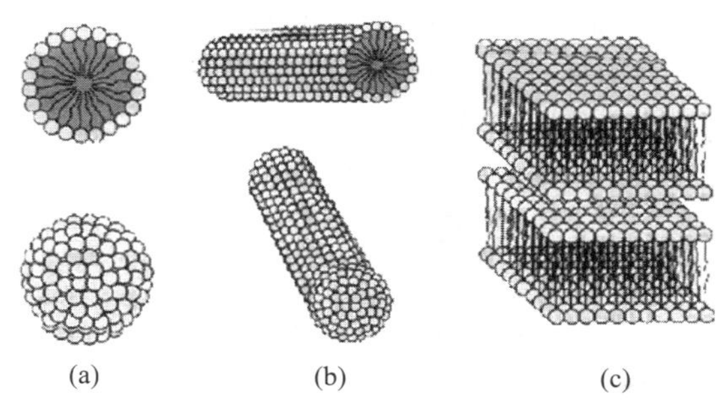

图8-10　几种胶束形状示意图

在CMC附近窄小的浓度范围前后，不仅溶液的表面张力发生明显变化，溶液的其他性质，如：电导率、渗透压、蒸气压、光学性质、去污能力及增溶作用等皆发生显著变化，如图8-11所示。

图8-9(c)表示表面活性剂的浓度超过CMC的情况，再继续加入表面活性剂，表面层基本不发生变化，只是排列得更加紧密；加入的表面活性剂只能增加溶液中胶束的数量和大小，使小胶束变大，形成更多、更大、结构更完整的胶束。

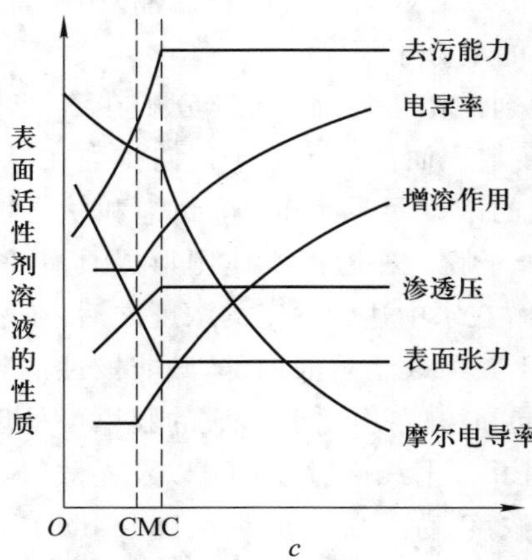

图 8-11 表面活性剂溶液的性质与浓度关系示意图

8.7.5 表面活性剂的应用

表面活性剂在工农业生产、食品和日常生活等各个领域均具有极其广泛的应用，归纳起来主要有以下五个方面。

1. 润湿作用

使用表面活性剂可以改变液体表面张力，改变其与固体表面的接触角的大小，从而达到预期的目的。表面活性剂的润湿作用包括它对原来不润湿的固体表面的润湿，原来已被液体甲润湿的表面发生反转而被液体乙润湿，原来有润湿性的表面变得失去润湿性这三种情况。例如，要使农药能够润湿带蜡的植物表面，就要在农药中添加相应的表面活性剂；要制造防水材料，就需要在其表面涂抹憎水性的表面活性剂，使材料与水的接触角大于 90°，等等。

表面活性剂在浮游选矿中也有重要的应用。含量极低的矿石通常是镶嵌在岩石之中，所以首先要将粗矿磨碎，倾入浮选池中，在池水中加入捕集剂和起泡剂等表面活性剂，而后进行搅拌并从池底鼓气。带有有效矿粉的气泡聚集到液体表面，收集并进行灭泡浓缩，从而达到富集的目的(图 8-12)；不含矿石的泥沙、岩石留在池底，定时清池。

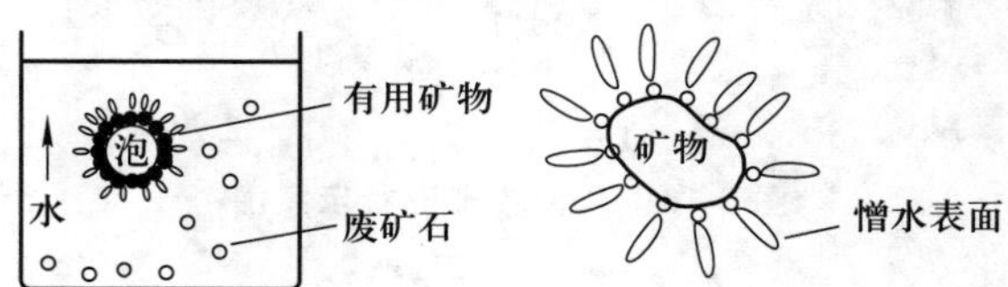

图 8-12 浮游选矿原理图

2. 起泡作用

“泡”就是由液体薄膜包围着的气体。有的表面活性剂和水可以形成一定强度的薄膜，包围着空气而形成泡沫(图 8-13)，用于泡沫灭火和洗涤去污等，这样的表面活性剂称为起泡剂。起泡剂一方面可降低水的表面张力，可以在发泡时总表面积增加的情况下维持系统的总表面能恒定，使得系统稳定；另一方面可使形成的气泡膜有一定的机械强度和弹性。

有时也要使用消泡剂，如在制糖或熬制中药的过程中，泡沫过多会引发事故，因此要加入适当的表面活性剂降低薄膜强度，消除气泡，防止事故发生。消泡剂通常是与相应的起泡剂性质相反的表面活性剂。

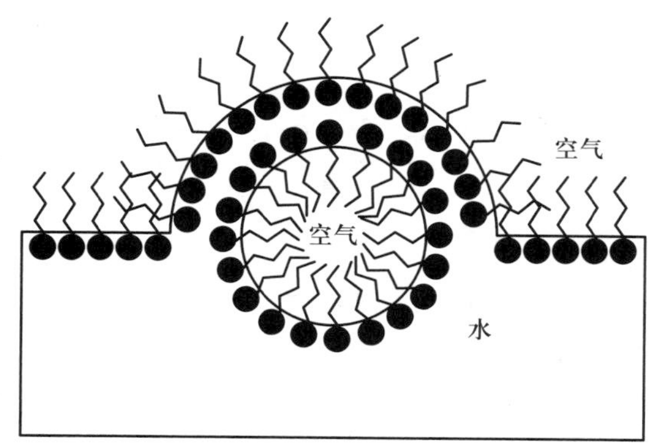

图 8-13　起泡作用示意图

3. 增溶作用

非极性有机物如苯在水中溶解度很小，加入油酸钠等表面活性剂后，苯在水中的溶解量会大大增加，我们把这称为增溶作用。增溶作用与通常所说的溶解概念是不同的，增溶的苯不是均匀分散在水中，而是分散在油酸钠形成的胶束中。

增溶作用在洗涤、染色、合成橡胶和医疗等方面均有广泛应用。如在洗涤过程中，被洗涤的油污从清洗物表面增溶到表面活性剂胶束中，不会再重新沉积到被清洗物的表面上。又如适宜浓度的脂肪酸阴离子可使天然蛋白质沉淀，在高浓度下又能使沉淀溶解，为蛋白质的分离和提纯提供了新途径。

4. 乳化作用

乳状液是一种或几种液体以大于 10^{-7} m 直径的液珠分散在另一不相混溶的液体之中形成的粗分散系统。乳状液通常是不透明的。如果将水和油两种互不相溶的液体混合，静置一段时间后又会很快分层，要使它稳定地存在，必须加乳化剂。乳化剂的作用是使由机械分散所得的液体微滴不相互聚结。根据乳化剂结构的不同，可以形成以水为连续相的水包油型乳状液（O/W），或以油为连续相的油包水型乳状液（W/O）。乳化剂大多是具有两亲基团的表面活性剂，它们在分散相周围定向排列，一方面使其表面自由能降低，另一方面使界面的机械强度增加。

有时人们为了破坏乳状液而加入另一种表面活性剂成为破乳剂，可以将乳状液中的分散相和分散介质分开。根据乳状液形成的原因，破乳的方法也有很多。例如，有的加入分子小而表面活性大的有机物，将原来的乳化剂从界面挤走，降低界面上膜的强度使其破裂，让分散相聚集；也有的用机械的方法进行破乳。

乳化作用的应用极其广泛。例如，高分子材料的乳化聚合；感光材料的乳化分散；燃油锅炉中的柴油乳化掺水技术既可以节省油料，又可以提高热值，还可以减少氧化物的排放；石油的原油破乳作用，可以减少运输成本；牛奶的破乳作用，可提取黄油进行深加工等。

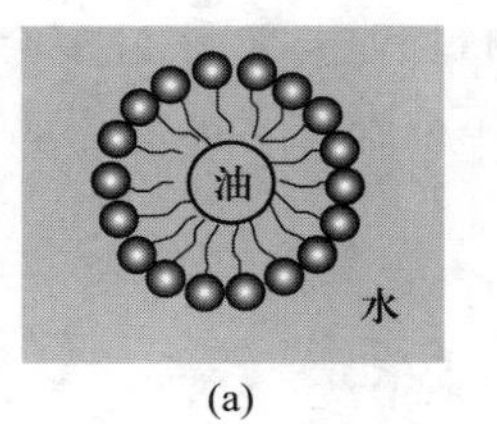

(a)

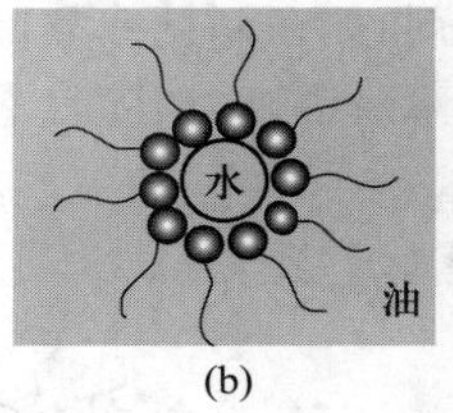

(b)

图 8-14　乳化剂的稳定作用示意图

(a)为 O/W 乳化剂；(b)为 W/O 乳化剂

5. 洗涤作用

洗涤作用是涉及润湿、渗透、乳化、分散、增溶、起泡等一连串工艺的复杂过程，如图 8-15 所示。许多油类对衣物、餐具等润湿性良好，却很难溶于水中，只用水是洗不净衣物和餐具上的油污的。加入洗涤剂后，洗涤剂中的表面活性剂分子降低了水的表面张力，使水易于润湿织物和污垢。活性剂分子中的憎水基团很快吸在污垢上，在机械作用力和水流的带动下油污从固体表面脱落。另外，表面活性剂还有乳化作用，使脱落的油污分散在水中，防止油污返回再次污染衣物、餐具等的表面。

好的洗涤剂通常具有如下特点：① 有良好的润湿性能，与被洗表面充分接触；② 有效降低被洗固体与水以及污垢与水的界面张力，使污垢易脱落；③ 有一定的增溶和起泡作用；④ 能保护洁净表面不被再次污染；⑤ 洗涤废水容易降解，不污染环境。

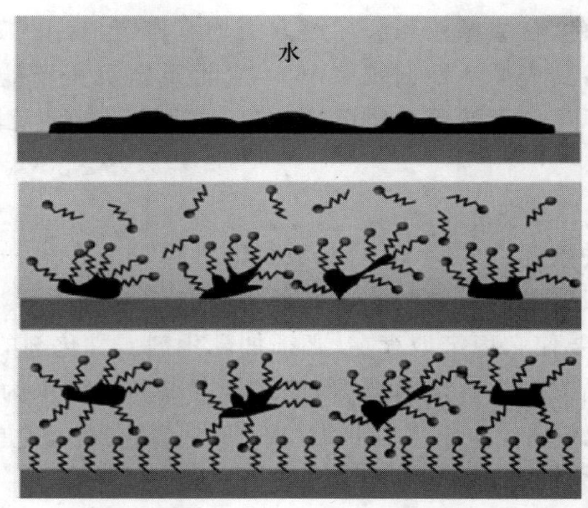

图 8-15　洗涤过程示意图

8.7.6　超疏水表面

通常将与水接触角小于 90°的固体表面称为亲水表面；大于 90°的称为疏水表面。如果与水接触角大于 150°，这种表面称为超疏水表面。

自然界中的水生植物，如荷叶、水稻叶等都具有超疏水功能，荷叶表面接触角可达 165°，水滴可在表面滚动，以防止由于水的覆盖而抑制植物的蒸腾作用与光合作用。不仅如此，当液滴在表面流动时，还会将落在叶面上的灰尘带走，使叶面保持清洁。经研究表明，水滴在平滑表面流动时，不能将表面上的灰尘全部带走；而只有在略显凹凸的表面流动时，才可能将表面上的灰尘全部带走。在电子显微镜下，荷叶表面具有大小为 5～15 μm 的细微突起的表皮细胞，表皮细胞上又覆盖一层直径约为 1 μm 左右的蜡质结晶。当水与这类表面接触时，不平的表面与水之间存在一薄层空气，使水与叶面的接触角几乎达到 180°。原来疏水的表面成为超疏水表面，从而降低了污染物颗粒对叶面的附着力。莲花的出淤泥而不染同样也是这个原理，因而这种效应也被称为莲花效应。

自然界中的一部分动物表皮也具有类似的超疏水表面和自洁功能，例如蝴蝶的翅膀和海豹、海豚的皮肤。以水蝇为例，其“水上飞”的本领是利用腿部特殊的微纳米结构，将空气有效地吸附在同一取向的微米刚毛和螺旋状纳米沟槽的缝隙内，在其表面形成一层稳定的气膜，阻碍了水滴的浸润，在宏观上表现出超疏水的特性。

模仿莲花效应，将人工合成的特殊的化学成分加入涂料、建材和衣料上，可以使其表面具有疏水、防尘等自洁功能。目前，人工制备超疏水表面有如下的方法：刻蚀法、相分离与自组装法、水热法、化学沉积与电沉积法、溶胶-凝胶法、静电纺丝法、碳纳米管法、模板法、纳米二氧化硅法、腐蚀法等。

本章小结

所有表面现象的产生都是由表面分子(原子)受力不均匀所造成的。就是表面分子(原子)具有不平衡的剩余力场，使得固体和液体表面都有吸附能力，在弯曲表面下产生附加压力，而附加压力的存在使得弯曲表面上的蒸气压与平面不同，因而产生了一系列过饱和现象。学习本章，应掌握表面现象产生的根本原因以及 Young-Laplace 公式、Kelvin 公式和 Gibbs 吸附等温式的意义和运用。

表面化学基本原理的应用十分广泛，表面现象在生产、生活、生命和环境等各个方面都有体现，各种表面活性剂被广泛应用于化工、制药、纺织、食品、采矿、农业及洗涤等各种领域。学习后要结合自己的专业实际和生活环境，将所学的表面化学的基本原理与实际的生产、生活进行联系，以加深对基本原理的理解和拓宽有关应用的知识面。

拓展阅读及相关链接

1. 明矾

(1) 明矾净水原理

明矾溶于水后电离产生了 Al^{3+}，Al^{3+} 与水电离产生的 OH^- 结合生成了氢氧化铝。氢氧化铝胶体粒子带有正电荷，与带负电的泥沙胶粒相遇，彼此电荷被中和。失去了电荷的胶粒，由于其小粒径和高表面能，很快就会聚结在一起，粒子越结越大，终于沉入水底。这样，水就变得清澈干净了。

明矾净水是过去民间经常采用的方法(现在都提倡活性炭净水)，它的原理是明矾在水中可以电离出两种金属离子：

$$KAl(SO_4)_2 = K^+ + Al^{3+} + 2SO_4^{2-}$$

而 Al^{3+} 很容易水解，生成胶状的氢氧化铝 $Al(OH)_3$：

$$Al^{3+} + 3H_2O = Al(OH)_3(\text{胶体}) + 3H^+$$

氢氧化铝胶体的吸附能力很强，可以吸附水里悬浮的杂质，并形成沉淀，使水澄清。所以，明矾是一种较好的净水剂。

操作如下：

- 取 20 g 明矾晶体在研钵中研细。将明矾粉末加入盛有 50 mL 的烧杯里，稍加热并不断搅拌，加速明矾的溶解和水解反应，用蓝色石蕊试纸检验，试纸变红，溶液呈酸性。
- 取两只 100 mL 的烧杯盛水 50 mL。分别加入 5 mL 泥水和 1 mL 品红溶液，搅拌后各倾入 25 mL 明矾溶液，继续搅拌，静置。水中的泥沙和品红色素被氢氧化铝絮状沉淀凝聚或吸附而沉降到烧杯底部，上面的溶液则清澈透明。

其他实验方法：也可用硫酸铝或氯化铝溶液代替明矾溶液。将上述溶液各 5 mL 边搅拌，边加入两只盛有 50 mL 水的小烧杯里，再分别加入 1 mL 泥水、1 mL 品红溶液。

(2) 明矾净水的用量

用量在 0.5%左右，10 L 水用 50～100 mg 明矾。

(3) 明矾净水的危害

明矾的主要成分是：十二水合硫酸铝钾 $KAl(SO_4)_2 \cdot 12H_2O$。

由于明矾的化学成分为硫酸铝钾，含有铝离子，所以过量摄入会影响人体对铁、钙等成分的吸收，导致骨质疏松、贫血，甚至影响神经细胞的发育。因此，一些营养专家提出，要尽量少吃含有明矾的食品。

对明矾的用量国家没有硬性的规定，因为是根据各种产品生产的需要而各有不同；但明矾中含有大量的铝，法规只对铝的残留量作出了规定。根据国家食品添加剂的卫生标准，明矾的最大使用量为“按生产需要适量使用”，但铝的残留量应$\leqslant 100\ mg \cdot kg^{-1}$。明矾含有铝，所以它有很大的毒性。铝本身很容易在人体中蓄积，比如说在大脑、肾、肝、脾等器官都可能产生蓄积。如果在大脑中产生沉积，就容易引起老年痴呆、记忆力减退、智力下降等症状。

2. 人工降雨的原理

当云层中的水蒸气达到饱和或过饱和的状态时，在云层中用飞机喷撒微小的 AgI 颗粒，此时 AgI 颗粒就成为水的凝结中心，使新相(水滴)生成时所需要的过饱和程度大大降低，云层中的水蒸气就容易凝结成水滴而落向大地。

3. 肥皂去污原理

肥皂的主要成分是硬脂酸钠(十八酸钠)或十八烯酸钠或油酸钠。这些高级脂肪酸钠的分子，可以分成两部分：一部分是羧基钠盐—$COO^- Na^+$，羧基阴离子是易溶于水的基团，叫亲水基，它使得肥皂具有水溶性；另一部分是较长的烃基部分，不溶于水而溶于非极性溶剂，叫憎水基。肥皂分子在水中时，它们的烃基部分彼此靠范德华力结合在一起，形成球状而将—$COO^- Na^+$ 部分暴露在球面上。这样肥皂溶于水时，就形成了许多外面被亲水基包着的小球而分散在水中。当肥皂擦在沾油的水中衣物上时，憎水基亲油，便插入沾油的衣物中，亲水基憎油便插入水分子中，两手擦洗，油被分散成细小的颗粒，肥皂分子中的烃基溶于油粒中，而羧基部分则留在油粒外面，这样，每一个细小的油粒外面都被许多亲水基包围着而悬浮于水中，成为乳浊液，这种现象叫乳化。就好像几十把钢叉，插入很大的石头中，大家齐用力，就把石头抬出来了一样。用水一冲衣物就洁净了。这是现代洗涤剂的一个共同去污原理。再加发泡剂、胶溶剂、香料、润湿剂等等，就组成了洗涤剂。根据研究，碳链的长度与去污能力有很大的关系：太长，溶解性变小；太短，去污能力差。科学家们根据不同的目的探索这个长度，以及什么样的亲水基和什么样的憎水基最好。

参考文献

[1] 傅献彩，沈文霞，姚天扬，等.物理化学.第五版.北京：高等教育出版社，2005.

[2] 沈文霞，淳远，王喜章．物理化学核心教程学习指导．北京：科学出版社，2012.

[3] 宋世谟，王正烈，李文斌．物理化学．第三版．北京：高等教育出版社，1999.

［4］ 韩德刚，高执棣，高盘良．物理化学．第二版．北京：高等教育出版社，2009.
［5］ 〔美〕Ira N. Levine. 物理化学．影印版．北京：清华大学出版社，2012.

习　题

1. 比表面有哪几种表示方法？表面张力与表面 Gibbs 自由能有哪些异同点？

2. 为什么气泡、小液滴、肥皂泡等都呈球形？玻璃管口加热后会变得光滑并缩小（俗称圆口），这些现象的本质是什么？用同一支滴管滴出相同体积的苯、水和 NaCl 溶液，所得滴数是否相同？

3. 用学到的关于界面现象的知识解释以下几种做法或现象的基本原理：① 人工降雨；② 有机蒸馏中加沸石；③ 多孔固体吸附蒸气时的毛细凝聚；④ 过饱和溶液、过饱和蒸气、过冷液体等过饱和现象；⑤ 重量分析中的"陈化"过程；⑥ 喷洒农药时为何常常要在药液中加少量表面活性剂。

4. 因系统的 Gibbs 自由能越低，系统越稳定，所以物体总有降低本身表面 Gibbs 自由能的趋势。请说说纯液体、溶液、固体是如何降低自己的表面 Gibbs 自由能的。

5. 为什么小晶粒的熔点比大块固体的熔点略低，而溶解度却比大晶粒大？

6. 若用 $CaCO_3$(s)进行热分解，问细粒 $CaCO_3$(s)的分解压(p_1)与大块 $CaCO_3$(s)的分解压(p_2)相比，两者大小如何？试说明理由。

7. 把大小不等的液滴（或萘粒）密封在一玻璃罩内，隔相当长时间后，估计会出现什么现象？

8. 为什么泉水和井水都有较大的表面张力？当将泉水小心注入干燥杯子时，水面会高出杯面，这是为什么？如果在液面上滴一滴肥皂液，会出现什么现象？

9. 为什么在相同的风力下，海面的浪会比湖面的大？用泡沫护海堤的原理是什么？

10. 接触角的定义是什么？它的大小受哪些因素影响？如何用接触角的大小来判断液体对固体的润湿情况？

11. 什么叫吸附作用？物理吸附与化学吸附有何异同点？两者的根本区别是什么？

12. 为什么气体吸附在固体表面一般总是放热的，而却有一些气-固吸附是吸热的[如 H_2(g)在玻璃上的吸附]？如何解释这种现象？

13. 下列说法不正确的是(　)

A. 生成的新鲜液面都有表面张力

B. 平面液体没有附加压力

C. 弯曲液面的附加压力的方向指向曲面的圆心

D. 弯曲液面的表面张力的方向指向曲面的圆心

14. 液体在毛细管中上升(或下降)的高度与下列因素无关的是(　)

A. 大气压力　　B. 温度　　C. 液体密度　　D. 重力加速度

15. 气相色谱法测定多孔固体的比表面，通常是在液氮温度下使样品吸附氮气，然后在室温下脱附。这种吸附属于下列哪一类吸附？(　)

A. 化学吸附　　B. 物理吸附　　C. 混合吸附　　D. 无法确定

16. 在一个真空的玻璃钟罩内放置若干内径不等的洁净玻璃毛细管，然后将水蒸气不断通入钟罩内，可以观察到在哪种玻璃毛细管中最先凝聚出液体？(　)

A. 在内径最大的毛细管中　　B. 在内径最小的毛细管中

C. 在所有的毛细管中同时凝结　　D. 无法判断

17. 同一种物质的固体，大块颗粒和粉状颗粒溶解度大的是(　)

A. 大块颗粒大　　B. 粉状颗粒大　　C. 两者一样大　　D. 无法比较

18. 下列说法不正确的是(　)

A. 生成的新鲜液面都有表面张力

B. 平面液面上没有附加压力

C. 液滴越小,其饱和蒸气压越小

D. 液滴越小,其饱和蒸气压越大

19. 用同一滴管分别滴下 1 cm^3 如下三种液体:NaOH 水溶液、纯水和乙醇水溶液,下列所得液滴数的分布比较合理的是(　)

A. 纯水 15 滴,NaOH 水溶液 18 滴,乙醇水溶液 25 滴

B. 纯水 18 滴,NaOH 水溶液 25 滴,乙醇水溶液 15 滴

C. 纯水 18 滴,NaOH 水溶液 15 滴,乙醇水溶液 25 滴

D. 三者的液滴数均为 18 滴

20. 在相同温度和压力下,凸面液体的饱和蒸气压 p_r 与水平面液体的饱和蒸气压 p_0(同一种液体)的大小关系为(　)

A. $p_r = p_0$　　B. $p_r > p_0$　　C. $p_r < p_0$　　D. 不能确定

21. 有一飘荡在空气中的肥皂泡,设其直径为 2×10^{-3} m,表面张力为 0.07 N·m^{-1},则肥皂泡所受总的附加压力为(　)

A. 0.14 kPa　　B. 0.28 kPa　　C. 0.56 kPa　　D. 0.84 kPa

22. 将一支毛细管插入水中,毛细管中水面上升了 5 cm。若将毛细管继续往水中插,在液面只留 3 cm 的长度,则水在毛细管上端的行为是(　)

A. 水从毛细管上端溢出

B. 毛细管上端水面呈凸形

C. 毛细管上端水面呈凹形

D. 毛细管上端水面呈水平面

23. 在 293.15 K 及 101.325 kPa 下,把半径为 1×10^{-3} m 的汞滴分散成半径为 1×10^{-9} m 的小汞滴,试求此过程系统的表面 Gibbs 自由能是多少?已知 293.15 K 汞的表面张力为 0.470 N·m^{-1}。

24. 293.15 K 时,乙醚-水、乙醚-汞及水-汞的界面张力分别为 0.0107、0.379 及 0.375 N·m^{-1},若在乙醚与汞的界面上滴一滴水,试求其润湿角。

25. 293.15 K 时,水的饱和蒸气压为 2.337 kPa,密度为 998.3 kg·m^{-3},表面张力为 0.07275 N·m^{-1},试求半径为 10^{-9} m 的小水滴在 293.15 K 时的饱和蒸气压。

26. 已知 $CaCO_3$ 在 773.15 K 时的密度为 3900 kg·m^{-3},表面张力为 1210×10^{-3} N·m^{-1},分解压力为 101.325 Pa。若将 $CaCO_3$ 研磨成半径为 30 nm(1 nm$=10^{-9}$ m)的粉末,求其在 773.15 K 时的分解压力。

27. 298.15 K 时,将少量的某表面活性物质溶解在水中,当溶液的表面吸附达到平衡后,实验测得该溶液的浓度为 0.20 mol·m^{-3}。用一很薄的刀片快速地刮去已知面积的该溶液的表面薄层,测得在表面薄层中活性物质的吸附量为 3×10^{-6} mol·m^{-2}。已知 298.15 K 时纯水的表面张力为 72×10^{-3} N·m^{-1}。假设在很稀的浓度范围内,溶液的表面张力与溶液的浓度呈线性关系,试计算上述溶液的表面张力。

28. 在 293 K 时,若将一个半径为 0.5 cm 的汞滴可逆地分散成半径为 0.1 μm 的许多小汞珠,这个过程的表面 Gibbs 自由能增加多少?需做的最小功是多少?已知在 293 K 时,汞的表面自由能 $G=0.4865$ J·m^{-2}。

29. 在 298 K 时,将直径为 1 μm 的毛细管插入水中,需要加多大压力才能防止水面上升?已知 298 K 时,水的表面张力 $\gamma=0.07214$ N·m^{-1}。

30. 在一封闭容器的底部钻一小孔,将容器浸入水中至深度为 0.40 m 处,恰可使水不渗入孔中,试计算孔的半径。已知 298 K 时,水的表面张力 $\gamma=0.07214$ N·m^{-1},密度 $\rho=0.997\times10^3$ kg·m^{-3}。

31. 室温时,将半径为 1×10^{-4} m 的毛细管插入水-苯两层液体的中间,毛细管的上端没有露出苯的液面。这时水在毛细管内呈凹形液面,水柱在管中上升的高度为 4×10^{-2} m,玻璃-水-苯之间的接触角是 40°($\cos\theta=0.76$)。已知水和苯的密度分别约为 1.0×10^3 kg·m^{-3} 和 0.8×10^3 kg·m^{-3}。试计算水与苯之间的界面张力。

32. 在 298 K 时,设在水中有一个半径为 0.9 nm 的蒸气泡,试计算泡内的蒸气压。已知在 298 K 时,水

的饱和蒸气压为 3167 Pa，密度 $\rho=0.997\times10^{3}\,\mathrm{kg\cdot m^{-3}}$，水的摩尔质量 $M(\mathrm{H_2O,l})=0.018\,\mathrm{kg\cdot mol^{-1}}$，水的表面张力 $\gamma=0.07214\,\mathrm{N\cdot m^{-1}}$。

33. 将一根洁净的毛细管插在某液体中，液体在毛细管内上升了 0.015 m。如果将这根毛细管插入表面张力为原液体的一半、密度也为原液体的一半的另一液体中，试计算液面在这样的毛细管内将上升的高度。设上述所用的两种液体能完全润湿该毛细管，接触角 θ 近似为零。

34. 已知 293 K 时，水-空气的表面张力为 $0.07288\,\mathrm{N\cdot m^{-1}}$，汞-水的界面张力为 $0.375\,\mathrm{N\cdot m^{-1}}$，汞-空气的表面张力为 $0.4865\,\mathrm{N\cdot m^{-1}}$。判断水能否在汞的表面上铺展开来？

35. 假设稀油酸钠水溶液的表面张力 γ 与浓度呈线性关系：$\gamma=\gamma^{*}-ba$，式中 γ^{*} 是纯水的表面张力，b 是常数，a 是溶质油酸钠的活度。已知 298 K 时，$\gamma^{*}=0.07214\,\mathrm{N\cdot m^{-1}}$，实验测定该溶液表面吸附油酸钠的吸附超额 $\Gamma_2=4.33\times10^{-6}\,\mathrm{mol\cdot m^{-2}}$。试计算该溶液的表面张力 γ。

第 9 章 胶体分散系统和大分子溶液

本章学习目标：

- 了解分散系统的分类、憎液溶胶的制备和净化方法及原理；了解憎液溶胶的动力学性质、光学性质和电学性质，并会利用这些性质解释自然界和日常生活中的一些现象；了解溶胶的稳定性原理以及影响因素；了解大分子及大分子溶液的特点。
- 理解双电层模型以及动电电势；理解电解质等因素对憎液溶胶稳定性的影响；理解大分子溶液的渗透压及 Donnan 平衡。
- 掌握胶团的结构，能够熟练判断胶粒在电学性质方面的特点；熟悉溶胶的聚沉作用，能够判断不同电解质聚沉能力的大小；能够用渗透压法来测定聚电解质的数均摩尔质量，计算半透膜两边离子的浓度。

§9.1 胶体分散系统概述

9.1.1 研究内容与应用范畴

分散系统指一种或几种物质分散在另一种物质中所形成的系统。其中将被分散的物质叫作分散相，而分散相所处的另外一种物质叫作分散介质。如不同矿物质分散在岩石中生成各种矿石，水滴分散在空气中形成云雾，颜料分散在油中成油漆或油墨，奶油分散在水中成牛奶等。胶体分散系统指分散相粒子直径为 1～100 nm(也有的将粒径扩展为 1000 nm)、目测均匀的多相系统。胶体分散系统的生成和破坏，以及物理化学性质是胶体化学研究的主要内容。具体涵盖：分散体系的物理、化学、力学现象、行为和性质，内容涉及溶胶、乳状液、悬浮液等各种分散体系的形成及其动力学性质、电学性质、光学性质、稳定性等。另外，一定量物体的表面积随着分散度的增加也将增加，而且任何一相的存在都伴随着新的界面的出现。胶体是一个高度分散的多相体系，具有广大的界面，因此胶体的许多基本性质还与其界面上的性质密切相关，胶体化学的研究内容也包括界面现象。

胶体化学是物理化学的一个重要分支。它所研究的领域是化学、物理学、材料科学、生物化学等诸学科的交叉与重叠，已成为这些学科的重要基础理论。胶体和界面化学与能源、材料、生物、化学制造和环境科学有着密切的关系，渗透到国民经济的各个主要领域中，例如石油工业、选矿工业、油漆工业、橡胶、纤维、塑料工业等。工业上的需要和其他学科的发展也推动了胶体化学的发展。近年来，由于先进功能材料、仿生学和生物医药等学科的迅速发展，在纳米尺寸(胶体)的范围内进行分子组装和材料的制备已经引起了人们的高度关注。胶体与界面化学方法在微纳米功能材料合成中的应用、新型有序分子组合体的构建、贵金属纳米材料以及小分子凝胶的合成及其应用等为胶体与界面化学的发展提供了广阔的空间。另外，胶体化学在环境科学中的絮凝、吸附，能源科学中的三次采油，医药领域中的微胶囊技术等当代科学技术的各个前沿领域起着重要作用，在社会与经济可持续发展中具有重要的地位。胶体分散系统是目前物理学、生物化学、材料科学、食品科学、药物学和环境科学等方面的重要研究对象，已逐渐发展为涉及几乎所有学科领域的纳米科学，所以掌握胶体分散系统的一些基本原理和性质是十分重要的。

9.1.2 分散系统的分类

分散系统通常有三种分类方法，分别是：① 根据分散相粒子的大小；② 根据分散介质的物态；③ 根据胶体分散系统的性质进行分类。

1. 根据分散相粒子的大小分类

按照分散相粒子的大小，分散系统可分为分子分散系统($d<1$ nm)、胶体系统(1 nm$<d<$100 nm)和粗分散系统($d>$100 nm)三类。d 为粒子尺度，对球形颗粒即指直径，对片形物质是指厚度，对线状物质则指线径。

在分子分散系统中，分散相与分散介质以分子或离子形式存在，彼此均匀混合形成均匀的单相系统，如 $CuSO_4$ 溶液、空气等。胶体是物质以一定分散程度而存在的一种状态。胶体分散体系目测是均匀的，但实际是一个多相不均匀系统。多相分散系统具有高度发展的相界面，积累了巨大的界面能，分散相有絮凝或聚结的倾向，因而不是热力学稳定的系统。但是，它们多数在相当长时间内可以稳定存在，是一种亚稳的系统。现在人们把处于 1～100 nm 粒径的特殊分散状态称为介观状态，它的大小处于宏观与微观之间，远小于宏观状态，但仍保留着宏观物体的某些性质。这种分散系统是纳米科学中的研究热点。胶体系统与分子分散系统或真溶液相比，具有很多特殊性。如真溶液透明，不发生光散射，溶质扩散速率快，溶质与溶剂均可透过半透膜，长期放置溶质与溶剂不会自动分离成两相，为热力学稳定系统。而胶体系统可透明或不透明，但均可发生光散射，胶体粒子扩散速率慢，不能透过半透膜，有较高的渗透压等性质。胶体系统中的分散相可以是一种物质，也可以是多种物质；可以是由许多原子或分子(通常 10^3～10^9 个)组成的粒子，也可以是一个大分子。例如蛋白质、淀粉、纤维等物质的分子大小达到胶体的范围，它们的溶液也有胶体的性质，因此也是胶体化学的研究对象；但高分子化合物的溶液是均相的热力学稳定系统。由于高分子合成工业(人造橡胶、纤维、塑料)的发展，高分子物理化学的内容越来越广(包括高分子合成的动力学、高分子化合物固体的各种性质)，高分子溶液理论渐渐又发展成为一个独立学科。

粗分散系统中分散相粒子大于 10^{-6} m，在普通显微镜下可以观察到，甚至目测也是混浊不均匀的。该类系统不稳定，如果分散在水中，很快会沉淀，如悬浊液。粗分散系统一般包括悬浮液、乳状液、泡沫和粉尘等。粗分散系统中分散相的粒子大于胶体粒子，也是高度分散的系统，有很大的界面，有很高的界面能，因此粗分散系统也是热力学不稳定系统。由于粗分散系统的很多性质与胶体系统类似，故也属于胶体化学的研究范畴。胶体系统和粗分散系统之间并没有明显的界限，例如有的乳状液，目测就是混浊的，应列入粗分散系统，但由于它很多性质与胶体分散系统类似，故通常放在胶体分散系统中研究。

2. 根据分散介质的物态分类(表 9-1)

表 9-1 多相分散系统按聚集状态分类

分散介质	分散相状态	名称	实例
液	固	溶胶、悬浮体、软膏	金溶胶、AgI 溶胶、牙膏
	液	乳状液	牛奶、人造黄油、石油原油
	气	泡沫	肥皂泡沫、奶酪
气	固	气溶胶	烟、尘
	液	气溶胶	雾
固	固	固溶胶、固态悬浮体	有色玻璃、某些合金、照相胶片
	液	固态乳状液	珍珠、黑磷(P-Hg)、某些宝石
	气	固态泡沫	泡沫塑料、沸石

因为多种气体混合都形成单一的均相系统,所以没有气气溶胶。

3. 根据胶体分散系统的性质分类

按胶体分散系统的性质,分散系统可分为憎液溶胶、亲液溶胶和缔合胶体。

(1) 憎液溶胶(lyophobic sol) 由难溶物如 AgI、Au 和 $Fe(OH)_3$ 等分散在液体介质(通常是水)中形成的溶胶称为憎液溶胶。分散相固体微粒粒径在 1～100 nm 之间,由许多分子或原子组成,不能溶于分散介质中,在一定程度上保留了原来宏观物体的性质,是一类高度分散的多相系统,具有很大的相界面,因而总的表面能很高,有自动聚结降低表面能的趋势,是热力学上的不稳定系统。一旦介质被蒸发,固体粒子聚结,再加入介质,就不可能再变成原来的溶胶状态,是一个不可逆过程。这类憎液溶胶是本章研究的主要对象。

(2) 亲液溶胶(lyophilic sol) 由分子大小已经达到胶体范围的大分子物质,如蛋白质,溶解在合适的溶剂中形成的均匀溶液称为亲液溶胶。大分子化合物在合适的溶剂中所形成的溶液是两种分子彼此以分子状态均匀混合,分散相和分散介质之间没有相界面,与普通小分子溶液相似,应属于分子分散系统。但由于一个分子本身已大到落在胶体分散系统的范围内(1～100 nm 或更大),所以又具有一些胶体分散系统的性质,如:扩散速率小、不能透过半透膜等,所以也称为溶胶。它与憎液溶胶不同的是,一旦将介质溶剂蒸发,大分子沉淀,再加入介质,又会得到原来一样的均匀溶液,因此是热力学上稳定、可逆的系统,故称之为亲液溶胶。本质上说,称为大分子溶液更加合适。

(3) 缔合胶体(association colloid) 有时也称为胶体电解质。分散相是由表面活性剂缔合形成的胶束,或由缔合表面活性物质保护的一种微小液滴,在液体介质(通常是水)中均匀分散后得到的外观均匀的微乳状液。胶束或微液滴的大小也在 1～100 nm 左右,胶束中表面活性剂的亲油基团向里,亲水基团向外,分散相与分散介质之间有很好的亲和性,因此这种胶束溶液和微乳状液也在热力学上属于均相的热力学稳定系统。

我们对胶态体系的讨论一直是认为它是一种(或多种)物相在一种连续相中的分散体。很清楚的是,在这样一种体系中,不同物相之间的界面成为讨论的重点。不过,缔合胶体是因其中发生了分子缔合而产生了纳米级范围实体的一种溶液,一个典型的例子就是表面活性剂胶束。当溶液超过某一定浓度(称为胶束临界浓度)时,表面活性剂分子发生缔合而形成了胶束,它们具有平衡结构(与大多数多相胶体不同),在给定条件下,具有确定的尺寸、大小和形状。

§9.2　(憎液)溶胶的制备与净化

9.2.1　(憎液)溶胶的制备

憎液溶胶的存在必须满足两个基本条件:一是分散相在介质中的溶解度足够小,二是存在稳定剂。憎液溶胶的制备主要有分散法和凝聚法。分散法是借助胶体磨、喷射磨和电弧等机械设备和热能,将粗分散物质分散成 1～100 nm 间的胶粒,与介质和稳定剂一起形成溶胶。凝聚法中有化学和物理两种凝聚方法。化学凝聚是利用各种生成不溶性物质的反应,控制不溶性物质的粒度,使之落在胶粒范围,以某种过量的反应物为稳定剂,生成溶胶。物理凝聚是将物质的气态分子凝聚成胶粒,或将溶解态分子突然降低其溶解度,达到过饱和状态,使之凝聚为胶粒。由于憎液溶胶是热力学不稳定系统,所以在制备过程中必须加适当的稳定剂。

1. 分散法

使粗粒子分散有机械分散、电分散、超声分散和胶溶等多种方法。

(1) 机械分散　常用的设备有气流磨、球磨机、胶体磨等,适用于脆而易碎的物质,对有柔韧性物质一般先冷冻变硬后再磨。其中胶体磨磨盘之间距离极小、转速极快(10000 $r \cdot min^{-1}$ 以上),效率较高,但一般只能将粒子磨细到 1 μm 左右。原因是粉碎过程中,随着颗粒粒度降低,颗粒比表面增大,表面能增加,颗粒团聚的趋势增强,因此有必要在粉碎工艺中增加高效率的精细分级设备。粉碎方式可干可湿,湿法的分散度比干法更好一点,通常加料时将粗粒、稳定剂和介质一起磨。

(2) 电分散　主要用来制备贵金属水溶胶,如金、银、铂等的溶胶。方法是以该金属为电极,浸在含有少量碱等稳定剂的冷水中,通以直流电(电流 5～10 A,电压 40～60 V),使之形成电弧。在电弧作用下,金属电极表面受热气化,蒸气在冷水中凝聚,在稳定剂(如 NaOH 等)保护下,形成相应的金属溶胶。

(3) 超声分散　频率高于 16000 Hz 的声波称为超声波。高频率的超声波传入介质后,在介质中产生相同频率的疏密交替波,对分散相可以产生很大的分散作用。超声分散主要用来制备乳状液。

(4) 胶溶法　胶溶法是将暂时聚集在一起的胶体粒子,如新生成的沉淀,重新分散而形成溶胶。氢氧化铁、氢氧化铝等在制备中由于缺少稳定剂,生成物分子会聚集在一起而形成沉淀,如果加入少量电解质,生成物分子将吸附离子而带电并变得稳定,沉淀在适当搅拌下被重新分散为溶胶。有时沉积物分子聚集成沉淀是因为体系中的电解质过多,此时如果洗去过量的电解质,也会将新鲜沉淀转化为溶胶。

2. 凝聚法

用化学或物理方法,将分子或离子凝聚成一定粒度的胶粒。凝聚法的基本原则是形成分子分散的过饱和溶液,控制条件使不溶物呈胶粒大小的质点析出。由溶液中析出胶粒的过程与结晶过程相似,可以分为晶核形成和晶核生长两个阶段。浓度、温度、杂质、溶液 pH、搅拌等因素对成核和晶核成长速度都有影响。

(1) 化学凝聚法 利用可生成沉淀(不溶性物质)的复分解、水解、氧化还原等各类化学反应,使不溶性物质达过饱和,控制操作温度(一般温度较低)和结晶速率,使之形成大量晶核,因而都无法成长为大晶体,而停留在胶粒大小的阶段。一般用某一反应物略过量以作为稳定剂。这种制备溶胶的方法称为化学凝聚法,其间当晶核生成速度快而长大速度慢时,可以得到高分散的胶体,反之则容易形成大颗粒沉淀。由于晶核的生长速度与物质的过饱和程度有关,所以溶解度小的物质较容易制备成胶体。

例如,As_2S_3 溶胶的制备,是用 $H_2S(g)$ 缓慢通入三氧化二砷的饱和水溶液中,使之产生 As_2S_3 胶粒。略过量的 $H_2S(g)$ 在水解时产生的 HS^-,可作为这种胶粒的稳定剂。其化学反应方程式为

$$As_2O_3 + 3H_2O = 2H_3AsO_3$$

$$2H_3AsO_3 + 3H_2S = As_2S_3(\text{溶胶}) + 6H_2O$$

(2) 物理凝聚法 物理凝聚法指的是将物质的气态分子或溶解状态的分子借助蒸气凝聚或更换溶剂等方式凝聚为胶粒的方法。如:将汞蒸气通入冷水中就可以制备汞的水溶胶,生成汞蒸气时少量同时生成的汞氧化物可以作为稳定剂。更换溶剂法实际上是把普通溶液突然通过改变溶剂的方式变成过饱和溶液,使溶质凝聚成胶粒。例如,将硫磺-乙醇溶液逐滴加入水中制得硫磺水溶胶。类似地,也可以用突然降低温度的方法降低溶解度,使溶质凝聚成胶粒。例如,用液氮冷却硫的酒精溶液,可以得到硫的乙醇溶胶。

9.2.2 (憎液)溶胶的净化

未经净化的溶胶,往往含有很多电解质或其他杂质,少量的电解质可以使得胶粒因吸附离子而带电,因而对于稳定胶体是必要的;但过量的电解质对胶体的稳定反而有害,因此应设法将它除去。常用的净化方法有渗析法和超过滤法两种。

1. 渗析法

利用胶粒不能透过半透膜而小分子或离子可以透过膜的特点,将多余的电解质或低分子杂质从胶体中除去。常用的半透膜有天然的(如动物膀胱等)和人造的(如醋酸纤维等)两类,目前主要使用人造半透膜。将装有溶胶的膜袋浸入水中,因膜内外存在浓差,膜内的小分子或离子向膜外迁移,溶胶中电解质等杂质含量得以降低。通过不断更换膜外的水,经长时间的渗析,即可达到净化溶胶的目的。因该过程比较耗时,为了加快渗析速率,可以适当搅动膜外的水,提高水温,或在膜两边加电极,用外电场来加速离子的定向移动,后者就是电渗析法(图 9-1)。

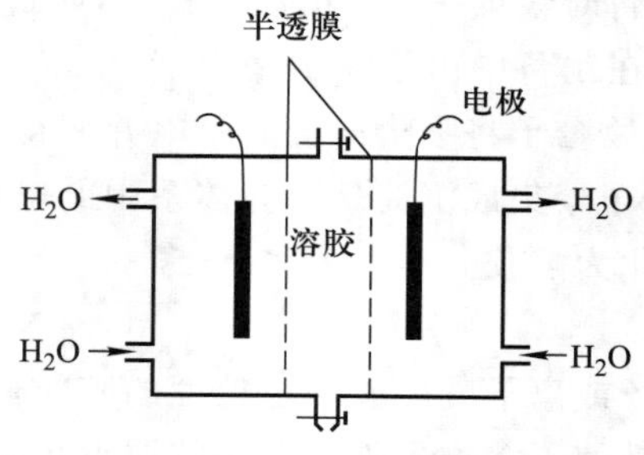

图 9-1 电渗析装置示意图

渗析法在工业和医学上有广泛应用，如某些染料的脱水、提纯，海水淡化，废水处理和肾衰竭病人的血透等，都要用到渗析原理。

2. 超过滤法

利用半透膜代替普通滤纸在压差下来过滤溶胶，通过吸滤将胶粒与介质及多余的电解质等分离的一种方法。为了加快吸滤速率，可以将漏斗上部密封，通入氮气进行加压。在实验室中可在普通滤纸上覆盖一层火棉胶膜，便可制得所谓的超滤纸，并在抽空的条件下对物料进行超滤分离；在工业上常使用的超滤膜是二醋酸纤维素(CA)膜或聚碳酸酯(PC)膜等，并在压力(一般为 0.2～0.4 MPa)下进行超滤操作，用来截留胶粒或大分子物质，使物料得到浓缩和纯化。过滤完毕后，必须将膜上所得的新鲜胶粒立即分散到含有一定稳定剂的介质中，以免胶粒聚结而无法再形成溶胶。

也有的在吸滤用的膜两侧外加一个电场，以便在电场作用下加快超过滤的速率，这种就称为电超过滤。在生物化学中常用超过滤法测定蛋白质分子、酶分子、病毒和细菌分子的大小；医药工业上用超过滤法除去中草药中的淀粉、多聚糖等高分子杂质，从而提取有效成分制成针剂等。

§9.3　溶胶的动力学性质

9.3.1　Brown 运动

1826 年，英国植物学家布朗(Brown)将花粉悬于水中，用显微镜观察到悬浮在水面上的花粉末在不停地作不规则运动，不但可以从一处移动到另一处，而且还会转动。后来发现其他物质的粉末也有类似的现象，人们称微粒的这种运动为 Brown 运动。经过许多人的研究，确定这种运动不是外界的振动、温度的起伏或者液体的流动或蒸发所导致的，但很长一段时间中，人们不了解这种运动的本质。

1903 年，超显微镜的发明给观察胶粒的 Brown 运动提供了可能性(普通显微镜分辨率在 200 nm 以上，看不到胶粒)。用超显微镜能够观察到胶粒像 Brown 观察到的花粉末一样，在不停地作不规则的“之”字运动，但能够看清粒子运动的路径，测定在一定时间内粒子的平均位移。人们经观察发现，粒子越小，Brown 运动越激烈，且不随时间而改变，另外，随着温度升高，Brown 运动的强度也会变得剧烈。1905 年后，Einstein 和斯莫鲁霍夫斯基(Smoluchowski)自不同角度分别提出了 Brown 运动的理论。认为在溶胶中，每个粒子都在作热运动，处于纳米级的胶体粒子相对于介质分子来说，已是很大的了，介质分子从不同角度、不同速率对胶粒进行冲击，胶粒由于受力不平衡，所以时刻作不同方向的不规则运动。一份悬于液体中的质点的平均动能和一个小分子一样，都是 $(3/2)kt$。小粒子的质量小，因此其运动速度快。研究中不必考虑质点的实际路径和速度，只需要测定在指定时间间隔内的质点的平均位移，或者测定发生指定位移所需要的平均时间即可，也即在一定条件下、一定时间内粒子的平均位移 $\langle x\rangle$ 是可以测定的。Einstein 利用分子运动论的基本概念，导出了 Brown 运动的公式：

$$\langle x\rangle=\left(\frac{RT}{L}\,\frac{t}{3\pi\eta r}\right)^{1/2}\tag{9.1}$$

把粒子在观察时间 t 内，在 x 轴方向的平均位移 $\langle x\rangle$ 与粒子(设为球形)半径 r、介质黏度 η 和

Avogadro 常量 L 联系在一起，只要知道$\langle x\rangle$、r、η 和 T，即可求得 L。1908 年 Perrin 等利用藤黄粉及乳香的悬胶，求出 Avogadro 常量 L 在 $5.5\times10^{23}\sim8\times10^{23}$范围内。尽管这些数值与当今公认的有些出入，但其工作在科学史上占有重要地位，因为在此之前，分子运动论并无直接的实验证据，此后分子运动论才上升为一种理论，对于推动化学与物理的发展起了重要的作用。

9.3.2 扩散与渗透压

扩散是分子热运动的必然结果，属于物质在无外力场时的传质过程，故有着广泛的应用。分子的热运动或胶粒的 Brown 运动并不需要存在着浓度差，但是当有浓度差存在下，分子从高浓度向低浓度迁移的数目大于从低浓度向高浓度迁移的数目，总的结果使物系呈现从高浓度向低浓度的净迁移，这就是扩散，所以扩散过程的推动力是浓度梯度。例如，在一杯清水中放入一块泥土，不加搅拌，整杯水逐渐由下往上变混浊，这就是泥土微粒在 Brown 运动作用下的扩散作用，显然扩散速率与粒子在介质中的浓差有关，浓度梯度越大，扩散速率也越快。另外，升高温度可以加剧分子热运动，也会加快扩散速率。1905 年，Einstein 对球形粒子导出了胶粒在时间 t 内的平均位移$\langle x\rangle$与扩散系数 D 之间的定量关系，即

$$\langle x\rangle=(2Dt)^{1/2} \tag{9.2}$$

由式(9.1)和(9.2)可得

$$D=\frac{RT}{6\pi\eta rL} \tag{9.3}$$

式中，L 为 Avogadro 常量，η 为黏度，r 为球形粒子的半径。扩散系数 D 的物理意义是：在单位时间内、单位浓度梯度下通过单位面积的物质的质量。由实验数据可以从式(9.2)得到扩散系数 D，再从式(9.3)求出胶粒的半径 r。从式(9.3)也可以看出，温度越高，溶胶黏度 η 越小，粒子半径越小，则扩散速率越大。

渗透压是溶胶扩散作用的结果。由于胶粒不能透过半透膜，而介质分子及其他离子可以，所以介质分子将通过半透膜自发地由低浓度向高浓度扩散。要阻止这种扩散，必须外加与之相当的压力，这就是渗透压。渗透压作为依数性质，其效应只取决于质点的数目浓度，而与质点的形状和大小无关，属平衡性质，可用热力学方法来研究，这也是它与扩散主要的不同之处。渗透压的计算可以借用稀溶液依数性中渗透压的计算公式，即 $\Pi=\frac{n}{V}RT$ 或 $\Pi=cRT$。由于憎液胶体是热力学不稳定体系，聚结不稳定；加之胶粒的数量与小分子相比，相差太远，渗透压效应小，因此渗透压不宜直接用于研究憎液胶体。对于大分子溶液，渗透压则是一种重要的研究方法并有其独到之处。其他方法，如沸点升高、凝固点降低等，因其效应太小，难以采用。另外，在渗透压法中由于半透膜对小分子杂质是可透过的，样品中杂质的影响可以设法消除，而其他依数方法则不可行，而有时这些杂质的效应甚至会远大于大分子本身的效应，因此渗透压法是目前测定高聚物摩尔质量最好的方法之一。从渗透压的研究还可以得到关于大分子溶液热力学性质的一些基本数据，并了解大分子与溶剂间的相互作用。

9.3.3 沉降与沉降平衡

由于物质的密度不同，在地球重力场的作用下，密度大的首先下沉。通常固体的密度大于

液体的密度(有例外,如冰),所以粗分散系统中的粒子很快会下沉,大粒子沉得快,小粒子沉得慢一点,这种现象称为沉降。沉降与扩散是两个相对抗的过程:沉降使质点浓集,扩散则使质点在介质中均匀分布。质点很小、力场较弱时,主要表现为因 Brown 运动,受介质分子推动而扩散;质点较大或力场很强时,表现为沉降运动为主。当这两种效应相反的力趋于相等时,从微观上看,粒子仍在不断下降、上升,而从宏观上看,粒子的浓度分布随高度呈一定的梯度,这个浓度梯度不再随时间而改变,这种平衡称为沉降平衡,如图 9-2 所示。

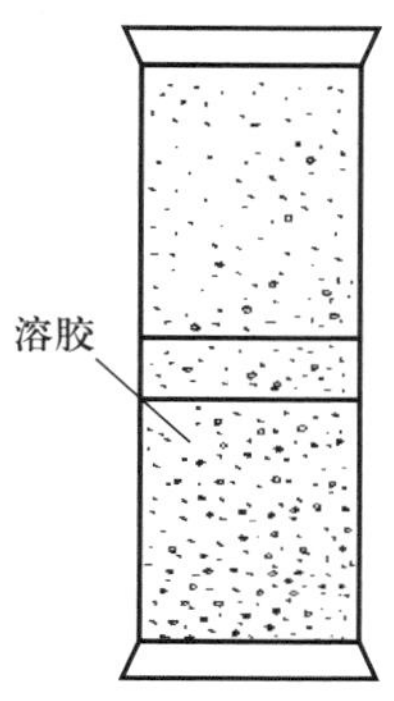

图 9-2　沉降平衡

这时粒子的分布是不均匀的,颗粒浓度自下而上降低,下面粒子大一点、密一点,上面粒子逐渐变小、变稀,但这样的分布在相当一段时间内可维持不变。它相当于地球表面上大气层的分布,或像海洋中离子浓度的分布。所以,溶胶达沉降平衡时随高度的分布公式与大气在地球表面随高度分布的公式是相同的。设颗粒半径为 r,密度为 ρ,介质密度为 ρ_0,在高度为 h 时的位能 $\varepsilon_p=\frac{4}{3}\pi r^3(\rho-\rho_0)hg$,$g$ 为重力加速度。按 Boltzmann 分布,分子浓度或颗粒的数密度 C 随高度的分布可应用 Boltzmann 因子,设 C_2 和 C_1 是 h_2 和 h_1 处的分子浓度或数密度,有

$$\frac{C_2}{C_1}=\exp\left(-\frac{\varepsilon_{p_2}-\varepsilon_{p_1}}{kT}\right)=\exp\left[-\frac{4}{3kT}\pi r^3(\rho-\rho_0)g(h_2-h_1)\right] \tag{9.4}$$

利用重力场中的沉降分析可以进行沉降分级或者测定固体粉末样品的粒度分布,但只适用于粗分散体系。若质点大小小于 1 μm,因沉降太慢而不再适用。此时用离心力代替重力,沉降方法可进一步用于胶体质点(包括大分子)。20 世纪 20 年代,斯韦德伯格(Svedberg)建立了超离心机并将其用于蛋白质的研究,第一次明确地测定了生物大分子的分子量和不均一性,在某种意义上讲标志着分子生物学的开始。

§9.4　溶胶的光学性质

胶体能呈现出丰富多彩的光学性质,许多胶体具有鲜艳的颜色,而有些胶体则没有颜色,胶体的光学性质简单来说与胶体对光的散射和吸收有关。当光照射到分散物质时,会发生三种作用:光的吸收、光的反射和光的散射。入射光频率与分子的固有频率相同时,发生光的吸收,光的吸收取决于系统的化学组成;粒子的尺寸大于入射光的波长时,发生光的反射,而当粒子的尺寸小于入射光的波长时,则发生光的散射,光的反射和散射取决于粒子的大小或分散

度。光的散射在胶体化学研究中有重要的科学意义。

9.4.1 Tyndall 效应

当一束光线射入溶胶时，在入射光的垂直方向，可以看到一个发亮的光柱的现象即为丁达尔效应(Tyndall effect)。Tyndall 效应也称为乳光效应，其本质为光的散射。光是电磁波，当光照射到介质中小于光波波长的粒子时，颗粒中的电子受电磁场作用产生极化，并发生被迫振动，其振动频率与入射光的频率相同，称为二次光源，向各个方向发射光或电磁波，从而产生光的散射。

可见光波长在 400～700 nm 之间，而胶体粒子的大小为 1～100 nm，其尺度小于可见光波长，因此胶体系统将发生光的散射，产生 Tyndall 效应，Tyndall 效应是胶体体系的重要特征。通过 Tyndall 效应可以区分胶体体系和非胶体物系。例如，粗分散体系中的粒子尺寸达到 1000～5000 nm，比可见光的波长大得多，在光照下不会发生光的散射，而是发生光的反射现象；对于真溶液体系，其分子大小小于 1 nm，虽有极其微弱的乳光现象，但难以用肉眼分辨，主要发生光的吸收。

9.4.2 Rayleigh 散射

瑞利(Rayleigh)对 Tyndall 效应进行了仔细研究，利用电磁场理论推导出单位体积的分散系统的散射光强度，被称为 Rayleigh 公式，该散射现象被称为 Rayleigh 散射，又称经典散射或弹性散射。若分散相颗粒为球形，颗粒间无相互作用，入射光是非偏振光，Rayleigh 散射光强度 $I(R,\theta)$ 如下：

$$I(R,\theta)=I_0\frac{9\pi^2\rho V^2}{2\lambda^4R^2}\left(\frac{n_2^2-n_1^2}{n_2^2+2n_1^2}\right)^2 \tag{9.5}$$

式中，I_0 是入射光强度；λ 是波长；ρ、V 分别是颗粒数密度和单个粒子体积；n_1、n_2 分别是分散介质和颗粒的折射率；R 是到观察点的距离。

由以上可知：

(1) 散射光强度与波长的四次方成反比，波长愈短，散射光愈强。如波长由 700 nm 降至 400 nm，散射光强度增大近一个数量级。若入射光为白光，则其中的蓝光与紫光波长较短，较易被散射，所以，当以白光照射无色胶体系统时，波长较长的红光(650 nm)被散射较少，透过溶胶的较多，透射光呈橙红色，而在侧面观察呈蓝紫色，这种现象称为乳光现象。这也就是雾天行驶的车辆必须用黄色灯，晴朗的天空呈蓝色以及日出日落太阳呈红色的原因。

(2) 散射光强度与单位体积中的粒子数 ρ(颗粒数密度)成正比，即与物系的浓度成正比，因此可通过测定两个分散度相同而浓度不同的溶胶的散射光强度，由已知浓度的溶胶求另一相同溶胶的浓度。通常使用的浊度计就是根据这个原理设计的。由此还可测定高分子物质的摩尔质量。

(3) 散射光强度与单个粒子体积成正比。对于小分子溶液，散射光已弱到难以觉察。因此，可利用 Tyndall 现象鉴别溶液和溶胶。散射强度与粒子体积的平方成正比，在粗分散体系中，由于粒子的尺度大于可见光波长，无乳光，只有反射光；在真溶液中，由于分子体积很小，故散射光极弱，不易被肉眼看见。因此，利用散射效应可以鉴别溶胶和真溶液。

(4) 折射率是物质的特性，分散相与分散介质的折射率相差愈大，散射作用就愈强。硫溶胶和蛋白质溶液的粒子大小虽然相近，但硫溶胶的 Tyndall 现象更为显著，就是因为折射率相差更大之故。当分散相与分散介质的折射率相当时，则应无散射现象。但实验证明，即使纯溶液或纯气体，也有极微弱的散射。这是由于分子热运动引起的密度涨落造成的。由于密度涨落引起的折射率变化，造成体系的光学不均匀性(实际上，Rayleigh 定律直接来自溶胶的光散射现象，在此，Rayleigh 公式不再适用)。

另外，在分散系统中，颗粒进行着热运动。当入射光以一定频率作用于按一定速度运动的颗粒上时，散射光的频率将发生微小的变化，这种频率漂移现象称为多普勒(Doppler)效应。由于热运动在各个方向上的概率相同，而速度有一定分布，频率漂移的结果将使散射谱线以原来频率为中心而变宽，并有一定的强度分布。这种现象称为动态光散射，又称准弹性散射，或光子相关光谱。动态光散射可提供颗粒尺寸、扩散系数的信息。

§9.5　(憎液)溶胶的电学性质

溶胶的电学性质包括静电现象和动电现象。前者从静态角度来考虑问题，研究在没有外电场或外力作用下，固液接触界面的电现象，也即胶体粒子的带电情况以及带电胶粒的双电层结构与电势分布理论；后者研究在外电场或外力作用下溶胶系统的运动现象或电现象，从动态角度分析带电粒子在外电场作用下和外力作用下的性质和行为，即动电现象，包括电泳、电渗、流动电势和沉降电势。

9.5.1　颗粒的表面电荷

胶粒带电的原因大致有如下几种：

(1) 吸附：固体微粒会选择性地吸附介质中的离子，从而使胶粒带电。例如，在制备 AgI 过程中，如果 KI 过量，难溶盐 AgI 优先吸附 I^-，吸附层中含 K^+ 比 I^- 少，所以胶粒带负电。又如，在用 $FeCl_3$ 水解制备 $Fe(OH)_3$ 溶胶时，同时还有 FeO^+、Cl^- 等生成，$Fe(OH)_3$ 胶核优先吸附 FeO^+ 使形成的胶粒带正电。选择吸附具有一定的规律性，优先吸附与胶核本身结构或组成相似的离子；没有相似离子时，优先吸附水化能力较弱的负离子，所以自然界中带负电的胶粒居多。

m 个 AgI 分子聚集在一起形成胶核，m 的大小可以在一定范围内波动，但要让 AgI 胶粒大小落在 100 nm 范围内。由于电荷异性相吸，吸附的 I^- 外面有较多的 K^+(设为 $n-x$)与之靠得较近，在介质中一起移动，这部分与胶核一起称为胶粒，所以胶粒是带电的，是独立运动单位。还有一部分 K^+，由于扩散而离胶粒较远，也不跟胶粒一起移动，胶粒与这个扩散层一起被称为胶团(图 9-3)，胶团是电中性的，也没有固定的直径和质量。因此，以 KI 为稳定剂的 AgI 溶胶的结构可以近似地表示为：$[(AgI)_m nI^-(n-x)K^+]^{x-}\cdot xK^+$。

另外，如果整体材料不能离子化，可以加入离子型表面活性剂以产生电荷稳定化的悬浮体。举例来说，吸附了阴离子表面活性剂的炭黑粒子可以悬浮在水中，这是制造写字墨水的基础，所用的合适混合物叫作分散剂。增大 pH 有可能使分散剂的阴离子表面活性剂加合质子并导致写字墨水产生不稳定性。

(2) 同晶置换：黏土矿物中，如高岭土，主要由铝氧四面体和硅氧四面体组成，而 Al^{3+} 与 4 个氧电荷不平衡，要由 H^+ 或 Na^+ 等正离子来平衡电荷。这些正离子在介质中会电离并扩散，

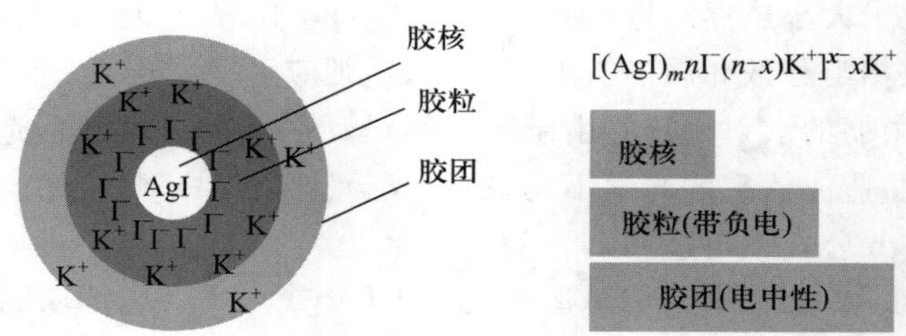

图 9-3 胶团的结构与表示

所以使黏土微粒带负电。如果 Al^{3+} 被 Mg^{2+}、Ca^{2+} 同晶置换,则黏土微粒带的负电更多。

(3) 离子型固体物质在介质水中,由于正、负离子的溶解量不同,也可以使胶粒表面带电。例如,AgI 微粒在水中,Ag^+ 较小,扩散比 I^- 快,容易脱离固体表面进入溶液,Ag^+ 溶解量大,所以 AgI 微粒带负电;另外,如果在 KI 溶液中,则因为局部溶解,表面优先吸附相似离子 I^- 而带负电。

(4) 对于可能发生电离的高分子溶胶而言,胶粒带电主要是其本身发生电离引起的。例如蛋白质分子,在水中羧基电离带负电,氨基水解带正电,所具电性取决于介质的 pH。当 pH 较小时,水解氨基多于电离的羧基,蛋白质分子带正电;反之,则带负电。在某特定 pH 时,两个基团一样多,蛋白质分子所带的净电荷为零,这时介质的 pH 称为蛋白质的等电点。

9.5.2 双电层理论

从宏观角度看,胶粒是一个小到看不见的粒子,但从分子角度看,胶粒仍是一个很大的固体,同样可以用讨论电极表面电荷分布的方法来讨论胶粒表面的电荷结构。胶粒与介质作为一个整体是电中性的,胶粒所带的表面电荷与周围介质中的反离子构成双电层。带电胶粒的表面与介质内部的电势差称为胶粒的表面电势。表面电势亦称热力学电势,是指从粒子表面到均匀液相内部的总电势差,可直接从热力学的 Nernst 方程求得。自 19 世纪 80 年代起,有不少人提出了带电固体表面的电荷分布结构图,其中以古依(Gouy)、查普曼(Chapman)在 1910 年左右提出的扩散双电层模型图(图 9-4)被较多的人认同。

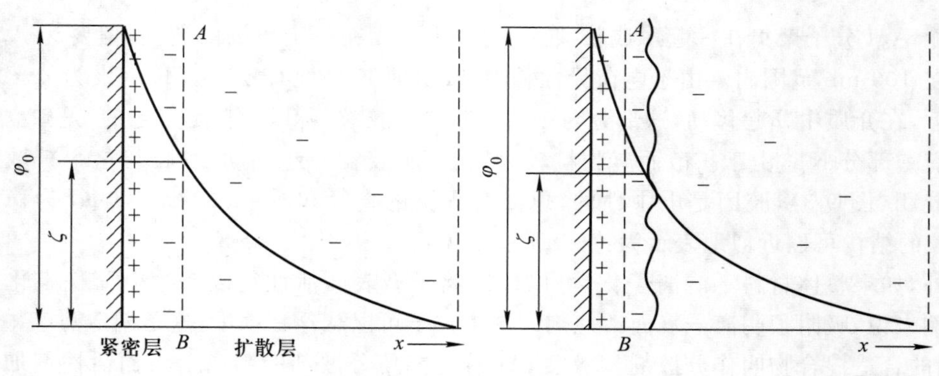

图 9-4 扩散双电层模型

如图 9-4 所示,设固体带正电荷,溶液中靠近固-液界面的反号离子的分布不像平板电容器模型所说的离子整齐地排列在单一平面上，而是呈现一定的分布状态：溶液中相同数量的负电荷较多地分布在固体附近，距表面约 1～2 个离子的厚度，即在图中 AB 线以左；而另一部分负离子由于扩散作用离固体表面较远，按 Boltzmann 分布公式由浓到稀，直到介质本体的溶液浓度均匀部分，即电势差等于零的地方。这就是扩散双电层的电荷分布模型，AB 线以左称为紧密层，以右称为扩散层。整个电势差 φ_0 为热力学电势差，其绝对值无法测定。通常胶粒移动时，只带紧密层而不带扩散层，所以 AB 就是发生电动现象时固液之间发生相对移动的切动面。AB 线以右与液体内部的电势差用 ζ 表示，则 ζ 就是胶粒移动时的动电电势，显然，动电电势 ζ 总是小于热力学电势 φ_0。

Gouy-Chapman 双电层模型提出了动电电势 ζ 的概念，但无法解释为什么 ζ 电势受外加电解质影响，甚至有时会改变符号等实验事实。斯特恩（Stern）认为，Gouy-Chapman 模型的问题在于，将溶液中的离子当作没有体积的点电荷，同时忽略了固体表面的吸附作用，尤其是特性吸附作用，并对此作了进一步修正：在固体表面约 1～2 个分子厚度的紧密层中，反离子因受到强烈吸引而与固体表面牢固地结合在一起，构成 Stern 层，其中反离子的电性中心构成 Stern 平面，Stern 平面与溶液内部间的电势差称为 Stern 电势，其数值与 Stern 层中吸附离子的性质和数量有关，由固体表面到 Stern 平面电势直线下降，在扩散层中电势的变化规律服从 Gouy-Chapman 模型。Stern 层中离子会发生溶剂化作用，在胶粒移动时会带着 Stern 层及离子的溶剂化层一起移动，真正的滑动是图中在 AB 线以右的不规则曲面。滑动面的准确位置虽然不知道，但可以认为滑动面比 Stern 平面略靠外，ζ 电势比 Stern 电势略低。ζ 电势是这不规则切动面与溶液本体均匀部分之间的电势差，只有在带电的胶粒移动时才会显示切动面，才有 ζ 电势。

ζ 电势会随着溶剂化层中离子浓度的改变而改变。由于 Stern 层与扩散层中的反离子处于平衡状态，当溶液中反离子的浓度或价数增加时或含有多价表面活性剂离子时，固体表面将对它们发生强的选择性吸附，必然有更多的反离子进入 Stern 层，使整个双电层变薄，ζ 电势下降。当有足够多的电解质加入时，双电层厚度与切动面以左部分相仿，这时 ζ 电势为零。如果外加电解质中的异性离子价数很高，或固体对它的吸附能力特别强，发生特性吸附，则溶剂化层中反号离子过剩，ζ 电势就会改变符号。显然，胶粒的 ζ 电势越大，胶粒带电越多，稳定性也越好，电泳速率也越大。ζ 电势是表面电势 φ_0 的一部分，ζ 电势的数值可以通过电泳或电渗速度的测定计算出来。

9.5.3　电动现象

从胶团的结构我们已经知道，胶团是电中性的，但胶粒是带电的独立移动单位，所以介质也是带电的，所带电荷与胶粒相反。胶粒在外电场作用下的定向移动称为电泳，如带负电的黏土胶粒在外电场作用下向正极移动。介质也作定向移动，不过方向与胶粒相反，介质的定向移动称为电渗，例如，水在外电场的作用下，通过黏土的毛细通道向负极移动。电泳与电渗是在外加电场作用下发生的定向移动，所以属于因电而动。带电粒子本身移动也会产生电势差，胶粒在重力场中沉降时产生的电势差称为沉降电势，如无电场时，沉降管中分散相的粒子（黏土粒子）在分散介质（水）中迅速沉降，则会在沉降管的两端产生电势差，它是电泳的逆过程。储油罐中常含有水滴，水滴的沉降常形成很高的沉降电势，甚至达到危险的程度，解决方法是加入有机电解质。介质在流动时产生的电势差称为流动电势，例如，用外力将液体压过毛细管网或多孔塞(由粉末压成的),则在毛细管网或多孔塞两端也会产生电势差,流动电势是电渗的逆过程。流动电势的大小与介质的电导率成反比,因此在泵送易燃碳氢化合物时,必须采取相应防护措施,消除流动电势存在造成的危险,如接地,或者在其中加入油溶性电解质。这两种电势都是因为带电粒子移动而产生的,属于因动而产生电。电泳、电渗、沉降电势和流动电势统称为电动现象,都属于溶胶的电学性质,其中以电泳、电渗研究较多,应用也较广。

1. 电泳

影响电泳的因素很多,例如胶粒的大小、形状和表面带电的数目等。介质中电解质的种类、离子强度以及 pH、电泳温度和所加电场强度等也都会影响电泳速率。其中外加电解质的影响与胶粒表面的电荷分布有关。在其他条件都保持相同的情况下,在介质中加入电解质会显著影响胶粒的电泳速率,使电泳速率降低以至变为零,甚至还会改变胶粒电泳的方向。

研究电泳的实验方法有很多,根据溶胶的量和性质不同,可以采用不同的电泳仪。常用电泳的实验方法有显微电泳法、界面移动法和区带电泳法。

如果做电泳的样品极少或要观察个别胶粒的电泳情况,可以采用显微电泳仪(图 9-5)。原则上在显微镜下可见的质点均可以采用此法测定电泳速度。

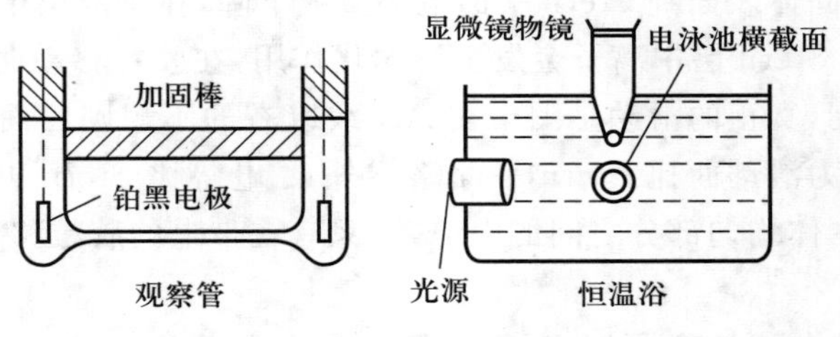

图 9-5 显微电泳仪

如图 9-5 所示,装置中用的是铂黑电极,样品置于很细的玻璃观察管中,用显微镜直接观察胶粒的电泳情况(一般生物胶粒都大于 200 nm)。如果盐浓度过高,可采用可逆电极(如 Ag/AgCl 等)以防止电极极化。使用该方法测定胶粒电泳时,必须考虑同时发生的电渗的影响。电泳池内壁表面通常带电,从而造成管内液体的电渗流动,由于电泳池的封闭,电渗流动必定造成一反向液流,导致电泳池不同深度上测得的胶粒运动速度也不同。显微电泳方法简单,测定快速,用量少,而且是在胶粒本身所处的环境下进行测定,所以常用其确定分散体系质点的 ζ 电势。但如果质点很小或者是带电的大分子,则常采用界面移动法。

图 9-6 是一种界面移动电泳仪的示意图。将净化后的溶胶放在中间的容器内,使溶胶在 U 形管两端达活塞口,高度一致。在溶胶上面小心放置合适的辅助液(正、负离子电渗速率相等,以免影响电泳的速率),两边放置电极。用稳压直流电源通电一段时间,会发现负极一端的界面上升,说明胶粒带正电,向负极作定向移动。根据移动的距离,可以计算胶粒的电泳速率。对于混浊或有色的胶体溶液,界面移动可以直接目测;而对于无色溶胶或大分子溶液,则须借助紫外吸收或其他光学方法。图 9-7 是蒂塞利乌斯(Tiselius)电泳仪,由 Tiselius 改进,广泛应用于各种带电大分子,尤其是蛋白质的分析与分离。该仪器的中间管径较细,故溶胶使用量较少。aa'、bb'和 cc'处都可平移,便于清洗和装样。

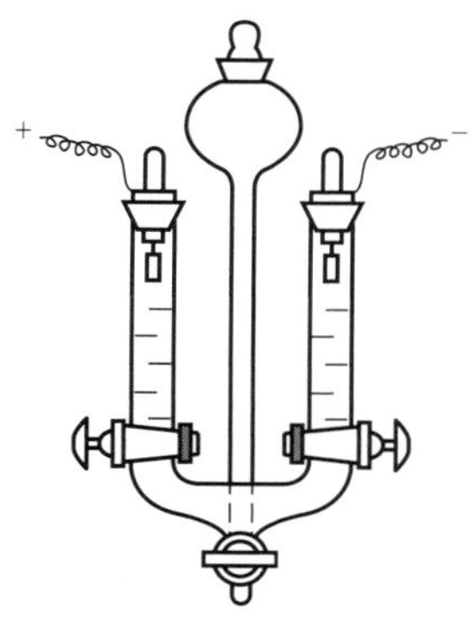

图 9-6　界面电泳仪

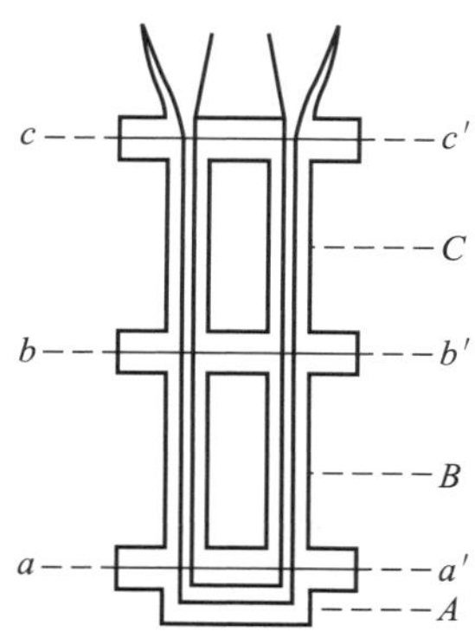

图 9-7　Tiselius 电泳仪

界面移动法的困难之一，是与溶胶形成界面的介质的选择。因为 ζ 电势对介质成分十分敏感，所以，应使质点在电泳过程中一直处于原来的环境。根据这两个要求，最好采用自溶胶中分离出的分散介质。但介质的电导可能与溶胶的不同，造成界面处电场强度发生突变，其后果是两臂界面的移动速率不等。为减小此项困难，应尽量用稀溶胶，以降低溶胶质点对电导的贡献。

区带电泳是以惰性的固体或凝胶作为欲测样品的载体进行电泳的，以达到分离与分析电泳速率不同的各组分的目的，包括纸上电泳、凝胶电泳和平板电泳等。此法也是 Tiselius 最早提出的。以纸上电泳为例，将欲测溶液滴在一事先用缓冲液处理过的厚滤纸条的中央，在纸条上夹上电极形成电场，胶粒开始作定向移动，由于各组分电泳的速率不同，通电一段时间后，各组分依电泳速率不等而依次分开，在纸条上形成距起点不同距离的区带，区带的数目等于样品中的组分数。将纸条干燥并加热，以使各组分固定在纸条上，即可用适当方法对其进行分析。纸的作用是排除电泳时的扩散和对流运动。近年来多用其他材料，例如醋酸纤维素、淀粉凝胶或聚丙烯酰胺凝胶作为载体，称为凝胶电泳。由于凝胶的网状孔道具有类似分子筛的附加分离作用，凝胶电泳的分离效果更好。例如，用界面移动法或纸上电泳能将血清分成 5 个组分，利用聚丙烯酰胺凝胶可分离出 25 个组分。如果把凝胶平铺在玻璃板上，称为平板电泳。如将凝胶放在玻璃管中，电泳后，在管中不同组分形成一个个圆盘，故又称圆盘电泳。

2. 电渗

在外加电场作用下，带电的介质向异性电极作定向移动，称为电渗。如果令一种溶液流过一根毛细管产生了流动电流和流动电势(图 9-8)，那么在毛细管两端施加电压，将会导致溶液流动。用图 9-9 的仪器可以直接观察到电渗现象，图中 3 为多孔膜，管 1、2 中盛介质。当在电极 5、6 上施以适当的直流电压时，从刻度毛细管 4 中弯月面的移动可以观察到液体的移动，实验表明，液体移动的方向与多孔膜的性质有关。例如，当用滤纸、玻璃或棉花构成多孔膜时，显示液体向阴极移动，这表示多孔膜材料吸附了介质中的阴离子，使介质带正电；而当用氧化铝、碳酸钡等物质构成多孔膜时，介质向阳极移动，说明介质带负电。和电泳一样，外加电解质会降低电渗速率，甚至会改变电渗方向。应用电渗析可以测定毛细管表面 ζ 电势。

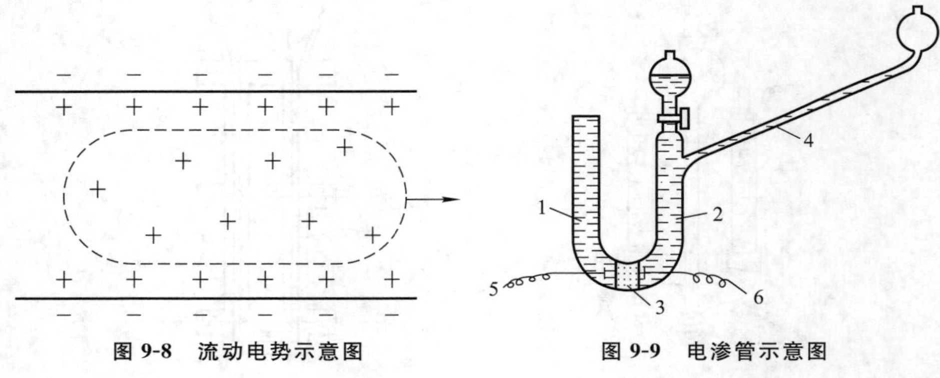

图 9-8 流动电势示意图

图 9-9 电渗管示意图

§9.6 (憎液)溶胶的稳定性和聚沉作用

溶胶由于胶粒比表面很大,表面能太高,有自发聚结降低表面能的倾向,是热力学上的不稳定系统。但由于胶粒的特有分散程度,有较强的 Brown 运动,有一定的抗沉降的动力学稳定性;加之胶粒表面的双电层结构,其 ζ 电势使胶粒之间有排斥作用,有一定的静电稳定性。两方面共同作用的结果是保持溶胶不易聚结。

1. Brown 运动

由于胶粒的特有分散程度,粒径在 1～100 nm 之间,在介质分子的推动下,有比较剧烈的 Brown 运动,在重力场中不易沉降,具有一定的动力学稳定性。但也正由于剧烈的 Brown 运动,增加了粒子相互碰撞的机会,粒子一旦合并变大,就会抵抗不了重力的作用而下沉,所以只有 Brown 运动,不足以维持溶胶的稳定性。

2. ζ 电势

当两个粒子靠近时,将存在(至少)两种相互作用:排斥力作用和范德华吸引作用(它使得多数胶体本质上不稳定)。对所考虑的体系来说,总的作用能将是两种能量之和。由于选择性吸附等原因导致了胶粒带电现象,在胶粒表面形成了双电层结构。当两个带电粒子靠近时,两个双电层将开始相互作用。既然其双电层是相同的符号,同性电荷相斥,其作用将是排斥的,导致两个粒子间的电势增加,产生斥力作用将粒子推开。ζ 电势越大,斥力作用的势能垒也就越高,这才是憎液溶胶具有一定稳定性的主要原因,也是制备溶胶时必须加少量电解质作为稳定剂的原因。在确定由双电层施加的能垒高度时,体系中电解质的浓度和化合价是关键因素,增加电解质浓度会降低斥力作用,减低能垒,促进有效的粒子碰撞,导致体系不稳定。

3. 电解质对溶胶稳定性的影响

20 世纪 40 年代,苏联科学家捷亚金(Deijaguin)与兰道(Landau)和荷兰科学家维韦(Verwey)与欧弗比克(Overbeek)分别提出了相似的关于带电胶粒在不同情况下相互吸引能和双电层排斥能的计算方法,从理论上阐明了溶胶的稳定性及外加电解质的影响,后被称为 DLVO 理论。他们认为,在两个带电胶粒相距较远时,主要以范德华引力为主;当双电层发生交盖重叠时,由于粒子所带电性相同,所以两个粒子互相排斥,要使两个粒子聚合,必须克服一个势能垒。DLVO 理论提出了胶粒在不同情况下相互吸引能与同性电荷双电层排斥能的计算方法，从理论上阐明了溶胶的稳定性及外加电解质的影响。为了比较不同外加电解质对溶胶稳定性影响的程度，引入聚沉值和聚沉能力这两个名词。聚沉值是指使一定量的溶胶在一定时间内完全聚沉所需电解质的最小浓度。聚沉能力是判断电解质对溶胶影响的能力，与聚沉值大小次序刚好相反，聚沉值越小，聚沉能力越强。电解质的聚沉能力主要取决于与胶粒带相反电荷的离子的价数。异电性离子价数越高，聚沉能力越强。可以用 DLVO 理论计算予以说明，聚沉值与异电性离子价数的 6 次方成反比，这就是 Schulze-Hardy 规则。例如，同是 AgI 负溶胶，当外加电解质中正离子为一价时，聚沉值都在 100 $mmol \cdot dm^{-3}$ 以上；当正离子为二价时，聚沉值仅为 2 $mmol \cdot dm^{-3}$ 左右；当正离子为三价时，聚沉值降到 0.1 $mmol \cdot dm^{-3}$ 以下。但 H^+ 例外，其聚沉能力高于一般二价阳离子，甚至部分三阶阳离子。

当异电性离子价数相同时，其聚沉能力也稍有差别，但这个差别远小于因价数不同而引起的差异。通常是形成离子的金属（或非金属）活泼性越高，其离子的聚沉能力也越强，这与离子水化半径有关，水化半径越小，聚沉能力越强，这称为感胶离子序。例如，对于负溶胶，外加电解质的一价阳离子硝酸盐聚沉能力的排列次序为

$$H^+ > Cs^+ > Rb^+ > NH_4^+ > K^+ > Na^+ > Li^+$$

对于正溶胶，不同的一价阴离子所成钾盐对正溶胶聚沉能力的次序为

$$F^- > Cl^- > Br^- > NO_3^- > I^-$$

电解质加入影响溶胶稳定性的根本原因是降低了胶粒的 ζ 电势，使双电层变薄，两个胶粒靠近时所产生斥力的势能垒降低，所以容易发生凝聚。

4. 影响溶胶稳定性的其他因素

影响溶胶稳定性的因素很多，除了外加电解质是影响溶胶稳定性的主要原因外，还有其他一些因素：

(1) 物理因素　增加溶胶的浓度和温度，使胶粒相互碰撞的机会增加，使每次碰撞的强度增加，可能会促使溶胶聚沉。或者将溶胶放入高速离心机中，利用胶粒与介质的密度不同，从而离心力也不同，将胶粒与介质分开。

(2) 高分子化合物的影响　加入少量高分子溶液，会促使溶胶聚沉，这是敏化作用。例如，在硅溶胶中加入少量明胶溶液，就可以促使溶胶聚沉。这一方面可能是在同一个大分子上吸附了许多胶粒，使之在重力场中发生沉降；另一方面可能是大分子与胶粒所带电荷相反，发生相互作用，降低了胶粒的 ζ 电势，使之聚沉。而加入足够量的高分子溶液，会使溶胶稳定，这是保护作用，原因是每一个胶粒周围吸附了若干大分子，阻碍了胶粒之间的互相接触，相当于胶粒外面包上了一个高分子保护层，因而增加了溶胶的稳定性。胶粒被保护以后，原有的性质如电泳速率、对电解质的敏感程度等皆发生了明显的改变，而变得与保护它的大分子性质相近。通常用“金值”来比较不同高分子溶液对溶胶的保护能力。金值是一个人为规定的相对值，指为了保护 10 cm^3 质量分数为 6×10^{-5} 的金溶胶，在加入 1 cm^3 质量分数为 0.1 的 NaCl 溶液后，使之 18 h 内不致凝结所需高分子物质的最少质量（用 mg 表示）。金值越小的高分子物质，对溶胶的保护能力越强。例如，明胶的金值为 0.01 mg，蛋白质的金值为 2.5 mg，而土豆淀粉的金值高达 20 mg。所以，明胶经常被用来作为憎液溶胶的保护剂。

(3) 有机化合物的作用　由于一些有机化合物的离子具有很强的吸附能力，所以对溶胶的聚沉能力也很强。例如，葡萄糖酸内酯可以使天然的豆浆负溶胶凝聚，制成内酯豆腐。

(4) 带不同电性的溶胶的相互作用　与电解质的聚沉作用不同之处在于，两种溶胶用量

应恰能使其所带电荷量相等时，才会完全聚沉，否则可能聚沉不完全，甚至不聚沉。溶胶的互沉作用有不少实际应用，例如，自来水厂或污水净化工程经常用到 $Al_2(SO_4)_3$，因为水中一般的悬浮粒子都带负电，而 $Al_2(SO_4)_3$ 水解后形成的 $Al(OH)_3$ 溶胶带正电，两者相互作用使泥沙等浮粒聚沉，再加上 $Al(OH)_3$ 絮状物的吸附作用，很快使水中的杂物清除，达到净化目的。

§9.7 大分子溶液的特点

9.7.1 大分子的概念

大分子化合物(macromolecules)是指平均摩尔质量大于 10 $kg \cdot mol^{-1}$ 的高聚物，亦称高分子化合物，分子大小在 10^{-9}～10^{-7} m。根据来源，大分子化合物可分为天然大分子化合物和合成大分子化合物。例如，淀粉、蛋白质、纤维素、核酸以及各种生物大分子等属于天然大分子；而合成橡胶、树脂和纤维等属于合成大分子，光敏大分子、导电大分子、医用大分子以及大分子膜等属于功能大分子。

在自然界中，存在着大量大分子化合物。随着科学技术的发展，人们又合成了大量的大分子化合物。它们的共同特点是都具有很大的分子量，如生物体中的蛋白质、核酸、糖原、淀粉、纤维等都是大分子化合物。它们是由许多重复的原子团或分子残基所组成，这些较小的原子团或分子残基叫作单体。如淀粉分子是由成千上万个葡萄糖分子残基按一定方式连接而成的；天然橡胶分子是由许多异戊二烯($CH_2{=}C(CH_3){-}CH{=}CH_2$)的单体连接而成的大分子。

大分子化合物是大分子，其粒子的形状是复杂的。不同大分子化合物，在溶液中分子的形状往往也有很大的差异。例如，γ-球蛋白的分子是球形分子，脱氧核糖核酸分子是线形分子。线形分子在不同条件下形状有时也不一样，有的是比较伸展的线条形，有的则是卷曲的无规则线团。由于分子形状不同，它们在运动中的相互干扰作用也不一样。球形分子互相干扰少，而线形分子则互相干扰大，因此线形分子的黏度就大。

大分子化合物粒子具有许多亲溶剂基团，质点表面结合着一层溶剂。溶剂化后的粒子在溶液中成为一个运动单体，降低了运动速度，影响了溶液的黏度。

当大分子化合物为电解质时，粒子带有电荷。例如蛋白质类大分子化合物，由于含有酸性基团(—COOH)和碱性基团($-NH_2$)，在水溶液中，因溶液 pH 的差异，蛋白质大分子可以带正电荷或负电荷。

大分子的这些特性，往往影响到大分子溶液的性质。

9.7.2 大分子溶液与憎液溶胶对比

大分子化合物是以分子或离子状态均匀地分布在溶液中，在分散相与分散介质之间无相界面存在，所以大分子溶液为亲液溶胶。故大分子溶液是均匀分布的真溶液，即热力学平衡体系，这是大分子溶液与溶胶的最本质的区别。但粒子(分子)大小又与溶胶粒子大小相近，与溶胶有相似之处。对于大分子浓溶液来说，研究起来相对困难些，溶质与溶剂相互作用复杂，影响因素较多。

大分子化合物溶液中，溶质和溶剂有较强的亲和力，两者之间没有界面存在，属均相分散系。由于在大分子溶液中，分散相粒子已进入胶体范围(1～100 nm)，因此，大分子化合物溶液也被列入胶体体系进行研究。它具有胶体体系的某些性质，如扩散速率小，分散相粒子不能透过半透膜等，但同时也具有自己的特征，详见表 9-2。

表 9-2　大分子溶液与憎液溶胶比较

性质	大分子溶液	憎液溶胶
分散相大小	1～100 nm	1～100 nm
分散相存在形式	单个分子	若干分子形成的胶粒
能否透过半透膜	不能	不能
热力学体系	稳定	不稳定
扩散速率	慢	慢
Tyndall 效应	弱	强
体系性质	均相、平衡体系，遵守相律	多相、不平衡体系，不遵守相律
与溶剂亲和力	大	小
黏度大小	大	小（与纯溶剂黏度相似）
对电解质的敏感性	不敏感（加入大量电解质会发生盐析）	敏感（加入少量电解质就会聚沉）
渗透压	大	小

由于大分子的高摩尔质量和线链形结构特征使得单个大分子线团体积与小分子凝聚成的胶体粒子相当（10^{-7}～10^{-5}），从而有些行为与胶体类似。

历史上长期以来，很长一个时期曾一直错误地认为大分子溶液是胶体分散体系——小分子的缔合体。经反复研究得出最终的结论证明，大分子浓溶液与胶体有本质区别。这点对大分子科学的发展进程有重要意义，人们认识到大分子是一种新的物质，不同于小分子，不是小分子的缔合体。它们之间的区别是：

（1）大分子溶解是自发的；而胶体溶解需要一定的外部条件，分散相和分散介质通常没有亲和力。

（2）大分子溶解-沉淀是热力学可逆平衡；胶体则为变相非平衡，不能用热力学平衡研究，只能用动力学方法进行研究。

（3）大分子溶液的行为与理想溶液的行为相比有很大偏离，其主要原因是大分子溶液的混合熵比小分子理想溶液的混合熵大很多。

（4）大分子溶液的黏度比小分子纯溶液要大得多，浓度 1%～2%的大分子溶液的黏度为纯溶剂的 15～20 倍。例如 5%的 NR＋苯为冰冻状态，主要原因是大分子链虽然被大量溶剂包围，但运动仍有相当大的内摩擦力。

（5）小分子溶液性质有摩尔质量依赖性，而大分子的摩尔质量多分散性，增加了研究的复杂性。

（6）大分子溶解过程比小分子缓慢得多。

§9.8 大分子化合物的平均摩尔质量

大分子的摩尔质量是多分散的，只有统计意义，是统计平均值。测定分子质量的方法不同，统计处理方式不同，获得的平均值也不同。常用的平均摩尔质量有数均摩尔质量(M_n)、质均摩尔质量(M_w)、z 均摩尔质量(M_z)和黏均摩尔质量(M_η)。数均摩尔质量通常用依数性方法测定；质均摩尔质量用光散射方法测定；z 均摩尔质量用超离心沉降法测定；黏均摩尔质量用黏度法测定。摩尔质量是大分子化合物的重要参数，它不仅能影响其溶液的物理化学性质，而且还会影响到某些药用大分子在体内的代谢。

9.8.1 大分子平均摩尔质量的表示方法

1. 数均摩尔质量 M_n

假设大分子各组分的分子数分别为 $N_1, N_2, \cdots, N_B$，对应的摩尔质量为 $M_1, M_2, \cdots, M_B$，则数均摩尔质量 M_n 为

$$M_n = \frac{N_1M_1 + N_2M_2 + \cdots + N_BM_B}{N_1 + N_2 + \cdots + N_B} = \frac{\sum N_BM_B}{\sum N_B} \tag{9.6}$$

数均摩尔质量 M_n 可以用端基分析法和渗透压法测定。

2. 质均摩尔质量 M_w

假设大分子各组分的分子质量分别为 $m_1, m_2, \cdots, m_B$，对应的摩尔质量为 $M_1, M_2, \cdots, M_B$，则质均摩尔质量 M_w 为

$$M_w = \frac{m_1M_1 + m_2M_2 + \cdots + m_BM_B}{m_1 + m_2 + \cdots + m_B} = \frac{\sum m_BM_B}{\sum m_B} \tag{9.7}$$

质均摩尔质量 M_w 可以用光散射法测定。

3. z 均摩尔质量 M_z

在光散射法中利用 Zimm 图计算的大分子摩尔质量称为 z 均摩尔质量 M_z。

$$M_z = \frac{\sum m_BM_B^2}{\sum m_BM_B} = \frac{\sum N_BM_B^3}{\sum N_BM_B^2} = \frac{\sum Z_BM_B}{\sum Z_B} \tag{9.8}$$

用超离心沉降法测得的平均摩尔质量为 z 均摩尔质量。

4. 黏均摩尔质量 M_η

用黏度法测定的摩尔质量称为黏均摩尔质量 M_η。

$$M_\eta = \left[\frac{\sum N_BM_B^{(\alpha+1)}}{\sum N_BM_B}\right]^{\frac{1}{\alpha}} = \left[\frac{\sum m_BM_B^{\alpha}}{\sum m_B}\right]^{\frac{1}{\alpha}} \tag{9.9}$$

大分子摩尔质量分布可用多分散系数 d 来表示：$d = M_w/M_n$，摩尔质量分布的重要性在于它更加清晰而细致地表明大分子摩尔质量的多分散性，便于人们讨论材料性能与微观结构的关系。摩尔质量分布窄且 $M_w/M_n = 1$ 的体系称单分散体系；反之，$M_w/M_n > 1$ 或偏离 1 越远的体系，为多分散体系。

大分子平均摩尔质量及其分布对材料物理力学性能及加工性能有重要影响，相对而言，平均摩尔质量对材料力学性能影响较大些，而摩尔质量分布对材料加工流动性影响较大。

一般说来，对单级分散体系来说，$M_z=M_w=M_\eta=M_n$；对多级分散体系来说，$M_z>M_w>M_\eta>M_n$。而 $d=M_w/M_n$，若 $d=1$ 时，则为单级分散体系；一般 d 在 1.5～20 之间。

9.8.2　大分子物质平均摩尔质量的测定

大分子物质的摩尔质量不仅反映了大分子化合物分子的大小，而且直接关系到它的物理性能，是一个重要的基本参数。与一般的无机物或低分子量的有机物不同，大分子化合物多是摩尔质量大小不同的大分子混合物，所以通常所测大分子化合物的摩尔质量是一个统计平均值。

测定聚合物平均摩尔质量的方法很多：化学法是采用端基分析法；热力学法是利用稀溶液的依数性——溶液的某些性质的变化与溶质的分子数目成正比关系，如膜渗透压法、蒸气压法、沸点升高法和冰点下降法等；动力学法是采用黏度法、超速离心沉降法；光学法是采用光散射法；凝胶渗透色谱法（GPC 法）通过测定聚合物摩尔质量分布求得平均摩尔质量。不同方法所得平均摩尔质量也有所不同。比较起来，黏度法设备简单，操作方便，并有很好的实验精度，是常用的方法之一。用该法求得的摩尔质量称为黏均摩尔质量。

下面以黏度法测大分子物质黏均摩尔质量为例，介绍大分子物质平均摩尔质量的测定。

大分子稀溶液的黏度是它在流动时内摩擦力大小的反映，这种流动过程中的内摩擦主要有：纯溶剂分子间的内摩擦，记作 η_0；大分子与溶剂分子间的内摩擦；以及大分子间的内摩擦（表 9-3）。这三种内摩擦的总和称为大分子溶液的黏度，记作 η。实践证明，在相同温度下 $\eta>\eta_0$，为了比较这两种黏度，引入增比黏度的概念，以 η_{sp} 表示：

$$\eta_{sp}=(\eta-\eta_0)/\eta_0=\eta/\eta_0-1=\eta_r-1 \tag{9.10}$$

式中，η_r 称为相对黏度，反映的仍是整个溶液的黏度行为；而 η_{sp} 则是扣除了溶剂分子间的内摩擦以后，仅仅是纯溶剂与大分子间以及大分子间的内摩擦之和。

表 9-3　各类黏度符号与物理意义

符号	名称与物理意义
η_0	纯溶剂的黏度：溶剂分子与溶剂分子间的内摩擦表现出来的黏度
η	溶液的黏度：溶剂分子与溶剂分子之间、大分子与大分子之间以及大分子与溶剂分子之间三者内摩擦的综合表现
η_r	相对黏度：$\eta_r=\eta/\eta_0$，溶液黏度对溶剂黏度的相对值
η_{sp}	增比黏度：$\eta_{sp}=(\eta-\eta_0)/\eta_0=\eta/\eta_0-1=\eta_r-1$，反映了大分子与大分子之间、纯溶剂与大分子之间的内摩擦效应
η_{sp}/c	比浓黏度：单位浓度下所显示出的黏度
$[\eta]$	特性黏度：$\lim\limits_{c\to 0}\dfrac{\eta_{sp}}{c}=[\eta]$，反映了大分子与溶剂分子之间的内摩擦

大分子溶液的 η_{sp} 往往随浓度 c 的增加而增加。为了便于比较，定义单位浓度的增比黏度 η_{sp}/c 为比浓黏度，定义 $\ln\eta_r/c$ 为比浓对数黏度。当溶液无限稀释时，大分子彼此相隔甚远，它们的相互作用可以忽略，此时比浓黏度趋近于一个极限值，即

$$\lim_{c\to 0}\frac{\eta_{sp}}{c}=\lim_{c\to 0}\frac{\ln\eta_r}{c}=[\eta] \tag{9.11}$$

式中,$[\eta]$主要反映了无限稀释溶液中大分子与溶剂分子之间的内摩擦作用,称为特性黏度,可以作为大分子摩尔质量的度量。由于 η_{sp} 与 η_r 量纲均为 1,所以$[\eta]$的单位是浓度 c 单位的倒数。$[\eta]$的值取决于溶剂的性质及大分子的大小和形态,可通过实验求得。因为根据实验,在足够稀($c\to 0$)的大分子溶液中有如下经验公式:

$$\frac{\eta_{sp}}{c}=[\eta]+\kappa[\eta]^2 c \tag{9.12}$$

$$\frac{\ln\eta_r}{c}=[\eta]+\beta[\eta]^2 c \tag{9.13}$$

式中,κ 和 β 分别称为哈金斯(Huggins)和克雷默(Kramer)常数,这是两条直线方程。因此我们获得$[\eta]$的方法如图 9-10 所示:一种方法是以 η_{sp}/c 对 c 作图,外推到 $c\to 0$ 的截距值;另一种是以 $\ln\eta_r/c$ 对 c 作图,也外推到 $c\to 0$ 的截距值。两条线应汇合于一点,这也可校核实验的可靠性。

由于实验中存在一定误差,交点可能在前,也可能在后,也有可能两者不相交。出现这种情况,就以 η_{sp}/c 对 c 作图,求出特性黏度$[\eta]$。

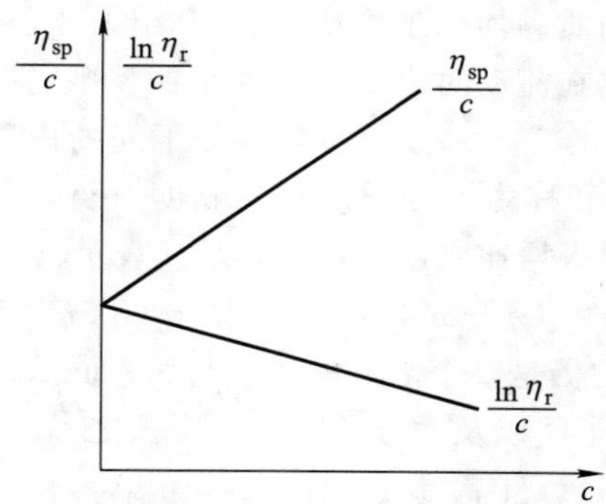

图 9-10　外推法求$[\eta]$

在一定温度和溶剂条件下,特性黏度$[\eta]$和大分子摩尔质量 M 之间的关系通常用带有两个参数的马克-霍温克(Mark-Houwink)经验方程式来表示:

$$[\eta]=KM_\eta^\alpha,\quad 即\quad \ln[\eta]=\ln K+\alpha\ln M_\eta \tag{9.14}$$

式中,M_η 为黏均摩尔质量,K 为比例常数,α 是与分子形状有关的经验参数。K 和 α 值与温度、聚合物、溶剂性质有关,也与摩尔质量大小有关。K 值受温度的影响较明显,而 α 值主要取决于大分子线团在某温度下某溶剂中舒展的程度,其数值介于 0.5～1 之间。K 与 α 的数值可通过其他绝对方法确定,例如渗透压法、光散射法等,从黏度法只能测得$[\eta]$。

由上述内容可以看出,大分子摩尔质量的测定最后归结为特性黏度$[\eta]$的测定。常采用毛细管法测定黏度,通过测定一定体积的液体流经一定长度和半径的毛细管所需时间而获得。所使用的乌氏黏度计如图 9-11 所示。当液体在重力作用下流经毛细管时,遵守泊肃叶(Poiseuille)定律:

$$\frac{\eta}{\rho}=\frac{\pi h g r^4 t}{8VL}-m\frac{V}{8\pi L t} \tag{9.15}$$

式中，η 为液体的黏度，ρ 为液体的密度，L 为毛细管的长度，r 为毛细管的半径，t 为 V 体积液体的流出时间，h 为流过毛细管液体的平均液柱高度，V 为流经毛细管的液体体积，m 为毛细管末端校正的参数(一般在 $r/L \ll 1$ 时，可以取 $m=1$)。

对于某一只指定的黏度计而言，式(9.15)中的许多参数是一定的，因此可以改写成

$$\frac{\eta}{\rho}=At-\frac{B}{t} \tag{9.16}$$

式中，$B<1$，当流出的时间 t 在 2 min 左右(大于 100 s)时，该项(亦称动能校正项)可以忽略，即 $\eta=A\rho t$。

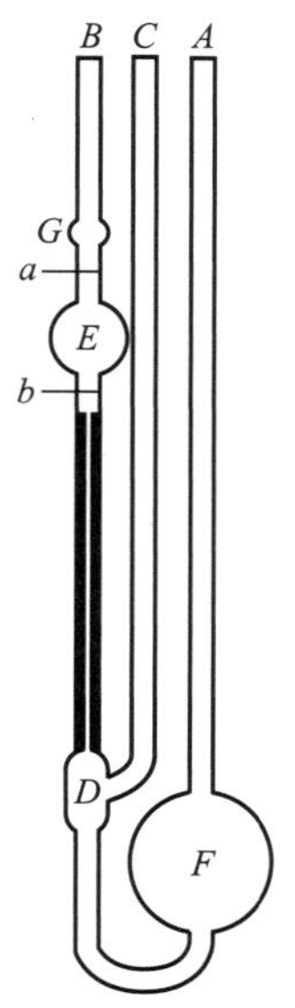

图 9-11 乌氏黏度计

又因通常测定是在稀溶液($c<1\times10^{-2}\ \text{g}\cdot\text{cm}^{-3}$)中进行，溶液的密度和溶剂的密度近似相等，因此可将 η_r 写成

$$\eta_r=\frac{\eta}{\eta_0}=\frac{t}{t_0} \tag{9.17}$$

式中，t 为测定溶液黏度时液面从 a 刻度流至 b 刻度的时间，t_0 为纯溶剂流过的时间。所以，通过测定溶剂和溶液在毛细管中的流出时间，从式(9.17)求得 η_r，再由图 9-10 求得$[\eta]$。

§9.9 大分子化合物的溶解和溶胀

9.9.1 大分子在溶液中的形态

大分子化合物的组成、结构和形态决定了大分子溶液的各种性质，如热力学、动力学、光学性质。

大多数大分子是线形的，由许多小单元以共价键连接，如天然橡胶、聚乙烯、聚乙炔、聚四氟乙烯(塑料王)等。大分子内除了各个原子的振动和转动外，还可以某个C—C单键绕着固定角作内键旋转运动，旋转速度非常快，使大分子有不同的形态。有的像刚性小棒，刚性大，如蛋白质，易形成氢键等键，呈刚性。其形态与溶剂有关，如果溶剂和大分子间的引力较大，大分子会舒展，这种溶剂称为良溶剂；反之，作用力小，分子会卷曲，此时为不良溶剂。

大分子链中成千上万个C—C键围绕固定键角不断内旋转，可以有无数个形态，在溶液中的主要构象(图9-12)有无规线团、螺旋链和折叠链(棒状)。实际上大分子都是卷曲的，分子链的柔顺性越好，越容易卷曲形成无规线团；分子链的刚性越强，越不容易卷曲，极端情况下可能成为棒状。

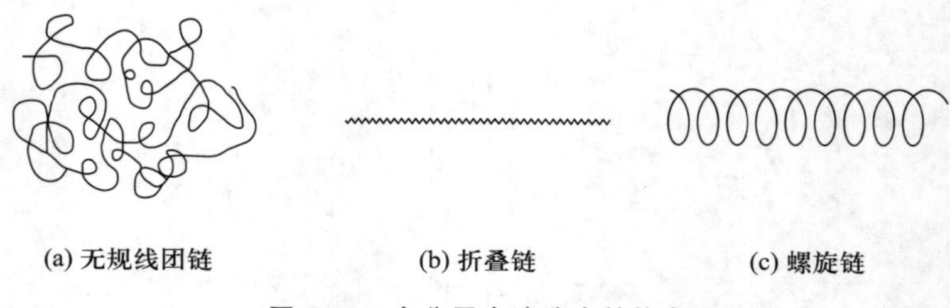

图 9-12　大分子在溶液中的构象

9.9.2　大分子化合物的溶解特征

大分子化合物溶解过程与小分子溶解有所不同，它需要较长时间，且总要经过溶胀阶段。溶胀过程中，大分子首先自动吸取几倍、几十倍重量大于自身的小分子溶剂。溶胀所形成的系统——凝胶无限制地溶胀下去，结果就是溶解。

因此，大分子化合物在溶剂中具有先溶胀后溶解的特性，是由于大分子化合物的结构及其巨大分子质量所决定的。首先，大分子的摩尔质量大且具有多分散性；其次，大分子的分子形状多样，有线形、支化、交联等；再次，大分子的聚集态又分为晶态和非晶态两种类型，且晶态大分子中还有极性和非极性分子两种不同类型。所以，由于大分子结构的复杂性，大分子溶解比小分子要复杂得多。

1. 大分子溶解过程的特点

(1) 溶解过程缓慢，且先溶胀再溶解

大分子化合物在溶解时首先必须要经过溶胀过程。由于大分子链与溶剂小分子尺寸相差悬殊，扩散能力不同，加之原本大分子链相互缠结，分子间作用力大，因此溶解过程相当缓慢，常常需要几小时、几天，甚至几星期。溶解过程一般为溶剂小分子先渗透、扩散到大分子之间，削弱大分子间相互作用力，使体积膨胀，称为溶胀。大分子化合物的溶胀是指溶剂小分子钻到大分子化合物分子间的空隙中去，导致大分子化合物体积胀大，超过原来几倍，甚至几十倍，但缠结着的大分子仍能在相当时间内保持联系，以致大分子物质的外形保持不变的现象。溶胀所形成的体系叫凝胶。若溶胀进行到一定程度就不再继续进行下去，则称之为有限溶胀，例如明胶在冷水中的溶胀。若溶胀不断地进行下去，直至大分子物质完全溶解成大分子溶液，这种溶胀称为无限溶胀，例如明胶在热水中即可发生无限溶胀。然后链段和分子整链的运动加速，分子链松动、解缠结；再达到双向扩散均匀，完成溶解。为了缩短溶解时间，对溶解体系进行搅拌或适当加热是有益的。

溶胀可以看成溶解的第一阶段，溶解是溶胀的继续，达到完全溶解也就是无限溶胀。溶解一定经过溶胀，但是溶胀并不一定必然溶解。

(2) 非晶态大分子比结晶大分子易于溶解

非晶态大分子的分子链堆砌比较疏松，分子间相互作用较弱，因此溶剂分子较容易渗入大分子内部使其溶胀和溶解。

结晶大分子的晶区部分分子链排列规整，堆砌紧密，分子间作用力强，溶剂分子很难渗入其内部，因此其溶解比非晶态聚合物困难。通常需要先升温至熔点附近，使晶区熔融，变为非晶态后再溶解。结晶大分子有两种类型：极性和非极性结晶大分子。极性结晶大分子有时在室温下可溶于强极性溶剂，例如聚酰胺室温下可溶于苯酚-冰醋酸混合液。这是由于溶剂先与材料中的非晶区域发生溶剂化作用，放出热量使晶区部分熔融(T_m)，然后溶解。非极性结晶大分子室温时几乎不溶解，需要升高温度甚至升高到 T_m 附近，使晶态转变成非晶态，进而溶胀溶解。

(3) 交联聚合物只溶胀，不溶解

交联大分子的分子链之间有化学键连接，形成三维网状结构，整个材料就是一个大分子，因此不能溶解。但是由于网链尺寸大，溶剂分子小，溶剂分子也能钻入其中，使网链间距增大，体积膨胀(有限溶胀)。根据最大平衡溶胀度，可以求出交联大分子的交联密度和网链平均摩尔质量。

2. 大分子溶解过程的热力学解释

溶解过程是溶质和溶剂分子的混合过程，在恒温恒压下，过程能自发进行的必要条件是混合自由能 $\Delta G_m < 0$，即

$$\Delta G_m = \Delta H_m - T\Delta S_m < 0 \tag{9.18}$$

式中，T 是溶解温度，ΔS_m 和 ΔH_m 分别为混合熵和混合焓。

因为在溶解过程中，分子排列趋于混乱，熵是增加的，即 $\Delta S_m > 0$，因此，ΔG_m 的正负主要取决于 ΔH_m 的正负及大小。有三种情况：

① 若溶解时 $\Delta H_m < 0$，即溶解时系统放热，必有 $\Delta G_m < 0$，说明溶解能自动进行。通常是极性大分子溶解在极性溶剂中。

② 若溶解时 $\Delta H_m = 0$，即溶解时系统无热交换，必有 $\Delta G_m < 0$，说明溶解能自动进行。通常是非极性大分子溶解在与其结构相似的溶剂中。

③ 若溶解时 $\Delta H_m > 0$，即溶解时系统吸热，此时只有吸热溶解才能自动进行。显然，$\Delta H_m \to 0$ 和升高温度对溶解有利。

非极性大分子与溶剂互相混合时的混合热 ΔH_m，可以借用小分子的溶度公式来计算。

根据希尔德布兰德(Hildebrand)经验公式：

$$\begin{aligned}\Delta H_m &= V_m \phi_1 \phi_2 \left[\left(\frac{\Delta E_1}{\widetilde{V}_1}\right)^{1/2} - \left(\frac{\Delta E_2}{\widetilde{V}_2}\right)^{1/2}\right]^2 \\ &= V_m \phi_1 \phi_2 (\delta_1 - \delta_2)^2\end{aligned} \tag{9.19}$$

式中，V_m 为溶液总体积；ϕ_1、ϕ_2 分别为溶剂和溶质的体积分数；$\Delta E_1/\widetilde{V}_1$、$\Delta E_2/\widetilde{V}_2$ 为溶剂和溶质的内聚能密度；$\delta_1 = \left(\frac{\Delta E_1}{\widetilde{V}_1}\right)^{1/2}$，为溶剂的溶度参数，量纲为 $J^{1/2} \cdot cm^{-3/2}$；$\delta_2 = \left(\frac{\Delta E_2}{\widetilde{V}_2}\right)^{1/2}$，为溶

质的溶度参数，量纲为 $J^{1/2}\cdot cm^{-3/2}$。

由公式(9.19)可见，δ_1 和 δ_2 的差越小，ΔH_m 越小，越有利于溶解。因此，δ 称作溶度参数。

3. 溶剂选择原则

根据理论分析和实践经验，溶解大分子时可按以下几个原则选择溶剂：

(1) 极性相似原则

一般说来，极性大的大分子溶于极性大的溶剂中，极性小的大分子溶于极性小的溶剂中，非极性大分子溶于非极性溶剂中。例如，非极性的天然橡胶、丁苯橡胶等能溶于非极性碳氢化合物溶剂，如苯、石油醚、甲苯、己烷等；分子链含有极性基团的聚乙烯醇不能溶于苯而能溶于水中。溶质、溶剂的极性(电偶极性)越相近，越易互溶，这条对小分子溶液适用的原则，一定程度上也适用于大分子溶液。

(2) 内聚能密度或溶度参数相近原则

内聚能密度是分子间聚集能力的反映。若溶质的内聚能密度同溶剂的内聚能密度相近，体系中两类分子的相互作用力彼此差不多，那么，破坏大分子和溶剂分子各自的分子间相互作用，建立起大分子和溶剂分子之间的相互作用，这一过程所需的能量就低，大分子就易于发生溶解。因此，要选择同大分子内聚能密度相近的小分子做溶剂。在大分子溶液研究中，更常用的是溶度参数 δ，它定义为内聚能密度 CED 的平方根：

$$\delta=(\mathrm{CED})^{1/2}$$

内聚能密度相近与溶度参数相近是等价的。一般来说，非极性大分子与溶剂的溶度参数值相差 3.5 $J^{1/2}\cdot cm^{-3/2}$ 时，聚合物就不能发生溶解了。

由公式(9.19)可见，δ_1 和 δ_2 的差越小，ΔH_m 越小，越有利于溶解，这就是溶度参数相近原则。

表 9-4 和表 9-5 分别列出了一些大分子和溶剂的溶度参数。由表可知：

① 天然橡胶的 $\delta=16.6$，它可溶于甲苯($\delta=18.2$)和四氯化碳($\delta=17.6$)中，但不溶于乙醇($\delta=26.0$)。

② 醋酸纤维素($\delta=22.3$)可溶于丙酮($\delta=20.4$)，而不溶于甲醇($\delta=29.7$)。

表 9-4 部分大分子的溶度参数($J^{1/2}\cdot cm^{-3/2}$)

大分子	δ	大分子	δ	大分子	δ
聚乙烯	16.1～16.5	天然橡胶	16.6	尼龙-66	27.8
聚丙烯	16.8～18.8	丁苯橡胶	16.5～17.5	聚碳酸酯	19.4
聚氯乙烯	19.4～20.1	聚丁二烯	16.5～17.5	聚对苯二甲酸乙二酯	21.9
聚苯乙烯	17.8～18.6	氯丁橡胶	18.8～19.2	聚氨基甲酸酯	20.5
聚丙烯腈	31.4	乙丙橡胶	16.2	环氧树脂	19.8～22.3
聚四氟乙烯	12.7	聚异丁烯	6.0～16.6	硝酸纤维素	17.4～23.5
聚三氟氯乙烯	14.7	聚二甲基硅氧烷	14.9	乙基纤维素	21.1
聚甲基丙烯酸甲酯	18.4～19.5	聚硫橡胶	18.4～19.2	纤维素二乙酯	23.2
聚丙烯酸甲酯	20.0～20.7	聚醋酸乙烯酯	19.1～22.6	纤维素二硝酸酯	21.5
聚乙烯醇	47.8	聚丙烯酸乙酯	18.8	聚偏二氯乙烯	24.9

表 9-5　若干溶剂的溶度参数($J^{1/2} \cdot cm^{-3/2}$)

溶剂	δ	溶剂	δ	溶剂	δ	溶剂	δ
正己烷	14.9	苯	18.7	十氢萘	18.4	二甲基亚砜	27.4
正庚烷	15.2	甲乙酮	19.0	环己酮	20.2	乙醇	26.0
二乙基醚	15.1	氯仿	19.0	二氧六环	20.4	间甲酚	24.3
环己烷	16.8	邻苯二甲酸二丁酯	19.2	丙酮	20.4	甲酸	27.6
四氯化碳	17.6	氯代苯	19.4	二硫化碳	20.4	苯酚	29.7
对二甲苯	17.9	四氢呋喃	20.2	吡啶	21.9	甲醇	29.7
甲苯	18.2	二氯乙烷	20.0	正丁醇	23.3	水	47.4
乙酸乙酯	18.6	四氯乙烷	21.3	二甲基甲酰胺	24.7		

除了单独使用某种溶剂外，还可选择两种或多种溶剂混合使用(表 9-6)。有时在单一溶剂中不能溶解的聚合物可在混合溶剂中发生溶解。混合溶剂的溶度参数可按下式估算：

$$\delta_{混合} = \phi_A \delta_A + \phi_B \delta_B \tag{9.20}$$

式中，δ_A 和 δ_B 为两种纯溶剂的溶度参数，ϕ_A 和 ϕ_B 为两种溶剂在混合溶剂中所占的体积分数。

表 9-6　可溶解大分子的非溶剂混合物 ($J^{1/2} \cdot cm^{-3/2}$)

大分子	δ	非溶剂	δ_1	非溶剂	δ_2
无规聚苯乙烯	18.6	丙酮	20.4	环己烷	16.8
无规聚丙烯腈	26.2	硝基甲烷	25.8	水	47.4
聚氯乙烯	19.4	丙酮	20.4	二硫化碳	20.5
聚氯丁二烯	16.8	二乙基醚	15.1	乙酸乙酯	18.6
丁苯橡胶	17.0	戊烷	14.4	乙酸乙酯	18.6
丁腈橡胶	19.2	甲苯	18.2	丙二酸二甲酯	21.1
硝化纤维	21.7	乙醇	26.0	二乙基醚	15.1

(3) 广义酸碱作用原则

溶剂化作用是指溶质和溶剂分子之间的作用力大于溶质分子之间的作用力，以致溶质分子彼此分离而溶解于溶剂中。

一般来说，溶度参数相近原则适用于判断非极性或弱极性非晶态大分子的溶解性；若溶剂与大分子之间有强偶极作用或有生成氢键的情况，则不适用。例如聚丙烯腈的 $\delta=31.4$，二甲基甲酰胺的 $\delta=24.7$，按溶度参数相近原则二者似乎不相溶，但实际上聚丙烯腈在室温下就可溶于二甲基甲酰胺，这是因为二者分子间生成强氢键的缘故。这种情况下，要考虑广义酸碱作用原则。

广义的酸是指电子接受体(即亲电子体)，广义的碱是电子给予体(即亲核体)。大分子和溶剂的酸碱性取决于分子中所含的基团。具体地说，极性大分子的亲核基团能与溶剂分子中的亲电基团相互作用，极性大分子的亲电基团则与溶剂分子的亲核基团相互作用，这种溶剂化作用促进聚合物的溶解。

下列基团为亲电基团(按亲和力大小排序)：

$$-SO_2OH > -COOH > -C_6H_4OH > =CHCN$$
$$> =CHNO_2 > =COHNO_2 > -CH_2Cl > =CHCl$$

下列基团为亲核基团(按亲和力大小排序)：

$$-CH_2NH_2 > -C_6H_4OH > -CON(CH_3)_2 > -CONH > \equiv PO_4$$
$$> -CH_2COCH_2- > -CH_2OCOCH_2- > -CH_2OCH_2-$$

具有相异电性的两个基团,极性强弱越接近,彼此间的结合力越大,溶解性也就越好。如硝酸纤维素含亲电基团硝基,故可溶于含亲核基团的丙酮、丁酮等溶剂中。

聚氯乙烯的 $\delta=19.4$,与氯仿($\delta=19.0$)及环己酮($\delta=20.2$)均相近,但聚氯乙烯可溶于环己酮而不溶于氯仿。究其原因,是因为聚氯乙烯是亲电子体,环己酮是亲核体,两者之间能够产生类似氢键的作用;而氯仿与聚氯乙烯都是亲电子体,不能形成氢键,所以不互溶。

实际上溶剂的选择相当复杂,除以上原则外,还要考虑溶剂的挥发性、毒性,溶液的用途,以及溶剂对制品性能的影响和对环境的影响等。

9.9.3 大分子溶液与理想溶液的差别

大分子溶液是分子分散体系,是处于热力学稳定状态的真溶液,因此其性质可由热力学函数来描述。但是,大分子溶液又与小分子溶液有很大差别。

小分子的稀溶液在很多情况下可近似看作理想溶液,即溶液中溶质分子和溶剂分子间的相互作用相等,溶解过程是各组分的简单混合,没有热量变化和体积变化,蒸气压服从 Raoult 定律。

对理想溶液有：

混合过程熵变： $$\Delta S_M^i=-k(N_1\ln x_1+N_2\ln x_2)=-R(n_1\ln x_1+n_2\ln x_2) \tag{9.21}$$

混合热： $\Delta H_M^i=0$

混合体积： $\Delta V_M^i=0$

溶液蒸气压(服从 Raoult 定律)： $p_1=p_1^* x_1$ 或 $\Delta p=p_1^*-p_1=p_1^* x_2$

式中,N 代表分子数,n 代表物质的量 x 表示摩尔分数,下标 1 和 2 分别表示溶剂和溶质,k 和 R 分别为 Boltzmann 和 Avogadro 常量。

然而,大分子即使是稀溶液体系,仍与理想溶液有偏差:首先是 $\Delta V_M\neq0$,$\Delta H_M\neq0$;其次是 $\Delta S_M\neq-k(N_1\ln x_1+N_2\ln x_2)$。发生偏差的原因首先是溶剂分子之间、大分子重复单元之间以及溶剂与重复单元之间的相互作用能都不相等,所以混合热 $\Delta H_M\neq0$;其次是因为大分子是由许多重复单元组成的长链分子,或多或少具有一定的柔顺性,即每个分子本身可以采用许多构象,因此大分子溶液中分子的排列方式比同样分子数目的小分子溶液的排列方式来得多,这就意味着混合熵 $\Delta S_M>\Delta S_M^i$。

实验证明,只有在某些特殊条件下,溶液浓度 $c\to0$,θ 条件(一个重要的参考状态,在一定温度和溶剂条件下,大分子与溶剂间的相互作用参数等于 1/2 时,即为 θ 条件)时,大分子溶液才表现出假的理想溶液性质。

§9.10　大分子溶液的 Donnan 平衡和渗透压

9.10.1　大分子溶液的 Donnan 平衡

在大分子电解质中通常含有少量电解质杂质，即使杂质含量很低，但若按离子数目计还是很可观的。在半透膜两边，一边放大分子电解质，一边放纯水。大分子离子不能透过半透膜，而离解出的小离子和杂质电解质离子可以透过半透膜。由于膜两边要保持电中性，使得达到渗透平衡时小离子在两边的浓度不等。唐南(Donnan)从热力学的角度，分析了小离子的膜平衡情况，并得到了满意的解释。故这种平衡称为 Donnan 平衡。

例如，当用半透膜将大分子电解质(R^-Na^+)溶液和小分子电解质(Na^+Cl^-)溶液隔开，其中大分子离子(R^-)不能透过半透膜，其他小分子离子(Na^+、Cl^-等)都能自由透过半透膜，结果会有一定量小分子电解质离子透过膜进入大分子电解质溶液中(图 9-13)。小离子在透过膜时，要受到不能透过膜的大离子的制约，使小离子在膜内外两侧分布不均匀，即为 Donnan 平衡，或称膜平衡。

设大分子电解质溶液的浓度为 c_1，NaCl 溶液的浓度为 c_2，设膜内外的体积相等。因为膜内没有 Cl^-，扩散结果使一部分 Cl^- 通过半透膜进入膜内，设达到平衡时进入膜内的 Cl^- 浓度为 x，根据整个溶液保持电中性原则，就必须有相等数目(x)的 Na^+ 同 Cl^- 一道进入膜内。

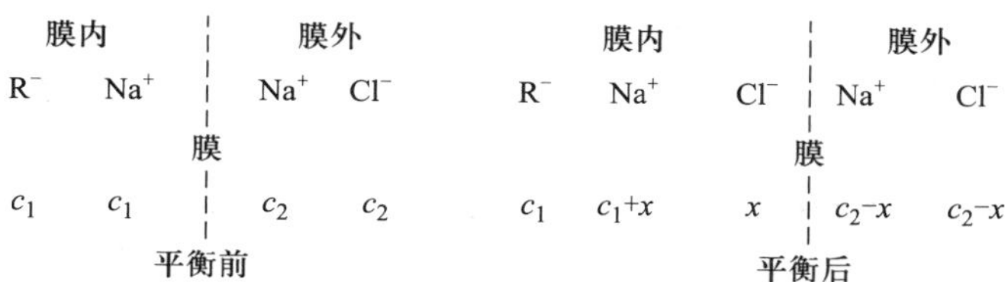

图 9-13　大分子溶液平衡前后离子分布情况

在平衡时，Na^+ 和 Cl^- 进出膜的速度应相等，则

$$v_{进} = k_{进}[Na^+]_{外} \cdot [Cl^-]_{外} \tag{9.22}$$

$$v_{出} = k_{出}[Na^+]_{内} \cdot [Cl^-]_{内} \tag{9.23}$$

因

$$v_{进} = v_{出}, \quad 且\ k_{进} = k_{出}$$

故

$$[Na^+]_{内} \cdot [Cl^-]_{内} = [Na^+]_{外} \cdot [Cl^-]_{外} \tag{9.24}$$

将相应浓度代入上式：

$$(c_1 + x)x = (c_2 - x)^2 \tag{9.25}$$

整理后，得

$$\frac{x}{c_2} = \frac{c_2}{c_1 + 2c_2} \tag{9.26}$$

左边的 x/c_2 为膜外电解质进入膜内的百分率，称为扩散分数。

当 $c_2 \gg c_1$，即外侧电解质过量时(c_1 可略去不计)，则 $x/c_2 \approx 1/2$，说明电解质将平均分配在膜内外两侧；当 $c_2 \ll c_1$，即只有微量电解质时，$x/c_2 \approx 0$(c_2 几乎等于零)，说明电解质几乎留在外侧。

由此可见，在膜的一边存在的不能透过膜的大分子离子，对膜两侧的电解质浓度分布有很大的影响。当膜内大分子离子浓度很大时，电解质在膜两侧浓度分布的差值也很大。这时就表现为膜对 Na^+ 和 Cl^- 好像完全不能透过，从而纠正了单纯从膜孔大小来解释生理上细胞膜对离子有选择透过性的看法。但是，生物体内的活细胞膜的结构比较复杂，活细胞处于不断代谢过程中，故生物细胞膜是一种动态的体系，其组成、结构和性质也可随时改变。因此，在研究生理膜的作用时，不能把它当作一种简单的半透膜来对待。

9.10.2 大分子溶液的渗透压

在大分子溶液达到膜平衡以后，有以下三种情况。

1. 不电离的大分子溶液

如图 9-14 所示，由于大分子 P 不能透过半透膜，而 H_2O 分子可以，所以在膜两边会产生渗透压。渗透压可以用不带电粒子的 van't Hoff 公式计算，即

$$\Pi_1 = c_2 RT$$

c_2 是大分子溶液的浓度。由于大分子物质的浓度不能配得很高，否则易发生凝聚，如等电点时的蛋白质，所以产生的渗透压很小，用这种方法测定大分子的摩尔质量误差太大。

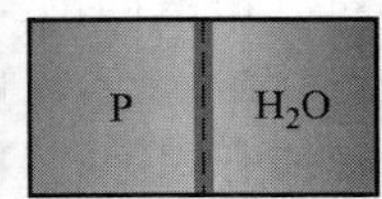

图 9-14 大分子溶液与半透膜

2. 能电离的大分子溶液

以蛋白质的钠盐为例，它在水中发生如下离解：

$$Na_z P \longrightarrow z Na^+ + P^{z-}$$

蛋白质离子 P^{z-} 不能透过半透膜，而 Na^+ 可以，但为了保持溶液的电中性，Na^+ 也必须留在 P^{z-} 同一侧。这种 Na^+ 在膜两边浓度不等的状态就是 Donnan 平衡。因为渗透压只与粒子的数量有关，所以

$$\Pi_2 = (z+1) c_2 RT$$

3. 外加电解质时的大分子溶液

在蛋白质钠盐的另一侧加入浓度为 c_1 的小分子电解质[图 9-15(a)]，达到膜平衡时[图 9-15(b)]，为了保持电中性，有相同数量的 Na^+ 和 Cl^- 扩散到了左边。虽然膜两边 NaCl 的浓度不等，但达到膜平衡时 NaCl 在两边的化学势应该相等，即

$$\mu(\text{NaCl},\text{左}) = \mu(\text{NaCl},\text{右})$$

$$RT\ln a_{\text{NaCl},\text{左}} = RT\ln a_{\text{NaCl},\text{右}}$$

$$a_{\text{NaCl},\text{左}} = a_{\text{NaCl},\text{右}}$$

即

$$(a_{Na^+} \cdot a_{Cl^-})_{\text{左}} = (a_{Na^+} \cdot a_{Cl^-})_{\text{右}}$$

设所有活度系数均为 1，得

$$[Na^+]_{\text{左}} \cdot [Cl^-]_{\text{左}} = [Na^+]_{\text{右}} \cdot [Cl^-]_{\text{右}}$$

即

$$(zc_2 + x)x = (c_1 - x)^2$$

解得
$$x=\frac{c_1^2}{zc_2+2c_1} \tag{9.27}$$

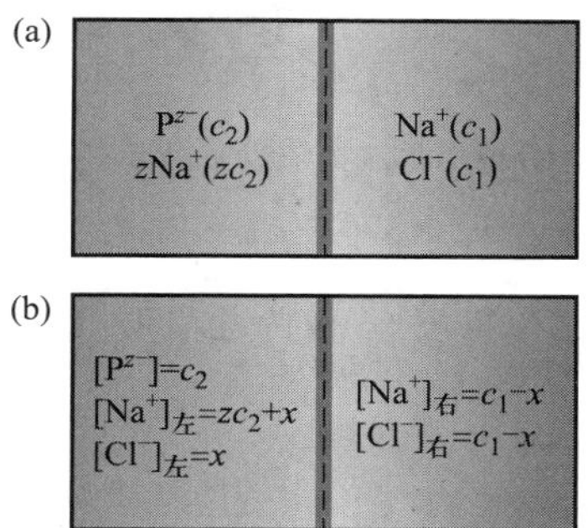

图 9-15　外加电解质时大分子溶液与半透膜

由于渗透压是因为膜两边的粒子数不同而引起的，所以
$$\begin{aligned}\Pi_3&=[(c_2+zc_2+2x)_{左}-2(c_1-x)_{右}]RT\\&=(c_2+zc_2-2c_1+4x)RT\end{aligned}$$
将 x 代入 Π_3 计算式得
$$\Pi_3=\frac{zc_2^2+2c_1c_2+z^2c_2^2}{zc_2+2c_1}RT \tag{9.28}$$
① 当加入电解质太少，$c_1 \ll zc_2$，与能电离的大分子溶液的情况类似：
$$\Pi_3\approx(c_2+zc_2)RT=(z+1)c_2RT \tag{9.29}$$
② 当加入的电解质足够多，$c_1 \gg zc_2$，则与不电离的大分子溶液的情况类似：
$$\Pi_3=c_2RT \tag{9.30}$$
亦即，加入足量的小分子电解质后，使得用渗透压法测定大分子的摩尔质量比较准确。

§9.11　大分子溶液的黏度

大分子化合物溶液的黏度比一般溶液或溶胶大得多，大分子化合物溶液的高黏度与它的特殊结构有关。

前已述及，大分子化合物常形成线形、枝状或网状结构，这种伸展着的大分子在溶剂中的行动困难，枝状、网状结构牵制溶剂，使部分液体失去流动性，自由液体量减少，故表现为高黏度。由于黏度与大分子物质的大小、形状及溶剂化程度直接相关，黏度的测量比较简单方便，应用较广泛，所以测定蛋白质溶液的黏度就能推知蛋白质分子的形状和大小。

牛顿(Newton)总结出的流体流动规律：假如两流层相距 $\mathrm{d}x$，两流层的速度差为 $\mathrm{d}v$，接触面积为 A(图 9-16)，则切向力 F(使液层流动的阻力)与 A 和 $\mathrm{d}v$ 成正比，与 $\mathrm{d}x$ 成反比，即
$$F=\eta A\,\frac{\mathrm{d}v}{\mathrm{d}x} \tag{9.31}$$
其中，η 为比例常数，即黏度系数，其物理意义为：单位面积的流层，以单位流速流过相隔单位距离的固定液面时所需的切向力，黏度是分子运动时内摩擦力的量度。国际单位(SI)制中黏度的单位是 Pa・s。

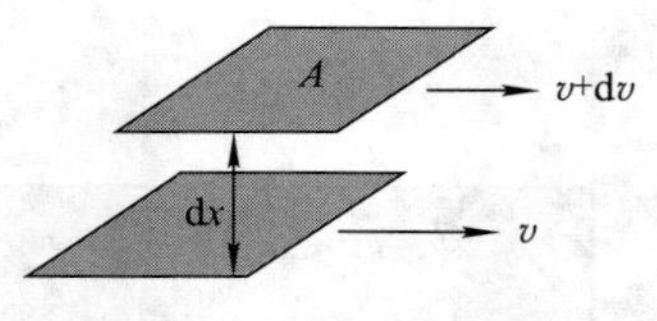

图 9-16 流体流动规律示意图

相对黏度 η_r、增比黏度 η_{sp}、比浓黏度$\frac{\eta_{sp}}{c}$和特性黏度$[\eta]$已在§9.8中作过介绍。此外，比浓对数黏度 η_{inh}定义为

$$\eta_{inh}=\frac{\ln\eta_r}{c} \tag{9.32}$$

它表示大分子在浓度 c 的情况下对溶液对数相对黏度的贡献。

大分子电解质溶液的黏度与大分子非电解质溶液的黏度有不同，比浓黏度随着浓度的减小而增大，不能外推(图 9-17)。在此溶液中加入中性盐，可抑制这种现象。这种由于质点上电荷的存在使黏度增加的效应称为电黏效应。

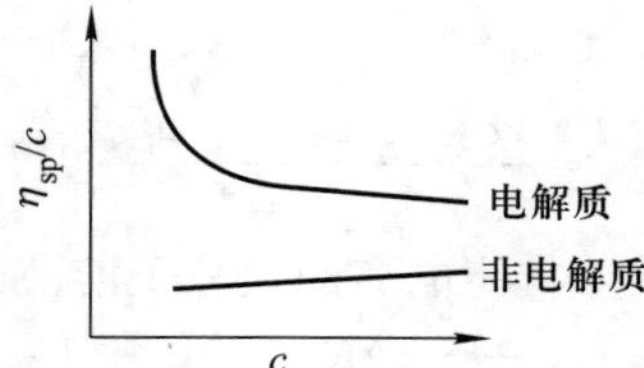

图 9-17 电解质与非电解质大分子溶液的比浓黏度

主要原因是此种大分子溶液分子链上基团电离，有相同电荷，链段间排斥，使分子伸展，溶液黏度增大，当浓度降低时，电离程度增大，电黏效应也增大。加入足够的中性电解质，对大分子的电荷起屏蔽作用，压缩双电层，减小链段间的斥力，分子卷曲，黏度降低。

剪切由带电胶粒所组成的体系，需要额外的力以克服粒子表面电荷与双电层内反离子之间的相互作用，黏度增大；带电粒子吸引水化的反离子和极性水分子，使其有效体积增大，移动时阻力增大，黏度增大。

§9.12 大分子溶液的盐析与凝胶

9.12.1 大分子溶液的盐析

所谓盐析，是指在有机大分子或一些有机小分子的溶液中加入无机盐如氯化钠，利用相似相溶原理，使有机物析出的过程。在制乙酸乙酯时用饱和碳酸钠溶液接收，更有利于乙酸乙酯的析出；制肥皂时加氯化钠，肥皂更易析出；在蛋白质溶液中加硫酸铵，使蛋白质析出，都是利用"盐析"的原理。

使 1 dm^3 大分子溶液出现盐析现象所需中性盐的最小量称为盐析浓度，单位为 mol·

dm^{-3}。盐析浓度一般都比较大,如血浆中各种蛋白质盐析所需的盐一般不少于 1.3～2.5 mol · dm^{-3}。

盐析作用的特点是,同价同符号的不同离子,对盐析效应的能力不一样。已发现各种盐的盐析能力,其阴离子的能力有如下强弱次序:

$$\frac{1}{2}SO_4^{2-} > OAc^- > Cl^- > NO_2^- > Br^- > I^- > CNS^-$$

其阳离子则有如下次序:

$$Li^+ > Na^+ > K^+ > NH_4^+ > \frac{1}{2}Mg^{2+}$$

盐析作用的实质,主要是大分子化合物与溶剂(水)间的相互作用被破坏,盐的加入使大分子化合物分子脱溶剂化。盐的加入还使一部分溶剂(水)与它们形成溶剂(水)化离子,致使这部分溶剂(水)失去溶解大分子化合物的性能。溶剂(水)被电解质夺去,大分子化合物沉淀析出。所以,盐类的水化作用越强,其盐析作用也越强。上述离子盐析能力顺序,实质上反映了离子水化程度大小的次序。

同时,加入非溶剂也可将大分子从溶液中沉淀出来。非溶剂也可认为是某种大分子的不良溶剂,它可以和大分子溶液中的溶剂混溶,而大分子不能溶解。例如,蛋白质和多糖不溶于水;但加入甲醇、乙醇、丙酮等,可使蛋白质、多糖沉淀。这里最典型的例子就是中草药的提取——"水溶醇沉"。

大分子物质溶解度的另一个特点是随摩尔质量的增大而减小,摩尔质量大,分子内聚力就大,溶解性就差。据此,可将大分子物质"分级"。具体做法:对于分子大小不同的大分子溶液,加入沉淀剂,摩尔质量大的首先沉淀出来,随着沉淀剂量的增加,摩尔质量由大到小,陆续沉淀出来,即将大分子按摩尔质量大小分级。分段盐析时,摩尔质量大的蛋白质比摩尔质量小的蛋白质更容易沉淀。利用这一原理可以用不同浓度的盐溶液使蛋白质分段析出,加以分离。例如,$(NH_4)_2SO_4$ 使血清中球蛋白盐析的浓度是 2.0 mol · dm^{-3},使清蛋白盐析的浓度是 3～35 mol · dm^{-3}。在血清中加 $(NH_4)_2SO_4$ 达一定量,则球蛋白先析出,滤去球蛋白,再加 $(NH_4)_2SO_4$ 则可使清蛋白析出,这个过程叫分段盐析。

9.12.2　凝胶

在适当条件下,大分子或溶胶质点交联成空间网状结构,分散介质充满网状结构的空隙,形成失去流动性的半固体状态的胶冻,处于这种状态的物质称为凝胶(gel),这种自动形成胶冻的过程称为胶凝(gelatinization)。若分散介质为水,则该凝胶称为水凝胶(hydrogel)。凝胶是介于固体和液体之间的一种特殊状态。实际上,凝胶中分散相和分散介质都是连续的,凝胶是由固-液或固-气两相组成的分散系统。

1. 凝胶的分类

根据含液量的多少,凝胶可分为冻胶(软胶)和干凝胶。冻胶指液体含量很多的凝胶,含液量常在 90%以上。液体含量少的凝胶称为干凝胶(xerogel),通常干凝胶中的液体含量少于固体含量。

根据形态的不同,凝胶可以分为弹性凝胶(elastogel)和刚性(非弹性)凝胶(nonelastic gel)两种类型。弹性凝胶是指由柔性的线形大分子形成的凝胶,弹性凝胶吸收或脱除分散介质都是可逆的。刚性凝胶是指由刚性分散相质点交联成网状结构的凝胶，其特点是在吸收或脱除吸附介质时，空间网状结构基本不变，不能再吸收分散介质重新变为凝胶。

2. 凝胶的形成与结构

制备凝胶的方法主要有分散法和凝聚法两种。凝聚法主要包含大分子溶液的胶凝、干燥大分子化合物的溶胀、改变温度和加入非溶剂、加入盐类(电解质)和进行化学反应等方法。

对于大分子溶液，在适当条件下，黏度逐渐变大，最后失去流动性，整个系统变为弹性半固体状态——凝胶。大分子溶液形成凝胶的过程称为胶凝作用。以超显微镜、电子显微镜和X射线分析，可知凝胶的内部结构具有网状的骨架。在胶凝过程中，大分子之间在几个地方形成结合点，交联而形成网状骨架，溶剂包藏在骨架之中，不能自由流动，而大分子仍具有一定柔顺性。

凝胶的结构主要有四种类型(图 9-18)，分别为：(a)球形质点形成链条状网架形，(b)针片状质点结成网架，(c)线形大分子交联成微晶区与无定形区相间隔的网状构型，(d)质点成桥联状。

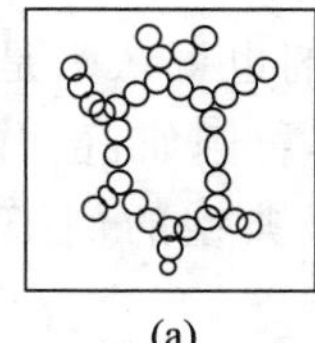
(a)
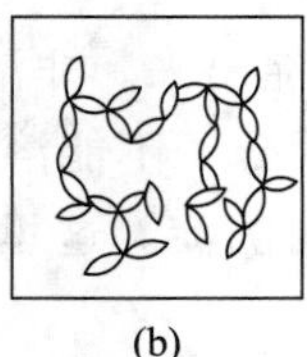
(b)
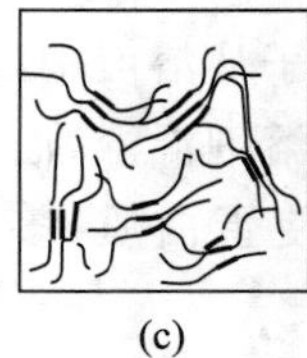
(c)
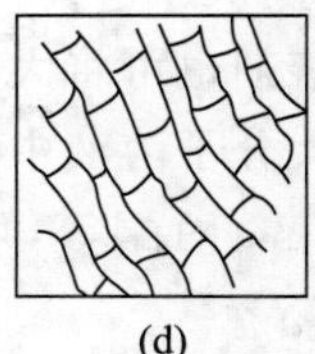
(d)

图 9-18 凝胶的主要结构类型

3. 凝胶的性质

(1) 膨胀作用 凝胶吸收分散介质后使体积或质量明显增加的现象，称为膨胀作用，亦称溶胀作用。膨胀作用是弹性凝胶特有的性质。主要有两种类型：无限膨胀与有限膨胀。

膨胀作用主要有两个阶段：第一阶段是溶剂分子迅速与凝胶大分子作用形成溶剂化层，溶剂分子与大分子结合紧密，凝胶膨胀后的总体积小于凝胶与吸收溶剂分子体积之和，溶剂熵值降低，系统放出膨胀热；第二阶段是溶剂分子需要较长时间向凝胶网状结构内部渗透，凝胶吸收了大量的溶剂，使其体积大大增加。溶胀作用进行的程度与凝胶内部结构的连接强度、环境的温度、介质的组成及 pH 等有关。当凝胶溶胀时，凝胶内外溶液会产生较大浓度差，对外界就会产生很大的溶胀压。

(2) 离浆与触变 凝胶形成后，其性质并没有完全固定下来，随着时间的延续，液体会自动从凝胶中分离出来，使凝胶体积收缩，这种现象称为离浆，又叫脱水收缩。离浆时凝胶失去的不是单纯溶剂，而是稀溶胶或大分子溶液。凝胶离浆后，体积变小，但仍保持原来的几何形状。对弹性凝胶，离浆是膨胀的逆过程；对刚性凝胶，离浆后不能吸收液体返回原状，而是形成致密的沉淀。

在恒温条件下，凝胶受外力作用，网状结构被拆散而变成大分子溶液(或溶胶)，去掉外力静置一定时间后又逐渐胶凝成凝胶，凝胶与大分子溶液(或溶胶)的这种反复互变的现象称为触变。触变现象的特点是，凝胶结构的拆散与恢复是可逆的，是恒温过程。

(3) 扩散作用 凝胶中的分散介质是连续相，构成网状结构的分散相也是连续相，从这个角度看，凝胶和液体一样。大分子在凝胶中的扩散速率较它在液体介质中明显降低。凝胶三维网状结构具有筛分作用，分子越大，在凝胶中的扩散速率越慢。凝胶的网状结构有相当的柔性和活动度，在电场作用下，大于凝胶孔径的蛋白质分子可以硬挤过去，因而凝胶电泳的分离效果尤其突出。凝胶电泳和凝胶色谱法已得到广泛的应用。

(4) 化学反应 在凝胶中的物质通过扩散可以发生化学反应。将含有 0.1% $K_2Cr_2O_7$ 的明胶凝胶置于试管中，在其表面滴上一层浓度为 0.5% 的 $AgNO_3$ 溶液，几天后在试管上可以看到生成砖红色的 $Ag_2Cr_2O_7$ 沉淀一层层间隔分布，形成美丽的 Lesegang 环(图 9-19)。

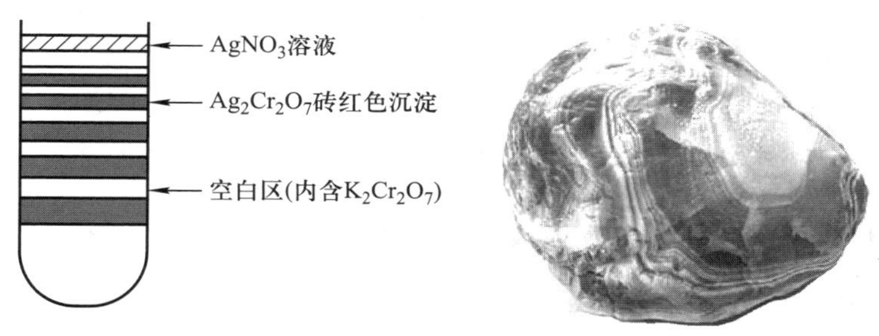

图 9-19 Lesegang 环示意图

本 章 小 结

本章主要介绍胶体分散系统及其动力学性质、光学性质和电学性质，溶胶的稳定性与聚沉，大分子溶解过程和大分子溶液的特点等内容。

胶体分散系统的分散相粒子半径在 1～100 nm，是高度分散的多相系统，因而本质上是热力学不稳定体系，需要有稳定剂存在才能保持相对稳定。其制备方法有各种不同的分散法和凝聚法，常用的净化方法有渗析和超过滤。

溶胶粒子所有动力学性质的根源在于其 Brown 运动，而其热力学本质在于介质分子的热运动。Brown 运动导致溶胶粒子的扩散(有浓度差时)和渗透压的存在，可以借用稀溶液依数性中的渗透压公式

$$\Pi = \frac{n}{V}RT \quad 或 \quad \Pi = cRT$$

经适当修正来计算。

Tyndall 效应是溶胶粒子对光的散射的结果，散射光强度可以用 Rayleigh 公式计算。

溶胶粒子表面总是带有一定电荷，异号离子则在周围介质中成扩散分布，构成双电层，可以用双电层模型描述，Stern 模型是目前最被广泛接受的。胶粒移动时不规则切动面与溶液本体均匀部分之间的电势差称为 ζ 电势。正是由于胶粒和介质带有符号相反的电荷，才导致溶胶动电现象的存在，包括电泳、电渗、流动电势和沉降电势。

Brown 运动和 ζ 电势导致的胶粒间的排斥作用是憎液溶胶能够保持相对稳定的主要原因，后者更为重要。DLVO 理论提出了带电胶粒相互吸引能和双电层排斥能的计算方法，从理论上阐明了溶胶的稳定性及外加电解质的影响。电解质的聚沉能力可以用聚沉值来衡量，其值越小，聚沉能力越强，主要取决于与胶粒带相反电荷的离子的价数：聚沉值与异电性离子价数的 6 次方成反比，即 Schulze-Hardy 规则。当异电性离子价数相同时，其聚沉能力可以用

感胶离子序来判断:通常是形成离子的金属(或非金属)活泼性越高,其离子的聚沉能力也越强。除外加电解质外,其他因素,如溶胶的浓度、温度、高分子溶液和有机化合物的离子等也对溶胶稳定有一定影响。

大分子化合物是指平均摩尔质量大于 10 kg·mol^{-1}的物质,其分子形状复杂多变且大小不等。虽然分散相粒子大小相似,但与憎液溶胶不同,大分子溶液是均匀分散的热力学稳定体系。

常用的大分子平均摩尔质量有数均摩尔质量(M_n)、质均摩尔质量(M_w)、Z 均摩尔质量(M_z)和黏均摩尔质量(M_η)。测定大分子平均摩尔质量的方法很多:化学法(端基分析法)和热力学法(利用稀溶液的依数性)测得的是 M_n,光学法(光散射)和超离心沉降法测得的是 M_w,动力学法(黏度法)测得的是 M_η,而凝胶渗透色谱(GPC)法是通过测定大分子摩尔质量分布求得平均摩尔质量。

大分子化合物的组成、结构和多变的形态决定了其在溶液中的构象多种多样,也决定了大分子溶液的各种性质,如热力学、动力学和光学性质。大分子化合物的溶解总是要先经过溶胀形成凝胶,无限溶胀才导致溶解。非晶态大分子比结晶大分子易于溶解,交联大分子只溶胀不溶解。大分子化合物溶解的另一个特点是随摩尔质量的增大,其溶解度变小。

大分子电解质溶液中通常含有少量小分子电解质杂质,大分子离子不能透过半透膜,而离解出的小离子和杂质电解质离子可以透过半透膜。由于膜两边要保持电中性,使得达到渗透平衡时小离子在两边的浓度不等,这种平衡称为 Donnan 平衡。

大分子溶液的黏度比一般溶液或溶胶大得多,这与其特殊结构有关。大分子链上基团电离,链段间相互排斥使分子伸展,溶液黏度增大;浓度降低时,电离程度增大,电黏效应也增大。加入足够的中性电解质,对大分子的电荷起屏蔽作用,压缩双电层,减小链段间的斥力使分子卷曲,黏度降低。因此,加入足量的小分子电解质后,使用渗透压法测定大分子的平均摩尔质量比较准确。

在适当条件下,大分子溶液通过胶凝作用可以形成凝胶,包括冻胶(软胶)和干凝胶(根据形态不同,凝胶又可分为弹性凝胶和刚性凝胶)。凝胶具有膨胀作用、扩散作用、离浆与触变作用,还可以发生某些化学反应,形成美丽的 Lesegang 环。

拓展阅读及相关链接

1. 沈钟,赵振国,王果庭．胶体与表面化学．第三版．北京:化学工业出版社,2004:70.
2. Ayao Kitahara, Akira Watanabe．界面电现象．邓彤,赵学范,译．北京:北京大学出版社,1992.
3. 陈宗淇,杨孔章．胶体化学发展简史．北京:化学通报,1988,(6):56～59.
4. 郑忠．胶体科学导论．北京:高等教育出版社,1989.
5. 王果庭．胶体稳定性．北京:科学出版社,1990.
6. 王振堃,张怀明,张立成．电渗析和反渗透——水处理．上海:上海科学技术出版社,1980.

参考文献

[1] 沈文霞．物理化学核心教程．北京:科学出版社,2004:365.
[2] 傅献彩,沈文霞,姚天扬,等．物理化学．第四版．北京:高等教育出版社,1990:987.

[3]　张小平．胶体、界面与吸附教程．广州:华南理工大学出版社,2008:33.

[4]　郑忠．胶体科学导论．北京:高等教育出版社,1989.

[5]　王果庭．胶体稳定性．北京:科学出版社,1990.

[6]　Terence Cosgrove．胶体科学:原理、方法与应用．李牛,李姝,等译．北京:化学工业出版社,2009:135.

[7]　沈钟,赵振国,王果庭．胶体与表面化学．第三版．北京:化学工业出版社,2004:70.

[8]　Drew Myers．表面、界面和胶体——原理及应用．吴大诚,朱谱新,王罗新,等译．北京:化学工业出版社,2005:176.

[9]　沈文霞．物理化学——学习及考研指导．北京:科学出版社,2007:383.

[10]　王文清,高宏成,沈兴海．物理化学学习题精解．北京:科学出版社,1999:137.

习　　题

1. 将大分子溶液作为胶体体系来研究,因为它(　)

A. 是多相体系　　B. 是热力学不稳定体系

C. 对电解质很敏感　　D. 粒子大小在胶体范围内

2. 溶胶与大分子溶液的区别主要在于(　)

A. 粒子大小不同　　B. 渗透压不同

C. 带电多少不同　　D. 相状态和热力学稳定性不同

3. 对于 Donnan 平衡,下列哪种说法是正确的?(　)

A. 膜两边同一电解质的化学势相同

B. 膜两边带电粒子的总数相同

C. 膜两边同一电解质的浓度相同

D. 膜两边的离子强度相同

4. Donnan 平衡产生的本质原因是(　)

A. 溶液浓度大,大离子迁移速度慢

B. 小离子浓度大,影响大离子通过半透膜

C. 大离子不能透过半透膜,且因渗透和静电作用使小离子在膜两边浓度不同

D. 大离子浓度大,妨碍小离子通过半透膜

5. 大分子溶液特性黏度的定义是$[\eta]=\lim\limits_{c\to 0}\frac{\eta_{sp}}{c}$,其所反映的是(　)

A. 纯溶胶分子之间的内摩擦所表现出的黏度

B. 大分子之间的内摩擦所表现出的黏度

C. 大分子与溶剂分子之间的内摩擦所表现出的黏度

D. 校正后的溶液黏度

6. 特性黏度与黏均摩尔质量的关系:$[\eta]=KM_{\eta}^{\alpha}$。298 K 时溶解在有机溶剂中的某聚合物的特性黏度$[\eta]$为 $0.2\ m^3\cdot kg^{-1}$,已知与浓度单位($kg\cdot m^{-3}$)相对应的常数 $K=1.00\times10^{-5}$,$\alpha=0.8$,则该聚合物的摩尔质量为(　)

A. $2.378\times10^5\ g\cdot mol^{-1}$　　B. $2.378\times10^8\ g\cdot mol^{-1}$

C. $2.378\times10^{11}\ g\cdot mol^{-1}$　　D. $2.000\times10^4\ g\cdot mol^{-1}$

7. 对大分子溶液发生盐析,不正确的说法是(　)

A. 加入大量电解质才能使大分子化合物从溶液中析出

B. 盐析过程与电解质用量无关

C. 盐析的机理包括电荷中和及去溶剂两个方面

D. 电解质离子的盐析能力与离子价态关系不大

8. 下面大分子溶液不出现 Donnan 平衡的有(　)

A. 蛋白质的钠盐　　B. 聚丙烯酸钠

C. 淀粉　　D. 聚-4-乙烯-*N*-正丁基吡啶

E. 聚甲基丙烯酸甲酯

9. 当细胞膜内是 NaR 大分子,膜外是 NaCl,到达膜平衡时下列说法正确的是(　)

A. 平衡时膜内外 Na^+ 离子和 Cl^- 离子各自浓度相等

B. 平衡时若 Na^+ 在膜内外的浓度比为 0.5,则 Cl^- 在膜内外的浓度比为 2

C. 平衡时当有 Na^+ 扩散进入膜内,则必有同样浓度的 Cl^- 扩散进入膜内

D. 平衡时,膜内的 Na^+ 与 Cl^- 浓度相等

E. 平衡时,Na^+ 膜内外的浓度比等于 Cl^- 膜内外的浓度比

10. 对于分子大小均匀的大分子化合物,三种平均摩尔质量的关系为(　)

A. $\overline{M}_n=\overline{M}_w=\overline{M}_\eta$　　B. $\overline{M}_n<\overline{M}_w<\overline{M}_\eta$

C. $\overline{M}_n<\overline{M}_w=\overline{M}_\eta$　　D. $\overline{M}_n>\overline{M}_w>\overline{M}_\eta$

E. $\sum x_iM_i=\sum w_iM_i$

11. 在稀的砷酸溶液中,通入 $H_2S(g)$ 以制备硫化砷 As_2S_3 溶胶,该溶胶的稳定剂是略过量的 $H_2S(g)$,则所形成胶团的结构式如何?

12. 在碱性溶液中用 HCHO 还原 $HAuCl_4$ 制备溶胶:

$$HAuCl_4+5NaOH \longrightarrow NaAuO_2+4NaCl+3H_2O$$

$$2NaAuO_2+3HCHO+NaOH \longrightarrow 2Au+3HCOONa+2H_2O$$

这里 $NaAuO_2$ 是稳定剂,写出胶团结构式并指出金胶粒的电泳方向。

13. 某溶胶中粒子的平均直径为 4.2 nm,设其黏度和纯水相同,$\eta=1\times10^{-3}\,kg\cdot m^{-1}\cdot s^{-1}$。试计算:

(1) 298 K 时,胶体的扩散系数 D。

(2) 在 1 秒钟里,由于 Brown 运动粒子沿 x 轴方向的平均位移($\overline{x}$)。

14. 含有 2%(质量分数)蛋白质的水溶液,由电泳实验发现其中有两种蛋白质,摩尔质量分别为 100 和 60 $kg\cdot mol^{-1}$,且溶液中两种蛋白质的物质的量相等。假设把蛋白质分子作刚性球处理,已知其密度为 $1.30\times10^3\,kg\cdot m^{-3}$,水的密度为 $1.00\times10^3\,kg\cdot m^{-3}$,溶液黏度为 $1.00\times10^3\,kg\cdot m^{-1}\cdot s^{-1}$,实验温度为 298.2 K,试计算:

(1) 数均摩尔质量 $\overline{M}_n$ 和质均摩尔质量 $\overline{M}_w$。

(2) 两蛋白质分子的扩散系数之比。

(3) 沉降系数之比。

15. 在三个烧瓶中分别盛 0.02 dm^3 的 $Fe(OH)_3$ 溶胶,分别加入 NaCl、Na_2SO_4 和 Na_3PO_4 溶液使其聚沉,至少需加电解质的量为(1)1 $mol\cdot dm^{-3}$ 的 NaCl 0.021 dm^3,(2)0.005 $mol\cdot dm^{-3}$ 的 Na_2SO_4 0.125 dm^3,(3) 0.0033 $mol\cdot dm^{-3}$ 的 Na_3PO_4 $7.4\times10^{-3}\,dm^3$,试计算各电解质的聚沉值和它们的聚沉能力之比,从而判断胶粒带什么电荷。

16. 计算把 $1.00\times10^{-3}\,kg$ 聚苯乙烯($M=200\,kg\cdot mol^{-1}$)溶在 $1.00\times10^{-4}\,m^3$ 苯中所成的溶液在 293.2 K 时的渗透压。已知溶液的密度与苯近似相同,为 $8.79\times10^2\,kg\cdot m^{-3}$,且溶液渗透压可近似用理想溶液公式计算。

17. 0.01 dm^3 0.05 $mol\cdot kg^{-1}$ KCl 溶液和 0.1 dm^3 0.002 $mol\cdot kg^{-1}$ $AgNO_3$ 溶液混合生成 AgCl 溶胶。若用电解质 KCl、$AlCl_3$ 和 $ZnSO_4$ 将溶胶聚沉,请排出聚沉值由小到大的顺序。

18. 在 H_3AsO_3 的稀溶液中通入略过量的 H_2S 气体,生成 As_2S_3 溶胶。若用电解质 $Al(NO_3)_3$、$MgSO_4$

和 $K_3Fe(CN)_6$ 将溶胶聚沉，请排出聚沉能力由大到小的顺序。

19. 对等体积的 0.08 mol·dm^{-3} KI 溶液和 0.1 mol·dm^{-3} $AgNO_3$ 溶液，混合生成溶胶。

(1) 试写出胶团结构式；

(2) 指明胶粒电泳的方向；

(3) 比较 $MgSO_4$、Na_2SO_4 和 $CaCl_2$ 电解质对溶胶聚沉能力的大小。

20. 298 K 时，在半透膜一边放浓度为 0.100 mol·dm^{-3} 的大分子有机化合物 RCl，设 RCl 能全部解离，但 R^+ 不能透过半透膜。另一边放浓度为 0.500 mol·dm^{-3} 的 NaCl 溶液。试计算达渗透平衡时，膜两边各种离子的浓度和渗透压。

21. 在 298 K 时，测量出某聚合物溶液的相对黏度如下：

浓度/(g·100 cm^{-3})	0.152	0.271	0.541
η_r	1.226	1.425	1.983

求此聚合物的特性黏度[η]。

22. 判断以下说法的正误：

(1) 大分子溶液与溶胶一样是多相不稳定体系。(　)

(2) 将大分子电解质 NaR 的水溶液与纯水用半透膜隔开，达到 Donnan 平衡后，膜外水的 pH 将大于 7。(　)

23. 在 303 K 时，聚异丁烯在环己烷中的特性黏度$[\eta]=2.60\times10^{-4}\cdot M^{0.7}$。求算此条件下，当 [$\eta$] 为 2.00 (泊·cm/g) 时聚合物的摩尔质量 M。

附　　录

附录Ⅰ　国际单位制(SI)*

附录Ⅰ-1　SI基本单位

量		单位	
名称	符号	名称	符号
长度	l	米	m
质量	m	千克(公斤)	kg
时间	t	秒	s
电流	I	安[培]*	A
热力学温度	T	开[尔文]	K
物质的量	n	摩[尔]	mol
发光强度	I_v	坎[德拉]	cd

* 按《中华人民共和国法定计量单位》规定:[]内的字是在不致引起混淆的情况下可以省略的字,()内的字是前者的同义词,下同。

附录Ⅰ-2　常用的SI导出单位

量		单位		
名称	符号	名称	符号	定义式
频率	ν	赫[兹]	Hz	s^{-1}
能量	E	焦[耳]	J	$kg \cdot m^2 \cdot s^{-2}$
力	F	牛[顿]	N	$kg \cdot m \cdot s^{-2} = J \cdot m^{-1}$
压力	p	帕[斯卡]	Pa	$kg \cdot m^{-1} \cdot s^{-2} = N \cdot m^{-2}$
功率	P	瓦[特]	W	$kg \cdot m^2 \cdot s^{-3} = J \cdot m^{-1}$
电荷量	Q	库[仑]	C	$A \cdot s$
电位,电压,电动势	U	伏[特]	V	$kg \cdot m^2 \cdot s^{-3} \cdot A^{-1} = J \cdot A^{-1} \cdot s^{-1}$
电阻	R	欧[姆]	Ω	$kg \cdot m^2 \cdot s^{-3} \cdot A^{-2} = V \cdot A^{-1}$
电导	G	西[门子]	S	$kg^{-1} \cdot m^{-2} \cdot s^2 \cdot A^2 = \Omega^{-1}$
电容	C	法[拉]	F	$A^2 \cdot s^4 \cdot kg^{-1} \cdot m^{-2} = A \cdot s \cdot V^{-1}$
磁通量	ϕ	韦[伯]	Wb	$kg \cdot m^2 \cdot s^{-2} \cdot A^{-1} = V \cdot s$
磁通量密度(磁感应强度)	B	特[斯拉]	T	$kg \cdot s^{-2} \cdot A^{-1} = V \cdot s \cdot m^{-2}$
电感	L	亨[利]	H	$kg \cdot m^2 \cdot s^{-2} \cdot A^{-2} = V \cdot A^{-1} \cdot s$

附录Ⅰ-3　用于构成十进倍数和分数单位的词头

因数	词头名称	词头符号	因数	词头名称	词头符号
10^{-1}	分	d	10	十	da
10^{-2}	厘	c	10^{2}	百	h
10^{-3}	毫	m	10^{3}	千	k
10^{-6}	微	μ	10^{6}	兆	M
10^{-9}	纳[诺]	n	10^{9}	吉[咖]	G
10^{-12}	皮[可]	p	10^{12}	太[拉]	T
10^{-15}	飞[母托]	f	10^{15}	拍[它]	P
10^{-18}	阿[托]	a	10^{18}	艾[可萨]	E

附录Ⅱ　一些物理和化学的基本常量

量	符号	数值	单位	相对不确定度 ($1/10^{7}$)
光速	c	299 792 458	$m \cdot s^{-1}$	定义值
Planck 常量	h	6.626 075 5(40)	10^{-34} J·s	0.60
$h/(2\pi)$	$\hbar$	1.054 572 66(63)	10^{-34} J·s	0.60
基本电荷	e	1.602 177 33(49)	10^{-19}C	0.30
电子质量	m_e	0.910 938 97(54)	10^{-30} kg	0.59
质子质量	m_p	1.672 623 1(10)	10^{-27} kg	0.59
Avogadro 常量	L, N_A	6.022 136 7(36)	10^{23} mol^{-1}	0.59
Faraday 常量	F	96 485.309 (29)	$C \cdot mol^{-1}$	0.30
摩尔气体常量	R	8.314 510(70)	$J \cdot K^{-1} \cdot mol^{-1}$	8.4
Boltzmann 常量，R/L	k	1.380 658(12)	10^{-23} $J \cdot K^{-1}$	8.5
电子伏，$(e/C)J=\{e\}J$	eV	1.602 177 33(49)	10^{-10} J	0.30
(统一)原子质量单位				
原子质量 $\frac{1}{12}m(^{12}C)$	u	1.660 540 2(10)	10^{-27}kg	0.59

附录Ⅲ 常用的换算因子

附录Ⅲ-1 能量换算因子

	J	cal	erg	$cm^3 \cdot atm$	eV
J	1	0.2390	10^7	9.869	6.242×10^{18}
cal	4.184	1	4.184×10^7	41.29	2.612×10^{19}
erg	10^{-7}	2.390×10^{-3}	1	9.869×10^{-7}	6.242×10^{11}
$cm^3 \cdot atm$	0.1013	2.422×10^{-2}	1.013×10^5	1	6.325×10^{17}
eV	1.602×10^{19}	3.829×10^{-20}	1.602×10^{-12}	1.58×10^{-18}	1

附录Ⅲ-2 压力换算因子

	Pa	atm	mmHg	bar(巴)	$dyn \cdot cm^{-2}$ (达因·厘米$^{-2}$)	$bf \cdot in^{-2}$ (磅力·英寸$^{-2}$)
Pa	1	9.869×10^{-5}	7.501×10^{-3}	10^{-5}	10	1.450×10^{-4}
atm	1.013×10^{-5}	1	760.0	1.013	1.013×10^6	14.70
mmHg	133.3	1.316×10^{-3}	1	1.333×10^{-3}	1333	1.924×10^{-2}
bar	10^5	0.986 9	750.1	1	10^6	14.50
$dyn \cdot cm^{-2}$	10^{-1}	9.869×10^{-7}	7.501×10^{-4}	10^{-6}	1	1.450×10^{-5}
$bf \cdot in^{-2}$	6 895	6.805×10^{-2}	51.71	6.895×10^{-2}	6.895×10^4	1

附录Ⅳ 热力学数据表

附录Ⅳ-1 部分单质和无机化合物的标准摩尔生成焓、标准摩尔生成 Gibbs 自由能、标准摩尔熵、标准摩尔等压热容和摩尔质量(100 kPa, 298.15 K)

单质或化合物	$\Delta_f H_m^\ominus$/ ($kJ \cdot mol^{-1}$)	$\Delta_f G_m^\ominus$/ ($kJ \cdot mol^{-1}$)	$S_m^\ominus$/ ($J \cdot K^{-1} \cdot mol^{-1}$)	$C_{p,m}^\ominus$/ ($J \cdot K^{-1} \cdot mol^{-1}$)	M/ ($g \cdot mol^{-1}$)
Ag(s)	0	0	42.55	25.351	107.87
AgBr(s)	100.37	−96.90	107.1	52.38	187.78
AgCl(s)	−127.068	−109.789	96.2	50.79	143.32
AgI(s)	−61.81	−66.19	115.5	56.82	234.77
$AgNO_3$(s)	−124.39	−33.41	140.92	93.05	169.88
Ag_2CO_3(s)	−505.8	−436.8	167.4	112.26	275.74

续表

单质或化合物	$\Delta_f H_m^\ominus$/(kJ·mol^{-1})	$\Delta_f G_m^\ominus$/(kJ·mol^{-1})	$S_m^\ominus$/(J·K^{-1}·mol^{-1})	$C_{p,m}^\ominus$/(J·K^{-1}·mol^{-1})	M/(g·mol^{-1})
$Ag_2O(s)$	−31.05	−11.20	121.3	65.86	231.74
Al(s)	0	0	28.33	24.35	26.98
$AlCl_3(s)$	−704.2	−628.8	110.67	91.84	133.24
$Al_2O_3(s,\alpha)$	−1675.7	−1582.3	50.92	79.40	101.96
$BaCl_2(s)$	−858.6	−810.4	123.68	75.14	208.25
$Br_2(l)$	0	0	152.23	75.69	159.82
$Br_2(g)$	30.907	3.110	245.46	36.02	159.82
HBr (g)	−36.40	−53.45	198.70	29.142	90.92
C(s,石墨)	0	0	5.740	8.527	12.011
C(s,金刚石)	1.895	2.900	2.377	6.113	12.011
CO(g)	−110.53	−137.17	197.67	29.14	28.011
$CO_2(g)$	−393.51	−394.36	213.74	37.11	44.011
$CaCO_3$(方解石)	−1206.92	−1128.79	92.9	81.88	100.09
$CaCl_2(s)$	−795.8	−748.1	104.6	72.59	110.99
CaO(s)	−635.09	−604.03	39.75	42.80	56.08
$Cl_2(g)$	0	0	223.07	33.91	70.91
HCl(g)	−92.31	−95.30	186.91	29.12	36.46
HCl(aq)	−167.16	−131.23	56.5	−136.4	36.46
Cu(s)	0	33.150	24.44	63.54	
CuO(s)	−157.3	−129.7	42.63	43.30	79.54
$CuSO_4(s)$	−771.36	−661.8	109.0	100.0	159.60
$CuSO_4 \cdot 5H_2O(s)$	−2279.7	−1879.7	300.4	280.0	249.68
$F_2(g)$	0	0	202.78	31.30	38.00
HF(g)	−271.1	−273.2	173.78	29.13	20.01
Fe(s)	0	0	27.28	25.10	55.85
$Fe_2O_3(s)$	−824.2	−742.2	87.40	103.85	159.69
$Fe_3O_4(s)$	−1118.4	−1015.4	146.4	143.43	231.54
$H_2(g)$	0	0	130.684	28.824	2.016

续表

单质或化合物	$\Delta_f H_m^\ominus$/(kJ·mol^{-1})	$\Delta_f G_m^\ominus$/(kJ·mol^{-1})	$S_m^\ominus$/(J·K^{-1}·mol^{-1})	$C_{p,m}^\ominus$/(J·K^{-1}·mol^{-1})	M/(g·mol^{-1})
$H_2O(l)$	−285.83	−237.13	69.91	75.291	18.015
$H_2O(g)$	−241.82	−228.57	188.83	33.58	18.015
$H_2O_2(l)$	−187.78	−120.35	109.6	89.1	34.015
$Hg(l)$	0	0	76.02	27.983	200.59
$HgO(s)$	−90.83	−58.54	70.29	44.06	216.59
$Hg_2Cl_2(s)$	−265.22	−210.75	192.5	102.0	472.09
$Hg_2SO_4(s)$	−743.12	−625.815	200.66	131.96	497.24
$I_2(s)$	0	116.135	54.44	253.81	
$HI(g)$	26.48	1.70	206.59	29.158	127.91
$K(s)$	0	64.18	29.59	39.10	
$KOH(s)$	−242.76	−379.08	78.9	64.9	56.11
$KCl(s)$	−436.75	−409.14	82.59	51.30	74.56
$KBr(s)$	−393.80	−380.66	95.90	52.30	119.01
$KI(s)$	−327.90	−324.89	106.33	52.90	166.01
$KNO_3(s)$	−494.63	−394.89	133.05	96.40	101.11
$Li(s)$	0	0	29.12	24.77	6.94
$Mg(s)$	0	0	32.68	24.89	24.31
$MgO(s)$	−601.70	−569.43	26.94	37.15	40.31
$MgCl_2(s)$	−641.32	−591.79	89.62	71.38	95.22
$N_2(g)$	0	0	191.61	29.125	28.013
$N_2O(g)$	82.05	104.20	219.82	38.45	44.01
$NO_2(g)$	33.18	51.31	240.06	37.20	46.01
$N_2O_4(g)$	9.16	87.89	304.29	77.28	92.01
$N_2O_5(g)$	11.3	115.1	355.7	84.5	108.01
$HNO_3(g)$	−135.06	−74.72	266.38	53.35	63.01
$HNO_3(l)$	−174.10	−80.71	155.60	109.87	63.01
$NH_3(g)$	294.1	328.1	238.97	98.87	17.03
$NH_3(l)$	264.0	327.3	140.6	43.68	17.03
$NH_4NO_3(s)$	−365.56	−183.87	151.08	84.1	80.04
$NH_4Cl(s)$	−341.43	−202.87	94.6	84.1	53.49

续表

单质或化合物	$\Delta_f H_m^\ominus$/(kJ·mol^{-1})	$\Delta_f G_m^\ominus$/(kJ·mol^{-1})	$S_m^\ominus$/(J·K^{-1}·mol^{-1})	$C_{p,m}^\ominus$/(J·K^{-1}·mol^{-1})	M/(g·mol^{-1})
$(NH_4)_2SO_4$(s)	−1180.85	−901.67	220.1	187.49	132.12
Na(s)	0	0	51.21	28.24	22.99
NaOH(s)	−425.61	−379.49	64.46	59.54	40.00
NaCl(s)	−411.15	−384.14	72.13	50.50	58.44
NaBr(s)	−361.06	−348.98	86.82	51.38	102.90
Na_2CO_3(s)	−1130.68	−1044.44	134.98	112.30	82.99
$NaNO_3$(s)	−467.85	−367.00	116.52	92.88	84.99
Na_2SO_4(s,正交)	−1387.08	−1270.16	149.58	128.20	142.04
O_2(g)	0	0	205.138	29.355	31.999
O_3(g)	142.7	163.2	238.93	39.20	47.998
P(s,白磷)	0	0	41.09	23.840	30.97
PCl_3(s)	−287.0	−267.8	311.78	71.84	137.33
PCl_5(s)	−374.9	−305.0	364.6	112.8	208.24
H_3PO_4(l)	−1279.0	−1119.1	110.50	106.06	94.97
SiO_2(s,α)	−910.94	−856.64	41.84	44.43	60.09
S(s,α,正交)	0	0	31.80	22.64	32.06
SO_2(g)	−296.83	−300.19	248.22	39.87	64.06
SO_3(g)	−395.72	−371.06	256.76	50.67	80.06
H_2SO_4(l)	−813.99	−690.00	156.90	138.9	98.08
H_2S(g)	−20.63	−33.56	205.78	34.23	34.06
Sn(s,β)	0	0	51.55	26.99	118.69
SnO(s)	−285.8	−256.9	56.5	44.31	134.69
SnO_2(s)	−580.7	−519.6	52.3	52.59	150.69
Zn(s)	0	0	41.63	25.40	65.37
ZnO(s)	−348.28	318.30	43.64	40.25	81.37

附录Ⅳ-2 部分有机化合物的标准摩尔生成焓、标准摩尔生成 Gibbs 自由能、标准摩尔熵、标准摩尔等压热容、标准摩尔燃烧焓和摩尔质量(100 kPa,298.15 K)

有机化合物	$\Delta_f H_m^\ominus$/(kJ·mol^{-1})	$\Delta_f G_m^\ominus$/(kJ·mol^{-1})	$S_m^\ominus$/(J·K^{-1}·mol^{-1})	$C_{p,m}^\ominus$/(J·K^{-1}·mol^{-1})	$\Delta_c H_m^\ominus$/(kJ·mol^{-1})	M/(g·mol^{-1})
烃类						
CH_4(g)	−74.81	−50.72	186.26	35.31	−890	16.04
C_2H_2(g)	226.73	209.20	200.94	43.93	−1300	26.04
C_2H_4(g)	52.26	68.15	219.56	43.56	−1411	28.05
C_2H_6(g)	−84.68	−32.82	229.60	52.63	−1560	30.07
C_3H_8(g)	−103.85	−23.49	269.91	73.5	−2220	44.10
C_4H_{10}(g)	−126.15	−17.03	310.23	97.45	−2878	58.13
C_6H_6(l)	49.0	124.3	173.3	136.1	−3268	78.12
C_6H_6(g)	82.93	129.72	269.31	81.67	−3302	78.12
醇,酚						
CH_3OH(l)	−238.66	−166.27	126.8	81.6	−726	32.04
CH_3OH(g)	−200.66	−161.96	239.81	43.89	−764	32.04
CH_3CH_2OH(l)	−277.69	−174.78	160.7	111.46	−1368	46.07
CH_3CH_2OH(g)	−235.10	−168.49	282.70	65.44	−1409	46.07
C_6H_5OH(l)	−165.0	−50.9	146.0		−3054	94.12
酸,酯						
HCOOH	−424.72	−361.35	128.95	99.04	−255	46.03
CH_3COOH	−484.5	−389.9	159.8	124.3	−875	60.05
C_6H_5COOH(s)	−385.1	−245.3	167.6	146.8	−3227	122.13
$CH_3COOC_2H_5$(s)	−479.0	−332.7	259.4	170.1	−2231	88.11
醛,酮						
HCHO (g)	−108.57	−102.53	218.77	35.40	−571	30.03
CH_3CHO (l)	−192.30	−128.12	160.2		−1166	44.05
CH_3CHO (g)	−166.19	−128.86	250.3	57.3	−1199	44.05
CH_3COCH_3 (l)	−248.1	−155.4	200.4	124.7	−1790	58.08
糖						
$C_6H_{12}O_6$(s,α)	−1274				−2802	180.16
$C_6H_{12}O_6$(s,β)	−1268	−910	212		−2802	180.16
$C_{12}H_{22}O_{11}$(s)	−2222	−1543	360.2		−5645	342.30
含氮化合物						
$CO(NH_2)_2$(s)	−333.51	−197.33	104.60	93.14	−632	60.06
CH_3NH_2(g)	−22.97	32.16	243.41	53.1	−1085	31.06
$C_6H_5NH_2$(l)	31.1				−3393	93.13
$CH_2(NH_2)COOH$(s)	−532.9	−373.4	103.5	99.2	−969	75.07

附录Ⅳ-3　水溶液中某些物质的标准热力学数据

[298.15 K,单位活度,指定 H^+(aq)的相应数据为零]

水溶液中的物质	$\Delta_f H_m^\ominus$/(kJ·mol^{-1})	$\Delta_f G_m^\ominus$/(kJ·mol^{-1})	$S_m^\ominus$/(J·K^{-1}·mol^{-1})	$C_{p,m}^\ominus$/(J·K^{-1}·mol^{-1})
H^+(aq), H_3O^+(aq)	0.0	0.0	0.0	
OH^-(aq)	−229.99	−157.24	−10.75	−148.5
第一族				
Li^+(aq)	−278.49	−293.31	13.4	68.6
Na^+(aq)	−240.12	−261.91	59.0	46.4
K^+(aq)	−252.38	−283.27	102.5	21.8
第二族				
Ba^{2+}(aq)	−537.64	−560.77	9.6	
Mg^{2+}(aq)	−466.85	−454.8	−138.1	
Ca^{2+}(aq)	−542.86	−553.58	−53.1	
第三族				
H_3BO_3	−1067.8	−963.32	159.8	
第四族				
CO_2(aq)	−413.80	−385.98	117.6	
H_2CO_3(aq)	−699.65	−623.08	187.4	
HCO_3^-(aq)	−691.99	−586.77	91.2	
CO_3^{2-}(aq)	−677.14	−527.81	−56.9	
CH_3COOH(aq)	−485.76	−396.46	178.7	
CH_3COO^-(aq)	−486.01	−369.31	86.6	−6.3
第五族				
Ag^+(aq)	105.58	77.11	72.68	21.8
$[Ag(NH_3)_2]^+$(aq)	−111.80	−17.4	241.8	
Cu^+(aq)	71.67	49.98	40.6	
Cu^{2+}(aq)	64.77	65.49	−99.6	
CrO_4^{2-}(aq)	−881.15	−727.75	50.21	
$Cr_2O_7^{2-}$(aq)	−1490.3	−1301.1	261.9	
Pb^{2+}(aq)	−1.7	−24.43	10.5	
Zn^{2+}(aq)	−153.89	−147.06	−112.1	46

习题答案

第 1 章

1. 222.92 kPa

2. 9.98 dm^3

3. 0.025，0.009

4. 3.06 g·dm^{-3}，918 kg；4896 mol

5. $p_{总}=1902$ kPa，$p(N_2)=389.5$ kPa，$p(CH_4)=1512.5$ kPa

6. (1) $V=12.3$ dm^3；　(2) 0.5 g；　(3) $x(N_2)=0.67$，$x(H_2)=0.33$

7. (1) $x(H_2)=0.500$，$x(N_2)=0.059$，$x(CO_2)=0.050$，$x(CH_4)=0.011$；

(2) 0.427 g·dm^{-3}；

(3) $p(H_2)=76.0$ kPa，$p(CO)=57.6$ kPa，$p(N_2)=8.97$ kPa，$p(CO_2)=7.60$ kPa，$p(CH_4)=1.67$ kPa

8. 117.0 kPa

9. $x_1=0.401$，$p_1=40.63$ kPa；$x_2=0.599$，$p_2=60.69$ kPa

10. (1) p；　(2) 不相同；　(3) $V(H_2)=3$ dm^3，$V(N_2)=1$ dm^3，$p(H_2):p(N_2)=3:1$

11. 5187.7 kPa，2.40%

第 2 章

1. (1) $W=60$ kJ；　(2) $\Delta U=0$

2. (1) $W=-100$ J；　(2) $W=-22.45$ kJ；　(3) $W=-57.43$ kJ

3. (1) 0；　(2) −4299 J；　(3) −2326 J；　(4) −3101 J；

说明做功与过程有关，系统与环境压差越小，膨胀次数越多，做的功也越大。

4. (1) 0 ℃；　(2) 162.74 g

5. $\Delta U=\Delta H=0$，$W=-913.5$ J，$Q=913.5$ J

6. $\Delta H=0$，$W=-1717$ J，$Q=1717$ J

7. (1) 理想气体恒温可逆膨胀，$\Delta U=0$，$\Delta H=0$，$W<0$，$Q>0$。

(2) 理想气体节流膨胀，$\Delta H=0$，因为温度不变，所以 $\Delta U=0$。节流过程是绝热过程，$Q=0$，故 $W=0$。

(3) 绝热、恒外压膨胀，$Q=0$，$\Delta U=W$，系统对外做功，$W=-p\Delta V<0$，$\Delta U<0$，$\Delta H=\Delta U+\Delta(pV)<0$。

(4) 恒容升温，$W=0$，温度升高，热力学能也增加，$\Delta U>0$，故 $Q>0$。温度升高，压力也升高，$\Delta H=\Delta U+V\Delta p>0$。

(5) 绝热恒容的容器，$Q=0$，$W=0$，$\Delta U=0$。这是个气体分子数不变的反应，$\Delta H=\Delta U+\Delta(pV)=\Delta U+\Delta(nRT)=\Delta U+nR\Delta T>0$，放热反应，温度升高。

8. $\Delta U=\Delta H=0, W=-4.48\ \mathrm{kJ}, Q=4.48\ \mathrm{kJ}$

9. (1) $\Delta U=\Delta H=0, W=-228.6\ \mathrm{J}, Q=228.6\ \mathrm{J}$

(2) $\Delta U=\Delta H=0, W=-149.7\ \mathrm{J}, Q=149.7\ \mathrm{J}$

10. $Q=0, W=\Delta U=-4.30\ \mathrm{kJ}, \Delta H=-7.17\ \mathrm{kJ}$

11. (1) 273 K, 10.0 $\mathrm{m^3}$, −2302.6 kJ

(2) 108.6 K, 3.98 $\mathrm{m^3}$, −903.3 kJ

(3) 174.7 K, 6.4 $\mathrm{m^3}$, −540.1 kJ

12. (1) $Q_p=40.66\ \mathrm{kJ}, W=-3.10\ \mathrm{kJ}, \Delta_{\mathrm{vap}}U_{\mathrm{m}}=37.56\ \mathrm{kJ\cdot mol^{-1}}$

(2) $\Delta_{\mathrm{vap}}H_{\mathrm{m}}>\Delta_{\mathrm{vap}}U_{\mathrm{m}}$，等温等压条件下系统膨胀，导致系统对环境做功。

13. 后者因不做膨胀功，故放热较多；3816 J

14. (1) $Q_p=\Delta H=2.26\ \mathrm{kJ}, W=-172.3\ \mathrm{J}, \Delta U=2.09\ \mathrm{kJ}$

(2) $W=0, \Delta H=2.26\ \mathrm{kJ}, \Delta U=Q=2.09\ \mathrm{kJ}$

15. $104.8\ \mathrm{kJ\cdot mol^{-1}}$

16. $-488.3\ \mathrm{kJ\cdot mol^{-1}}$

17. $-277.4\ \mathrm{kJ\cdot mol^{-1}}$

18. $-890.3\ \mathrm{kJ\cdot mol^{-1}}$

19. $-4828\ \mathrm{kJ\cdot mol^{-1}}$

20. (1) $\Delta_{\mathrm{r}}H_{\mathrm{m}}^{\ominus}(298\ \mathrm{K})=-241.82\ \mathrm{kJ\cdot mol^{-1}}, \Delta_{\mathrm{r}}U_{\mathrm{m}}^{\ominus}(298\ \mathrm{K})=-240.58\ \mathrm{kJ\cdot mol^{-1}}$；

(2) $\Delta_{\mathrm{r}}H_{\mathrm{m}}^{\ominus}(498\ \mathrm{K})=243.80\ \mathrm{kJ\cdot mol^{-1}}$

21. 773 K；　水蒸气处于超临界状态

22. (1) $-42.4\ \mathrm{J\cdot K^{-1}}$；　(2) $43.2\ \mathrm{J\cdot K^{-1}}$

23. $90.67\ \mathrm{J\cdot K^{-1}\cdot mol^{-1}}$

24. (1) $19.14\ \mathrm{J\cdot K^{-1}}$；　(2) $19.14\ \mathrm{J\cdot K^{-1}}$

25. $-5.54\ \mathrm{J\cdot K^{-1}}$

26. (1) $\Delta U=\Delta H=0, V_2=244\ \mathrm{dm^3}, Q_{\mathrm{R}}=-W_{\mathrm{R}}=8.46\ \mathrm{kJ}$

(2) $Q_1=-W_1=6.10\ \mathrm{kJ}$

(3) $\Delta S_{\mathrm{sys}}=28.17\ \mathrm{J\cdot K^{-1}}, \Delta S_{\mathrm{sur}}=-20.33\ \mathrm{J\cdot K^{-1}}, \Delta S_{\mathrm{iso}}=7.84\ \mathrm{J\cdot K^{-1}}$

27. (1) $0.006\ \mathrm{J\cdot K^{-1}}$；　(2) $11.526\ \mathrm{J\cdot K^{-1}}$

28. $-2.885\ \mathrm{kJ\cdot mol^{-1}}$

29. (1) $13.42\ \mathrm{J\cdot K^{-1}\cdot mol^{-1}}$；　(2) $134.2\ \mathrm{J\cdot K^{-1}\cdot mol^{-1}}, 147.6\ \mathrm{J\cdot K^{-1}\cdot mol^{-1}}$；

(3) $W_{\mathrm{f,max}}=-44.0\ \mathrm{kJ}$

30. (1) 50.0 kPa；

(2) $\Delta U=0, Q=0, \Delta_{\mathrm{mix}}S=5.763\ \mathrm{J\cdot K^{-1}}, \Delta_{\mathrm{mix}}G=1.719\ \mathrm{kJ}$

(3) $Q_{\mathrm{R}}=-1.719\ \mathrm{kJ}, W=1.719\ \mathrm{kJ}$

31. $\Delta U=0, \Delta H=0, W=-5.23\ \mathrm{kJ}, Q=5.23\ \mathrm{kJ}, \Delta S=19.16\ \mathrm{J\cdot K^{-1}}, \Delta G=-5.23\ \mathrm{kJ}$

32. $\Delta U=0, \Delta H=0, W=5.74\ \mathrm{kJ}, Q=-5.74\ \mathrm{kJ}, \Delta S=-19.1\ \mathrm{J\cdot K^{-1}}, \Delta G=\Delta A=5.74\ \mathrm{kJ}$

33. (1) −29.488 kJ；　(2) 1.573 kJ；　(3) −26.320 kJ

34. $Q_p=\Delta_{\mathrm{vap}}H=81.36\ \mathrm{kJ}, \Delta_{\mathrm{vap}}U=75.16\ \mathrm{kJ}, W=-6.20\ \mathrm{kJ}, \Delta_{\mathrm{vap}}S=218.12\ \mathrm{J\cdot K^{-1}}$

35. $\Delta H=Q_{\mathrm{R}}=40.68\ \mathrm{kJ}, W=0, Q=\Delta U=37.58\ \mathrm{kJ}, \Delta_{\mathrm{vap}}S=109.1\ \mathrm{J\cdot K^{-1}}, \Delta_{\mathrm{vap}}G=0, \Delta_{\mathrm{vap}}A$

$=-3.10\ \mathrm{kJ}, \Delta S_{\mathrm{iso}}=8.35\ \mathrm{J\cdot K^{-1}}$

该过程是恒温、恒容过程，故可用 ΔA 作判据，因为 $\Delta A<0(\Delta S_{\mathrm{iso}}=8.35\ \mathrm{J\cdot K^{-1}}>0)$，故该过程自发。

36. $p_{\mathrm{e}}=10.14\ \mathrm{kPa}, V_2=100\ \mathrm{dm^3}, \Delta U=0, \Delta H=0, \Delta G=\Delta A=-2.34\ \mathrm{kJ}, \Delta S_{\mathrm{sur}}=-7.48\ \mathrm{J\cdot K^{-1}}, \Delta S_{\mathrm{iso}}=11.66\ \mathrm{J\cdot K^{-1}}$

37. $\Delta S=-35.46\ \mathrm{J\cdot K^{-1}}, \Delta G=-356.4\ \mathrm{J}$

38. (1) $Q=27.835\ \mathrm{kJ}, W=0$；　(2) $\Delta_{\mathrm{vap}}S_{\mathrm{m}}^{\ominus}=87.2\ \mathrm{J\cdot K^{-1}\cdot mol^{-1}}, \Delta_{\mathrm{vap}}G_{\mathrm{m}}^{\ominus}=0$；

(3) $-78.9\ \mathrm{J\cdot K^{-1}}$；　(4) 为不可逆过程

39. $\Delta_{\mathrm{r}}U=-206\ \mathrm{kJ}, \Delta_{\mathrm{r}}S=-20.13\ \mathrm{J\cdot K^{-1}}, \Delta_{\mathrm{r}}G=-200\ \mathrm{kJ}, \Delta_{\mathrm{r}}H=-206\ \mathrm{kJ}, \Delta_{\mathrm{r}}A=-200\ \mathrm{kJ}$

40. $\Delta U=\Delta H=0, Q=-W=-3.5\ \mathrm{kJ}, \Delta S=38.3\ \mathrm{J\cdot K^{-1}}, \Delta G=\Delta A=-11.41\ \mathrm{kJ}$

41. $W=3.10\ \mathrm{kJ}, Q_p=\Delta H=-40.68\ \mathrm{kJ}, \Delta U=-37.58\ \mathrm{kJ}, \Delta G=0, \Delta A=3.10\ \mathrm{kJ}, \Delta S=-109.1\ \mathrm{J\cdot K^{-1}}$

42. $-80.95\ \mathrm{J\cdot mol^{-1}\cdot K^{-1}}$

43. $W=-9.98\ \mathrm{kJ}, Q_p=\Delta H=98.93\ \mathrm{kJ\cdot mol^{-1}}, \Delta_{\mathrm{r}}U_{\mathrm{m}}=88.95\ \mathrm{kJ\cdot mol^{-1}}, \Delta S_{\mathrm{m}}(600\mathrm{K})=276.79\ \mathrm{J\cdot mol^{-1}\cdot K^{-1}}, \Delta A_{\mathrm{m}}=-76.65\ \mathrm{kJ\cdot mol^{-1}}, \Delta G_{\mathrm{m}}=-67.14\ \mathrm{kJ\cdot mol^{-1}}$

44. (1) $W_1=-3.184\ \mathrm{kJ}, Q_1=\Delta H_1=13.343\ \mathrm{kJ}, \Delta U_1=10.159\ \mathrm{kJ}, \Delta G=0, \Delta A_1=-3.184\ \mathrm{kJ}, \Delta S_1=34.84\ \mathrm{J\cdot K^{-1}}$

(2) $\Delta H_2=13.343\ \mathrm{kJ}, \Delta U_2=10.159\ \mathrm{kJ}, \Delta G_2=0, \Delta A_2=-3.184\ \mathrm{kJ}, \Delta S_2=34.84\ \mathrm{J\cdot K^{-1}}, W_2=0, Q_2=10.159\ \mathrm{kJ}$

(3) $\Delta S_{\mathrm{iso}}=\Delta S_{\mathrm{sys}}+\Delta S_{\mathrm{sur}}=(34.84-26.52)\ \mathrm{J\cdot K^{-1}}=8.32\ \mathrm{J\cdot K^{-1}}>0$，故该过程自发。

第 3 章

6. A　**7.** C　**8.** A　**9.** C　**10.** C

11. $x_{\mathrm{B}}=0.01425, m_{\mathrm{B}}=0.8027\ \mathrm{mol\cdot kg^{-1}}, c_{\mathrm{B}}=0.7827\ \mathrm{mol\cdot dm^{-3}}$

12. $c_{\mathrm{B}}=\dfrac{\rho x_{\mathrm{B}}}{M_{\mathrm{A}}+x_{\mathrm{B}}(M_{\mathrm{B}}-M_{\mathrm{A}})}, b_{\mathrm{B}}=\dfrac{x_{\mathrm{B}}}{(1-x_{\mathrm{B}})M_{\mathrm{A}}}$

13. $V_1/\mathrm{m^3}=1.7963\times10^{-5}-1.094\times10^{-7}m^{\frac{3}{2}}/(\mathrm{mol\cdot kg^{-1}})^{\frac{3}{2}}-1.982\times10^{-10}m^2/(\mathrm{mol\cdot kg^{-1}})^2$

14. $5.75\ \mathrm{m^3}, 15.3\ \mathrm{m^3}$

15. $26.01\ \mathrm{cm^3}, 1.00\ \mathrm{cm^3}$

17. (1) 1717 J；　(2) 2138 J

19. (1) $p=66.7\ \mathrm{kPa}, x(\mathrm{A})=0.667, x(\mathrm{B})=0.333$；

(2) $x(\mathrm{A})=0.25, x(\mathrm{B})=0.75; y(\mathrm{A})=0.1, y(\mathrm{B})=0.9$

20. (1) $k_{\mathrm{b}}=2.578\ \mathrm{K\cdot mol^{-1}\cdot kg}$；　(2) $\Delta_{\mathrm{vap}}H_{\mathrm{m,A}}^{*}=31.44\ \mathrm{kJ\cdot mol^{-1}}$

21. 3.161 kPa

22. 0.8637；1.553

23. (1) 693.17 kPa；　(2) $0.283\ \mathrm{mol\cdot kg^{-1}}$

24. $a_{x,\mathrm{A}}=0.18; \gamma_{x,\mathrm{A}}=0.627$

25. (1) 373.57 K；　(2) 3.132 kPa；　(3) 1996.92 kPa

26. 在乙醇中为 128.5 $g \cdot mol^{-1}$,苯中为 233.2 $g \cdot mol^{-1}$;在苯中以双分子缔合形式存在。

27. (1) 101.31 kPa

28. $\Delta G = -16.77$ kJ;$\Delta S = 56.25\ J \cdot K^{-1}$

29. $\Delta G = -11.36$ kJ;$\Delta S = 38.09\ J \cdot K^{-1}$

30. (1) 117.14; (2) $C_{14}H_{10}$

31. 5

32. (1) 2.5 g; (2) 2.22 g

34. (1) $a_{x,A} = 0.814, a_{x,B} = 0.894$; (2) $\gamma_{x,A} = 1.628, \gamma_{x,B} = 1.788$;
(3) $\Delta_{mix}G = -1585.5$ J

第 4 章

6. B **7.** C **8.** C **9.** B **10.** A **11.** D **12.** C **13.** D

14. C **15.** B

16. (1) 逆向; (2) 正向; (3) 逆向

17. $T < 821.4$ K

18. 无 $CH_4(g)$生成;$p > 161.1$ kPa

19. (1) 4.729 $kJ \cdot mol^{-1}$; (2) 0.148; (3) 83.711 kPa; (4) 逆向进行

20. 2.42

21. (1) 36.7%; (2) 26.8%

22. $-317.4\ J \cdot mol^{-1}$

23. (1) 0.27%; (2) 99.5%

24. (1) 能分解; (2) 不能分解

25. $p_{NH_3} = 13.551$ kPa;$p_{CO_2} = 0.554$ kPa;$p = 14.105$ kPa

26. 42.3%;84.6%

27. 61.2%

28. $x_{CH_4} = x_{H_2O} = 0.146$;$x_{CO} = 0.177$;$x_{H_2} = 0.531$

30. $K_2^{\ominus} = 0.0507$;$\Delta_r G_m^{\ominus} = 36.52\ kJ \cdot mol^{-1}$;$\Delta_r S_m^{\ominus} = 95.37\ J \cdot mol^{-1} \cdot K^{-1}$

31. $\Delta_r G_m^{\ominus} = 81.7\ kJ \cdot mol^{-1}$;$\Delta_r H_m^{\ominus} = 174.8\ kJ \cdot mol^{-1}$;$\Delta_r S_m^{\ominus} = 310.3\ J \cdot mol^{-1} \cdot K^{-1}$

32. (1) 28.50 kPa; (2) 74.90 kPa; (3) 331.3 K

33. (1) 0.618; (2) 0.618; (3) 0.50; (4) 0.20

第 5 章

1. (1) 2,2,2; (2) 2,2,2; (3) 3,2,3; (4) 3,2,3
(5) 2,3,1; (6) 1,2,1; (7) 1,2,1; (8) 2,2,1

2. (1) 错; (2) 错; (3) 错

3. (1) 一种; (2) 两种

4. 52.7%

5. (1) 不可能; (2) 使氧气分压大于 51 kPa

6. (1) 0.250,74.70 kPa; (2) 1.216 mol,3.784 mol

7. 361.6 K

8. T=1092.4 K；p=3.664×10^6 Pa

9. (2) 110.3 ℃；　(3) 112.7 ℃；　(4) x_B=0.550，y_B=0.414；　(5) m(g)=13.0 kg，m(l)=26.0 kg

10. (1) m_1=179.6 g，m_2=120.4 g；　(2) m_1=130.2 g，m_2=269.8 g

11. (1) m_1=360.4 g，m_2=139.6 g；　(2) m(G)=173.5 g，$m(L_1)$=326.25 g

12. (1) 0.45；　(2) 23.9 kg

第6章

1. (1) 0.1216 h^{-1}；　(2) 18.94 h

2. (1) 6.25%；　(2) 14.3%；　(3) 不到2 h，A已完全反应

3. 891 a

4. 0.0148 min^{-1}；46.9 min

5. 4.43×10^{-4} s^{-1}

6. 0.022 s^{-1}

7. $n=3$

8. $n=3$

9. k=0.1066 min^{-1}

10. 1.392 min^{-1}，0.498 min

11. E_a=179 kJ·mol^{-1}

12. 0.069 h^{-1}

13. 4.778×10^3

14. α=1.5；β=−1；γ=0；k=2.5×10^{-4}(mol·$dm^{-3})^{0.5}$·s^{-1}

15. (1) E_a=76.59 kJ·mol^{-1}；　(2) [A]=0.2 mol·dm^{-3}，[B]=0.35 mol·dm^{-3}；
(3) [A]=0.05 mol·dm^{-3}，[B]=0.5 mol·dm^{-3}

17. (1) A=6.36×10^8(mol·$dm^{-3})^{-1}$·s^{-1}，E_a=107.1 kJ·mol^{-1}；　(2) 45.7 s

18. (1) 4.2×10^7 Pa；　(2) 44.36 kJ·mol^{-1}；　(3) 0，−2.48 kJ·mol^{-1}；
(4) 3.5 s

19. Arrhenius方程一般只适用于反应速率对温度呈指数关系的一类反应。Arrhenius假定活化能是与温度无关的常数，所以用ln k对1/T作图，应该得到一条直线。现在直线发生弯折，可能有如下三种原因：

(1) 温度区间太大，E_a不再与温度T无关，使线性关系发生变化。

(2) 反应是一个总包反应，由若干个基元反应组成，各基元反应的活化能差别较大。在不同的温度区间内，占主导地位的反应不同，使直线发生弯折。

(3) 温度的变化导致反应机理的改变，使表观活化能也改变。

20. 这种现象叫作反应具有负的温度系数。这种反应不多，一般与NO的氧化反应有关。在这种反应的机理中，有一个放热显著的快反应，一个速控步。若在快速反应中放的热比在速控步中吸的热还要多，则使整个表观活化能为负值，所以温度升高，速率反而下降。

21. 不是。化学反应速率理论通常只适用于基元反应。基元反应是一步完成的反应，这两个

速率理论是要描述这一步化学反应的过程，根据反应的各种物理和化学性质，引进一些假设，推导出定量计算宏观反应速率系数的公式。

22. 在温度不太高时，可以忽略两者的差别，不会引起太大的误差。但是两者确实是有差别的。

(1) 两者的物理意义不同，$\Delta_r^{\neq} H_m^{\ominus}$ 是指反应物生成活化配合物时的标准摩尔焓变，E_a 是指活化分子的平均能量与反应物分子平均能量的差值。

(2) 两者在数值上也不完全相等，对凝聚相反应，两者差一个 RT；对气相反应，差 nRT，n 是气相反应物的计量系数之和。即

$$E_a = \Delta_r^{\neq} H_m^{\ominus} + RT \quad (\text{凝聚相反应})$$

$$E_a = \Delta_r^{\neq} H_m^{\ominus} + nRT \quad (\text{有气相参与的反应})$$

23. $\bar{k} = 0.0159\ (\mathrm{mol \cdot dm^{-3}})^{-1} \cdot \mathrm{min}^{-1}$

24. $E_a = 124.4\ \mathrm{kJ \cdot mol^{-1}}$

25. $t_{1/2}(343\ \mathrm{K}) = 4.01\ \mathrm{h}$，$E_a = 98.70\ \mathrm{kJ \cdot mol^{-1}}$

26. 分解 30%所需的时间为 11.14 天，故在室温(25 ℃)下搁置 2 周，该药物已失效

27. 反应温度应控制在 323 K

28. $\dfrac{k_1}{k_2} = 8.14 \times 10^{-3}$

29. (1) 6.25%；　(2) 14.29%；　(3) 反应物不到 2 h 已消耗完

30. 6 min

32. 0.200

33. 0.3434 mol

34. 0.375 mol

35. (1) 102 s；　(2) 697.1，418.3，384.6 $\mathrm{mol \cdot m^{-3}}$

36. $k_1 = 0.01665\ \mathrm{dm^3 \cdot mol^{-1} \cdot min^{-1}}$；$k_2 = 0.02775\ \mathrm{dm^3 \cdot mol^{-1} \cdot min^{-1}}$

37. $6.31 \times 10^{-4}\ \mathrm{s^{-1}}$，$1.24 \times 10^{-4}\ \mathrm{s^{-1}}$

38. $I_a(1 + 2k_3 k_4^{-1}[\mathrm{Cl_2}])$

41. (1) $\alpha = 1$；　(2) $k = 16.67\ \mathrm{dm^3 \cdot mol^{-1} \cdot s^{-1}}$；　(3) 96.5 s

42. 521 K

44. 510.5 K

45. (1) 0.549 s；　(2) $y = 0.549$

46. 6 min

47. 4[A]=3[B]

48. 2.6×10^6

第 7 章

8. C　**9.** B　**10.** B　**11.** C　**12.** C　**13.** B　**14.** A　**15.** A

16. 9.67×10^{-5}

17. (1) $1.2647 \times 10^{-2}\ \mathrm{S \cdot m^2 \cdot mol^{-1}}$；

(2) $t_\infty = 0.3965$；$u_\infty = 5.200 \times 10^{-8}\ \mathrm{m^2 \cdot s^{-1} \cdot V^{-1}}$

18. (1) (a) HCl 溶液:$I = 0.25\ \mathrm{mol \cdot kg^{-1}}$;　(b) $CdCl_2$ 溶液:$I = 0.75\ \mathrm{mol \cdot kg^{-1}}$

(c) $CaSO_4$ 溶液:$I = 1.00\ \mathrm{mol \cdot kg^{-1}}$;　(d) $LaCl_3$ 溶液:$I = 1.50\ \mathrm{mol \cdot kg^{-1}}$

(e) $Al_2(SO_4)_3$ 溶液:$I = 3.75\ \mathrm{mol \cdot kg^{-1}}$

(2) (a) $m_{\pm}(\mathrm{HCl}) = 0.25\ \mathrm{mol \cdot kg^{-1}}$;　(b) $m_{\pm}(\mathrm{CdCl_2}) = 0.3969\ \mathrm{mol \cdot kg^{-1}}$

(c) $m_{\pm}(\mathrm{CaSO_4}) = 0.25\ \mathrm{mol \cdot kg^{-1}}$;　(d) $m_{\pm}(\mathrm{LaCl_3}) = 0.5699\ \mathrm{mol \cdot kg^{-1}}$

(e) $m_{\pm}(\mathrm{Al_2(SO_4)_3}) = 0.6377\ \mathrm{mol \cdot kg^{-1}}$

19. (1) 电池表示式 $\mathrm{Zn(s)} | \mathrm{ZnSO_4}(a=1) \| \mathrm{CuSO_4}(a=1) | \mathrm{Cu(s)}$

负极:　$\mathrm{Zn(s)} \longrightarrow \mathrm{Zn^{2+}} + 2\mathrm{e}$

正极:　$\mathrm{Cu^{2+}} + 2\mathrm{e} \longrightarrow \mathrm{Cu(s)}$

(2) $\Delta_r G_m^{\ominus} = -211.03\ \mathrm{kJ \cdot mol^{-1}}$, $\Delta_r S_m^{\ominus} = -82.797\ \mathrm{J \cdot K^{-1} \cdot mol^{-1}}$,

$\Delta_r H_m^{\ominus} = -234.88\ \mathrm{kJ \cdot mol^{-1}}$, $Q_R = -23.845\ \mathrm{kJ \cdot mol^{-1}}$

20. (1) $E^{\ominus}_{\mathrm{Fe^{3+}|Fe^{2+}}} = 3E^{\ominus}_{\mathrm{Fe^{3+}|Fe}} - 2E^{\ominus}_{\mathrm{Fe^{2+}|Fe}}$

(2) $E^{\ominus}_{\mathrm{Sn^{4+}|Sn^{2+}}} = 2E^{\ominus}_{\mathrm{Sn^{4+}|Sn}} - E^{\ominus}_{\mathrm{Sn^{2+}|Sn}}$

21. $K_{sp} = 1.78 \times 10^{-10}$

22. (1) $\mathrm{Ag(s)} | \mathrm{Ag^+}(a_{\mathrm{Ag^+}}) \| \mathrm{Fe^{3+}}(a_{\mathrm{Fe^{3+}}}), \mathrm{Fe^{2+}}(a_{\mathrm{Fe^{2+}}}) | \mathrm{Pt}$

(2) $\mathrm{Pt, H_2}(p) | \mathrm{HBr}(m) | \mathrm{AgBr(s)} + \mathrm{Ag(s)}$

(3) $\mathrm{Hg(l)} | \mathrm{Hg_2^{2+}}(a_1) \| \mathrm{Cl^-}(a_2) | \mathrm{Hg_2Cl_2(s)} + \mathrm{Hg(l)}$

(4) $\mathrm{Pt, O_2}(p_{\mathrm{O_2}}) | \mathrm{OH^-(aq)} | \mathrm{Ag_2O(s)} + \mathrm{Ag(s)}$

(5) $\mathrm{Pt, H_2}(p) | \mathrm{H^+}$(或 $\mathrm{OH^-}$)(aq)$| \mathrm{O_2}(p), \mathrm{Pt}$

(6) $\mathrm{Pt, H_2}(p) \mid \mathrm{HA}(m_{\mathrm{HA}}), \mathrm{A^-}(m_{\mathrm{A^-}}), \mathrm{Cl^-}(a_{\mathrm{Cl^-}}) \mid \mathrm{AgCl} + \mathrm{Ag(s)}$

23. $j > 1.135 \times 10^{-3}\ \mathrm{A \cdot cm^{-2}}$

24. (1) $E = 1.506\ \mathrm{V}$;　(2) $E = 2.035\ \mathrm{V}$;　(3) $a = 4.85 \times 10^4\ \mathrm{mol \cdot dm^{-3}}$

25. (1) $E = 0.0089\ \mathrm{V}$;　(2) $E = 0.0089\ \mathrm{V}$;　(3) $E = 0.0207\ \mathrm{V}$

26. (1) Cd 先在阴极上析出;　(2) $6.76 \times 10^{-15}\ \mathrm{mol \cdot kg^{-1}}$

27. 阴极上 H_2 先析出,阳极上 Ag_2O 先析出;　$E_{分解} = 2.072\ \mathrm{V}$

第 8 章

13. D　**14.** A　**15.** B　**16.** B　**17.** B　**18.** C　**19.** C　**20.** B

21. B　**22.** C　**23.** 5.906 J　**24.** 68.05°　**25.** 6.865 kPa　**26.** 139.8 Pa

27. $64.56 \times 10^{-3}\ \mathrm{N \cdot m^{-1}}$

28. Gibbs 自由能增加值为 7.64 J,$W_{表面} = 7.64\ \mathrm{J}$

29. 288 kPa

30. $3.69 \times 10^{-5}\ \mathrm{m}$

31. $\gamma_{苯\text{-}水} = 5.16 \times 10^{-3}\ \mathrm{N \cdot m^{-1}}$

32. 984.7 Pa

33. 0.015 m

34. 能

35. $0.0614\ \mathrm{N \cdot m^{-1}}$

第 9 章

1. D **2.** D **3.** A **4.** C **5.** C **6.** A **7.** B **8.** C,E

9. C **10.** A,E

11. $[(As_2S_3)_m \cdot nHS^- \cdot (n-x)H^+]^{x-} \cdot xH^+$

12. $[(Au)_m \cdot nAuO_2^- \cdot (n-x)Na^+]^{x-} \cdot xNa^+$,金胶粒带负电荷,故电泳时向正极移动。

13. (1) $D=1.04\times10^{-10}\ m^2 \cdot s^{-1}$; (2) $\bar{x}=1.44\times10^{-5}\ m$

14. (1) $\overline{M}_n=80\ kg \cdot mol^{-1}$,$\overline{M}_w=85\ kg \cdot mol^{-1}$; (2) $\dfrac{D_1}{D_2}=0.0843$;

(3) $\dfrac{S_1}{S_2}=1.41$

15. NaCl,$c=0.512\ mol \cdot dm^{-3}$ Na_2SO_4,$c=4.31\times10^{-3}\ mol \cdot dm^{-3}$

Na_3PO_4,$c=9.0\times10^{-4}\ mol \cdot dm^{-3}$ $NaCl : Na_2SO_4 : Na_3PO_4 = 1 : 118 : 569$

16. $\Pi=120\ Pa$

17. $AlCl_3 < ZnSO_4 < KCl$

18. $Al(NO_3)_3 > MgSO_4 > K_3Fe(CN)_6$

19. (1) $[(AgI)_m \cdot nAg^+ \cdot (n-x)NO_3^-]^{x+} \cdot xNO_3^-$

(2) 胶粒带正电,电泳时向负极移动。

(3) 聚沉能力大小的顺序为 $Na_2SO_4 > MgSO_4 > CaCl_2$。

20. $[Cl^-]_L=0.327\ mol \cdot dm^{-3}$, $[Na^+]_L=0.227\ mol \cdot dm^{-3}$

$[Cl^-]_R=0.273\ mol \cdot dm^{-3}$, $[Na^+]_R=0.273\ mol \cdot dm^{-3}$

21. $[\eta]=1.36\ dm^3 \cdot g^{-1}$

22. (1) 错; (2) 对

23. $3.57\times10^5\ g \cdot mol^{-1}$